ÂF147148

Medien • Kultur • Kommunikation

Reihe herausgegeben von

Andreas Hepp, FB 9, ZeMKI, Universität Bremen, Bremen, Deutschland

Friedrich Krotz, FB 9, ZeMKI, Universität Bremen, Bremen, Deutschland

Waldemar Vogelgesang, Ralingen, Rheinland-Pfalz, Deutschland

Maren Hartmann, Universität der Künste (UdK), Berlin, Deutschland

Kulturen sind heute nicht mehr jenseits von Medien vorstellbar: Ob wir an unsere eigene Kultur oder ‚fremde' Kulturen denken, diese sind umfassend mit Prozessen der Medienkommunikation verschränkt. Doch welchem Wandel sind Kulturen damit ausgesetzt? In welcher Beziehung stehen verschiedene Medien wie Film, Fernsehen, das Internet oder die Mobilkommunikation zu unterschiedlichen kulturellen Formen? Wie verändert sich Alltag unter dem Einfluss einer zunehmend globalisierten Medienkommunikation? Welche Medienkompetenzen sind notwendig, um sich in Gesellschaften zurecht zu finden, die von Medien durchdrungen sind? Es sind solche auf medialen und kulturellen Wandel und damit verbundene Herausforderungen und Konflikte bezogene Fragen, mit denen sich die Bände der Reihe „Medien • Kultur • Kommunikation" auseinandersetzen. Dieses Themenfeld überschreitet dabei die Grenzen verschiedener sozial- und kulturwissenschaftlicher Disziplinen wie der Kommunikations- und Medienwissenschaft, der Soziologie, der Politikwissenschaft, der Anthropologie und der Sprach- und Literaturwissenschaften. Die verschiedenen Bände der Reihe zielen darauf, ausgehend von unterschiedlichen theoretischen und empirischen Zugängen, das komplexe Interdependenzverhältnis von Medien, Kultur und Kommunikation in einer breiten sozialwissenschaftlichen Perspektive zu fassen. Dabei soll die Reihe sowohl aktuelle Forschungen als auch Überblicksdarstellungen in diesem Bereich zugänglich machen.

Weitere Bände in der Reihe https://link.springer.com/bookseries/12694

Sigrid Kannengießer

Digitale Medien und Nachhaltigkeit

Medienpraktiken für ein gutes
Leben

Sigrid Kannengießer
ZeMKI und artec
Universität Bremen
Bremen, Deutschland

ISSN 2524-3160   ISSN 2524-3179 (electronic)
Medien • Kultur • Kommunikation
ISBN 978-3-658-36166-2   ISBN 978-3-658-36167-9 (eBook)
https://doi.org/10.1007/978-3-658-36167-9

Die Deutsche Nationalbibliothek verzeichnet diese Publikation in der Deutschen Nationalbiblio-
grafie; detaillierte bibliografische Daten sind im Internet über http://dnb.d-nb.de abrufbar.

Planung/Lektorat: Barbara Emig-Roller
Springer VS ist ein Imprint der eingetragenen Gesellschaft Springer Fachmedien Wiesbaden GmbH
und ist ein Teil von Springer Nature.
Die Anschrift der Gesellschaft ist: Abraham-Lincoln-Str. 46, 65189 Wiesbaden, Germany

Danksagung

Das vorliegende Buch ist eine leicht überarbeitete Fassung meiner Habilitationsschrift, die im Januar 2020 vom Fachbereichsrat Kulturwissenschaften der Universität Bremen angenommen wurde. Viele Personen haben mich während der Durchführung dieses Projektes begleitet.

Ein erster Dank gebührt der Zentralen Forschungsförderung der Universität Bremen, die durch eine Förderung eines „Eigenen Postdoc-Projekts" die Durchführung meines Habilitationsprojektes ermöglicht hat. Herzlichen Dank auch den Gutachter*innen meines Projektantrags sowie den damaligen Mitgliedern der Forschungskommission für die Bewilligung meines Antrags sowie Petra Schreiber für die administrative Betreuung.

Herzlich bedanken möchte ich mich vor allem bei Prof. Dr. Andreas Hepp, der mich in der Phase der Habilitation verlässlich begleitete. Neben ihm danke ich den beiden weiteren Gutachterinnen der Habilitationsschrift Prof. Dr. Stefanie Averbeck-Lietz und Prof. Dr. Jutta Röser für ihre Beratung und konstruktive Kritik. Des Weiteren gilt mein Dank den Mitgliedern meiner Habilitationskommission Prof. Dr. Christian Pentzold, Prof. Dr. Yannis Theocharis, Dr. Anke Offerhaus, Heide Pawlik, Rena Lossau und Birte Hirsch.

Anna Schröder wirkte als studentische Hilfskraft in diesem Forschungsprojekt mit: Vielen Dank für das große Engagement in allen Phasen des Projektes! Ein herzliches Dankeschön gilt auch Heide Pawlik und Erik Berk, die alle noch so kurzfristigen Abrechnungsvorgänge in diesem Projekt möglich machten.

Herzlichen Dank auch allen weiteren Kolleg*innen am Zentrum für Medien-, Kommunikations- und Informationsforschung und am artec Forschungszentrum Nachhaltigkeit der Universität Bremen für die vielen inspirierenden Diskussionen.

Viele Kolleg*innen haben mich in den letzten Jahren solidarisch unterstützt und kritisch begleitet, ich danke Euch: Matthias Berg, Cigdem Bozdag, Berit Bremer, Michael Brüggemann, Ricarda Drüeke, Julia Gantenberg, Stephan Görland, Katja Hessenkämper, Leif Kramp, Sebastian Kubitschko, Tanja Maier, Johanna Möller, Anke Offerhaus, Cindy Roitsch, Torben Stührmann und Marco Höhn – der uns im September 2020 viel zu früh verlassen hat. Insbesondere danke ich auch Prof. Dr. Barbara Thomaß für die offenen Gespräche.

Ein großer Dank gebührt meinen Interviewpartner*innen für ihre Offenheit – ohne sie hätte die dieser Habilitationsschrift zugrunde liegende Studie nicht durchgeführt werden können!

Mein Dank gilt auch meinen Schwestern und den sehr guten Freund*innen außerhalb der Wissenschaft, die mich seit so vielen Jahren begleiten.

Von Herzen danke ich Marie-Theres Aniol für ihre Hilfe; ihr und Heidemarie Stempel sei vor allem allerherzlichst gedankt für das große Engagement in der Kinderbetreuung, das so manches Zeitfenster für die Arbeit an dieser Habilitationsschrift ermöglichte.

Mein größter Dank gilt Karsten Stempel für seine uneingeschränkte Unterstützung und unendliche Geduld sowie Kalle und Rada dafür, dass sie da sind und mich auf so ganz andere Gedanken bringen.

Bremen   Sigrid Kannengießer
im September 2021

Inhaltsverzeichnis

Tabellenverzeichnis

Einleitung

Aktuelle Digitalisierungs- und Datafizierungsprozesse stellen heutige Gesellschaften in Hinblick auf Nachhaltigkeit vor große Herausforderungen. Versteht man aus einer sozial- und kulturwissenschaftlichen Perspektive unter Digitalisierung die Bedeutungszunahme digitaler Medien für (fast) alle gesellschaftlichen Bereiche und sozialen Beziehungen, so stellt genau diese Bedeutungszunahme, die auch zu einer steigenden Anzahl digitaler Medientechnologien in der Gesellschaft führt, diese vor einige zentrale Probleme. Eng verknüpft mit dem Prozess der Digitalisierung ist der der Datafizierung, indem viele Aspekte der Welt in Daten übersetzt werden, sodass riesige Datenmengen entstehen: „Big Data" (Cukier und Mayer-Schoenberger 2013, S. 29). Die Bedeutungszunahme digitaler Medien und digitaler Kommunikation sowie die Generierung von „Big Data" führt nicht nur in Hinblick auf Datensicherheit und den Schutz der Privatheit zu Problemen, sondern stellt aktuelle Gesellschaften auch vor sozial-ökologische Herausforderungen und Fragen der Nachhaltigkeit. Denn nicht nur die Produktion von Medientechnologien, sondern auch die Speicherung riesiger Datenmengen in Serverfarmen sowie die Entsorgung nicht mehr genutzter Medienapparate verursachen einen enormen Ressourcen- und Energierverbrauch und haben komplexe negative sozial-ökologische Auswirkungen. Es sind diese Effekte und Ansätze zur Lösung dieser Probleme, die auch aus einer kommunikations- und medienwissenschaftlichen Perspektive in den Blick genommen werden müssen. Damit werden Fragen der Nachhaltigkeit in digitalen Gesellschaften virulent.

Vor gut drei Jahrzehnten wurde im Brundtland-Bericht eine Entwicklung als nachhaltig charakterisiert, wenn die Bedürfnisse der gegenwärtigen Generationen befriedigt werden, ohne dass die Bedürfnisse zukünftiger Generationen nicht befriedigt werden können (World Commission on Environment and Development 1987). Auch wenn der Brundtland-Bericht für verschiedene Aspekte, u. a. die Forderung nach wirtschaftlichem Wachstum, kritisiert wurde (z. B. Hopwood

© Der/die Autor(en) 2022
S. Kannengießer, *Digitale Medien und Nachhaltigkeit*,
Medien • Kultur • Kommunikation,
https://doi.org/10.1007/978-3-658-36167-9_1

et al. 2005, S. 40), so ist seine Definition des Begriffs Nachhaltigkeit mit dem Fokus auf die Frage nach Generationengerechtigkeit weiterhin aktuell – nicht zuletzt durch die Fridays-for-Future-Bewegung, die Generationengerechtigkeit als eine ihrer zentralen Anliegen postuliert. Durch soziale Bewegungen wie Fridays for Future oder Extinction Rebellion, in der (vor allem junge) Menschen Politiker*innen auffordern, aktiv gegen den Klimawandel einzutreten, stand die Forderung nach nachhaltigem Handeln in vielen Ländern weltweit und auch in Deutschland seit 2018 wöchentlich im Raum (Wahlström et al. 2019; Haunss und Sommer 2020). Und auch während der Covid-19-Pandemie, als die wöchentlichen Proteste auf der Straße nicht mehr möglich waren, hat die Fridays for Future Bewegung Strategien entwickelt sich über Onlinemedien zu vernetzen und zu artikulieren (Kannengießer 2021a).

Die derzeitige Bundesregierung Deutschlands hat in ihrem Koalitionsvertrag Nachhaltigkeit als eines der zentralen Ziele formuliert (SPD, Bündnis 90/Die Grünen und FDP 2021). Auch auf Ebene der Europäischen Union wurde Nachhaltigkeit u. a. durch die finnische EU-Ratspräsidentschaft unter dem Motto „Sustainable Europe, Sustainable Future" (Finnische Ratspräsidentschaft 2019) ein zentrales Ziel politischen Handelns. Sogar die EU-Kommissionspräsidentin Ursula von der Leyen nannte den Klimaschutz, und damit eines der zentralen Elemente einer nachhaltigen Entwicklung, als die wichtigste politische Aufgabe (Tagesschau 2019). Auf globaler politischer Ebene hat Nachhaltigkeit mit der Verabschiedung der Agenda 2030 durch die Generalversammlung der Vereinten Nationen im Jahr 2015 und die damit formulierten Ziele für eine nachhaltige Entwicklung eine zentrale Bedeutung für alle Politikfelder erhalten (Vereinte Nationen 2015). Und auch die Deutsche Bundesregierung (2016) hat sich in ihrer Nachhaltigkeitsstrategie der Umsetzung der 17 Ziele für nachhaltige Entwicklung verpflichtet. So erfährt Nachhaltigkeit derzeit eine Konjunktur, auch wenn Nachhaltigkeit weder ein neuer Begriff ist noch ein neues gesellschaftliches Ziel darstellt. Selbst während der Covid-19-Pandemie, die maßgeblich die gesellschaftlichen und medialen Diskurse in den Jahren 2020 und 2021 prägte, war Nachhaltigkeit ein zentrales Thema.

In der Nachhaltigkeitsforschung wurden verschiedene Modelle zur Differenzierung des Begriffs Nachhaltigkeit entwickelt (s. hierzu Abschn. 2). Gemein ist ihnen, dass Nachhaltigkeit nicht nur auf die ökologische Dimension reduziert werden kann, sondern auch eine soziale, ökonomische und kulturelle Dimension umfasst. Als Ziele nachhaltigen Handelns können somit allgemein definiert werden: die Sicherung der menschlichen Existenz, die Bewahrung der globalen ökologischen Ressourcen, der Erhalt des gesellschaftlichen Produktivpotenzials und die Gewährleistung der Handlungsmöglichkeiten heutiger und zukünftiger

Generationen (Pufé 2014, S. 18). Eine nachhaltige Gesellschaft ist also eine solche, die menschenwürdige Arbeits- und Lebensbedingungen für alle Menschen auf der Welt gleichermaßen ermöglicht und die natürlichen Ressourcen schont, damit zukünftige Generationen ein „gutes Leben" auf dieser Welt haben können.

Seit der Antike stellen sich Menschen die Frage, was ein „gutes Leben" ist und wie dieses zu erreichen ist. Während Glück subjektiv empfunden wird, wird das „gute Leben" als objektiv bestimmbare Lebensform konzeptualisiert (Rosa 2016, S. 37). Eindeutig konnte und kann die Frage nach dem „guten Leben", und wie es zu erreichen ist, nicht beantwortet werden. Fragt man aber in gegenwärtigen digitalen Gesellschaften nach dem „guten Leben", so steht dieses derzeit eng mit Fragen der Nachhaltigkeit in Zusammenhang, indem im Sinne der oben genannten Brundtland-Definition von Nachhaltigkeit gefragt wird, wie heutige und zukünftige Generationen ihre Bedürfnisse erfüllen können.

Folgt man diesen Definitionen von Nachhaltigkeit und dem „guten Leben", so stehen heutige digitale Gesellschaften, wie oben angedeutet, u. a. durch die Art und Weise der Produktion, Nutzung und Entsorgung digitaler Medientechnologien vor zentralen Herausforderungen. Denn derzeit werden digitale Medientechnologien unter menschenunwürdigen und umweltzerstörenden Bedingungen produziert. So zeigen z. B. Studien zum Coltanabbau, einem Mineral, das in jede digitale Medientechnologie verbaut wird, dass Menschen (oftmals Kinder) in Minen unter menschenrechtsverletzenden Bedingungen arbeiten, der Mineralabbau umweltzerstörend wirkt und mit diesem Kriege finanziert werden.

Neben der nicht nachhaltigen Gewinnung der benötigten Ressourcen, sind auch die Arbeitsbedingungen in Fabriken, in denen digitale Medientechnologien produziert werden, menschenunwürdig und umweltschädlich. Die zunehmende internetbasierte Kommunikation und damit zusammenhängende Datafizierungsprozesse führen außerdem zu einem rasant ansteigenden Energieverbrauch, der nicht nur aus dem Betreiben benötigter Server, sondern auch aus dem Einsatz der für diese Server benötigten energieintensiven Kühlsysteme resultiert. Die für das Betreiben der Serverfarmen benötigte Energie wird überwiegend aus fossilen Ressourcen gewonnen, deren Verbrauch klimaschädliche Emissionen produziert. Schließlich lassen sich auch negative sozial-ökologische Auswirkungen am Ende der Nutzungsdauer von Medientechnologien ausmachen, denn durch permanente technologische Innovationen unterschreitet die Nutzungsdauer digitaler Medien ihre Lebensdauer, welche wiederum durch die geplante Obsoleszenz, also eine geplante reduzierte Haltbarkeit der Technologien durch den Einbau von Sollbruchstellen, verkürzt ist. Werden digitale Medien durch diese Kurzlebigkeit immer schneller ersetzt, so werden sie oftmals unsachgemäß (und nach der Baseler Konvention illegal) auf Müllhalden in ökonomisch weniger entwickelten

Ländern entsorgt, wo diese Entsorgung umweltschädliche und menschenverletzende Effekte hat (zu den sozial-ökologischen Effekten der Produktion-, Nutzung-
und Entsorgung digitaler Medientechnologien s. Abschn. 2.2.2).

Es sind diese menschenunwürdigen und umweltschädlichen Auswirkungen
der Produktion, Nutzung und Entsorgung als Teil aktueller Digitalisierungs- und
Datafizierungsprozesse, denen es auch zu begegnen gilt, wenn digitale Gesellschaften nachhaltiger gestaltet werden sollen. Denn auch diese Probleme sind
Teil der „multiplen Krise" (Bader et al. 2011) oder „VielfachKrise" (Demirović
et al. 2011) heutiger Gesellschaften.[1] Die „multiple Krise" führt dazu, dass sich
die Lebensbedingungen der Menschen vielerorts verschlechtern oder ihre Lebensgrundlage aufgrund der derzeitigen dominierenden Konsumgesellschaften zerstört
werden. Dort, wo dies noch nicht der Fall ist, droht eine solche Zerstörung
zukünftigen Gesellschaften und Generationen. Wie dies verhindert werden kann
und Gesellschaften nachhaltiger gestaltet werden können, scheint also vor dem
Hintergrund der „multiplen Krise" drängender denn je zu sein. Daher stehen nicht
nur Politik und Wirtschaft vor der dringenden Frage nachhaltiger zu handeln,
auch die Wissenschaft muss sich den aktuellen sozial-ökologischen Herausforderungen stellen und sich mit der Frage beschäftigen, wie digitale Gesellschaften
nachhaltiger gestaltet werden können.

In der Kommunikations- und Medienwissenschaft sind das „gute Leben" und
Nachhaltigkeit randständige Themen. Auch dass die Jahrestagung der International Communication Association 2014 in Seattle unter dem Titel „Communication
and the Good Life" stattfand, führte nicht zu einer breiteren Bearbeitung des

---

[1] Bader et al. konstatieren, „dass die aktuelle Krisendynamik des Kapitalismus nicht auf
die Wirtschafts- und Finanzkrise beschränkt ist, sondern auch weitere Krisen wie die der
Energieversorgung, des Klimas oder der Nahrungsmittelversorgung umfasst. Unter dem
Begriff der multiplen Krise verstehen wir dabei eine historisch-spezifische Konstellation verschiedener sich wechselseitig beeinflussender und zusammenhängender Krisenprozesse im
neoliberalen Finanzmarktkapitalismus. [...] Die derzeitige Krisenkonstellation ist innerhalb
der Kräfteverhältnisse des neoliberalen Finanzmarktkapitalismus zu verorten, sie kann als
eine Zuspitzung von Widersprüchen der globalen Entwicklung des neoliberalen Kapitalismus analysiert werden." (Bader et al. 2011, S. 13) Felber (2010, S. 19 ff.) benennt zehn
Krisen des Kapitalismus, zu denen u. a. Umweltzerstörung gehört. Graefe (2019) spricht
von einer „Krisenförmigkeit des Gegenwartskapitalismus". Mit der Covid-19-Pandemie kam
2019 eine weitere Krise hinzu, wobei die Probleme bei der Bewältigung dieser Krise u. a.
auch im Kapitalismus zu identifizieren sind, u. a. durch privatisierte Gesundheitssysteme in
vielen Ländern. Anders als die Klimakrise, scheint die Covid-19-Pandemie aufgrund der
noch im selben Jahr des Beginns der Pandemie entwickelten Impfstoffe in vielen Ländern
nur eine temporäre Krise zu sein – wenn auch mit vielen Toten und weitgehendes gesellschaftlichen Auswirkungen, wie z. B. der verschlechterung der Lebensbedingungen vieler
Menschen weltweit.

Themas innerhalb der Kommunikations- und Medienwissenschaft, Publikationen zu Fragen nach einem „guten Leben" bleiben vielmehr noch immer eine Ausnahme (s. Abschn. 2.2.1). Wenn Nachhaltigkeit in der Kommunikations- und Medienwissenschaft analysiert wird, so meistens in Hinblick auf die Medieninhalte, also die Medien zweiter Ordnung (Kubicek et al. 1997, S. 34).[2] So stellt Nachhaltigkeit in der Kommunikations- und Medienwissenschaft ein Thema dar, das v. a. in den Feldern der Umweltkommunikation behandelt wird. Hier wird untersucht, wie Menschen über Nachhaltigkeitsthemen (medienvermittelt) kommunizieren, wie diese Themen in den Medien repräsentiert werden und welche Rolle Kommunikator*innen wie Journalist*innen und auch Akteur*innen der Öffentlichkeitskommunikation dabei spielen (s. Abschn. 2.1.1). Dabei kommt Internetmedien zunehmend eine signifikante Rolle für Nachhaltigkeits- und Umweltkommunikation zu: Individuen, Kollektive und Organisationen nutzen Internetmedien wie Facebook oder Twitter, um über Nachhaltigkeit zu kommunizieren und gestalten Websites oder Weblogs, um für Nachhaltigkeit zu werben. Ein weiteres, eher kleines Feld der Kommunikations- und Medienwissenschaft beschäftigt sich mit den oben skizzierten sozial-ökologischen Folgen der Medienkommunikation, also auch mit denen der Produktion und Entsorgung (digitaler) Medientechnologien und dem Konsum[3] derselben.

Nachhaltigkeit ist auch in Hinblick auf Medien erster Ordnung relevant, für Medien als Technologien (Kubicek et al. 1997, S. 32) und deren Produktions-,

---

[2] Unterscheidet man zwischen Medien erster Ordnung, die „auf der Basis bestimmter Techniken die Speicherung, den Abruf oder den Austausch von Mitteilungen" (Kubicek et al. 1997, S. 32) erlauben, und Medien zweiter Ordnung, die „‚Inhalte' an ein mehr oder minder unbestimmtes Publikum vermitteln" (ebd., 34), so spreche ich hier von digitalen Medien, wenn ich Medientechnologien meine, die als Computertechnologie den Austausch binärer Zeichen ermöglichen. Als Internet bezeichne ich in Anlehnung an Beck (2010, S. 17) die physikalische Infrastruktur, die als Medium erster Ordnung ein Netzwerk zwischen digitalen Medientechnologien ermöglicht. Den Begriff der Internetmedien verwende ich für Medien zweiter Ordnung, die Medieninhalte über die Infrastruktur des Internets vermitteln. Findet Kommunikation, als ein „Zeichenprozess, der sich aus dem wechselseitigen aufeinander bezogenen (interaktiven) und absichtsvollen (doppelte Intention) kommunikativen Handeln von mindestens zwei Menschen (Kommunikanten) entwickeln kann" (Beck 2013, S. 32) über Internetmedien statt, spreche ich von Onlinekommunikation. Kommunikation, die unter Einsatz digitaler Medientechnologien stattfindet, bezeichne ich hier als digitale Medienkommunikation – diese kann, muss aber nicht internetbasiert sein.

[3] Konsum wird hier im lateinischen Wortsinn von *consumere* als das Verbrauchen von Gütern verstanden (siehe detaillierter Kap. 2).

Aneignung- und Entsorgungsprozesse bzw. die sozial-ökologischen Folgen dieser. Maxwell und Miller (2012, S. 9) kritisieren zu Recht, dass die sozial-
ökologischen Effekte der Produktion, Nutzung und Entsorgung von Medientechnologien kaum in der Kommunikations- und Medienwissenschaft berücksichtigt
werden. Ein interdisziplinäres Forschungsfeld untersucht aber zunehmend sowohl
die sozial-ökologischen Implikationen der Digitalisierung als auch Möglichkeiten einer nachhaltigen Gestaltung von Digitalisierung (u. a. Maxwell und Miller
2012; Maxwell et al. 2015; Starosielski und Walker 2016; Lange und Santarius
2018; Höfner und Frick 2019).

Es ist auch eine zentrale Aufgabe der Kommunikations- und Medienwissenschaft, sich mit den oben skizzierten sozial-ökologischen Herausforderungen
digitaler Gesellschaften und den Lösungsansätzen für die Probleme zu beschäftigen. Dazu gehört auch, sich mit Phänomenen und Initiativen auseinanderzusetzen,
die außerhalb der Wissenschaft entstehen und den genannten Herausforderungen begegnen. In den letzten Jahren sind immer mehr Initiativen entstanden,
die sich den Problemen digitaler Gesellschaften stellen und Lösungen finden
wollen, um zu einer nachhaltigen Gesellschaft beizutragen. Dabei stehen auch
Medien(-technologien) im Zentrum dieses Handelns. Einige solcher Versuche stehen im Fokus dieses Buches und werden mit der folgenden Forschungsfrage in
den Blick genommen: Was machen Individuen, Organisationen und Unternehmen
mit Medien, um zu einer nachhaltigen Gesellschaft und einem „guten Leben"
beizutragen?[4]

Eine solche handlungstheoretische Perspektive (s. hierzu Abschn. 3.2.1) bei
der Bearbeitung des Nachhaltigkeitsthemas in der Kommunikations- und Medienwissenschaft zu verfolgen, drängt sich insbesondere dann auf, wenn man davon
ausgeht, dass „Nachhaltigkeit […] zuerst Handeln" ist (Nielsen et al. 2013,
S. 10). Im Fokus dieses Buches stehen daher Medienpraktiken, die das Ziel einer
nachhaltigen Gesellschaft im Sinne einer gerechten und lebenswerten Gesellschaft verfolgen, in der die Bedürfnisse heutiger und zukünftiger Generationen
befriedigt werden können.

Die Aufarbeitung des Forschungsstandes zu Nachhaltigkeit, dem „guten Leben" und Medien(-kommunikation) (s. Kap. 2) zeigt, dass in der
Kommunikations- und Medienwissenschaft ein Forschungsdesiderat auszumachen ist, das in der Untersuchung von Medienpraktiken, die auf Nachhaltigkeit
abzielen, liegt. Denn was verschiedene Akteur*innen mit Medien machen, um zu

---

[4] Einzelne Aspekte der Argumentation dieses Buches wurden bereits in Fachzeitschriften
und Sammelbandbeiträgen veröffentlicht, jedoch weder alle Teilargumente noch die Gesamt-
argumentation in ihrer Komplexität. An den entsprechenden Stellen dieses Buches wird auf
die relevanten bisherigen Veröffentlichungen verwiesen.

einer nachhaltigen Gesellschaft und einem „guten Leben" beizutragen, ist noch nicht untersucht. Wie Medien als Organisationen der traditionellen Massenmedien zu einer nachhaltigen Entwicklung beitragen können, wird am Beispiel ökonomisch weniger entwickelter Länder analysiert (s. Young und McComas 2016 zu Sambia oder Harvey 2011 zu Ghana).

Der Fokus des vorliegenden Buches liegt nicht auf traditionellen Massenmedien. Vielmehr ist das Anliegen der hier vorgestellten Studie ist es – neben der Untersuchung der Medienaneignungen für eine nachhaltige Gesellschaft, also der Analyse, wie Menschen Medien in ihren Alltag integrieren, um damit zu Nachhaltigkeit beizutragen – auch zu untersuchen, was außer Individuen auch Unternehmen und Nichtregierungsorganisationen mit Medien, (als Organisation, Inhalten und Technologien) machen, um zu Nachhaltigkeit beizutragen.

Nachhaltigkeit wird dabei entsprechend des oben skizzierten Begriffsverständnisses nicht auf ökologische Nachhaltigkeit reduziert, sondern umfasst neben der ökologischen auch die soziale und ökonomische Dimension von Nachhaltigkeit und ihren Zusammenhang mit Medien und Medienkommunikation. Nimmt diese Publikation also Medienpraktiken in den Blick, die auf eine nachhaltige Gesellschaft abzielen, so ist damit nicht nur gemeint, wie durch entsprechende Medienpraktiken „ökologischer" oder „umweltfreundlicher" gehandelt werden kann. Vielmehr werden mit den hier untersuchten Fallbeispielen auch solche Medienpraktiken behandelt, die die soziale und ökonomische Dimension von Nachhaltigkeit tangieren und auf soziale Gerechtigkeit und ein „gutes Leben" abzielen. Konsum spielt in diesem Zusammenhang eine zentrale Rolle, ist es doch der Konsum digitaler Medientechnologien, der die oben skizzierten sozial-ökologischen Folgen der Produktion und Entsorgung von Medientechnologien perpetuiert und der von den in den Fallstudien untersuchten Akteur*innen kritisiert wird. Die Medienpraktiken, welche für diese Arbeit untersucht wurden, können daher als *konsumkritisch* charakterisiert werden. Daher wurde im Rahmen der durchgeführten Studie das theoretische (Schlüssel-)Konzept der „konsumkritischen Medienpraktiken" entwickelt·

„Konsumkritische Medienpraktiken sind solche, in denen a) Medien entweder genutzt werden, um (eine bestimmte Art von) Konsum zu kritisieren, oder b) Alternativen zum Konsum (im Sinne des Verbrauchens und Kaufens) von Medientechnologien entwickelt bzw. praktiziert werden." (Kannengießer 2018a, S. 217)

Die untersuchten Fallstudien sind Beispiele für beide Aspekte konsumkritischer Medienpraktiken – zum einen für die Äußerung von Konsumkritik, zum anderen stellen sie Alternativen zum bzw. im Konsum von Medientechnologien dar. Konsumkritik wurde bislang dominant auf der Medieninhaltsebene untersucht

(s. Abschn. 2.2.3). Wie jedoch Individuen, Nichtregierungsorganisationen und Unternehmen in ihren Medienpraktiken selbst konsumkritisch handeln, um zu einer nachhaltigen Gesellschaft und einem „guten Leben" beizutragen, ist noch nicht erforscht und daher Gegenstand dieser Publikation. So zeigt die hier präsentierte Studie, wie in Zeiten der „multiplen Krise" (Bader et al. 2011; s. o.) Medien(-technologien) genutzt werden, um die digitale Gesellschaft nachhaltiger zu gestalten. Dabei verdeutlicht die Analyse konsumkritischer Medienpraktiken aber auch, dass diesen Paradoxien und Grenzen inhärent sind. Insofern werden die auf eine nachhaltige Gesellschaft und das „gute Leben" abzielenden Medienpraktiken hier kritisch diskutiert.

Bei der Bearbeitung der Forschungsfrage wurde deutlich, dass v. a. *digitale* Medien eine große Rolle spielen, wenn Individuen, Nichtregierungsorganisationen und Unternehmen zu einer nachhaltigen Gesellschaft und einem „guten Leben" beitragen wollen. So kommunizieren verschiedene Akteur*innen in Onlinemedien über Nachhaltigkeit und werben für diese. Neben dieser inhaltlichen Dimension spielen auch digitale Medientechnologien selbst eine Rolle, wenn Individuen, Nichtregierungsorganisationen und Unternehmen versuchen, mit ihren Medienpraktiken der Produktion und Aneignung digitaler Medientechnologien, Nachhaltigkeit zu etablieren. So sind sich unterschiedliche Akteur*innen der oben skizzierten sozial-ökologischen Folgen der Produktion und Entsorgung von Medientechnologien bewusst und versuchen, diese nachhaltiger zu gestalten, indem sie nachhaltigere Medientechnologien entwickeln und produzieren bzw. solche Angebote nutzen oder die Nutzungsdauer von Medientechnologien verlängern wollen.

Drei Beispiele von Medienpraktiken, mit denen Individuen, Nichtregierungsorganisationen und Unternehmen zu Nachhaltigkeit und einem „guten Leben" beitragen wollen, habe ich in einer empirischen Studie vergleichend untersucht: 1) das Reparieren von Medientechnologien in Repair Cafés, 2) die Produktion und Aneignung fairer Medientechnologien am Beispiel des Fairphones und 3) Onlineplattformen[5], die für Nachhaltigkeit werben, am Beispiel der Plattform

---

[5] Onlineplattformen definiere ich hier als „programmable digital architecture designed to organize interactions between users – not just end users but also corporate entities and public bodies" (van Dijk et al. 2018, S. 4). In ihrer Publikation „Platform Society" unterstreichen van Dijk, Poell und de Waal (ebd., S. 2) die Relevanz von Onlineplattformen für heutige Gesellschaften und betonen, dass Onlineplattformen in soziale Strukturen eingebettet sind, also nicht außerhalb bestehender Gesellschaftsstrukturen existieren, sondern integraler Bestandteil dieser sind. Ich spreche in den hier untersuchten Fallstudien von Onlineplattformen, da in allen drei Beispielen über u. a. Onlineforen die Nutzenden der Angebote eingebunden werden.

Utopia.de. Die Fallstudien werden in Abschn. 3.1. näher erläutert und sollen hier nur kurz eingeführt werden.

Die erste Fallstudie stellt das Reparieren von (digitalen) Medientechnologien in den Mittelpunkt. Reparieren kann definiert werden als der Prozess, durch den Technologien erhalten und wieder- bzw. weiterverwendet werden, um mit deren Verschleiß und rückschrittlichen Veränderungen umzugehen (Rosner und Turner 2015, S. 59). Das Reparieren ist keine neue Praktik, an Popularität gewinnt das Reparieren seit einigen Jahren jedoch durch die Verbreitung von Repair Cafés, Veranstaltungen, in denen Menschen zusammenkommen, um gemeinsam ihre defekten Alltagsgegenstände zu reparieren (s. u. a. Kannengießer 2018a, S. 223). Während einige Teilnehmer*innen ehrenamtlich ihre Hilfe bei diesen Veranstaltungen anbieten, suchen andere Hilfe beim Reparieren ihrer defekten Konsumgüter und bringen u. a. Elektrogeräte, insbesondere Medientechnologien und Küchengeräte, Fahrräder oder Textilien mit. Dabei zeigt meine Studie, dass Medientechnologien zu den Dingen gehören, die neben Küchengeräten am häufigsten zu den Veranstaltungen mitgebracht werden.

Auch auf politischer Ebene ist die Notwendigkeit des Reparierens mittlerweile anerkannt, so hat das Europäische Parlament die Europäische Kommission 2020 aufgefordert, Verbraucher*innen „ein ‚Recht auf Reparatur' einzuräumen" (Europäisches Parlament 2020).

Die niederländische Stiftung Stichting Repair Café beansprucht für sich, das Konzept der Reparaturcafés 2009 entwickelt zu haben (Stichting Repair Café ohne Jahr). Ob dies tatsächlich der Ursprung ist oder nicht – zu beobachten ist, dass sich das Veranstaltungsformat der Repair Cafés in den vergangenen Jahren v. a. in west- und nordeuropäischen Ländern sowie Nordamerika verbreitet hat. Auch in Deutschland gibt es mittlerweile eine Vielzahl von Reparaturcafés, die von unterschiedlichen Akteur*innen organisiert werden. Die Stiftung Anstiftung & Ertomis will die Reparaturinitiativen in Deutschland koordinieren und ein Netzwerk zwischen ihnen bilden. Dafür können sich die Reparaturinitiativen auf einer Onlineplattform registrieren (www.reparatur initiativen.de). Bislang sind 868 Initiativen registriert (Stand 14. Mai 2021). Auf der Onlineplattform können sich die einzelnen Reparaturinitiativen nicht nur in ihren Profilen vorstellen und Ansprechpartner*innen benennen, vielmehr zeigt eine interaktive Karte, wo die einzelnen Reparaturinitiativen verortet sind, und ein Kalender, wann entsprechende Veranstaltungen stattfinden. In den Repair Cafés findet das Reparieren *gemeinsam* und *öffentlich* statt und wird des Weiteren in diesem Kontext *politisiert*: Die Veranstaltungen werden genutzt, um ein Zeichen gegen die Wegwerfgesellschaft zu setzen und für nachhaltiges Handeln zu werben.

Die im Rahmen für diese Arbeit durchgeführte Studie zeigt, dass *digitale* Medientechnologien eine besondere Rolle für Repair Cafés und das Reparieren defekter Alltagsgegenstände spielen: So werden neben alten Medientechnologien wie Diaprojektoren oder Radios v. a. neue digitale Medientechnologien wie Laptops, Smartphones oder Digitalkameras mitgebracht. Die Reparatur digitaler Medienapparate, so zeigt die Studie, ist dabei eine besondere Herausforderung für die Reparierenden, da die Geräte oftmals schwierig zu öffnen und die Reparaturprozesse komplexer als bei analogen Apparaten sind. Digitale Medien spielen aber auch bei der Organisation und der Bewerbung der Veranstaltungen eine signifikante Rolle, da sich die Organisierenden und Helfenden über diese vernetzen und mobilisieren, und auch die Anstiftung & Ertomis nutzt für die Herstellung des Netzwerks deutscher Repair Cafés primär digitale Medien. In der Fallstudie zum Reparieren von Medientechnologien in Repair Cafés wurde nicht nur untersucht, was die Beteiligten während der Veranstaltungen (mit Medientechnologien) machen, sondern auch die (medienvermittelte) Vernetzung und Mobilisierung innerhalb der „Reparaturbewegung" analysiert.

In der zweiten Fallstudie steht eine spezifische digitale Medientechnologie im Fokus, die unter fairen und nachhaltigen Bedingungen produziert werden soll: das Fairphone. Das Fairphone, ein Smartphone, das von dem niederländischen Unternehmen Fairphone entwickelt, produziert und vertrieben wird, ist eines der bekanntesten Medientechnologien, die fair und nachhaltig produziert sowie gehandelt werden sollen. Ziel des Unternehmens ist es, ein reparierbares Smartphone herzustellen, das unter menschenwürdigen Arbeitsbedingungen mit fair gehandelten Materialien produziert wird. Fairer Handel wird definiert als ein solcher, der „auf Dialog, Transparenz und Respekt beruht und nach mehr Gerechtigkeit im internationalen Handel strebt […, und, S. K.] einen Beitrag zu nachhaltiger Entwicklung [leistet, S. K.]" (World Fair Trade Organization und Fairtrade Labelling Organizations 2009, S. 6). Das Fairphone, das seit 2019 mittlerweile in der dritten Generation verkauft wird, wird unter Crowdfunding-Bedingungen hergestellt, d. h., dass die Käufer*innen dieses erst erwerben und das Smartphone nur produziert wird, wenn genügend Abnehmende das Gerät bestellt haben. Mittlerweile kann das Fairphone nicht nur direkt über die Onlineplattform des Unternehmens erworben werden, sondern auch bei bestimmten Händlern und Telekommunikationsunternehmen. Neben der Onlineplattform als Informations- und Verkaufsplattform versucht das Fairphone-Unternehmen über das in die Plattform integrierte Onlineforum sowie verschiedene Onlinenetzwerke und Mikrobloggingdienste, eine soziale Bewegung für nachhaltige Medientechnologie herzustellen. Digitale Medien werden in diesem Beispiel also im doppelten Sinne genutzt, um zu einer nachhaltigen Gesellschaft beizutragen: Zum einen auf der Medieninhaltsebene, um über Nachhaltigkeit zu informieren und für diese zu werben, zum anderen in Hinblick auf die Medientechnologie selbst, indem ein unter nachhaltigen Bedingungen produzierter Apparat entwickelt und angeboten wird.

Im Rahmen der hier präsentierten Studie wurde neben der Produktions- auch die Aneignungsebene des Fairphones untersucht. Mich hat zum einen interessiert, warum das Unternehmen ein faires Smartphone produziert sowie zum anderen, warum Menschen das Fairphone kaufen. Diese Fallstudie zeigt, wie auf den Ebenen der Produktion und Aneignung (hier im Sinne einer bewussten Kaufentscheidung) Individuen und Unternehmen versuchen, mit eben der Produktion und Aneignung von Medientechnologien eine nachhaltige Gesellschaft und ein „gutes Leben" zu etablieren.

Sind das Reparieren von Medientechnologien in Repair Cafés sowie das Produzieren/Aneignen fair gehandelter Medientechnologien am Beispiel des Fairphones Fallbeispiele dafür, was Individuen und Unternehmen mit Medien*technologien* machen, um zu einer nachhaltigen Gesellschaft und einem „guten Leben" beizutragen, und stehen mit den Medientechnologien Medien zweiter Ordnung (Kubicek et al. 1997, S. 34) im Fokus, so beschäftigt sich die dritte Teilstudie mit Medien*inhalten* und damit Medien erster Ordnung und untersucht am Beispiel der Onlineplattform Utopia.de, wie Menschen über Medieninhalte zu einer nachhaltigen Gesellschaft und einem „guten Leben" beitragen (wollen).

Utopia.de ist eine deutschsprachige Onlineplattform, die von der Utopia GmbH mit Sitz in München betrieben wird. Die Betreiber*innen möchten „Menschen, Organisationen und Unternehmen zusammenbringen, die mit uns gemeinsam einen wirksamen Beitrag zu einer nachhaltigen Entwicklung in Wirtschaft und Gesellschaft leisten wollen" (Utopia 2019a). Was Utopia primär macht, ist, über das auf der Onlineplattform integrierte Onlinemagazin Kaufberatung zu geben. D. h., es werden v. a. Informationen über von Utopia als nachhaltig eingestufte Produkte (z. B. auch das Fairphone) und Dienstleister verbreitet oder auch Nutzer*innen der Onlineplattform zum Test dieser Produkte eingeladen. In die Plattform integriert sind aber auch Onlineforen, in denen Nutzende ihre Meinung über Produkte oder Tipps für nachhaltigen Konsum äußern können. Utopia.de wurde als ein Fallbeispiel für alltägliche Medienpraktiken analysiert, die auf einer Medien*inhalt*sebene versuchen, zu einer nachhaltigen Gesellschaft und einem „guten Leben" beizutragen.

Die drei Fallstudien wurden aus unterschiedlichen Gründen ausgewählt. Zum einen decken sie verschiedene Dimensionen des Medienhandelns ab: Mit dem Reparieren von Medientechnologien in Repair Cafés wurde die Dimension der Medienaneignung untersucht; mit der Produktion und Aneignung fairer Medientechnologien neben der Dimension der Aneignung zudem auch die der Medienproduktion, wobei es hier nicht um die Produktion von Medieninhalten, sondern um die von Medientechnologien geht. Und mit Onlineplattformen, die für eine nachhaltige Gesellschaft werben, wurde, als dritte Dimension, die der Medieninhalte analysiert. Ein weiterer Grund für die Auswahl dieser Fallbeispiele war die Neuheit der Medienpraktiken bzw. die neuen Bedeutungszuschreibungen an alte Medienpraktiken: So ist das Bemühen, Medientechnologien unter fairen und nachhaltigen Bedingungen zu produzieren, neu in der Geschichte der Produktion von Medienapparaten und durch diese neuen (vermeintlich)[6] fairen Medientechnologien ist auch die Aneignung fairer Medientechnologien eine neue Praktik. Als neu können auch Onlineplattformen wie Utopia.de eingestuft werden, die Nachhaltigkeit thematisieren bzw. durch die Verbreitung ihrer Inhalte zu einer nachhaltigen Gesellschaft beitragen (wollen). Das Reparieren von Medientechnologien an sich ist kein neuer Akt, repariert wurden Medienapparate seitdem es diese gibt. Die Politisierung des Reparierens als eine Praktik für eine nachhaltige Gesellschaft jedoch ist, wenn nicht eine neue Konnotation, so doch vor dem Hintergrund der ökologischen Krise und der in Abschn. 2.2.2. beschriebenen aktuellen sozial-ökologischen Auswirkungen der Produktion und Entsorgung digitaler Medientechnologien von zunehmender Brisanz.

Die Fallstudien zeigen exemplarisch, dass digitale Medien eine zentrale Rolle spielen, wenn sich verschiedene Akteur*innen Medien aneignen, um zu einer nachhaltigen Gesellschaft und einem „guten Leben" beizutragen. Um diese Fallstudien zu untersuchen, wurden verschiedene qualitative Methoden im Verfahren der Grounded Theory (Strauss und Corbin 1996) trianguliert und mit diesem ein theoriegeleitetes qualitatives Verfahren verfolgt (s. Abschn. 3.3.1). Bei der Analyse der Fallbeispiele anhand der Forschungsfrage was Individuen, Nichtregierungsorganisationen und Unternehmen mit Medien machen, um zu einer nachhaltigen Gesellschaft und einem „guten Leben" beizutragen, wurden sechs zentrale kommunikations- und medienwissenschaftliche theoretische Dimensionen offenbar: 1) Medienpraktiken, 2) Materialität, 3) Medienethik, 4) Vergemeinschaftung, 5) politische Partizipation sowie 6) soziale Bewegung: Denn nimmt man Medienpraktiken in den Blick, die auf eine nachhaltige Gesellschaft und ein „gutes Leben" zielen, so zeigt sich, dass zunächst im Fokus der Frage steht, was Individuen, Nichtregierungsorganisationen und Unternehmen mit Medien *machen*, um zu einer nachhaltigen Gesellschaft und einem „guten

---

[6] Inwiefern das in einer der hier diskutierten Fallstudien relevante Fairphone tatsächlich als fair bezeichnet werden kann, wird in Abschn. 4.2. diskutiert.

Leben" beizutragen. Damit stehen *Medienpraktiken* im Zentrum des Erkenntnisinteresses. Diese untersuchten Medienpraktiken beziehen sich (auch) auf die *Materialität* digitaler Medientechnologien, die die Akteur*innen reflektieren, kritisieren und die sie durch ihr Handeln verändern wollen. Die hier untersuchten Medienpraktiken verfolgen bestimmte Normen und Ziele, daher ist eine *medienethische Perspektive* in der Analyse der Fallbeispiele relevant. In der Analyse zeigte sich außerdem, dass Menschen nicht alleine, sondern innerhalb von (kommunikativen und/oder medienvermittelten) *Vergemeinschaftungen* handeln oder sich zumindest an solchen orientieren. Somit steht als fünfte Dimension die Frage nach *politischer Partizipation* im Fokus, denn die Beteiligten wollen an Gesellschaft teilhaben und diese gestalten. Schließlich ist zu diskutieren, inwiefern es sich bei diesen Vergemeinschaftungen um *soziale Bewegungen* handelt, durch die die Gesellschaft zu einer nachhaltigeren gestaltet werden soll, denn einige der Initiativen versuchen explizit, über ihr Handeln soziale Bewegungen zu bilden.

Entlang dieser sechs theoretischen Dimensionen, die nicht nur miteinander verknüpft sind, sondern sich z. T. auch überschneiden, werden in diesem Buch die empirischen Ergebnisse der durchgeführten Studie diskutiert. Dabei werden bestehende theoretische Konzepte dieser drei Forschungsfelder nicht nur angewandt, vielmehr werden durch die empirischen Ergebnisse bestehende Theorien und Konzepte aus den jeweiligen Forschungsfeldern weiterentwickelt. Somit leistet dieses Buch nicht nur einen empirischen und theoretischen Beitrag zum Forschungsfeld der Nachhaltigkeit und des „guten Lebens" in der Kommunikations- und Medienwissenschaft, sondern auch zu den als theoretische Dimensionen aufgearbeiteten Forschungsfeldern. Nicht zuletzt über diese theoretische Weiterentwicklung kann gezeigt werden, dass Nachhaltigkeit ein Querschnittsthema in der Kommunikations- und Medienwissenschaft darstellt, welches für verschiedene Forschungsfelder des Faches erkenntnisbringend ist. Aufbauend auf diese Erkenntnis wird dieses Buch abschließend die Verantwortung der Kommunikations- und Medienwissenschaft hervorgehoben, die sozial-ökologischen Herausforderungen von Digitalisierung und Datafizierung wahrzunehmen und zu untersuchen (und zwar nicht nur am Rande des Faches), sondern auch Initiativen wie die in diesem Buch diskutierten zu analysieren, um zu verstehen wie mit Medien (als Inhalte, Organisationen und Technologien) zu einer nachhaltigen Gesellschaft beigetragen werden kann.

Um die in dieser Einleitung skizzierte Argumentation zu entfalten, ist das Buch wie folgt aufgebaut: In einem ersten Kapitel wird der Forschungsstand zu Nachhaltigkeit und dem „guten Leben" in der Kommunikations- und Medienwissenschaft aufgearbeitet, um relevante Begriffe und Theorien zu erarbeiten und bestehende Ergebnisse empirischer Studien zur Kenntnis zu nehmen, die als Folie für die Ergebnispräsentation der durchgeführten Studie dienen. Dabei wird einleitend der Begriff der Nachhaltigkeit im Allgemeinen und Nachhaltigkeitskommunikation im Besonderen definiert und anschließend gezeigt, wie Nachhaltigkeit in den Feldern der Medienproduktionsforschung (Abschn. 2.1.1), Medieninhaltsforschung (Abschn. 2.2.2) sowie Medienrezeptionsforschung (Abschn. 2.2.3) untersucht wird. In einem weiteren Theoriekapitel wird der Forschungsstand zum „guten Leben" in der Kommunikations- und Medienwissenschaft aufgearbeitet und gezeigt, dass hier vor allem individualpsychologische Forschungsfragen im Zentrum stehen (Abschn. 2.2.1). Mit der Aufarbeitung des Forschungsstandes zu den oben skizzierten sozial-ökologischen Folgen der Produktion, Nutzung und Entsorgung digitaler Medientechnologien wird argumentiert, dass Fragen der Nachhaltigkeit und des „guten Lebens" nicht nur auf der individualpsychologischen Ebene liegen, sondern auch auf einer gesellschaftlichen (s. Abschn. 2.2.2). Dabei wird gezeigt, dass Aspekte des Konsums und der Konsumkritik zentral sind, wenn es um Medien(-technologien) und Nachhaltigkeit geht (s. Abschn. 2.2.3). Die Aufarbeitung des Forschungsstandes abschließend wird das Forschungsdesiderat beschrieben, welches in einer handlungstheoretischen Perspektive auf Nachhaltigkeit und Medien identifiziert wird und dem sich diese Arbeit stellt (s. Abschn. 2.3).

In einem anschließenden Kapitel (s. Abschn. 3.1) werden die Fallbeispiele detaillierter beschrieben, die vergleichend untersucht wurden. Bei der Beschreibung der Fallbeispiele wird auch der jeweilige interdisziplinäre Forschungsstand aufgearbeitet, wobei auffällig ist, dass bei allen drei Fallbeispielen ein kommunikations- und medienwissenschaftliches Forschungsdesiderat in der Analyse der jeweiligen Fallbeispiele im Allgemeinen sowie aus kommunikations- und medienwissenschaftlichen Nachhaltigkeitsperspektive im Besonderen liegt. Für die anschließende Erläuterung der theoretischen Dimensionen (s. Abschn. 3.2), die bei der Analyse der Fallbeispiele offengelegt wurden, werden die jeweiligen kommunikations- und medienwissenschaftlichen Forschungsfelder unter Einbeziehung interdisziplinärer Konzepte und Studien skizziert: das Feld zu Medienpraktiken und der Materialität digitaler Medientechnologien, der Medienethik, der Vergemeinschaftung sowie dem Forschungsfeld der politischen Partizipation und sozialen Bewegung. Dabei werden vor allem für die empirische Analyse zentrale Begriffe und theoretische Ansätze definiert und erläutert. An die Ausführungen zu den theoretischen Dimensionen und Fallstudien anschließend werden zum einen die Erhebungsmethoden (s. Abschn. 3.2.1) zum anderen die Auswertungsmethoden (s. Abschn. 3.2.2) der durchgeführten Fallstudien beschrieben.

Die Ergebnisse der empirischen Fallstudien werden anhand der theoretischen Dimensionen präsentiert, die in der Analyse offenbar wurden: Zunächst wird anhand der theoretischen Konzepte der Medienpraktiken und der Materialität gezeigt, dass die in den Fallstudien untersuchten Individuen, Nichtregierungsorganisationen und Unternehmen in Relation zu Medien handeln, wenn sie sich diese aneignen, um zu einer nachhaltigen Gesellschaft und dem „guten Leben" beizutragen und bei diesem Handeln die Akteur*innen die Materialität digitaler Medientechnologien reflektieren, sich mit dieser bewusst auseinandersetzen und diese verändern wollen (s. Abschn. 4.1). Neben den Zielen der untersuchten Medienpraktiken, welche diese als konsumkritisch charakterisieren (s. Abschn. 4.2), werden auch die Werte, die sich in den Medienpraktiken manifestieren, aus einer medienethischen Perspektive in den Blick genommen (s. Abschn. 4.3). Die Fallstudien zeigen, dass verschiedene Akteur*innen nicht alleine handeln, sondern auch in Kollektiven, sodass Aspekte von Vergemeinschaftung in den Fallstudien herausgearbeitet werden (s. Abschn. 4.4). Aufgrund der identifizierten Ziele und Werte der Akteur*innen, wird ihr Handeln zu einer Form politischer Partizipation (s. Abschn. 4.5). Der Ergebnisteil diskutiert abschließend, ob und inwiefern in den Fallstudien und die Fallstudien übergreifend soziale Bewegungen wahrgenommen werden können, die einige der Akteur*innen der Fallstudien bewusst herstellen (wollen) (s. Abschn. 4.6).

Während in dieser Präsentation und Diskussion der Ergebnisse diese punktuell auf den bestehenden Forschungsstand rückbezogen werden, diskutiert ein abschließendes Kapitel (Abschn. 5.1) den Erkenntnisgewinn der hier präsentierten empirischen Studie für die kommunikations- und medienwissenschaftliche Nachhaltigkeitsforschung im Besonderen sowie für die Kommunikations- und Medienwissenschaft im Allgemeinen. Nachhaltigkeit ist ein Querschnittsthema in der Kommunikations- und Medienwissenschaft und muss als solches in verschiedenen Forschungsfeldern des Faches thematisiert werden (s. Abschn. 5.2). Denn die Kommunikations- und Medienwissenschaft hat vor dem Hintergrund der hier skizzierten sozial-ökologischen Herausforderungen digitaler Gesellschaften eine wissenschaftliche und gesellschaftliche Verantwortung, die sozial-ökologischen Auswirkungen der Produktion, Nutzung und Entsorgung digitaler Medientechnologien näher zu untersuchen und Medienpraktiken in den Blick zu nehmen, mit denen sich Individuen, Nichtregierungsorganisationen und Unternehmen diesen Herausforderungen stellen und zu einer nachhaltigen Gesellschaft und einem „guten Leben" beitragen wollen (s. detaillierter Abschn. 5.2).

Open Access Dieses Kapitel wird unter der Creative Commons Namensnennung 4.0 International Lizenz (http://creativecommons.org/licenses/by/4.0/deed.de) veröffentlicht, welche die Nutzung, Vervielfältigung, Bearbeitung, Verbreitung und Wiedergabe in jeglichem Medium und Format erlaubt, sofern Sie den/die ursprünglichen Autor(en) und die Quelle ordnungsgemäß nennen, einen Link zur Creative Commons Lizenz beifügen und angeben, ob Änderungen vorgenommen wurden.

Die in diesem Kapitel enthaltenen Bilder und sonstiges Drittmaterial unterliegen ebenfalls der genannten Creative Commons Lizenz, sofern sich aus der Abbildungslegende nichts anderes ergibt. Sofern das betreffende Material nicht unter der genannten Creative Commons Lizenz steht und die betreffende Handlung nicht nach gesetzlichen Vorschriften erlaubt ist, ist für die oben aufgeführten Weiterverwendungen des Materials die Einwilligung des jeweiligen Rechteinhabers einzuholen.

Nachhaltigkeit, digitale Medien(-kommunikation) und das „gute Leben"

Wie bereits in der Einleitung erläutert, ist Nachhaltigkeit kein neuer Begriff, erhält jedoch aufgrund der „Vielfachkrise" (Bader et al. 2011, s. Einleitung) heutiger Gesellschaften und der Dringlichkeit nachhaltigen Handelns für den Schutz heutiger und zukünftiger Lebewesen sowie ihrer Lebensgrundlage derzeit Konjunktur.

Ich definiere den Begriff der Nachhaltigkeit in Anlehnung an den Brundtland-Bericht als einen Zustand, in dem die Bedürfnisse der gegenwärtigen Generationen befriedigt werden, ohne dass die Bedürfnisse zukünftiger Generationen nicht befriedigt werden können (World Commission on Environment and Development 1987, s. Einleitung). Dabei ist zu betonen, dass Nachhaltigkeit nicht nur die Bedürfnisse des Menschen umfasst, sondern die Bedürfnisse jedes Lebewesens auf der Erde. Entsprechend soll die hier genutzte Definition von Nachhaltigkeit einen Zustand benennen, in dem die Bedürfnisse heutiger Lebewesen befriedigt werden, ohne dass die Bedürfnisse zukünftiger Lebewesen nicht befriedigt werden können. Da die Bedürfnisse vieler Lebewesen heutiger Gesellschaften (vor allem in ökonomisch weniger entwickelten Ländern) nicht erfüllt sind, ist Nachhaltigkeit ein Zustand bzw. ein Ziel, das es zu erreichen gilt. Nachhaltigkeit wird daher auch definiert als die „Bemühungen um eine Verbesserung der Lebensverhältnisse" (Grunwald und Kopfmüller 2012, S. 13).

Verschiedenen Modelle der Nachhaltigkeitsforschung wurden in der Einleitung bereits angedeutet und sollen hier kurz erläutert werden: In einem Drei-Säulen-Modell wird zwischen einer ökologischen, ökonomischen und sozialen Dimension von Nachhaltigkeit unterschieden (Corsten und Roth 2012, S. 1 f.; s. auch Hauff und Claus 2012, S. 59), wobei diese Dimensionen nicht getrennt

© Der/die Autor(en) 2022
S. Kannengießer, *Digitale Medien und Nachhaltigkeit,*
Medien • Kultur • Kommunikation,
https://doi.org/10.1007/978-3-658-36167-9_2

voneinander zu denken sind, sondern als ineinander verwoben (Hauff und Claus 2012, S. 59).[1]

> „Während die ökologische Dimension den Schutz der Umwelt in den Fokus rückt, zielt die ökonomische Dimension auf eine nachhaltige Entwicklung, welche eine langfristige Sicherung der Lebens- und Produktionsgrundlagen sicher stellen soll, die auf der Grundlage intra- und intergenerationeller Gerechtigkeit zur Verbesserung der Lebensqualität bzw. der Wohlfahrt der heute lebenden und der zukünftigen Generationen [führen soll]." (ebd., S. 61)

Die soziale Dimension der Nachhaltigkeit zielt auf gesellschaftlichen Zusammenhalt in Humanität, Freiheit und Gerechtigkeit (ebd., S. 66). Der ökologischen Dimension von Nachhaltigkeit, also dem Schutz der Natur, wird insofern besondere Relevanz zuteil, als das ökonomische und soziale Nachhaltigkeit letztendlich nicht ohne eine stabile ökologische Grundlage möglich sind: „Die Menschheit ist ohne eine bestimmte Qualität und Stabilität der Natur bzw. der ökologischen Systeme nicht überlebensfähig. Anders formuliert: Das ökonomische, aber auch das soziale System, können für sich alleine nicht nachhaltig sein." (ebd., S. 62).

Das in jüngster Zeit entwickelte Doughnut-Modell integriert die drei Säulen der Nachhaltigkeit, um deren Zusammenhänge zu unterstreichen, und differenziert die drei Bereiche gleichzeitig aus (Raworth 2017). Raworth kreiert den Doughnut als einen ökologisch sicheren und sozial gerechten Raum für die Menschheit (Raworth 2017, S. 39), dessen innerer Ring die von Raworth identifizierten zwölf Grundbedürfnisse der Menschen abbildet, wie z. B. ausreichend Nahrung und sauberes Wasser, aber auch Zugang zu Energie, Bildung und Informationsnetzwerken (Raworth 2017, S. 40). Der äußere Ring des Doughnut besteht aus der von Rockström et al. (2009) identifizierten „ökologischen Decke", zu denen Luftverschmutzung, Artensterben und Frischwasserverlust gehören (Raworth 2017, S. 41). Auch wenn das Doughnut-Modell Nachhaltigkeit differenzierter abbildet als das Drei-Säulen-Modell, so sind auch die hier benannten Ziele eine Reduktion, umfassen sie doch nicht *alle möglichen* Aspekte von Nachhaltigkeit.

Gemein ist den verschiedenen Modellen die Betonung, dass Nachhaltigkeit nicht nur auf die ökologische Dimension reduziert werden kann, sondern auch eine soziale, ökonomische und kulturelle Dimension umfasst. Als Ziele nachhaltigen Handelns können allgemein definiert werden: die Sicherung der menschlichen Existenz, die Bewahrung der globalen ökologischen Ressourcen, der Erhalt des

---

[1] Hauff und Claus (2012, S. 60) visualisieren diese Verwobenheit in einem integrierten Nachhaltigkeitsdreieck.

gesellschaftlichen Produktivpotenzials und die Gewährleistung der Handlungsmöglichkeiten heutiger und zukünftiger Generationen (Pufé 2014, S. 18; s.
Einleitung).

Sucht man in der Kommunikations- und Medienwissenschaft nach einem Forschungsfeld zu Nachhaltigkeit entsprechend des hier erarbeiteten Begriffs, so
lässt sich das hier relevante Gebiet in zwei große Bereiche unterteilen: das
der Nachhaltigkeitskommunikation und das kommunikations- und medienwissenschaftliche Forschungsfeld zum „guten Leben". Denn, wie bereits in der
Einleitung argumentiert, das Ziel einer nachhaltigen Gesellschaft steht in der
Tradition der seit der Antike gestellten Frage nach dem „guten Leben". Mit der
Aufarbeitung beider Forschungsfelder wird zum einen eine theoretische Basis für
die anschließende Diskussion der durchgeführten empirischen Studie gelegt. Zum
anderen kann durch diese Aufarbeitung gezeigt werden, wo eine Forschungslücke
in Hinblick auf Nachhaltigkeit und das „gute Leben" in der Kommunikations- und
Medienwissenschaft liegt, welcher sich die vorliegende Arbeit annimmt (s. für
eine Skizzierung der im Folgenden vorgestellten Forschungsfelder Kannengießer
2020b).

2.1 Nachhaltigkeitskommunikation

Ein Forschungsfeld, welches sich in der Kommunikations- und Medienwissenschaft explizit mit Nachhaltigkeit beschäftigt, ist das der Nachhaltigkeitskommunikation (für einen Überblick des Forschungsfeldes siehe Weder et al. 2021).
Hoppe und Wolling (2016, S. 339) schlagen vor, Nachhaltigkeitskommunikation
als analytisches Konzept für die Erforschung von Umweltkommunikation zu nutzen. Ein solcher Fokus auf Umweltkommunikation würde aber die oben beschriebene Mehrdimensionalität von Nachhaltigkeit auf die ökologische Dimension ver-
kürzen und soziale, ökonomische und kulturelle Aspekte ignorieren. Daher wird
hier eine breitere Definition des Begriffs Nachhaltigkeitskommunikation verfolgt:
„Nachhaltigkeitskommunikation ist [...] ein Verständigungsprozess, in dem es um
eine zukunftsgesicherte gesellschaftliche Entwicklung geht, in deren Mittelpunkt
das Leitbild der Nachhaltigkeit steht." (Michelsen 2007, S. 27) Analog zu der
oben erarbeiteten Definition von Nachhaltigkeit definiere ich Nachhaltigkeitskommunikation als medienvermittelte oder nicht-medienvermittelte Kommunikation,
die Aspekte thematisiert, welche die Befriedigung der Bedürfnisse heutiger oder
zukünftiger Lebewesen tangieren.

Hoppe und Wolling (2016, S. 342 f.) unterscheiden drei Forschungsbereiche der Nachhaltigkeitskommunikation: Ein erster Bereich beschäftige sich mit Unternehmenskommunikation, die sich am Prinzip der Nachhaltigkeit orientiere, ein zweiter Bereich analysiere Werbung in Hinblick auf Aussagen zur Nachhaltigkeit und ein dritter untersuche Nachhaltigkeit in Hinblick auf Medieninhalte. Zieht man die Komplexität des Forschungsfeldes in Betracht, das sich mit Nachhaltigkeitsthemen in der Kommunikations- und Medienwissenschaft beschäftigt, dann scheint die Auflistung und Abgrenzung dieser drei Bereiche verkürzt. So werden u. a. das Feld der Journalismusforschung, welches sich mit Nachhaltigkeitsthemen beschäftigt, aber auch das Feld der Rezeptionsforschung, welches sich mit der Rezeption, Aneignung und Wirkung von nachhaltigkeitsbezogenen Themen befasst, außer Acht gelassen.

In der Kommunikations- und Medienwissenschaft behandelt das Feld der Nachhaltigkeitskommunikation insbesondere als Umweltkommunikation die ökologische Säule des Säulenmodells von Nachhaltigkeit (s. o. und Corsten und Roth 2012, S. 1 f.). Das Forschungsgebiet der Umweltkommunikation thematisiert eben diese: „As with other forms of communication, environmental communication is both an activity/phenomenon and a field of study that, not surprisingly, studies the activity/phenomenon." (Meisner 2015, o. S.)

Meisner (ebd.) definiert Umweltkommunikation: „In the simplest terms, environmental communication is communication about environmental affairs." Die Komplexität des Feldes Umweltkommunikation wird u. a. in der von Hansen (2014) herausgegebenen dreibändigen Kompilation verschiedener Zeitschriften- und Buchbeiträge „Media and the Environment" deutlich, in dem 73 Beiträge Einblicke in das Forschungsfeld geben (für einen Überblick über das Forschungsfeld s. auch Hansen 2019).

Schäfer und Bonfadelli (2016, S. 318 ff.) teilen das Feld der Umweltkommunikation in drei Bereiche ein: 1) das Feld, welches sich mit den Kommunikator*innen der Umweltkommunikation beschäftigt, 2) die Forschung, die die Medieninhalte analysiert und 3) der Bereich, welcher die Rezeptionsseite in den Blick nimmt. Auch Hansen (2011, S. 20 f.) gliedert das Feld der Umweltkommunikation entlang dieser drei Bereiche, kritisiert jedoch, dass diese, also die Produktions-, Inhalts- und Rezeptionsebene, im Bereich der Umweltkommunikation selten verknüpft werden (inwiefern Schnittstellen berücksichtigt werden, zeigt die folgende Aufarbeitung des Felds). Eine solche Unterteilung ist auch sinnvoll, um das breitere Forschungsfeld der Nachhaltigkeitskommunikation zu skizzieren. In diesem Teilkapitel wird daher das Forschungsfeld der Nachhaltigkeitskommunikation entlang der drei Forschungsstränge aufgearbeitet, welche sich a) mit der Ebene der Medieninhaltsproduktion, genauer der der Journalismus- und Public-Relations-Forschung sowie der Wissenschafts-kommunikation auseinandersetzen (Abschn. 2.1.1), b) die Medieninhalte selbst in den Blick nehmen (Abschn. 2.1.2) sowie c) sich der Medienwirkungs- und Medienrezeptionsforschung widmen (Abschn. 2.1.3).

Bei der folgenden Aufarbeitung des Forschungsfeldes zu Nachhaltigkeitskommunikation zeigt sich, dass ein Schwerpunkt dieser nicht nur auf Umweltkommunikation, sondern hier vor allem auf Klimakommunikation liegt. Klimakommunikation bezeichnet die Kommunikationsprozesse, welche inhaltlich Klima und Klimawandel thematisieren.[2] Daher wird Umweltkommunikation oft auch als Krisenkommunikation bezeichnet (Meisner 2015, o. S.; Milstein 2009, S. 348), da Krisen wie Klimawandel und Erderwärmung, aber auch Naturkatastrophen wie z. B. die Explosion der Atomreaktoren in Tschernobyl oder Fukushima im Fokus stehen (Meißner 2017).

In Deutschland ist das Forschungsfeld zur Kommunikation des Klimawandels noch relativ jung (Schäfer 2016, S. 1), wobei in der internationalen Kommunikations- und Medienwissenschaft seit den 1960er Jahren untersucht wird, wie Klimawandel in den Medien repräsentiert wird (Schäfer und Schlichting 2014, S. 148). Gleiches kann im Allgemeinen für den Bereich der Umweltkommunikation festgestellt werden, der in Deutschland noch relativ jung ist, auf internationaler Ebene aber eine lange Tradition hat und hier mit der International Environmental Communication Association (www.theieca.org) sogar ein Fachverband der Umweltkommunikationswissenschaftler*innen besteht.

Durch die Fokussierung des Forschungsfeldes Nachhaltigkeitskommunikation auf Umweltkommunikation im Allgemeinen bzw. Klimakommunikation im Besonderen werden beide Bereiche entsprechend einen Schwerpunkt in der folgenden Aufarbeitung des Forschungsfeldes einnehmen.

2.1.1 Nachhaltigkeit in der Journalismus- und Public-Relations-Forschung sowie der Wissenschaftskommunikation

Ein erstes hier aufgearbeitetes Forschungsfeld der Nachhaltigkeitskommunikation beschäftigt sich mit den Kommunikator*innen der Kommunikationsprozesse,

---

[2] Der Begriff Klima meint die „statistisch ermittelten und beschriebenen Mittelwerte (und typischen Abweichungen davon) von Wettergrößen wie Temperatur, Niederschlag oder Wind" (Claussen 2003, S. 25 nach Neverla und Schäfer 2012, S. 9). Der Begriff des Klimawandels bezieht sich auf die Erkenntnis, dass sich in den vergangenen Jahrzehnten die mittlere globale Temperatur deutlich erhöht hat (Neverla und Schäfer 2012, S. 10).

die Nachhaltigkeit oder Aspekte von Nachhaltigkeit thematisieren wie Journalist*innen, Wissenschaftler*innen, aber auch im weitesten Sinne Akteur*innen
der Öffentlichkeitsarbeit, die für verschiedene Institutionen wie z. B. For-
schungseinrichtungen, aber auch politische Organisationen wie Ministerien oder
Nichtregierungsorganisationen agieren und an entsprechenden Kommunikationsprozessen teilhaben. Die Aufarbeitung des Forschungsfeldes zeigt, dass auch
in diesem Strang ein Schwerpunkt auf Umweltkommunikation liegt. Das Forschungsfeld, welches die Rolle der Akteur*innen im Bereich der Umweltkommunikation analysiert, untersucht u. a., wer diese Akteur*innen sind, wie und
warum sie handeln sowie welche Erwartungen sie an ihre Handlungen bzw. deren
Effekte stellen. Journalist*innen spielen als Gatekeeper eine wichtige Rolle für
Umweltkommunikation, weil sie aufgrund von Nachrichtenwerten über die Auswahl und Präsentation von Themen und Akteur*innen bestimmen (Schäfer und
Bonfadelli 2016, S. 318).

In einer Skizzierung des Forschungsstands zu Umweltjournalist*innen zeigen
Brüggemann und Engesser (2014, S. 401), dass sich deren Arbeitsbedingungen aufgrund der allgemeinen Krise des Journalismus verschlechtert haben und
es weniger entsprechend thematisch ausgerichtete Journalist*innen gibt (s. auch
Hansen 2011, S. 10 f.; Kunelius und Eide 2012, S. 336). Vielmehr gebe es zwar
Journalist*innen, die regelmäßig über Umweltthemen berichten, jedoch primär zu
anderen Themen arbeiten (Brüggemann und Engesser 2014, S. 402). Gibson et al.
(2016) lassen Umweltjournalist*innen in qualitativen Interviews die Probleme des
sich wandelnden Feldes des Journalismus beschreiben und zeigen, dass sie durchaus kreative Strategien entwickeln, um Umweltthemen zu platzieren. Zu diesen
Strategien gehört u. a. die Zusammenarbeit mit Stiftungen, welche die Arbeit der
Journalist*innen finanzieren (Brüggemann und Engesser 2014, S. 428). Durch
die fortschreitende Klimakrise und die zunehmende Relevanz von Klima- und
Nachhaltigkeitsthemen im gesellschaftlichen Diskurs (s. Einleitung), wird sich
diese Marginalisierung von Umweltjournalist*innen in den vergangenen Jahren
sicherlich geändert haben.

Die Perspektive von Journalist*innen auf Umweltthemen bzw. ihre Berichterstattung wird in verschiedenen Studien erforscht (z. B. früh Hauff 1980).
Engesser und Brüggemann (2016) beschreiben Klimajournalist*innen als Media-
tor*innen klimawissenschaftlicher Erkenntnisse. In einer komparativen Analyse,
in der Inhalte von Nachrichtenmedien aus Deutschland, Indien, der Schweiz,
Großbritannien sowie den USA untersucht sowie Befragungen mit Autor*innen
dieser Inhalte durchgeführt wurden, zeigen Brüggemann und Engesser (2017,
S. 62), dass ein Konsens unter den Journalist*innen in Hinblick auf die Existenz
des Klimawandels besteht und sich Skeptiker*innen nur in Nischen äußern. Auch

wenn die Leugnung des Klimawandels nicht als Position von den Journalist*innen vertreten wird, so wird diese Meinung und werden entsprechende Vertreter*innen in der Medienberichterstattung aber immer wieder erwähnt, wobei diese v. a. in britischen und US-amerikanischen Nachrichtenmedien vorkommt und entsprechende Medieninhalte v. a. von wenigen Medienorganisationen und hier wiederum individuellen Akteur*innen publiziert werden (ebd., S. 62 f.). So beschreiben Brüggemann und Engesser (2014) Klimajournalist*innen als Interpretationsgemeinschaft, die den Konsens eines anthropogenen Klimawandels sowie den Umgang mit Skeptiker*innen teilen. Rögener und Wormer (2015, S. 10) arbeiten in einer Studie mit Umweltjournalist*innen zehn Kriterien für guten Umweltjournalismus heraus, zu denen neben der Vermeidung von Über- und Untertreibung, der Nennung von Quellen sowie der Repräsentation verschiedener Sichtweisen auch die Darlegung von Lösungsmöglichkeiten für das entsprechende Umweltproblem gehören.

Studien zeigen auch, wie Journalist*innen mit Akteur*innen der politischen Öffentlichkeitsarbeit zusammenarbeiten, u. a. weil Arbeitsbedingungen auf Klimakonferenzen dies erfordern und die Medieninhalte entsprechend von beiden Akteursgruppen gestaltet werden, wie Adolphsen und Lück (2012) am Beispiel der UN-Weltklimakonferenz in Cancún darlegen. Lück, Wozniak und Wessler (2016) identifizieren die Netzwerkbildung zwischen Journalist*innen sowie Akteur*innen von Umwelt-Nichtregierungsorganisationen am Beispiel von Weltklimakonferenzen und zeigen, dass diese Netzwerkbildung abhängt von der Art der Medien, für die die Journalist*innen arbeiten, von den jeweiligen Zielgruppen der Medienvertreter*innen und solchen von Nichtregierungsorganisationen sowie von der Strategie letzterer, entweder Lobbyarbeit oder Mobilisierung zu betreiben (s. auch Pan et al. 2020 zur Kommunikation chinesischer Journalist*innen und chinesischer Mitarbeiter*innen von Nichtregierungsorganisationen zwischen den Weltklimakonferenzen in Paris 2015 und Bonn 2017 über WeChat).

Aber auch außerhalb politischer Großveranstaltungen wie den Klimakonferenzen kommt es zur Zusammenarbeit zwischen Journalist*innen und weiteren Akteur*innen, z. B. mit Wissenschaftler*innen aus diesem Bereich (Peters und Heinrichs 2005, S. 91 ff.). In der Onlinekommunikation spielen Klimaforscher*innen sowie entsprechende wissenschaftliche Institutionen nicht die Hauptrolle, wie Schäfer (2012a, S. 529) in einer Metaanalyse des Forschungsfeldes zu Klimawandel und Internetmedien feststellt, sondern v. a. Nichtregierungsorganisationen, die Internetmedien nutzen, um Informationen zu verbreiten, sich zu vernetzen, die Bevölkerung zu mobilisieren und Verhaltensänderungen zu provozieren, aber auch Fundraising zu betreiben und Aufmerksamkeit der traditionellen Massenmedien zu generieren (ebd., S. 530 f.; Schäfer 2012b, S. 72 ff.).

Die Akteur*innen der hier relevanten Öffentlichkeitsarbeit „versuchen durch die Inszenierung von Events, durch Agenda-Building und strategisches Framing ihre Perspektiven und Argumente zu Umweltfragen im öffentlichen bzw. medialen Diskurs zu platzieren" (Schäfer und Bonfadelli 2016, S. 318). Ob sich die Bedeutung von Klimawissenschaftler*innen im medialen Diskurs nach der Relevanz der Wissenschaftskommunikation während der Covid-19-Pandemie verändert hat, wäre nun zu untersuchen.

Die intensive Nutzung von Internetmedien durch Nichtregierungsorganisationen ist unter anderem darin begründet, dass diese Akteur*innen über eher eingeschränkte finanzielle Ressourcen verfügen und ihnen mit Internetmedien sehr kostengünstige Kommunikationskanäle zur Verfügung stehen (Schäfer 2012b, S. 72). Dabei sind die Adressat*innen der Informationsprozesse durch Umweltnichtregierungsorganisationen nicht nur die Massenmedien und Journalist*innen, welche versucht werden neben u. a. traditionellen Formaten der Öffentlichkeitsarbeit (wie Pressemitteilungen und Pressekonferenzen) auch über Internetmedien zu erreichen (ebd.), sondern auch Politiker*innen, deren Entscheidungen durch Lobbyarbeit beeinflusst werden soll (Doyle 2009, S. 114).

Brand, Eder und Poferl (1997, S. 192 ff.) sehen Ende der 1990er Jahre eine Professionalisierung der Umweltnichtregierungsorganisationen, die sich in einer zunehmenden Verwissenschaftlichung, organisatorischen Restrukturierungen sowie dem Einzug von Marketingmethoden in die Öffentlichkeitsarbeit der Organisationen wahrnehmen lasse. Die allgemeine Bevölkerung ist ein Adressat der Kommunikation von Umweltnichtregierungsorganisationen, die versuchen, das klima- und umweltbezogene Verhalten von Menschen durch Informationen zu verändern, Fundraising mittels Onlinekommunikation zu betreiben oder Menschen zum Mitmachen an umweltpolitischen Aktionen zu animieren (ebd.).

Nichtregierungsorganisationen wie Avaaz oder Campact haben sich darauf spezialisiert, in Onlinekampagnen eine hohe Anzahl von Unterstützer*innen für Onlineunterschriftenaktionen zu gewinnen, wobei das Themenspektrum dieser Aktionen erstaunlich breit ist, von innen- über außenpolitische Themen reicht und neben u. a. Gleichstellung und Wirtschaftsthemen eben auch Umweltbelange thematisiert werden (s. www.campact.de und www.avaaz.org; s. hierzu auch Abschn. 2.2.3). Während Nichtregierungsorganisationen v. a. als „Warner" im Onlinediskurs um Klimawandel agieren, sind Skeptiker*innen überwiegend unter den Blogger*innen zu finden (Adam et al. 2017).

Seit 2018 dominiert ein neuer Kommunikator das Feld der Umwelt- bzw. Klimakommunikation, nämlich die Fridays for Future Bewegung. Durch ihre wöchentlichen Demonstrationen an vielen Orten weltweit, aber auch ihre Nutzung von Internetmedien, u. a. das Bespielen eigener Onlineplattformen (s. für Fridays for Future International https://fridaysforfuture.org/oder Fridays for Future Deutschland https://fridaysforfuture.de/) und eigener Facebook- und Twitter-Profile, beeinflusst die Bewegung nicht nur den medialen, sondern auch den gesellschaftlichen und schließlich politischen Diskurs zum Klimawandel bzw. Klimaschutz (zur Fridays for Future Bewegung z. B. Wahlström et al. 2019; Haunss und Sommer 2020, s. auch Einleitung und Abschn. 3.2.6). Und auch während der Covid-19-Pandemie, als die wöchentlichen Demonstrationen vielerorts eingeschränkt oder verboten waren und sich die Bewegung aufgrund ihres Vertrauens in die Wissenschaft (der sich nicht in Hinblick auf das Klima, sondern auch in Hinblick auf die Pandemie zeigte) nicht mehr in Präsenz zusammenfand, hat die Fridays for Future Bewegung über verschiedene Onlinemedien ihren Protest weiter artikuliert (Kannengießer 2021a).

Internetmedien werden auch selbst zum Objekt von Umweltaktivist*innen. Beispiele für entsprechende Aktionen sind die „gezielte Störung der Onlinepräsenz der CO^2-Zertifikate-Handelsbörse ‚European Climate Exchange'" (Schäfer 2012b, S. 75) durch die Herstellung einer gefälschten Website im Jahre 2010 oder der „Diebstahl der eMail-Korrespondenz [sic!] einiger Klimawissenschaftler der britischen University of East Anglia" (ebd.) im Jahre 2009.

Die Wissenschaftler*innen, die Internetmedien (u. a. Weblogs und Twitter) für die Kommunikation über Klimawandel nutzen, verfolgen v. a. die Ziele der Wissensvermittlung, der Anregung wissenschaftlicher Diskussion sowie der Teilhabe der Bevölkerung an Wissenschaftskommunikation (Schäfer 2012a, S. 529). Zu betonen ist hier, dass diese Erkenntnis mehrere Jahre alt ist und sich die Nutzung von Internetmedien von Wissenschaftler*innen in den vergangenen Jahren stark verändert hat, Wissenschaftler*innen zunehmend Onlinemedien und hier v. a. Twitter nutzen, um für sich und ihre Themen Öffentlichkeit zu generieren (s. zum Forschungsfeld der Wissenschaftskommunikation u. a. Bonfadelli et al. 2017). Wie Wissenschaftler*innen Nachhaltigkeitsforschung als Thema in ihren jeweiligen Disziplinen wahrnehmen, analysieren Lüthje und Thiele (2018) unter dem aussagekräftigen Zitat, das sie als Publikationstitel wählen: „Nachhaltigkeit ist ein Omnibus, in dem jeder mitfahren darf."

Schäfer et al. (2012, S. 235) „untersuchen die Intensität des Kontakts und die (mögliche) Anpassung der Wissenschaft bezogen auf die Massenmedien". Sie (ebd., S. 248 f.) sprechen von einer Mediatisierung der Klimawissenschaftler*innen und zeigen, dass diese nicht nur häufig Kontakt zu Journalist*innen haben, Medien als Informationsquelle für ihre Wissenschaft nutzen und es als wichtig erachten, dass ihre Forschung von den Medien berücksichtigt wird. Die Autor*innen (ebd., S. 249) zeigen aber auch, dass es graduelle Unterschiede unter den entsprechenden Wissenschaftler*innen in Hinblick auf ihre Medienkontakte und -orientierung gibt, die z. B. zwischen den Generationen zu finden sind. Bereits 1995 sprechen Mormont und Dasnoy von der Mediatisierung[3] des Klimawandels, wenn sie die Zusammenarbeit von Journalist*innen mit Wissenschaftler*innen sowie politischen Akteur*innen untersuchen (Mormont und Dasnoy 1995).

Umweltkommunikation ist auch ein Teil der Unternehmenskommunikation. Schäfer und Bonfadelli (2016, S. 319) argumentieren, dass unter dem Stichwort „Corporate Social Responsibility" Firmen ihre ökologischen Bilanzen einer breiteren Öffentlichkeit kommunizieren, aber auch, dass sie die Umweltfreundlichkeit ihres Unternehmens in ihren Werbekampagnen betonen.[4] Prexl (2009, S. 21) formuliert die These, „dass Unternehmen mittels Public Relations zur gesamtgesellschaftlichen Kommunikation über Nachhaltigkeitsthemen beitragen können und damit das Potenzial haben, eine nachhaltige Entwicklung direkt und indirekt voranzutreiben." Nielsen et al. verweisen auf die Komplexität des Themas Nachhaltigkeit in der Wirtschaftskommunikation:

> „Nachhaltigkeit in der Wirtschaftskommunikation befasst sich mit einer Vielzahl von Themen (CSR, Klimawandel, Kultur, Marketing usw.) und mit einer Vielzahl von Kommunikationsformen (intern/extern, mündlich/schriftlich, informativ/persuasiv usw.) aus einer Vielzahl von (inter)disziplinären Perspektiven (kommunikationstheoretisch, linguistisch, betriebswirtschaftlich, soziologisch, politologisch, juristisch usw.) sowie – trotz terminologischer Festlegung durch das Bestimmungswort ‚Wirtschaft' im Kompositum Wirtschaftskommunikation – mit vielen Sphären (neben Wirtschaft auch Natur, Kultur, Politik, Recht usw.)." (Nielsen et al., 2013, S. 11)

In dem Sammelband „Nachhaltigkeit in der Wirtschaftskommunikation" werden verschiedene Fallstudien präsentiert, mit denen diese Komplexität des Forschungsfeldes exemplarisch dargestellt werden (Nielsen et al. 2013). Die Fallbeispiele untersuchen, wie das Konzept der Nachhaltigkeit sowohl in der externen Unternehmenskommunikation, wie der Werbung und im Marketing, als auch in der internen Kommunikation, z. B. im Projektmanagement oder in der Teamarbeit verfolgt wird (s. ebd.).

Andersen et al. (2013, S. 22 ff.) stellen in einer quantitativen Analyse von Berichten 288 US-amerikanischer und europäischer Unternehmen bereits im

---

[3] Mediatisierung bezeichnet die zunehmende „Komplexität der Medienumgebung der Individuen […] und [verweist] auf eine Bedeutungszunahme medienvermittelten Erlebens und Erfahrens auch für Meso- und Mikroprozesse und -strukturen." (Krotz 2008, S. 154)

[4] Eine Skizze des Forschungsstands zu Nachhaltigkeitskommunikation von Unternehmen ist zu finden bei Prexl 2009, S. 150 ff.

Zeitraum von 1997 bis 2010 fest, dass die Verwendung des Begriffs Nachhaltigkeit extrem gestiegen ist. Es wäre zu untersuchen, ob und es ist sehr wahrscheinlich, dass in der vergangenen Dekade eine weitere Relevanzzunahme im Bereich der Unternehmenskommunikation erfolgt ist. Nachhaltigkeit gewinnt also nicht nur in der Unternehmenskommunikation an Bedeutung, sondern auch im entsprechenden Forschungsfeld.

Baringhorst beobachtet eine Zunahme moralischer und politischer Aufladung kommerzieller Werbung und bewertet diese als Antwort der Unternehmen auf die Kritik politischer Bewegungen „an den ökologischen wie sozialen Folgen einer unregulierten kapitalistischen Wachstumsökonomie" (Baringhorst 2010a, S. 9). Schlichting und Schmidt (2013) arbeiten aus einer umfassenden Literaturstudie vier dominante Frames heraus, wie Unternehmen, aber auch politische Akteur*innen und zivilgesellschaftliche Organisationen Nachhaltigkeitsthemen in ihren Positionspapieren, Pressemitteilungen, Werbekampagnen und Geschäftspapieren konstruieren. In Hinblick auf die drei Dimensionen des Nachhaltigkeitskonzepts (s. Einleitung) zeigen sie (ebd., S. 115 ff.), dass diese Dimensionen von den Akteur*innen unterschiedlich gewichtet werden: Während in dem von ihnen benannten „Scientific Uncertainty"-Frame, den sie der ökonomischen Dimension zuschreiben, das Klimaproblem negiert und keine Handlungsnotwendigkeit gesehen wird, ordnen sie den von ihnen benannten „Climate Justice"-Frame, welcher Klimawandel als Gerechtigkeitsproblem ansieht, der sozialen Dimension der Nachhaltigkeit zu. Ein dritter Frame ist der „Global Economics"-Frame, welcher Klimawandel als Problem wahrnimmt, die Kosten für die Lösung des Problems jedoch zwischen den Ländern gleich verteilen will und den freien Markt als Lösung konstruiert. Der vierte Frame ist der „Ecological Modernization"-Frame, welcher alle drei Ebenen der Nachhaltigkeit, die soziale, die ökomische und die ökologische, integriert. Er nimmt Klimawandel als ein Problem wahr und sieht in technischen Innovationen eine Lösung für das Problem. Schlichting und Schmidt (2013, S. 123 ff.) zeigen, dass der „Scientific Uncertainty"-Frame v. a. von US-amerikanischen Gruppen aus dem konservativ-evangelikalen Milieu und Think Tanks vertreten wird, während der „Global Economics"-Frame von kohlenstoffintensiven Industrien und politischen Akteur*innen aus Ländern mit bedeutenden fossilen Rohstoffvorkommen vertreten wird. Der „Ecological Modernization"-Frame werde von einer breiten Akteursgruppe aus Unternehmen, politischen Akteur*innen und auch der Umweltbewegung hergestellt, die optimistisch davon ausgingen, dass durch technische Innovationen sowohl ein nachhaltiges als auch gerechtes und ökologisches Wirtschaften möglich sei.

Als ein Stichwort in diesem Zusammenhang sei das „Grüne Wachstum" genannt, auf das u. a. in Deutschland verschiedene Akteur*innen aus Politik und Wirtschaft setzen, um sich nicht vom Wachstumsparadigma zu lösen, die aber dieses mit sozialen und ökologischen Aspekten des Nachhaltigkeitskonzepts verbinden (für einen kurzen Überblick s. Schulz und Affolderbach 2015). Akteur*innen, die dieses Framing als unrealistisch oder falsch kritisieren[5], da sie Wachstum und Nachhaltigkeit als nicht vereinbar wahrnehmen, ordnen Schlichting und Schmidt dem „Climate Justice"-Frame zu, der v. a. von Nichtregierungsorganisationen und einigen wenigen politischen Akteur*innen vertreten wird, aber auch von einzelnen Wirtschaftswissenschaftler*innen. In diesem Zusammenhang sei auch das Stichwort Postwachstumsökonomie genannt, unter dem ein Wirtschaftsmodell ohne Wachstum entworfen wird, das in allen drei Dimensionen des Nachhaltigkeitskonzepts positiv wirken kann (s. hierzu als einen der in Deutschland prominentesten Vertreter dieses Ansatzes: Paech 2005 und 2012a, s. auch Abschn. 2.2.3). Schmidt und Schlichting (2013, S. 125 f.) weisen darauf hin, dass die Frames im Zeitverlauf unterschiedlich stark vertreten werden, so nehme die Anzahl der Akteur*innen, die den „Scientific Uncertainty"-Frame postulieren, ab, während die Anzahl der Vertreter*innen des „Ecological Modernization"-Frame zunehme. Auch zeigt die Frame-Analyse von Schlichting und Schmidt nicht nur, dass sehr unterschiedliche und sich widersprechende Frames in Hinblick auf Klimawandel vertreten werden, sondern auch, dass diese immer politisch und von Eigeninteressen motiviert sind.

In einer quantitativen Analyse der Websites von 300 Unternehmen, nichtprofitorientierten Organisationen und Universitäten zeigen Ott, Wang und Bortree (2016), dass fast alle Universitäten Nachhaltigkeitsthemen auf ihren Websites abbilden, dies auch die Hälfte der Unternehmen tun, aber fast keine nicht-profitorientierte Organisationen Nachhaltigkeit auf ihren Websites thematisieren – was sich in den vergangenen Jahren geändert haben sollte. Neben den wissenschaftlichen Studien erklären Handbücher für Akteur*innen, die in der Praxis arbeiten, wie sie Nachhaltigkeits- und Umweltkommunikation überzeugend betreiben können (s. z. B. Parker 1997; McKenzie-Mohr et al. 2012; Robertson 2019).

Zusammenfassend lässt sich für den Forschungsstrang der Nachhaltigkeitskommunikation, welcher sich mit der Produktion von Medieninhalten, also dem

---

[5] Zur Kritik am Konzept des Grünen Wachstums s. u. a. Paech (2012b), der kritisiert, dass in einer Welt mit endlichen Ressourcen Wachstum eben nicht unendlich sein könne, und dass auf die sozial-ökolgischen Folgen des grünes Wachstums hinweist.

Bereich der Journalismus- und Public-Relations-Forschung sowie Wissenschafts- und Unternehmenskommunikation beschäftigt, festhalten, dass die Akteur*innen, die Medieninhalte produzieren, welche (Aspekte von) Nachhaltigkeit thematisieren, sehr heterogen sind und sich das Feld der Kommunikator*innen ändert u. a. indem neue zentrale Akteure wie die Fridays for Future Bewegung hinzugekommen sind. Es zeigte sich auch, dass die Kommunikator*innen der Nachhaltigkeitskommunikation auch in Netzwerken arbeiten, u. a. anlässlich internationaler Klimakonferenzen. Und schließlich haben sich die Möglichkeiten für diese Kommunikator*innen durch die Etablierung von Onlinemedien und hier v. a. Onlinenetzwerke und Microbloggingdienste wie Twitter verändert.

2.1.2 Nachhaltigkeit in der Medieninhaltsforschung

Ein zweiter Bereich der Nachhaltigkeitskommunikation setzt den Fokus auf Medieninhalte und beschäftigt sich überwiegend mit den Fragen wie und welche Aspekte von Nachhaltigkeit in den Medien repräsentiert werden und in welchen Medien sie dargestellt werden. Dabei nehmen verschiedene Studien insbesondere Einzelmedien aus unterschiedlichen Ländern in den Blick, wobei der Fokus in den vergangenen Dekaden insbesondere auf Printmedien lag, was sich erst in den letzten Jahren verschiebt und zunehmend (auch) Internetmedien untersucht werden.

Während in der Kommunikations- und Medienwissenschaft v. a. die Analyse der Berichterstattung über nachhaltigkeitsrelevante Themen in den Nachrichtenmedien (und hier Tageszeitungen) dominieren, werden Inhalte von fiktionalen Medien seltener untersucht (s. für einen Überblick zu Nachhaltigkeit und Unterhaltungsmedien Bilandzic und Kalch 2021). Ausnahmen bilden hier z. B. die Analysen der TV-Serie Die Simpsons in Hinblick auf die hier genutzte Umweltrhetorik (Todd 2014) oder Filmanalysen des Science-Fiction-Genres (Podeschi 2014) oder des Animationsfilms (Starosielski 2014a).

Brand konstatiert, dass das Nachhaltigkeitskonzept aufgrund fehlender Problemdiagnosen und Handlungsperspektiven für eine massenmediale Vermittlung wenig tauglich sei, da es „zu allgemein, zu wenig konturiert ist, um mobilisierungsfähig zu sein" (Brand 2000, S. 13 f.). Doch zeigen Medieninhaltsanalysen nicht nur, dass Nachhaltigkeit sehr wohl ein Thema in den (Massen-)Medien ist, sondern auch, dass die Berichterstattung über Nachhaltigkeit in den Medien in den vergangenen Dekaden zugenommen hat (Barkemeyer 2009; Fische et al. 2017). Vor allem aufgrund der aktuellen, aber noch wenig erforschten Initiativen, welche in der Einleitung benannt wurden, wie die sozialen Bewegungen Extinction Rebellion oder Fridays for Future oder die Ziele für nachhaltige Entwicklung der Vereinten Nationen, erfährt Nachhaltigkeit derzeit auch in den medialen Diskursen eine Konjunktur, vielleicht sogar einen vorläufigen Höhepunkt.

Fischer, Haucke und Sundermann (2017) analysieren die Repräsentation des Konzeptes Nachhaltigkeit in sechs deutschen Printmedien (Der Spiegel, Die Zeit, Frankfurter Allgemeine Zeitung, Süddeutsche Zeitung, Die Tageszeitung, Die Welt) von 1995 bis 2015 und stellen in einer quantitativen Erhebung fest, dass die entsprechende Berichterstattung nicht nur zugenommen habe, sondern durch eine qualitative Analyse auch, dass sich die Bedeutung des Begriffs von einem verschwommenen und ambivalenten Modewort zu einem differenzierteren und elaborierteren Terminus entwickelt habe.

Glathe (2010) untersucht die Repräsentation des Themas Nachhaltigkeit in ausgewählten Sendungen deutscher Fernsehsender und deutschsprachiger Weblogs.[6] Für die Analyse der ausgewählten Fernsehinhalte zum Thema Nachhaltigkeit hält sie (ebd., S. 83) fest, dass insbesondere ökologische Themen verfolgt werden und Nachhaltigkeit zuweilen auf Umweltschutz reduziert werde. In Hinblick auf nachhaltiges Wirtschaften werden überwiegend nachhaltige Banken, ethische Geldanlagen oder das Geldsparen durch nachhaltiges Verhalten thematisiert (ebd.). Die soziale Dimension des Nachhaltigkeitskonzepts werde v. a. durch Themen wie fairer Handel und Arbeitsbedingungen aufgegriffen (ebd.). In Hinblick auf die Art und Weise der medialen Darstellung dieser Themen arbeitet Glathe (ebd., S. 84 ff.) anhand der von ihr ausgewählten Sendungen heraus, dass diese u. a. in Gegenüberstellungen nachhaltiger und konventioneller Aspekte inszeniert werden: durch Praxistests und die Konstruktion von Vorbildern (wobei dies nicht nur Menschen, sondern auch Institutionen, Städte oder Länder sein können) sowie durch die Formulierung von Tipps und Appellen, der Verbreitung aufklärender Informationen, aber auch durch die Ausmachung von Trends. Sie hält in ihrer Analyse fest, dass Nachhaltigkeit durchweg als positiv bewertet werde (ebd., S. 104).

Eine Analyse der Medienberichterstattung zu Umweltthemen der 1960er, 1970er und 1980er Jahre stellte fest, dass die Berichterstattung ab Anfang der 1970er Jahre nicht nur exponentiell steige, sondern das Themenspektrum auch komplexer werde und sich die Umweltberichterstattung politisiere (s. Krämer 1986).

---

[6] Da mit dem Forschungsgegenstand Utopia.de eine Onlineplattform im Mitttelpunkt einer der Fallstudien steht, die das Thema Nachhaltigkeit verfolgt, wird der Forschungsstand zu Nachhaltigkeit und Internetmedien detaillierter in Abschn. 2.2.3 aufgearbeitet.

Mit einer spezifischen Länderperspektive analysiert Lewis (2000) die Repräsentation des Themas Nachhaltigkeit in US-amerikanischen Printmedien im
Zeitraum 1987 bis 1997 und kommt zu dem Ergebnis, dass Nachhaltigkeit
hier v. a. in Hinblick auf wirtschaftliches Wachstum und Entwicklung thematisiert werde (für eine Analyse der Nachhaltigkeitsberichterstattung in der
britischen Presse s. Diprose et al. 2017). Nash und Bacon (2006) untersuchen
die Berichterstattung zu Nachhaltigkeit in sechs englischsprachigen Printmedien aus verschiedenen südostasiatischen Ländern (Thailand, Malaysia, Vietnam
Indonesien, Philippinen, Hongkong), wobei sie Umweltthemen in ihrem Sample
fokussieren. Sie (ebd., S. 132 f.) zeigen, dass diese in der Berichterstattung der
ausgewählten Medien sehr wohl thematisiert werden, und verdeutlichen außerdem
anhand eines Beispiels aus Vietnam, dass die Berichterstattung genutzt werde,
um die Umweltpolitik der Regierung zu kritisieren. Doch sind die Autor*innen
eher skeptisch, dass diese Umweltberichterstattung eine positive Wirkung auf
die ökologische Situation in den Ländern hat (ebd., S. 133; zur Wirkung der
Medienberichterstattung über Nachhaltigkeitsthemen s. Abschn. 2.1.2).

Mit Blick auf massenmediale Berichterstattung zu Nachhaltigkeitsthemen
allgemein konstatiert Hansen (2011, S. 17), dass Studien in diesem Feld insbesondere die Sprache analysieren und weniger die visuelle Ebene. Autor*innen,
die das Visuelle fokussieren sind z. B. Seppänen und Väliverronen (2003) mit
ihrer Untersuchung zu Fotografien in Berichten über Biodiversität in Tageszeitungen, sowie Lester und Cottle (2009) mit ihrer Analyse zur Visualisierung des
Klimawandels in Fernsehnachrichten, ferner Hahn, Eide und Ali (2012), die die
Visualisierung des Klimawandels in Printmedien untersuchen.

Vor allem der Framing-Ansatz wird für die Analyse der Medieninhalte innerhalb der Umweltkommunikation verwendet (Hansen 2011, S. 14 ff. und S. 19),
wobei Hansen (ebd., S. 19) kritisiert, dass die Framing-Analysen der Inhaltsanalysen nicht mit Framing-Analysen auf der Rezeptionsebene verknüpft werden.
Der hier aufgearbeitete Forschungsstand zeigt, dass Studien meist entweder
die Medieninhalte *oder* die Medienwirkung untersuchen und nicht beides im
Zusammenspiel. Eine Ausnahme bildet hier z. B. die Studie von Sampei und
Aoyagi-Usui (2009), die zeigt, dass nicht nur die Berichterstattung über Klimaerwärmung in japanischen Zeitungen im Zeitraum von 1998 bis 2007 zugenommen
hat, sondern, wie sie konstatieren, damit einhergehend auch das öffentliche
Interesse für dieses Thema. Auch Bonfadelli (2007) argumentiert mit einer
Framing-Analyse Schweizer Medien, dass die Berichterstattung über Nachhaltigkeit seit der Konferenz der Vereinten Nationen über Umwelt und Entwicklung
1992 zugenommen hat, dass aber Nachhaltigkeit in der Boulevardpresse kaum
thematisiert werde.

Auch in den Medieninhaltsanalysen wird sichtbar, dass das Thema Klima bzw.
Klimawandel inhaltlich dominiert. Schäfer und Schlichting (2014) arbeiten in
einer Metaanalyse das Forschungsfeld der internationalen Kommunikations- und
Medienwissenschaft zur Repräsentation von Klimawandel in Medieninhalten auf.
Sie (ebd., S. 144) untersuchen, wann die Studien publiziert wurden, welchen
geografischen Fokus sie setzen, welche Medien in den Blick genommen werden
und welche Methoden angewendet wurden. In ihrer Analyse 133 ausgewählter
Publikationen kommen sie zu dem Ergebnis, dass Forschung zur Repräsentation
von Klimawandel in Medieninhalten seit den 1960er Jahren kontinuierlich gestiegen ist, wobei Höhepunkte der Forschung bei entsprechenden Ereignissen wie
der Veröffentlichung des Brundtland-Berichts 1987 oder dem Weltgipfel 1992 in
Rio de Janeiro, Brasilien, zu verzeichnen seien (ebd., S. 148). Die Medieninhalte wurden gleichwertig mit Hilfe von quantitativen und qualitativen Methoden
untersucht (ebd., S. 152). In Hinblick auf die geografische Region können Schäfer und Schlichting (ebd., S. 149) festhalten, dass europäische Staaten und hier
v. a. das Vereinigte Königreich und Schweden im Fokus der Studien lagen, wobei
zu erwähnen ist, dass Studien zu deutscher und französischer Medienberichterstattung interessanterweise über die Zeit weniger wurden. Neben Europa waren
es v. a. USA, Kanada und Mexiko bzw. deren Medienberichterstattung, die im
Fokus der Studien standen (ebd.).[7]

Die von Schäfer und Schlichting wahrgenommenen Veränderungen der Studien in Hinblick auf die Auswahl der untersuchten Medien ist sicherlich nicht
zuletzt dem Medienwandel zuzuschreiben. Festgestellt werden konnte, dass die
Analyse von Printmedien zwar dominierte, aber über den Zeitverlauf abnahm, seit
Internetmedien in den 1990er Jahren zunehmend in das Interesse der Forschung
rückten. Hier wurden v. a. Websites von Nachrichtenmedien untersucht, aber
auch weitere Internetmedien wie Onlineforen, Weblogs oder Videoplattformen
wie YouTube (ebd., S. 150 ff.).

In einer komparativen Studie, in der die Medienberichterstattung über Klimawandel in den Leitmedien aus 26 westlichen und nicht-westlichen Ländern
in den Jahren 1996 bis 2010 analysiert wurde, zeigen Schäfer, Ivanova und

---

[7] Für Medieninhaltsanalysen zur Klimaberichterstattung in US-amerikanischen Medien s.
z. B. Antilla 2005; Boykoff 2008; Boykoff und Boykoff 2004; Boykoff und Boykoff 2007;
Bohr 2020. Für komparative Analysen zu einem Vergleich US-amerikanischer und britischer Medienberichterstattung über Klimawandel s. Boykoff 2007 oder zum Vergleich US-
amerikanischer und schwedischer themenrelevanter Medieninhalte s. Shehata und Hopmann
2012, für einen Vergleich US-amerikanischer, britischer und australischer Printmedienin-
halte s. O'Neill 2013, sowie für einen Vergleich 41 verschiedener Länder Barkemeyer et al.
2017, für eine Analyse der

Schmidt (2012, S. 137) nicht nur, dass diese themenbezogene Medienberichterstattung zunehme, sondern auch, dass sie sowohl in „Verursacher-Ländern" als auch „Betroffenen-Ländern" ein relevantes Medienthema sei. Dabei arbeiten Inhaltsanalysen aber heraus, dass die Klimaberichterstattung ebenfalls „national-kulturell" eingebettet werde und sich dadurch inhaltlich unterschiedliche Berichterstattungen ergeben (Neverla und Schäfer 2012, S. 19). Zu ähnlichen Ergebnissen kommen Grundmann und Scott (2014) in ihrer Analyse von jeweils zehn Printmedien in den USA, Großbritannien, Frankreich und Deutschland. So konstatieren sie (ebd., S. 232), dass Skeptiker*innen des Klimawandels in den USA und Frankreich mehr zu Wort kommen als in Deutschland und Großbritannien. Dabei sind jedoch nicht nur kulturelle und nationale Kontexte relevant für die Berichterstattung über Nachhaltigkeitsthemen, sondern auch historische Erfahrungen. So zeigt eine Analyse von vier englischsprachigen Printmedien in Indien, dass das Thema Klimawandel in „nicht-westlichen" Ländern mit Erfahrungen aus der vergangenen kolonialen Unterdrückung verstrickt werden und der Diskurs um Klimawandel mit den Konstruktionen eines „Wir" versus „Sie" entlang der Achse ehemaliger Kolonialherrscher und -beherrschten konstruiert werde (Billett 2010).

Ein gegenteiliges Ergebnis verzeichnet allerdings die Untersuchung einer komparativen Studie der Berichterstattung zu den UN-Klimagipfeln. Wessler et al. (2016) analysieren die Berichterstattung über die UN-Weltklimakonferenzen 2010 bis 2013 in Printmedien aus Brasilien, Deutschland, Indien, Südafrika und den USA und zeigen anhand der Herausarbeitung vier dominanter Frames (Opfer der Klimaerwärmung, zivilgesellschaftliche Forderungen, politische Verhandlungen sowie nachhaltige Energie), dass sich die Berichterstattung in den verschiedenen Ländern sehr ähnelt (ebd., S. 434 ff.). Sie (ebd., S. 423) begründen diese Ähnlichkeit u. a. nicht nur mit dem stark reglementierten Zugang zu Informationen auf diesen politischen Großveranstaltungen, sondern auch mit dem intensiven Kontakt der Journalist*innen untereinander sowie mit anderen Akteur*innen während dieser Events.

Auch Kunelius und Eide (2012) untersuchen die Berichterstattung aus 13 verschiedenen Ländern weltweit zu den UN-Weltklimakonferenzen (insbesondere den Gipfeln auf Bali 2007 und in Kopenhagen 2009) und arbeiten zwei verschiedene Positionen der berichtenden Journalist*innen heraus: zum einen eine normative optimistische Position, die ein multilaterales Abkommen fordere, und zum anderen journalistische Positionen des Realismus, welche die Machtgefüge im Klimadiskurs dekonstruieren und nationalstaatliche Positionen betonen. In einem von Eide, Kunelius, und Kumpu (2010) herausgegebenen Sammelband untersuchen die Autor*innen die Berichterstattung zu den Klimagipfeln in

Bali und Kopenhagen in 18 verschiedenen Ländern und zeigen hier die lokale Relevanz der Berichterstattung auf.

Solche Klimagipfel sind u. a. die Ursache, warum die Berichterstattung über Nachhaltigkeit oder Klimawandel zyklisch verläuft, denn Untersuchungen der Entwicklung zur Umweltberichterstattung in traditionellen Massenmedien zeigen einen eben solchen zyklischen Verlauf, dass also Umweltthemen mal mehr, mal weniger Platz in der massenmedialen Berichterstattung einnehmen (z. B. Eisner et al. 2003; Holt und Barkemeyer 2012; Schäfer et al. 2012, S. 138). Dies ist auch zurückzuführen auf das Vorkommen einzelner Umweltkatastrophen, welche die Berichterstattung ansteigen lassen. Schäfer und Bonfadelli stellen fest (2016, S. 321), dass „die meisten Medienberichte ihren Fokus auf Umwelt als Problem legen, z. B. im Kontext von Naturkatastrophen, aber mögliche Lösungen von Umweltproblemen nicht thematisiert und diskutiert werden." Dies ist sicherlich auch mit Theorien zu Nachrichtenwerten zu erklären, welche u. a. neben Zeit (Dauer) und Nähe auch die Überraschung und Dramatik (Konflikt und Schaden) als Kriterien für die Berichterstattung erachten (s. früh Lippmann 1947 [1922]; Schulz 1976; Eilders 1997) – Faktoren, die für Naturkatastrophen zutreffend sind, nicht jedoch für langwierige Lösungen von Umweltproblemen. Neverla und Schäfer (2012, S. 18) konstatieren sogar: „Medien dramatisieren häufig die möglichen Folgen des Klimawandels, indem sie wissenschaftliche Unsicherheitsmaße verschweigen und/oder die möglichen Folgen für konkrete raum-zeitliche Konstellationen plastisch machen."

So sind in dem Forschungsfeld der Umweltkommunikation, das die Medieninhalte in den Blick nimmt, viele Studien zur Berichterstattung einzelner Katastrophen zu finden, wie die Reaktorkatastrophe in Tschernobyl (s. z. B. Teichert 1987; Brand et al. 1997; Nienierza 2014) und in Fukushima (s. u. a. Kepplinger und Lemke 2014; Schwarz 2014) sowie die Ölkatastrophe nach dem Brent-Spar-Unfall (z. B. Hansen 2000) oder das Waldsterben (Zierhof 1998) und jüngst auch Hitzewellen und Waldbrände (Hopke 2020), wobei die Berichterstattung über einzelne Katastrophen oft innerhalb einzelner Medien untersucht wird. Studien analysieren Umweltberichterstattung als Risikokommunikation im Allgemeinen (z. B. Sandman et al. 1987; Neuzil und Kovarik 1996; Allan et al. 2000) oder die Medienberichterstattung zu einzelnen Risiken wie Sturmfluten (Peters und Heinrichs 2005, S. 41 ff.) und der Gefahr von Kernenergie, die in Deutschland v. a. in den 1980er Jahren thematisiert wurde (van Buiren 1980; Saxer et al. 1986). Neuere Studien zeigen, dass Onlinenetzwerke eine zunehmende Relevanz für die Krisen- und Katastrophenkommunikation zukommt (Lambert 2020).

War die Klimaberichterstattung daher eher international denn national getrieben (Schäfer et al. 2012, S. 138), so wurde in Deutschland nicht zuletzt durch die

Wetterveränderung 2018 und den langen heißen und trockenen Sommer der Klimawandel ein lokales Thema der Medienberichterstattung. Lokalen Medien wird eine besondere Rolle in der Umweltkommunikation zugeschrieben, da sie den Rezipierenden zur Orientierung innerhalb der unmittelbaren Lebenswelt dienen (Braun 2002, S. 165; s. zur Medienwirkung Abschn. 2.1.3). Wie Lokalreporter*innen über Umweltthemen berichten sollten, wird in Praxisbüchern erklärt (Dernbach und Heuer 2000).

Nicht zuletzt durch die Fridays for Future Bewegung sind die Themen Klimawandel und Klimaschutz seit 2018 ein zunehmend relevantes Thema im sowohl massenmedialen Diskurs als auch in den Onlinemedien geworden, wo die Bewegung selbst sehr aktive Onlinekommunikation auf verschiedenen eigenen Onlineplattformen und weiteren Onlinemedien wie Facebook und Twitter betreibt (s. Abschn. 2.1.1).

In Hinblick auf die Repräsentation der Klima*forschung* ist zu konstatieren, dass Forschung und Medienberichterstattung nicht synchron verlaufen, sondern entsprechende Forschung früher stattfand/findet, bevor sie tatsächlich in die Medien Eingang findet (Neverla und Schäfer 2012, S. 9). Mit dem Aufkommen von Internetmedien und hier insbesondere den Onlinenetzwerken wie Facebook und Twitter verkürzt sich der Zeitabstand zwischen Forschung(-sergebnis) und Berichterstattung, nicht zuletzt, weil nun auch sowohl Umweltwissenschaftler*innen als auch entsprechende Nichtregierungsorganisationen ihre Erkenntnisse (und Meinungen) selbst einer breiteren Öffentlichkeit, aber auch der Zielgruppe der Journalist*innen leichter zugänglich machen können (s. Abschn. 2.1.1).

Neben Klimawandel und Naturkatastrophen ist auch Klimagerechtigkeit ein Thema in den Medien. In einer Inhaltsanalyse von Printmedien in Deutschland, Indien und den USA arbeiten Schmidt und Schäfer (2015, S. 539 ff.) fünf Muster in der Berichterstattung zu Klimagerechtigkeit bzw. Ideologien in Hinblick auf Klimawandel/Klimagerechtigkeit heraus: In den untersuchten Printmedien wird 1) der Klimawandel geleugnet und die Forderung nach der Freiheit der Bürger*innen gestellt (Klimapolitik wird als Beschneidung dieser Freiheit angesehen, von Gerechtigkeit wird aber nicht explizit gesprochen), 2) die Forderung formuliert, dass Möglichkeiten und Belastungen in Hinblick auf Klimawandel durch den Ausbau des Marktes auch im Bereich der Emissionen gerechter verteilt werden, 3) Klimagerechtigkeit als moralische Verpflichtung und Verantwortung staatlichen Akteur*innen zugeschrieben, 4) die Gruppe der Verursacher*innen zur Übernahme von Verantwortung aufgefordert, und 5) die Relevanz der Kombination von Wirtschaftswachstum und Sozialstaat in Hinblick auf (Klima-)Gerechtigkeit betont.

In einer Analyse britischer Zeitungen über einen Zeitraum von drei Dekaden (1988–2016) zeigt Ruiu (2021), dass Klimawandelskepsis nicht aus der Berichterstattung verschwunden ist und v. a. in rechtspolitisch orientierter Berichterstattung zu finden ist (zu rechtspopulistischen Klimadiskursen in Deutschland s. Forchtner et al. 2018). Vor allem in Onlinemedien finden Skeptiker*innen des Klimawandels Artikulationsmöglichkeiten (Koteyko et al. 2013). Jang und Hart (2015) zeigen in einer Twitteranalyse, die US-amerikanische, kanadische, britische und australische Diskurse über Klimawandel und Erderwärmung in den Blick nimmt, dass Skeptiker*innen des Klimawandels, die sich entsprechend über Twitter artikulieren v. a. in den USA verortet sind.

Internetmedien wie Weblogs, aber auch Onlinenetzwerke wie Facebook und Twitter, bieten allerdings ebenfalls die Möglichkeit, für nachhaltige Positionen und entsprechendes Handeln zu werben (für einen Überblick des Forschungsfeldes zu sozialen Medien und Klimawandel s. Pearce et al. 2019). Denn Internetmedien bieten auch Nicht-Medienschaffenden die Möglichkeit, ihre (heterogenen) Positionen in Hinblick auf Nachhaltigkeit zu vertreten, Informationen zu verbreiten und für nachhaltiges Handeln zu werben. Die Relevanz von Onlinemedien für Nachhaltigkeit wird zunehmend erforscht. So analysiert Glathe (2010) beispielsweise 18 stichprobenartig ausgewählten deutschsprachigen Weblogs, die sich mit dem Nachhaltigkeitsthema beschäftigen. In ihrer qualitativen Studie arbeitet sie vier Kategorien heraus, mit denen sie die Inhalte der Weblogs und ihre Funktionen beschreiben kann: 1) Informationen und Tipps, 2) Aufklärung und Kritik, 3) Denkanstöße, 4) Aktionen und Aufrufe zur Beteiligung (ebd., S. 119 ff.). So informieren die ausgewählten Weblogs über neue nachhaltige Unternehmen oder Produkte, verweisen auf wissenschaftliche Studien und Inhalte traditioneller Massenmedien zum Thema und geben Tipps für nachhaltiges Alltagshandeln, z. B. zum Recyceln oder Selbermachen (ebd., S. 119 f.). Des Weiteren werden unklare oder unwahre themenrelevante Sachverhalte aufgeklärt, indem z. B. Strategien des „Greenwashings"[8] von Unternehmen aufgedeckt werden und Kritik am nicht nachhaltigen und unfairen Handeln wirtschaftlicher oder politischer Akteur*innen geübt wird (ebd., S. 221 f.). Die Blogger*innen erklären auf ihren Weblogs explizit, dass sie Denkanstöße geben und das Verhalten der Rezipierenden verändern wollen (ebd., S. 122 ff.). Dafür rufen sie auf ihren Weblogs nicht nur zu „Offline-Aktionen" auf, in dem sie

---

[8] Als Greenwashing bezeichnet man eine Praktik mit der Konsumierende durch falsche oder unklare Informationen getäuscht werden (Naderer et al. 2017, S. 106).

auf entsprechende Veranstaltungen verweisen, sondern laden auch zum Mitmachen auf ihren Weblogs selbst ein, wie z. B. durch Fotodokumentationen des „Lieblings-Fair-Trade-Produktes" (ebd., S. 124 ff.).

Die Blogger*innen der untersuchten Weblogs gestalten diese einzeln oder in Gruppen, beschäftigen sich aus verschiedenen Perspektiven mit Nachhaltigkeit und engagieren sich beruflich oder privat für nachhaltige Projekte (ebd., S. 128). Bei der Auflistung der beruflichen Hintergründe fällt auf, dass es v. a. Menschen mit akademischem Hintergrund sind, die die untersuchten Weblogs gestalten: „Hochschulabsolventen, Doktoranden, Vertreter aus Journalismus, Soziologie, Web- und Grafikdesign, Informatik, PR-Beratung, Kommunikations- und Betriebswirtschaft sowie Geschäftsführer, Agenturinhaber und Gründer junger Start-ups" (ebd.), was Glathe aber nicht kritisch hinterfragt. Sie konstatiert jedoch, dass die Inhalte der Weblogs persönliche Interesse und Überzeugungen der Blogger*innen wiederspiegeln (ebd.), was Glathe dazu veranlasst, die Inhalte der Weblogs als authentisch und vertrauenswürdig einzuschätzen (ebd.). Die Blogger*innen sind nicht nur durch u. a. die Kommentarfunktionen ihrer Weblogs medial vernetzt, sondern treffen sich auch offline: So verweist Glathe auf die Treffen von Blogger*innen nachhaltiger Weblogs auf der Messe BioFach in den Jahren 2008 und 2009 (ebd., S. 129 f.).

Auch Vollberg (2018) setzt verschiedene Weblogs, welche sich mit Nachhaltigkeitsthemen beschäftigen in den Fokus. Durch ihre Beschreibung wird deutlich, dass in ihnen auch unterschiedliche Aspekte von Nachhaltigkeit thematisiert werden. Vollberg arbeitet heraus, dass die Blogger*innen mit ihren Weblogs einen Beitrag zu einer nachhaltigen Gesellschaft leisten wollen, worüber ihr Medienhandeln als eine Form des Umweltaktivismus definiert werden kann. Auch Klimawandel.

Uldam und Askanius (2013) untersuchen Umweltaktivismus auf der Videoplattform YouTube. Am Beispiel der Textkommentare zum Video „War on Capitalism", das das Netzwerk von Aktivist*innen Never Trust a COP auf YouTube aus Protest gegen die Weltklimakonferenz der Vereinten Nationen 2009 in Kopenhagen veröffentlichte, zeigen die Autorinnen (ebd., S. 1200) zum einen, dass die politische Debatte in YouTube-Kommentaren eingeschränkt ist: einerseits aufgrund der Kommentarstruktur, welche wenig dialogisch ist, andererseits aufgrund des Wissens der aktivistischen Kommentator*innen, dass ihre Sicherheit durch die Onlinepartizipation bedroht sein könnte. Zum anderen kommen Uldam und Askanius aber auch zu dem Ergebnis, dass sich über die YouTube-Kommentare tatsächlich ein konfliktärer Diskurs entspannt, dessen Konfliktlinien v. a. zwischen Aktivist*innen aus Kopenhagen und weiteren Bürger*innen sowie zwischen dem radikalen und dem reformistischen Lager der Umweltbewegung auszumachen sind (ebd.).

Studien die Nachhaltigkeitsthemen in Onlineforen, Weblogs und sozialen Netzwerken analysieren zwar inhaltsanalytisch, aber an der Schnittstelle zur Kommunikator*innen- und Aneignungsforschung, da die Nutzer*innen dieser Medien als ProdUser*innen (Bruns 2008 und 2009) die Medieninhalte erstellen.

Zusammenfassend lässt sich für den Forschungsstrang der Nachhaltigkeits-kommunikation, der sich mit den Medieninhalten beschäftigt, festhalten, dass ein Schwerpunkt hier auf Umwelt- sowie insbesondere Klimakommunikation liegt, wobei in journalistischen Medien aufgrund der Nachrichtenwerte nachhal-tigkeitsrelevante Themen insbesondere im Rahmen von Krisen- oder Katastro-phenberichterstattung platziert werden oder aufgrund politischer Ereignisse wie der Klimakonferenzen berichtet wird und die Berichterstattung daher zyklisch verläuft. Diese zyklische Berichterstattung scheint aber einer permanenten zu wei-chen, nicht zuletzt durch den zunehmenden Klimawandel und auch die Erfolge der Fridays for Future Bewegung in Hinblick auf die Sichtbarmachung des The-mas Klimawandel und entsprechender Handlungsnotwendigkeiten im medialen Diskurs.

Es zeigt sich in diesem Forschungsfeld, dass die Medienberichterstattung und Onlinekommunikation zu Klimawandel und Klimagerechtigkeit nicht nur divers ist, sondern auch unterschiedlichen politischen Positionen entspricht. In Internetmedien finden sich heterogene Diskurse zu Nachhaltigkeitsaspekten, wobei auch Skeptiker*innen des Klimawandels hier Möglichkeiten der Mei-nungsäußerung abseits der traditionellen Massenmedien finden. Inwiefern die mediale Berichterstattung zu nachhaltigkeitsrelevanten Themen wirkt und wie sich Rezipierende diese Medieninhalte aneignen, untersucht das Feld der Nach-haltigkeitskommunikation, welches sich mit dem Bereich der Medienrezeption beschäftigt.

2.1.3 Nachhaltigkeit in der Medienrezeptions- und Medienwirkungsforschung

Das Forschungsfeld der Nachhaltigkeitskommunikation, welches die Rezepti-onsebene in den Fokus setzt, legt den Schwerpunkt, ähnlich der bis hierher aufgearbeiteten Forschungsfelder zu Kommunikator*innen und Medieninhal-ten, auf Umweltkommunikation (s. für einen Überblick Kannengießer 2021b). Der Bereich der Umweltkommunikation, der sich mit der Medienwirkung und Medienrezeption umweltrelevanter Themen beschäftigt, wird zunehmend erforscht. Arbeiten im Bereich der umweltkommunikationswissenschaftlichen Rezeptionsforschung fragen nach der Nutzung von Medieninhalten, die sich mit Umweltthemen beschäftigen, durch Rezipierende, und nach der Wirkung der Medieninhalte auf die Rezipierenden, aber auch nach der Wahrnehmung und Deutung umweltrelevanter Themen durch Rezipierende.

Auch in der umweltwissenschaftlichen Rezeptionsforschung wird dominant zu Klimathemen geforscht. Neverla und Taddicken unterteilen das Forschungsfeld, welches sich mit Klimawandel und Medienrezeption beschäftigt, in drei Teile:

> „Erstens handelt es sich um (kommunikationswissenschaftliche) Studien, die direkt nach der Mediennutzung von Klimathemen und ihren Wirkungen auf die Rezipienten fragen; zweitens um (kommunikationswissenschaftliche) Studien, die nach der Mediennutzung und ihren Wirkungen auf das Umweltbewusstsein des Publikums fragen; und drittens um Studien aus der interdisziplinären Umweltwissenschaft, die Mediennutzung oder auch allgemein Informationsbedingungen nicht zentral, sondern allenfalls als eine Variable neben anderen untersucht." (Neverla und Taddicken 2012, S. 217)

In einem ersten kommunikations- und medienwissenschaftlichen Forschungsbereich wird untersucht, wie Menschen Medien für die Rezeption von Klimathemen nutzen und welche Wirkung diese Nutzung hat. Bei der Aufarbeitung dieses Forschungsfeldes kommen Neverla und Taddicken (2012, S. 218 ff.) u. a. zu folgenden Ergebnissen: Die Rezeption relevanter Medienberichterstattung hänge stark von individuellen Rezeptionsvoraussetzungen ab. Es seien Medieneinflüsse auf das klimabezogene Problembewusstsein der Rezipierenden erkennbar, jedoch auf einem vergleichsweise geringen Niveau, die außerdem in Abhängigkeit von Mediengenre und Medienangebot variieren. Die Effekte der Mediennutzung können folglich sehr unterschiedlich sein. Außerdem sei die Medienwirkung im Zeitverlauf zu sehen, d. h., dass die Wirkung mit fortschreitender Zeit auch abnehmen könne. Das Vorwissen über den Klimawandel bildet dabei einen wichtigen Einflussfaktor für die Mediennutzung. Das zweite Forschungsfeld fragt nach der Mediennutzung und ihren Wirkungen auf das Umweltbewusstsein der Menschen. Bei der Aufarbeitung dieses Bereichs kommen Neverla und Taddicken (2012, S. 222 ff.) zu folgenden Ergebnissen: Die Informiertheit über Umweltthemen hänge neben der Mediennutzung auch vom persönlichen Interesse an Umweltinformationen und vom Bildungsniveau der Befragten ab, wobei eine habituelle Mediennutzung und hier v. a. das Zeitunglesen eine große Bedeutung in Hinblick auf das Wissen habe. Das umweltwissenschaftliche Forschungsfeld untersucht u. a. die Bedingungen von umweltbewusstem Verhalten und berücksichtigt auch die Mediennutzung, auch wenn diese nicht wie in der Kommunikations- und

Medienwissenschaft im Mittelpunkt steht (Neverla und Taddicken 2012, S. 224). Bei der Aufarbeitung relevanter Studien aus diesem Bereich stellen Neverla und Taddicken fest (ebd., S. 224 f.): Es existiere ein relativ hohes Vertrauen in die Angemessenheit der Berichterstattung in Deutschland. Medien seien ein wesentlicher, wenn auch nicht der einzige wirksame Faktor bei der Herstellung von Wissen über Umweltthemen. Die Autorinnen (ebd., S. 228) halten fest, dass die von ihnen aufgearbeiteten Forschungsfelder der Kommunikations- und Medienwissenschaft sowie der Umweltwissenschaft, die sich mit der Mediennutzung und -wirkung beim Thema Klimawandel beschäftigen, komplexe Wirkungsbezüge aufzeigen und die Wahrnehmung von Klimawandel und seiner Bedeutung von sozial-kulturellen und politisch-ökonomischen Gegebenheiten sowie schließlich auch von den Forschungsdesigns der unterschiedlichen Studien abhängig sei.

Schäfer und Bonfadelli (2016, S. 331 f.) halten vier wiederkehrende Ergebnisse der Medienwirkungsforschung in der Klimakommunikation fest: 1) Massenmedien seien eine wichtige und verlässliche Quelle für Informationen über Klimawandel; 2) es gebe Agenda-Setting-Effekte auf das Publikum, d. h., die Relevanz des Themas Klimawandel für das Publikum hänge vom Ausmaß der Medienberichterstattung ab; 3) Mediennutzung erhöhe das Wissen über den Klimawandel; 4) Medienwirkungen auf das Verhalten von Rezipienten seien weniger klar.

In Hinblick auf die Relevanz verschiedener Einzelmedien stellt Schäfer (2012a, S. 534) vor knapp zehn Jahren in einer Metaanalyse des Forschungsfeldes, welches sich mit Klimawandel und Internetmedien beschäftigt, noch fest, dass Internetmedien im Vergleich zu traditionellen Massenmedien wie dem Fernsehen eine geringere Rolle bei der Information über den Klimawandel spielen und Rezipierende v. a. traditionellen Massenmedien und hier besonders dem Fernsehen als Informationsquelle vertrauen (Schäfer 2012b, S. 71). Allerdings ist zu beachten, dass diese Daten einige Jahre alt sind und nicht nur die Nutzung von Internetmedien zugenommen hat, sondern sich damit eventuell auch die Einstellung zu den Medien verändert hat.

In Bezug auf die vorab von Schäfer und Bonfadelli herausgearbeiteten mangelnden Erkenntnisse zur Medienwirkung zeigen einige Studien, dass Massenmedien kaum eine Wirkung im Sinne von Meinungs- oder Verhaltensveränderungen bei Klimathemen haben und dass die Medieninhalte, welche Klimawandel thematisieren, von Rezipierenden mit den eigenen Vorerfahrungen und dem eigenen Wissen abgeglichen sowie aufgrund verschiedener politischer Einstellungen unterschiedlich bewertet und damit auch unterschiedlich rezipiert werden (Peters und Heinrichs 2005, S. 153 ff.). Dagegen zeigen Leiserowitz et al. (2012) durch repräsentative Befragungen in den USA, dass der Climategate-Skandal (die unautorisierte Veröffentlichung des E-Mail-Austausches zwischen Wissenschaftler*innen in den USA und Großbritannien) und die Berichterstattung darüber in Printmedien und Fernsehen sehr wohl eine Wirkung auf die Rezipierenden hatte, was sich in Form eines Vertrauensverlustes äußerte, der sich u. a. darin zeigte, dass die Anzahl der Personen, welche am Klimawandel zweifelten, zunahm und dass die Befragten auch angaben, durch die Climategate-Affäre Vertrauen in Klimawissenschaftler*innen verloren zu haben (s. zum Climategate-Skandal in Onlinekommentaren auch Koteyko et al. 2012). Insbesondere hier zeigt sich, dass Ergebnisse der Medienwirkungsforschung durchaus ambivalent sind.

Diese Paradoxien unterstreichen Arlt, Hoppe und Wolling (2010, S. 22) in der Analyse einer repräsentativen Befragung, in der sie argumentieren, dass die Medienberichterstattung durchaus Einfluss auf das Umweltbewusstsein der Bevölkerung habe, dass dieser jedoch u. a. von der Gattung der rezipierten Medien abhänge und durchaus ambivalent sei. Die Autor*innen stellen fest, dass öffentlich-rechtliche Fernsehnachrichten, Printmedien und Onlineinformationsmedien zwar einen positiven Effekt auf die Absicht der Bürger*innen haben, für den Klimaschutz aktiv zu werden, allerdings v. a. dann, wenn die Handlung eine kurzfristige Wirkung verspreche. Auf die Veränderung dauerhafter individueller Verhaltensweisen nehmen sie jedoch keinen positiven Einfluss durch die Medien wahr (ebd.). Dennoch halten auch diese Autor*innen fest, dass den Medien eine Agenda-Setting-Funktion zukomme (ebd.). Entsprechend der Luhmannschen Argumentation (Luhmann 1996, S. 9) argumentiert Olausson (2011, S. 294), dass was Menschen über Klimawandel wissen, wissen sie aus den Medien.

In einer empirischen Studie untersuchen Taddicken und Neverla mit einer repräsentativen Onlinebefragung den Einfluss der Medienberichterstattung auf die Wahrnehmung des Klimawandels durch die Mediennutzer*innen (2011; s. auch Taddicken 2013). Ihre Ergebnisse zeigen, dass die Nutzung themenrelevanter Medieninhalte nicht nur mit dem Wissen um Klimawandel zusammenhängt, sondern auch mit einem entsprechenden Problembewusstsein und der Bereitschaft, individuelle Verantwortung für die Begrenzung des Klimawandels zu übernehmen (ebd., S. 515 ff.). Des Weiteren argumentieren sie (ebd., S. 517 f.), dass für die Bewertung des Klimawandels neben der Mediennutzung auch das soziale Umfeld relevant ist. Diese Ergebnisse nutzen Taddicken und Neverla (ebd., S. 509 ff.) für die Konstruktion eines multifaktoriellen Wirkungsmodells der Medienerfahrung zum Klimawandel in Anlehnung an Früh und Schönbach (2005), indem sie die Relevanz des situativen Umfelds und der Mediennutzung hervorheben. Neverla und Taddicken (2011, S. 509 f.) betonen in diesem Modell nicht nur die Relevanz der gezielten Mediennutzung themenbezogener Medieninhalte aufgrund eines entsprechenden Informationsbedürfnisses, sondern auch die der alltäglichen unspezifischen Mediennutzung. Weiterhin weisen sie auf die subjektive Bedeutungszuschreibung in individuellen Aneignungsprozessen entsprechender Medieninhalte hin, die u. a. durch die jeweiligen Einstellungen zum Klimawandel geprägt sind (und vice versa) (ebd., S. 510).

Die Erwartungen von Rezipierenden an die Medienberichterstattung zu Klimawandel in Deutschland untersuchen Taddicken und Wicke (2017) in einer qualitativen Studie mit dem Einsatz von Gruppendiskussionen. Ihre Ergebnisse zeigen, dass den Rezipierenden die Berichterstattung über Klimawandel zu einseitig ist. Sie erwarteten von dieser neben transparenten Hintergrundinformationen auch die Schaffung eines erhöhten Problembewusstseins sowie die Bereitstellung von Handlungsempfehlungen. Es bestehe aber auch der Wunsch nach Unterhaltung in der Klimakommunikation sowie nach mehr Kreativität in der Berichterstattung. Ähnlich analysiert Olausson die Wahrnehmung und Bewertung der Klimaberichterstattung durch Rezipierende in Schweden und zeigt, dass Rezipierende die emotionale und alarmierende Art der Klimaberichterstattung kritisieren (Olausson 2011, S. 292).

Neben der Mediennutzung für Umwelt- und Klimathemen und deren Wahrnehmung wird auch die Partizipation der Mediennutzer*innen in themenrelevanten Diskursen untersucht. Dabei bieten Internetmedien neue Möglichkeiten, sich aktiv und auch als Laien in entsprechende Diskurse einzubringen. Taddicken und Reif (2016) entwickeln in einer quantitativen Studie eine Typologie der Internetnutzer*innen in Deutschland mit Blick auf ihre Nutzung von Internetmedien und Teilhabe in Onlinediskursen zum Thema Klimawandel. Sie unterscheiden zwischen dem Typen des uninteressierten Zweifelnden („uninterested doubtful"), dem sachkundigen Glaubenden („knowledgeable believer") sowie dem teilnehmenden Onlinenutzer („participating online user") wobei sie den letztgenannten Typen aufgrund seiner Heterogenität wiederum in drei Subtypen unterteilen: den problembewussten Suchenden („problem-aware searchers"), den teilnehmenden Experten („participating expert") sowie den suchenden Glaubenden („searching believer") und den weniger aktiven Unwissenden („less aktive unknowing") (Taddicken und Reif 2016, S. 326 ff.). Diese Typen der Onlinenutzer*innen im Themenfeld Klimawandel unterscheiden sich nicht nur in Hinblick auf ihr Wissen um Klimawandel (wissend/unwissend), sondern auch in Hinblick auf die Bewertung dieses (Skeptiker/Glaubende) und ihre Nutzung von Internetmedien (Nutzung/geringe oder Nichtnutzung) sowie die aktive Teilhabe an Onlinediskursen (Teilhabe/Nichtteilhabe). Viele der Typen nutzen Onlinesuchmaschinen um themenbezogene Informationen zu generieren. In einem Vergleich der Typen zeigt sich, dass v. a. die teilnehmenden Expert*innen an Onlinediskursen partizipieren, woraus Taddicken und Reif (ebd., S. 329) schlussfolgern, dass insbesondere das Verfügen über entsprechendes Wissen eine Voraussetzung für die Teilhabe an entsprechenden öffentlichen Diskursen ist. Sie konstatieren in Hinblick auf den Typen des „weniger aktiven Unwissenden" aber auch, dass das Wissen nicht zwingend notwendig für die Nutzung von Internetmedien bei Klimathemen sei. So zeige dieser Typ, dass in Onlinenetzwerken entsprechende Themen auch kommentiert oder geteilt werden, so denn die Nutzer*innen mit diesen in ihren Onlinenetzwerken konfrontiert sind, selbst wenn sie uninteressiert oder uninformiert sind (ebd., S. 330).

Anhand des Beispiels der UN-Klimakonferenz in Paris 2015 verdeutlicht eine Studie von Arlt et al. (2017), dass Nutzer*innen von Internetmedien wie Onlinenetzwerken und Weblogs aktiv an Onlinediskursen über das Thema Klima teilnehmen, wenn sie Informationen zur Klimakonferenz über diese Internetmedien erhalten. Internetmedien bieten Nutzer*innen Möglichkeiten, an Diskursen über Klimawandel zu partizipieren (zu einem Vergleich der Partizipation von Nutzer*innen in verschiedenen Internetmedien s. Lörcher und Taddicken [2017]). Wissenschaftlich untersucht wird hier v. a. die Nutzung von Twitter in Hinblick auf Onlinediskurse zu Klimawandel (z. B. Jang und Hart 2015; Kirilenko und Stepchenkova 2014; Pearce et al. 2014), aber auch die Nutzer*innenkommentare zum Klimawandel in Internetmedien (z. B. Walter et al. 2018; Kraker et al. 2014). Dabei zeigt sich, dass Internetmedien wie Weblogs für das Werben und die Repräsentation nachhaltiger Praktiken genutzt werden (s. z. B. Vollberg 2018 zu deutschsprachigen Weblogs, mehr in Abschn. 2.2.3), aber auch, dass Internetmedien Skeptiker*innen ein Forum der Meinungsäußerung bieten (Sharman 2014; s. auch Matthews 2015). In einer quantitativen Netzwerkanalyse argumentieren Elegsem, Steskal und Diakopoulus (2015, S. 184), dass es unter englischsprachigen Weblogger*innen eine dominante Gemeinschaft von Klimawandelskeptiker*innen gebe, während die den Klimawandel anerkennenden Blogger*innen sich in verschiedenen Gemeinschaften vernetzten. Die Autor*innen konstatieren, dass die Kommunikation, welche zwischen den Skeptiker*innen und Anerkennenden stattfinde, insbesondere Klimawandelwissenschaft thematisiere (ebd.).

Ähnlich fanden Eck, Mulder und van der Linden (2021) Echokammereffekte in einer Studie mit Nutzer*innen von Weblogs und Klimakommunikation vor: Während Skeptiker*innen des Klimawandels entsprechende Weblogs nutzten, rezipierten die den Klimawandel anerkennende Nutzer*innen ihren Meinungen entsprechende Weblogs.

Schäfer und Bonfadelli (2016, S. 330) kritisieren an der Medienwirkungsforschung in diesem Feld, dass die Effekte auf bestimmte Zielgruppen wie
Wissenschaftler*innen, Politiker*innen oder Journalist*innen kaum untersucht
und auch die Rezeption von Unterhaltungs- oder fiktionalen Formaten wenig analysiert werde (s. auch Neverla und Taddicken 2012, S. 228; für einen Überblick
über das Feld, welches sich mit Nachhaltigkeit in fiktionalen Medien beschäftigt siehe Bilandzic und Kalch 2021). Ausnahmen für letzteres bilden z. B. die
Studien von Leiserowitz (2004) und Lowe et al. (2006), die die Wirkung des
US-Blockbusters „The Day After Tomorrow" untersuchen und zu dem Schluss
kommen, dass dieser sehr wohl eine Wirkung auf die Zuschauer*innen und ihre
Wahrnehmung des Klimawandels habe, dass das Bewusstsein der Dringlichkeit
dieses Problems jedoch im Zeitverlauf wieder abnehme. Der Begriff des Eco-
tainments wurde im Bereich des Marketings entwickelt und soll als Strategie
fungieren, Menschen, die wenig an Nachhaltigkeitsthemen interessiert sind, über
positive Emotionen und nicht rationale Argumente von der Relevanz nachhaltigen Handelns zu überzeugen (Lichtl 1999). Auch, wie mit Computerspielen
für Nachhaltigkeit sensibilisiert wird, ist ein Gegenstand kommunikations- und
medienwissenschaftlicher Forschung (Fuchs et al. 2021).

Neverla und Taddicken (2012, S. 229) konstatieren, dass das Forschungsfeld der Medienwirkung v. a. die individuelle Ebene fokussiere und die Meso-
und Makroebene z. B. in Hinblick auf Meinungsführerschaft oder Öffentlichkeit
kaum erforscht seien. Sie (2012, S. 216) betonen, dass Bürger*innen als Rezipierende über Medien Wissen über den Klimawandel generieren, da Klimawandel
kaum individuell sinnlich erfahrbar sei, sondern als wissenschaftliches Konstrukt
(medial) vermittelt werde. Dies gilt sicherlich für die Länder, in denen die
Auswirkungen des Klimawandels noch nicht zu spüren sind, wie in vielen Industrienationen. Zynisch wäre es aber, zu behaupten, Menschen in afrikanischen
Ländern, die vor Dürre fliehen oder unter dieser leiden, oder auch Menschen in
Bangladesch, die regelmäßig mit Überschwemmungen konfrontiert sind, könn-
ten Klimawandel nicht individuell erfahren. Aber für Menschen in West- und
Nordeuropa, wo auch die später diskutierten Fallstudien verortet sind, ist der
Klimawandel sicherlich primär ein medienvermitteltes Phänomen, wobei sich
seit den langen heißen und trockenen Sommern in den vergangenen Jahren in
Deutschland die Wahrnehmung des Klimawandels hin zu einem lokalen Problem verändert hat und hier sicherlich auch politische Protestbewegungen wie die
Fridays for Future Bewegung (und die mediale Berichterstattung über die Bewegung) zu einer Veränderung der Wahrnehmung der Klimaproblematik beigetragen
hat (s. Abschn. 2.1.1 und 2.1.2).

Zusammenfassend lässt sich für den Forschungsstrang der Nachhaltigkeits-kommunikation, der sich mit Medienwirkung und Medienrezeption beschäftigt, festhalten, dass die Erkenntnisse dieses Feldes ambivalent sind, einige Studien Wirkungen der Nachhaltigkeits- und insbesondere Klimaberichterstattung aus-machen, während andere diese nicht wahrnehmen. Allemal verändern sich die Wahrnehmung und die Wirkung der Rezipierenden, nicht zuletzt wegen des vor-anschreitenden Klimawandels selbst. Auch in diesem Forschungsbereich wird erkennbar, dass die Rezipierenden durch Internetmedien Möglichkeiten der Arti-kulation und Meinungsäußerung bekommen und in Onlinediskursen selbst zu ProdUser*innen (Bruns 2008 und 2009) werden. Dabei zeigt sich, dass nicht nur das Mediennutzungsverhalten der Menschen zur Herausbildung unterschiedlicher Typen führt, sondern auch die persönliche Meinung – auch Klimawandelskep-tiker*innen erhalten in Internetmedien abseits der traditionellen Massenmedien Möglichkeiten der Meinungsäußerung und Vernetzung.

2.2 Digitale Medien(-kommunikation) und das „gute Leben" – zum Wohlbefinden der Mediennutzer*innen und sozial-ökologischen Auswirkungen des Konsums digitaler Medientechnologien

Während im vorhergehenden Kapitel das Forschungsfeld der Nachhaltigkeitskom-munikation aufgearbeitet wurde, wird im Folgenden das Forschungsfeld skizziert, welches sich in der Kommunikations- und Medienwissenschaft mit dem „guten Leben" beschäftigt. Das „gute Leben" ist kein neues Konzept (s. Einleitung), steht aber in der aktuellen Diskussion in enger Beziehung zum Begriff der Nach-haltigkeit (Altmann 2013, S. 101), da es u. a. ein Verhältnis zwischen Mensch und Natur postuliert, in dem der Mensch nicht mehr die Natur beherrscht (Gab-bert 2012, S. 1), sondern die Dualität von Natur und Kultur aufgehoben und der Mensch als Teil der Natur wahrgenommen wird (ebd., S. 26). In Bolivien und Ecuador wurde das „gute Leben" als Konzept sogar in die jeweilige Staats-verfassung integriert (s. hierzu ausführlich Gudynas 2012 und Altmann 2013), und in Bhutan wurde das „Bruttosozialglück" in die Verfassung aufgenommen (Ang 2015). Dort und auch im politischen Diskurs in Deutschland wird das „gute Leben" insbesondere als ein solches jenseits des kapitalistischen, auf Wachstum ausgelegten Wirtschaftssystems diskutiert (s. z. B. Gudynas 2012).

Es ist zwischen dem Glück als subjektiv empfundener und dem „guten Leben" als objektiv bestimmbarer Lebensform zu unterscheiden (Rosa 2016, S. 37; s. Einleitung). Das Wohlbefinden des Menschen und die Frage nach dem „guten Leben" werden in verschiedenen wissenschaftlichen Disziplinen untersucht. Brey (2012) skizziert die Forschung zum Wohlbefinden in den Disziplinen Philosophie, Psychologie und Wirtschaftswissenschaften. Er (2012, S. 17 ff.) zeigt auf, dass das Wohlbefinden und die Frage nach dem „guten Leben" bereits bei den alten Griechen von Aristoteles verfolgt wurde und in der Philosophie verschiedene theoretische Stränge existieren, die sich seit Jahrhunderten über die Frage nach dem „guten Leben" streiten. In der Psychologie wird das Wohlbefinden seit den 1950er Jahren erforscht (Brey 2012, S. 21). Hier steht das subjektiv empfundene Wohlbefinden im Fokus (ebd., S. 22). In der Wirtschaftswissenschaft steht hingegen die Brauchbarkeit des Wohlbefindens im Zentrum (ebd., S. 25).

Rosa (2016, S. 37) erklärt im Rückgriff auf die Fachgeschichte der Soziologie und anhand der Spaltung der Disziplinen Soziologie und Philosophie, dass v. a. letztere sich mit der Frage des „guten Lebens" beschäftigte, während die Soziologie sich mit den Ursachen und Folgen des Handelns der Menschen und der Analyse sozialer Strukturen auseinandersetzte. Er stellt fest, dass den Fragen nach dem Glück und dem „guten Leben" zu wenig in der Soziologie nachgegangen werde und will selbst eine „Soziologie der Weltbeziehungen" generieren, da er Weltbeziehungen als ein Schlüsselmoment des „guten Lebens" versteht (ebd., S. 37 und S. 52). In der Moderne, die durch ethischen Pluralismus und Individualismus gekennzeichnet sei, sei die Frage nach dem „guten Leben" insofern in den Hintergrund getreten, als dass weniger nach bestimmten (Glücks-)Zielen gesucht und gestrebt werde, sondern vielmehr die Rechte der Individuen betont und diese angehalten werden, ihre individuellen Ziele zu verfolgen (ebd., S. 38). Dies führe zum einen dazu, dass die Individuen keine einfache Antwort auf ihre Frage, was das „gute Leben" sei, erhalten können, und zum anderen, dass jede*r für sich entscheiden müsse, wie er*sie seine*ihre Ziele zur Erreichung eines „guten Lebens" definiere und wie er*sie diese erreichen wolle (ebd., S. 41). Da es in der Moderne keine klare Antwort auf die Frage nach dem „guten Leben" gebe, konzentriere sich der Mensch auf seine Ressourcenausstattung, die ihn in die Lage versetzen soll, das „gute Leben" zu erreichen. Rosa nennt die Quantified-Self-Bewegung[9] als ein Beispiel dieser Ressourcenfokussierung, da die Individuen versuchen, eben diese Ressourcenausstattung zu messen (ebd., S. 47). Zu den Ressourcen, die

---

[9] Zu Quantified-Self aus Kommunikations- und Medienwissenshcaftlicher Perspektive s. z. B. Fotopoulou 2018.

derzeit im populärwissenschaftlichen Diskurs als Voraussetzungen für ein „gutes Leben" gelten, gehörten Geld, Gesundheit und Gemeinschaft (ebd., S. 46).

Aber auch Medien sind für das „gute Leben" relevant, wie in der folgenden Aufarbeitung des kommunikations- und medienwissenschaftlichen Forschungs-felds, das sich mit dem „guten Leben" beschäftigt, gezeigt wird. Bei der Durcharbeitung dieses Forschungsfeldes wurden zum einen Studien herangezo-gen, die sich explizit die Frage nach dem „guten Leben" stellen, zum andern wurde auch das Forschungsfeld skizziert, welches sich mit Problemen beschäf-tigt, die im Zusammenhang zwischen Medien und dem „guten Leben" bestehen. Dabei stehen insbesondere die Produktions- und Entsorgungsbedingungen von Medientechnologien im Fokus, denn diese sowie aktuelle Medienaneignungspro-zesse haben oftmals negative sozial-ökologische Auswirkungen, welche das „gute Leben" der in diesen Prozessen involvierten Menschen verhindern.

Die Kommunikations- und Medienwissenschaft beschäftigt sich eher selten mit den sozial-ökologischen Auswirkungen, die die Produktion und der steigende Konsum von Medientechnologien mit sich bringen (Ausnahmen sind z. B. Max-well und Miller 2012, S. 9; Maxwell et al. 2015). In (Post-)Industrienationen sind diese Auswirkungen oftmals unsichtbar, da Medientechnologien v. a. in ökonomisch weniger entwickelten Ländern produziert und entsorgt werden. Die sozial-ökologischen negativen Auswirkungen, welche ein „gutes Leben" für die an den Produktions- und Entsorgungsprozessen beteiligten Menschen verhindern, werden in den folgenden Teilkapiteln aufgearbeitet. Die hier erarbeiteten Erkennt-nisse sind nicht nur relevant, um aufzuzeigen, wo Probleme im Zusammenhang zwischen dem „guten Leben" und Medien(-technologien) zu finden sind, sie bil-den gleichzeitig die Folie für die Diskussion der empirischen Fallstudien, da sich viele der Akteur*innen der Fallstudien auf diese problematischen Produktions-und Entsorgungsbedingungen beziehen. Sind diese Bedingungen, wie zu zeigen sein wird, v. a. in ökonomisch weniger entwickelten Ländern zu finden, so soll im Folgenden aber auch die Rolle der Menschen in den (Post-)Industrienationen für die Produktion und Entsorgung von Medientechnologien beleuchtet werden. Dabei werden Fragen des Konsums von Medientechnologien virulent, denn mit dem Konsum (im Sinne eines Verbrauchens und Kaufens) von Medientechno-logien und einer entsprechenden Nachfrage werden zum einen die Produktion neuer digitaler Medientechnologien angeregt und die sozial-ökologischen Aus-wirkungen dieser damit indirekt unterstützt, zum anderen werden, nach dem Konsum neuer Endgeräte, existierende Apparate (wie gezeigt werden wird: oft-mals unsachgemäß) entsorgt. Entsprechend wird der Forschungsstand zu Konsum von Medientechnologien ebenfalls skizziert (siehe Abschn. 2.2.3).

2.2.1 Digitale Medien(-kommunikation) und das „gute Leben"

Die Frage nach dem „guten Leben" ist in der Kommunikations- und Medienwissenschaft ein randständiges Thema. Umso erstaunlicher ist, dass die Jahrestagung der International Communication Association 2014, die in Seattle/USA stattfand, den Titel „Communication and the Good Life" trug. Auf der Konferenzwebseite konkretisieren die Veranstaltenden diese thematische Ausrichtung: „The new media environment raises a multitude of questions, and thus invites considered reflection, about what a ‚good life' might look like in a contemporary, digital, and networked society, and what new challenges we might face in attaining it." (ICA 2014). In dem Tagungsband stellen Beiträge aus verschiedenen Perspektiven die Frage nach dem „guten Leben" (Wang 2015; zu Erkenntnissen einzelner Beiträge s. weiter unten in diesem Kapitel). Vorderer (2016, S. 1) fragt, was die Disziplin der Kommunikations- und Medienwissenschaft dazu beitragen kann, die Frage nach dem, was ein „gutes Leben" ist, zu beantworten. Auch wenn er letztendlich keine Antwort auf diese Frage gibt, so sieht er die Kommunikations- und Medienwissenschaft dennoch in der Verantwortung, die Möglichkeiten und Gefahren, die Chancen und Risiken zu untersuchen, die digitale Medien für die Vision des „guten Lebens" bringen (ebd. S. 7), und sieht in der interdisziplinären und internationalen Forschung Wege, um Antworten auf die Frage nach dem „guten Leben" zu finden (ebd., S. 8 ff.). Vorderer (ebd., S. 2) stellt heraus, dass die technologischen Medieninnovationen immer wieder mit dem Versprechen verbunden waren, dass sie unser Leben besser machten. Er (ebd., S. 2 ff.) nennt drei Bedürfnisse des Menschen, die (neue) Medien(-technologien) versprechen zu erfüllen: 1) das Informationsbedürfnis, 2) das Bedürfnis nach Geschichten und Erzählungen, 3) das Bedürfnis nach Verbundenheit mit anderen. Er erläutert, dass das Informationsbedürfnis der Menschen aus einem Wunsch nach Stabilität resultiere: „The more observations about the world we make and the more impressions we collect about it, the more stable it is and the more reliable our relationship with it seems to be." (ebd., S. 2). Newsfeeds z. B. suggerieren den Rezipierenden, dass sie *immer* und *überall* und *sofort* die wichtigsten Neuigkeiten erhielten (ebd.). Das Bedürfnis nach Geschichten und Erzählungen resultiere aus der Sehnsucht nach dem Anderen:

> „We might be free to choose between many options [choosing between different mediated stories, S. K.], but in our real life, we are never free to be other than ourselves. Hence, we are looking for what seems to be a temporary release from the constraints of personal identity." (ebd., S. 3)

In der Kommunikations- und Medienwissenschaft haben Eskapismustheorien dieses Bedürfnis der Realitätsflucht und die Funktion der (Massen-)Medien, jenes Verlangen zu stillen, versucht zu erklären (s. u. a. Katz und Foulkes 1962). Eskapismusansätze sind auch heute noch aktuell. So argumentieren Oliver und Woolley (2015, S. 57), dass „neue" Medientechnologien dazu führen, dass Unterhaltung und das „reale Leben" zunehmend verschwimmen und sehen hier eine Gefahr der Trivialisierung und Entwertung des „realen Lebens". Gleichzeitig betonen sie aber auch, dass durch „neue" Medien andere Erfahrungen gemacht werden können, als sie im eigenen „realen Leben" möglich seien (ebd.). Das durch Vorderer (2016, S. 3) ausgemachte dritte Bedürfnis des Menschen nach Verbundenheit sieht er durch Onlinenetzwerke wie Facebook und Twitter gestillt – gleich, wo sich die Mediennutzenden befinden (s. hierzu auch Abschn. 3.2.4 zu Vergemeinschaftung).

Vorderer sieht durch Onlinenetzwerke alle drei von ihm ausgemachten Grundbedürfnisse befriedigt, womit er auch den Erfolg der Anbieter dieser Medien erklärt:

> „I believe that the unprecedented success of social media has to do primarily with the fact that these promises have been made by the advertising industry, that they have been largely believed by the consumers, and that (at least to some extent) they have also been kept." (Vorderer 2016, S. 4)

Aber sind diese von Vorderer benannten Bedürfnisse die, welche ein „gutes Leben" ausmachen? Kann von einem „guten Leben" gesprochen werden, wenn diese Bedürfnisse erfüllt sind? Ganz so einfach scheint die Antwort auf die Frage, was das „gute Leben" ist, nicht zu sein, wie Vorderer selbst konstatiert: „the mediated world we live in today I believe is janiform, which in many ways brings us closer to some version of ‚the good life,' while, at the same time, it is leading us away from it." (Vorderer 2016, S. 4). Er (ebd., S. 5) schränkt selbst ein, dass das Informationsbedürfnis und die Neugier des Menschen nie ganz gestillt werden könne, Menschen trotz ihrer ständigen Erreichbarkeit durch mobile internetfähige Medientechnologien ständig Angst hätten, etwas zu verpassen,[10] und dass der Mensch nach der Rezeption (fiktionaler) Geschichten immer wieder in die reale Welt zurückkehre.

---

[10] Vorderer und Kohring (2013) beobachten u. a. aufgrund dieser Angst eine andauernde Nutzung von Onlinemedien, ein „permanently online, permanently connected" und Turkle (2008) zuvor ein „always on/always connected".

Eine Herausforderung des „guten Lebens" ist die Komplexität aktueller
Lebensentwürfe. Die Komplexität des heutigen Lebens ist u. a. in ihrer Beschleunigung zu sehen. Rosa (2005) entwickelt eine Theorie der sozialen Beschleunigung. Er (ebd., S. 124 ff.) benennt drei Dimensionen sozialer Beschleunigung:
die technische, die Beschleunigung sozialen Wandels sowie die des Lebenstempos. Virtualisierung und Digitalisierung bezeichnet er (ebd., S. 128) als Vorgänge
technischer Beschleunigung, die zu einer Steigerung der Datenverarbeitungsge-
schwindigkeit führen. Für die Frage nach dem „guten Leben" mag v. a. die soziale
Beschleunigung relevant sein, da hiermit die Beschleunigung des Lebenstempos
im Sinne einer Zunahme der Handlungsgeschwindigkeit sowie der Veränderung
der individuellen Zeiterfahrung gemeint ist (ebd., S. 138). Mit seiner „Soziologie
der Weltbeziehungen" (s. o.) versucht Rosa (2016), eine Antwort auf die Frage
nach dem „guten Leben" zu geben. Er geht davon aus, dass nicht die Ressourcenausstattung ausschlaggebend für ein „gutes Leben" sei, sondern die Art des
Weltverhältnisses oder der Weltbeziehung der Menschen (ebd., S. 52):

> „Ob Leben gelingt oder misslingt, hängt davon ab, auf welche Weise Welt (passiv)
> erfahren oder (aktiv) angeeignet oder anverwandelt werden wird und werden kann.
> […] Intensive Momente subjektiven Glücksempfindens lassen sich dabei als Formen
> von Resonanzerfahrungen rekonstruieren, während die Empfindung von Unglück sich
> insbesondere dann und dort einstellt, wo sich die Welt entgegen unseren Erwartungen
> als indifferent oder gar abweisend *(repulsiv)* erweist, obwohl wir mit ihrem antwor-
> tenden Entgegenkommen gerechnet haben." (Rosa 2016, S. 53 und 58 f.; Hervorhe-
> bung im Original)

Rosa sieht also die aktive Weltaneignung und das Erfahren von Reaktionen der
Welt auf das eigene Handeln und Sein als Indikatoren für ein „gutes Leben".

> „Das gute Leben aber ist mehr als eine möglichst hohe Summe von Glücksmomenten
> (oder gar die Minimierung von Unglückserfahrung), die es ermöglicht hat: Es ist das
> Ergebnis einer Weltbeziehung, die durch die Etablierung und Erhaltung stabiler *Reso-
> nanzachsen* gekennzeichnet ist, welche es den Subjekten erlauben und ermöglichen,
> sich in einer antwortenden, entgegenkommenden Welt *getragen* oder sogar *geborgen*
> zu fühlen" (Rosa 2016, S. 59).

Resonanz ist bei Rosa eine Metapher zur Beschreibung der Beziehungsqualitäten
(ebd., S. 281). Es ist ein relationaler Begriff, der den Modus des „In-der-Welt-
Seins" beschreibt, eine Weltbeziehung, „in der sich Subjekt und Welt berühren
und zugleich transformieren" (ebd., 285 und 298). Das „gute Leben" gelinge nach
Rosa also dann, wenn der Mensch Resonanz erfährt, wenn die Welt, in der er ist,
auf ihn reagiert und antwortet. Resonanz ist dort möglich, wo der Mensch in

Übereinstimmung mit seinen Werten handeln kann (ebd., S. 291). Resonanzachsen bezeichnet Rosa als dauerhafte Resonanzbeziehungen (ebd., S. 73). Diese Stabilität der Resonanzerfahrung ist bei Rosa ausschlaggebend für ein „gutes Leben". Durch Resonanzachsen könne der Mensch nachhaltig Glück empfinden und sich seines „guten Lebens" gewiss sein. In den in diesem Buch diskutierten empirischen Fallstudien werden sowohl die Metaphern der Resonanz als auch der Resonanzachsen relevant (s. Abschn. 4.4).

Entfremdung beschreibt Rosa als das Gegenteil von Resonanz, als „einen Modus der Weltbeziehung [...], in dem die [...] Welt dem Subjekt gleichgültig gegenüberzustehen scheint *(Indifferenz)* oder sogar feindlich entgegentritt *(Repulsion)."* (ebd., S. 306) Entfremdung bezeichnet damit eine Form der Welterfahrung, in der das Subjekt sich selbst oder die Welt als stumm erfährt (ebd.).[11]

Medien kommt bei Rosa eine entscheidende Rolle in Hinblick auf Resonanz und Entfremdung zu, da die Erfahrung und das in Beziehungtreten zur Welt oftmals medienvermittelt geschieht (ebd., S. 151). Der Soziologe (ebd., S. 154) weist darauf hin, dass die Relevanz der Medien für die Beziehung der Individuen zur Welt nicht neu. Für ihn sind Bildschirme das „Leitmedium nahezu aller Weltbeziehungen" (ebd., S. 155), da

> „immer mehr Tätigkeiten und damit Beziehungsformen [...] heute über die symbolvermittelten Bildschirmoberflächen des Smartphones, Computers, des Laptops oder Tablets, der Fernseher und der Touchscreens entwickelt und abgewickelt werden. [...] Wir sind auf dem Weg in eine Gesellschaft, in der der größte Teil unserer Weltbeziehungen bildschirmvermittelt und in der unserer Weltverhältnis als Ganzes bildschirmsymbolvermittelt geprägt ist." (Rosa 2016, S. 156 f.)

Die Relevanz der Bildschirmmedien hat während der Covid-19-Pandemie sicherlich nochmal extrem zugenommen, weil viele Tätigkeiten und Beziehungsformen, nur noch über (Bildschirm)Medien stattgefunden haben.

Rosa sieht in dieser Dominanz der Bildschirme zwei Konsequenzen: Zum einen werde die Welterfahrung uniformiert, da wir sie immer ähnlich bildschirmsymbolvermittelt erleben, zum anderen reduziere sich die physische Welterfahrung (ebd., S. 157). Der Autor sieht hier eine „Gefahr potenzieller Verarmung" (ebd., S. 158), wenn die Welterfahrung sich auf einen einzigen Resonanzkanal reduziere. Auch wenn Rosa darauf hinweist, dass er keine empirischen Belege für diese Verarmung habe, so scheint es ihm „nahezu evident zu sein, dass die

---

[11] Zum Begriff der Entfremdung im Kapitalismus siehe Marx (1970[1867]).

Berührung auch des empfindlichsten Touchscreens in der *Wahrnehmung der Welt-beziehung* kategorial verschieden bleibt von der Berührung anderer Materialien oder gar anderer Menschen" (ebd., S. 158; Hervorhebung im Original). Die Rolle von Internetmedien bewertet Rosa ambivalent:

> „Es kann wenig Zweifel daran bestehen, dass Menschen digitale Medien und Bild-schirme nutzen, um *Kontakt* zu anderen Menschen herzustellen und auf diese Weise Weltbeziehungen zu sichern. Wenn wir in unserem E-Mail-Account nach neuen Nachrichten suchen, uns bei Facebook über neue Freunde oder bei Twitter über Fol-lower freuen, wenn wir prüfen, ob unsere letzten Postings oder Blogeinträge zu Reak-tionen in Form von Kommentaren oder ‚Likes‘ geführt haben, ob unsere Homepage angeklickt wurde oder sich unsere Bücher oder Schallplatten verkauft haben, dann geht es uns im Kern immer auch darum, in der Welt gemeint, gesehen, angespro-chen, berührt zu werden und *in Verbindung zu sein.* In diesem Sinne haben digitale Medien ohne Zweifel den Charakter von Resonanzachsen. [...] Erstaunlich ist indes-sen, dass alle diese großen und kleinen Resonanzsignale keine Nachhaltigkeit zu entfalten scheinen: Wie nahezu jeder Surfer, Blogger und Twitterer weiß, scheint die Halbwertszeit digitaler Resonanzvergewisserung umgekehrt proportional zur wach-senden Menge der eingehenden Resonanzsignale zu schrumpfen, was zu einem sucht-förmigen, steigerungsorientierten Verhalten führt: Wir müssen uns in immer kürzeren Abständen über die Zahl unserer Freunde, unserer Wahrnehmbarkeit in der Welt und die Intaktheit unserer SMS- und E-Mail-Kanäle vergewissern, und wir fühlen uns vergessen in einer indifferenten Welt, wenn der Strom der Resonanzsignale auch nur vorübergehend abebbt oder gar abreißt" (Rosa 2016, S. 159, Hervorhebung im Original).

In der Kommunikations- und Medienwissenschaft versuchen empirische Studien der These nachzugehen, die Rosa formuliert. Hier wurde der Zusammenhang zwischen (subjektivem) Wohlbefinden bzw. gegenteiligen Gemütszuständen wie empfundener Einsamkeit bereits in Hinblick auf die Nutzung traditioneller Mas-senmedien untersucht. So analysieren z. B. Perse und Rubin (1990) sowie Canary und Spitzberg (1993) den Zusammenhang zwischen Einsamkeit und Mediennutzung.

In der Philosophie wird die Diskussion um den Zusammenhang zwischen dem „gute Leben" und Technologie u. a. mit Rückgriff auf Borgmanns (1984) Publi-kation „Technology and the Character of Contemporary Life: A Philosophical Inquiry" geführt. Borgmann (1984, S. 4) entwickelt das Konzept des „device paradigm" und analysiert mit diesem die Auswirkungen von Technologien auf die moderne Gesellschaft bzw. den Menschen und das „gute Leben". Die Kapi-tel in dem von Higgs, Light und Strong (2000) herausgegebenen Sammelband greifen Borgmanns Überlegungen auf und diskutieren den Beitrag, den Tech-nologien zu einem „guten Leben" leisten können. Inwiefern neue (Medien-)

Technologien zu einem „guten Leben" beitragen können, fragen auch die Artikel in dem von Brey, Briggle und Spence (2012) herausgegebenen Sammelband „The Good Life in a Technological Age". Hier wird das „gute Leben" mit dem Wohlbefinden der Menschen gleichgesetzt (s. Briggle et al. 2012, S. 1). Die Erkenntnisse der verschiedenen Beiträge zeigen die Komplexität und Widersprüchlichkeiten des Zusammenhangs zwischen (Medien-)Technologien und dem Wohlbefinden bzw. dem „guten Leben" auf: So haben technologische Innovationen zu mehr Wohlbefinden geführt, aber nicht jede Innovation habe automatisch diesen Effekt (Veenhoven 2012). Technologien könnten die Fähigkeiten des Menschen erweitern, aber auch einschränken (Johnstone 2012). Sie können menschliche Bedürfnisse stillen, aber auch neue Bedürfnisse wecken (Tupa 2012). Einige Arbeiten in diesem Sammelband untersuchen den Beitrag von Internetmedien zum Wohlbefinden der Menschen und einem „guten Leben" (Vallor 2012; Michelfelder 2012; Hartz Søraker 2012). Die Aufsätze sind normativ, so argumentiert Vallor (2012) in Hinblick auf die Aneignung von Facebook und Twitter, dass die Kommunikation, vermittelt über diese Internetmedien, einfacher und flexibler sei, mit ihr aber auch „schwierigere" Offlinekommunikation vermieden werde. Normative Annahmen werden auch kritisch hinterfragt: So argumentiert Hartz Søraker (2012), dass die Annahme, „echte" Freunde seien solche in der „Offlinewelt", und „Onlinefreunde" in der „virtuellen Welt" seien keine, nicht verallgemeinerbar sei, sondern von der einzelnen Person und deren Entwurf des „guten Lebens" abhänge. Eine normative Perspektive nimmt auch Ess (2015) ein, wenn er einen medienethischen Ansatz verfolgt, um der Frage nach dem „guten Leben" in der Kommunikations- und Medienwissenschaft nachzugehen. In Hinblick auf das „digitale Zeitalter" betont er das Zusammendenken von medien- und kommunikationswissenschaftlicher Ethik sowie Computerethik, die gemeinsam nach Tugendethiken fragen müssten (ebd., S. 24; zur Relevanz der medienethischen Perspektive in Hinblick auf die hier diskutierten empirischen Fallstudien s. Abschn. 4.3). Andere empirische kommunikations- und medienwissenschaftliche Studien rekonstruieren die subjektive Perspektive der Menschen auf das „gute Leben" und das eigene Wohlbefinden sowie den Zusammenhang mit „neuen" Medientechnologien.

Jeffres, Neuendorf und Atkin (2015) werten Datenmaterial aus drei Dekaden (1981 bis 2010) aus, um zu untersuchen, wie Menschen die Qualität ihres Lebens im Zusammenhang mit ihrer Mediennutzung wahrnehmen. In ihren Ergebnissen spielt die Anbindung an eine Gemeinschaft eine große Rolle, wenn es um die Wahrnehmung der Qualität des eigenen Lebens geht. So kommen sie (ebd., S. 100 ff.) u. a. zu dem Ergebnis, dass das Rezipieren lokaler Zeitungen oder Fernsehsender als Anbindung an eine Gemeinschaft wahrgenommen werde, was wiederum als ein Indikator für eine hohe Lebensqualität angesehen werde. Daraus lässt sich schließen, dass die Art der genutzten Medien für die Wahrnehmung der eigenen Lebensqualität durchaus relevant ist, wobei nicht konstatiert werden kann, dass es v. a. „alte" lokale Massenmedien sind, die für ein „gutes Leben" im Sinne einer Anbindung an eine lokale Gemeinschaft ausschlaggebend sind. Denn andere Studien zeigen, dass Internetmedien eine große Relevanz für Vergemeinschaftung haben (so z. B. Hepp et al. 2011 für die Konstitution von Diasporagemeinschaften oder Hepp et al. 2014 für Vergemeinschaftungen von Jugendlichen, s. auch Abschn. 3.2.4).

Den Zusammenhang von Internetmedien und dem „guten Leben" in den Blick nehmend fragen Mok, Wellman und Dimitrova (2015, S. 143): „What happens if ‚the good life‘ becomes ‚the networked life‘?" und betonen, dass die Annahme, das im Lokalen situierte Leben sei das „gute Leben", durch die Vernetzung über Internetmedien infrage gestellt werde. Sie argumentieren, dass es dieses vom Lokalen losgelöste Leben sein kann, was für manche Menschen als das „gute Leben" wahrgenommen werde (ebd., S. 144; s. zum Wohlbefinden und Internetmedien auch Rosas 2012). Kretscher, Pierce und Robinson (2015, S. 129) postulieren vor dem Hintergrund des Konzepts der digitalen Kluft[12] und einer Studie zur Computernutzung mexikanischer Migrant*innen in den USA, dass es relevant sei, die Perspektive der Menschen in Hinblick auf ihre Mediennutzung und Fragen des „guten Lebens" zu rekonstruieren. Im Sinne einer pluralistischen und individualistischen Gesellschaft proklamieren sie aber: „in the digital age, individuals and communities need to have the tools and conditions that will allow them to strive for and reach their own unique ‚good life‘ as they envision it" (Kretscher et al. 2015, S. 230). Valkenberg und Peter (2007) analysieren das subjektive Wohlbefinden bei der Nutzung von Internetkommunikation. Sie (2007, S. 43) nehmen einen negativen Effekt zwischen Internetkommunikation und dem subjektiven Wohlbefinden wahr, der jedoch in einen positiven umgedeutet wird, sobald der Aspekt von Freundschaft bzw. die Beziehung zu Freunden einbezogen wurde.

Unter dem Aufsatztitel „Mobile phones and the good life" analysiert Chan (2015) den Zusammenhang zwischen der Mobilfunknutzung und dem subjektiven Wohlbefinden sowie dem sozialen Kapital der Nutzenden. Das „gute Leben" ist hier das subjektive Wohlbefinden des Menschen, das wie folgt definiert wird:

---

[12] Unter der digitalen Kluft werden Ungleichheiten im Zugang zu digitalen bzw. Internetmedien zusammengefasst, die zum einen im fehlenden Zugang zu digitalen Technologien begründet liegen können, aber auch in geringer oder nicht vorhandener Medien- oder Sprachkompetenz, fehlenden finanziellen Ressourcen oder Motivation (s. z. B. van Dijk 2006 und Zillien 2009).

„SWB [subjective well-being, S. K.] refers to individuals' subjective evaluation
of their overall quality of life, which stands in contrast with external indica-
tors of well-being, such as physical health and material wealth" (Chan 2015,
S. 97). Ergebnisse der quantitativen Befragung zeigen, dass die Wirkung der
Mobilfunknutzung auf das subjektive Wohlbefinden der Nutzenden von den unterschiedlichen Funktionen der Technologie abhängt (ebd., S. 106). Weitere Studien
zeigen widersprüchliche Ergebnisse zur Mobilfunknutzung und dem subjektiven
Wohlbefinden, so könne die Nutzung von Mobilfunkgeräten zu einem größeren
(Jin und Park 2013) oder geringeren (Wie und Lo 2006) Empfinden von Einsamkeit führen. Turkle (2011) nimmt eine kulturpessimistische Perspektive ein, wenn
sie konstatiert, dass v. a. junge Menschen eher flache soziale Beziehungen haben,
da sie aufgrund ihrer Nutzung der Mobilfunkgeräte ständig abgelenkt seien (s.
Fußnote 16 zu den Konzepten des „always/permanently on").

Auf die Paradoxie im Zusammenhang vom „guten Leben" und der Nutzung
von Mobilfunkgeräten weist Ling unter Rückgriff auf verschiedene empirische
Studien hin:

> „It [das Mobilfunkgerät, S. K.] is a tool that can help us to care for one another but also
> a tool that can be used for nefarious ends. It can be used to make daily life easier for
> women in developing countries while at the same time it can be the locus of mistrust
> and misfortune" (Ling 2015, S. 41).

Untersuchen die meisten kommunikations- und medienwissenschaftlichen Studien das „gute Leben" und individuelle Wohlbefinden auf der Mikroebene, so
fragt Ang (2015) am Beispiel Bhutans nach den Möglichkeiten der Medien*politik*
für die Steigerung des Bruttosozialglücks, das in diesem Beispielland in die
Staatsverfassung eingeschrieben ist. Er räumt ein, dass es durchaus schwierig
sei, das Bruttosozialglück auf nationaler Ebene zu messen (ebd., S. 76) und kann
letztendlich die Frage nach dem „guten Leben" nicht beantworten.

Zusammenfassend lässt sich für den Forschungsbereich, der sich mit (digitalen) Medien und dem „guten Leben" beschäftigt, festhalten, dass das „gute
Leben" hier v. a. als Wohlbefinden der Mediennutzenden definiert und dass
untersucht wird, wie Medien(-kommunikation) dieses verbessern kann. Die
Forschungsergebnisse empirischer Studien sind hier durchaus ambivalent, nehmen zum einen negativen Einfluss „neuer" Medien auf das Wohlbefinden der
Mediennutzenden wahr und zum anderen einen positiven.

Die Kehrseite der Frage nach dem „guten Leben", Nachhaltigkeit und Medien
sind u. a. die in der Einleitung bereits benannten sozial-ökologischen Probleme,
die die Produktion, Nutzung und Entsorgung digitaler Medientechnologien verursachen. Diese Effekte verhindern oft das „gute Leben" für Menschen, die in diese

Prozesse involviert sind. Sie bilden die Hintergrundfolie für die Medienpraktiken, welche in der Studie untersucht wurden. Daher wird das interdisziplinäre Forschungsfeld, das die sozial-ökologischen Auswirkungen der Produktion, Nutzung und Entsorgung digitaler Medientechnologien untersucht, im Folgenden skizziert.

2.2.2 Sozial-ökologische Folgen der Produktion, Aneignung und Entsorgung digitaler Medientechnologien

Der Konsum im Sinne eines Verbrauchens und Kaufens digitaler Medientechnologien hat negative sozial-ökologische Folgen, welche in einem interdisziplinären Forschungsfeld betrachtet werden.[13] Studien untersuchen diese Effekte im Bereich der Produktion digitaler Medientechnologien, ihrer Aneignung und der Entsorgung, denn in allen Momenten der Lebens- und Nutzungsdauer digitaler Medientechnologien sind negative sozial-ökologische Auswirkungen auszumachen:

> „ICT [...] are grave and wide-spanning polluters. They are multi-polluters, in the sense that their complex production processes involve a variety of dangerous poisons or polluting agents. Pollutants are emitted in the environment during (a) manufacturing, (b) use phase of products, but especially (c) after they are disposed. E-waste poisons are spread, during recycling processes of obsolesced and disposed products. [...] ICT pollutants, such as heavy metals or rare poisonous chemicals, thus, impact on every aspect of the environment: ground and subterranean fields, waters, atmosphere. Besides, carcinogenic electromagnetic spectrum radiation is exuded permanently, for instance, during cell phone signal transmissions, constituting a major cause of air intoxication." (Kaitatzi-Whitlock 2015, S. 71)

In der Kommunikations- und Medienwissenschaft werden diese sozial-ökologischen Probleme der Produktion und Entsorgung digitaler Medientechnologien selten beachtet und untersucht, vielmehr scheinen die Medienapparate während der Produktion und nach ihrer Entsorgung unsichtbar zu sein und mit ihnen die skizzierten Effekte dieser Produktions- und Entsorgungsprozesse. Einige wenige Studien thematisieren explizit die sozial-ökologischen Implikationen der Film- und Fernsehindustrie (s. zur Film- und Fernsehindustrie Kääpä 2020; zu Hollywood Vaughan 2019).

Die fehlende Thematisierung der sozial-ökologischen Folgen der Produktion, Nutzung und Entsorgung sind sicherlich auch durch scheinbare Unsichtbarkeit dieser Prozesse zu begründen, da diese überwiegend geographisch in ökonomisch

---

[13] Siehe in aller Kürze auch Kannengießer und McCurdy 2020.

weniger entwickelten und Schwellenländer verlagert sind. Dennoch sind es diese Prozesse, die an den digitalen Charakter heutiger Medientechnologien geknüpft sind: „The elaborate infrastructures required for the manufacture and disposal of electronics can be easily overlooked, yet these spaces reveal the unexpected debris that is a by-product of the digital." (Gabrys 2011, S. 2) Die giftigen Produktions-, Nutzungs- und Entsorgungprozesse digitaler Medientechnologien veranlassen Gabrys dazu, die Technologien selbst als giftig zu charakterisieren: „digital media technologies […] *are* material and toxic entities that generate waste across their lifespan" (Gabrys 2018, S. 107, Hervorhebung S. K.).

Im Folgenden werden einige zentrale Erkenntnisse des interdisziplinären Forschungsfeldes über die sozial-ökologischen Folgen der Produktion, Nutzung und Entsorgung digitaler Medientechnologien aufgearbeitet, da es diese Auswirkungen sind, die die Hintergrundfolie für das konsumkritische Medienhandeln bilden, auf die sich die in den verschiedenen Fallstudien agierenden Personen beziehen.

Dass die *Produktion* digitaler Medientechnologien nicht nachhaltig, sondern mit negativen sozial-ökologischen Auswirkungen stattfindet, zeigen Studien, die sowohl den Abbau der für digitale Medientechnologien benötigten Ressourcen untersuchen als auch solche, die die Herstellungsprozesse der Medienapparate in den Blick nehmen. Im Bereich des Rohstoffabbaus wird v. a. die Gewinnung des Minerals Coltan problematisiert, das für die Herstellung von Tantal benötigt wird, welches wiederum für die Produktion von Hochleistungskondensatoren von Mobilfunkgeräten und Notebooks eingesetzt wird (Behrendt und Scharp 2007, S. 4). Tantal zählt zu den Seltenen Metallen, das als solches einen hohen Preis und eine knappe Reserve hat und nur in wenigen Ländern abgebaut wird (ebd., S. 9 ff.). Das mit Abstand meiste Coltan wird in Ruanda und der Demokratischen Republik Kongo (DRC) abgebaut. Seit Jahren werden die Bedingungen des Coltanabbaus in der DRC im massenmedialen Diskurs thematisiert, auf den sich auch die in den Fallstudien untersuchten Akteur*innen beziehen. Während in der Materialforschung und Politikwissenschaft der Coltanabbau (oftmals mit dem Fokus auf die DRC) untersucht wird, wird die problematische Coltangewinnung in der Kommunikations- und Medienwissenschaft dagegen kaum thematisiert. Zuverlässige Daten über den Coltanabbau in der DRC liegen (u. a. aufgrund der seit Jahrzehnten anhaltenden Kriegssituation) nicht vor (Behrendt und Scharp 2007, S. 27).

Coltan wird in der DRC im Osten des Landes in der Region Kivu abgebaut, die von militarisierten Rebellengruppen beherrscht wird, welche seit Jahrzehnten einen Krieg gegen die Zentralregierung führen (Whitman 2012, S. 128; s. Montague 2002 für einen historischen Überblick der Coltanförderung und des Handels in der DRC). Die Rebellengruppen besitzen die illegalen Coltanminen und finanzieren ihren Bürgerkrieg durch den Verkauf des Minerals: „Coltan is but one of many resources illegally mined and sold onto western markets to profit invading armies and rebel forces." (Montague 2002, S. 104). Menschen, die in dieser Region der DRC leben und in den Minen arbeiten, sind mehrfach von der Kriegssituation und der vorherrschenden Art des Coltanabbaus betroffen. Die Personen, oftmals Kinder, die in den Minen arbeiten, tun dies unter menschenunwürdigen und lebensgefährlichen Bedingungen – nicht nur wird ihre Arbeitskraft ausgebeutet, sondern es wird auch ihre Gesundheit durch die schlechten Arbeitsbedingungen beeinträchtigt und den Menschen wird das Leben durch einstürzende Minen genommen (Maxwell und Miller 2013). Frauen, die in der Region leben und in den Minen arbeiten, werden zudem sehr häufig Opfer sexueller Gewalt (Whitman 2012). Auch die Natur wird durch den Coltanabbau zerstört, Wälder werden gerodet und Tiere getötet (ebd.). Studien belegen, dass sich die Population der Gorillas in der DRC aufgrund des andauernden Konflikts und des illegalen Coltanabbaus um 50 % reduziert habe (Plumptre et al. 2015, S. 13).

Von dem illegalen Coltanabbau profitieren jedoch nicht nur die Warlords, welche das Mineral an internationale Firmen verkaufen, sondern auch lokale und nationale politische Akteur*innen aufgrund von Korruption (Whitman 2012, S. 129), denn das illegal abgebaute Coltan wird überwiegend über Ruanda und China exportiert (Bleischwitz et al. 2012). Auch internationale Akteure unterstützen den illegalen Abbau des Minerals. So werden die Regierungen von Ruanda und Uganda dafür kritisiert, dass sie die Warlords in der DRC unterstützen und hierdurch einen *schwachen* Staat in der DRC fördern (Montague 2002, S. 104 und 107; s. auch Behrendt und Scharp 2007, S. 28). Internationale Unternehmen nehmen die problematischen Bedingungen und Folgen des Coltanabbaus in Kauf, wenn sie das Mineral von lokalen bewaffneten Gruppierungen beziehen (Whitman 2012, S. 128). Auch deutsche Firmen wurden dafür kritisiert, Coltan aus der Krisenregion des DRC bezogen zu haben (Behrendt und Scharp 2007, S. 28 ff.).

Der Coltanabbau in der DRC findet in der Präsenz von Friedensmissionen der Vereinten Nationen statt, die in der Region operieren: Nachdem der UN-Sicherheitsrat 1999 mit der Resolution 1279 die United Nations Organization Mission in the Democratic Republic of Congo (MONUC) einsetzte (Sicherheitsrat der Vereinten Nationen 1999), wurde diese 2010 durch die Resolution 1925 in die United Nations Organization Stabilization Mission in the Democratic Republic of the Congo (MONUSCO) umbenannt (Sicherheitsrat der Vereinten Nationen 2010). Die Mission soll die Regierung der DRC dabei unterstützen, die östliche Region des Landes zu stabilisieren und die Zivilbevölkerung vor Gewaltverbrechen zu schützen. Aufgrund des weiterbestehenden Konflikts hat der Sicherheitsrat das Mandat wiederholt verlängert. Die Situation im östlichen Teil der DRC und die sozial-ökologischen Folgen des Coltanabbaus sind für Mensch und Natur weiterhin verheerend. Um dem Konflikt zu begegnen, verlangen Tele-kommunikationsunternehmen, die digitale Medientechnologien herstellen, z. B. von Rohstoffzulieferern Zusicherungen, keine Rohstoffe aus den Konfliktregionen der DRC zu verwenden (Behrendt und Scharp 2007, S. 39) und arbeiten dafür mit Zertifizierungen (Bleischwitz et al. 2012). Doch scheint eine verlässliche Kontrolle unmöglich, da die rohstoffverarbeitende Industrie teils aus komplexen Zuliefererketten besteht (Behrendt und Scharp 2007, S. 39). Im Dezember 2018 fanden Wahlen in der DRC statt, deren Ergebnis jedoch wenig Hoffnung für eine Verbesserung der Situation des Landes gibt, da dem amtierenden Präsidenten Félix Tshisekedi Wahlbetrug vorgeworfen wird (s. Signer 2019; BBC 2019).

Neben diesen negativen sozial-ökologischen Folgen des Abbaus von Roh-stoffen, die für digitale Medientechnologien benötigt werden, ist es auch die Manufaktur der Medienapparate selbst, die unter menschenunwürdigen und umweltschädlichen Bedingungen stattfindet. Während ein Großteil der Unterneh-men, die Medientechnologien verkaufen, in den USA und nur selten in Europa, Kanada und Singapur angesiedelt sind, haben die Unternehmen riesige Produk-tionsstätten in Mexiko, Osteuropa, Malaysia und insbesondere China errichtet, in denen die Medientechnologien hergestellt werden (Lüthje et al. 2013, S. 2). Auch wenn es durch Restriktionen der Unternehmen schwierig ist, die Arbeits-bedingungen in den entsprechenden Fabriken zu untersuchen, so ist es einigen Personen gelungen, einige sozial-ökologische Aspekte des Herstellungsprozesses offen zu legen. So zeigen Chan und Ho (2008) für Produktionsstätten in China, in denen Computer für die Unternehmen Lenovo, Dell und Fujitsu Siemens herge-stellt werden, dass die Arbeiter*innen bis zu 380 (!) Stunden im Monat arbeiten, keinen Mindestlohn erhalten und Gesundheitsschäden erleiden, u. a., weil sie ungeschützt mit Chemikalien arbeiten (Chan und Ho 2008, S. 2). Die Nichtregie-rungsorganisation China Labour Watch beobachtet ähnliche Arbeitsbedingungen in Produktionsstätten, welche für Apple und Samsung produzieren (China Labour Watch 2019 und 2018). Auch in anderen Ländern stellen Menschen digitale Medientechnologien unter unwürdigen Bedingungen her, wie Sproll (2010) für Mexiko sowie Lüthje et al. (2013) neben China auch für Osteuropa und Malaysia zeigen. Dabei sind es oft Frauen oder Migrant*innen, die in den Produktionsstät-ten arbeiten (Sproll 2010; Lüthje et al. 2013, S. 170 ff.). Die Arbeitsbedingungen können nicht nur durch gesundheitliche Beeinträchtigungen zum Tod führen; 2010 nahmen sich aufgrund menschenunwürdiger Arbeitsbedingungen bei der Firma Foxconn, welche iPhones herstellt, 17 Arbeiter das Leben (Ngai und Chan 2012; Guo et al. 2012; Maxwell und Miller 2013, S. 703; Chan 2019). Eine Studie, die Produktionsstätten von Foxconn in China und der Tschechischen

Republik vergleicht, zeigt, dass die menschenunwürdigen Arbeitsbedingungen mitnichten nur ein Problem in Asien darstellen, sondern vielmehr ein Aspekt des globalen Kapitalismus sind (Pun et al. 2019). Am Beispiel von Mobiltelefonen arbeitet Hegemann (2017) heraus, dass entlang der gesamten Wertschöpfungskette Menschenrechtsverletzungen stattfinden.

Nicht nur in ökonomisch weniger entwickelten sowie Schwellenländern hat die Produktion digitaler Medientechnologien negative sozial-ökologische Folgen auf Mensch und Natur. Gabrys erläutert (2011, S. 1), dass aufgrund der Mikrochipherstellung auch der Boden des Silicon Valley durch Chemikalien kontaminiert sei.

Prekäre Arbeitsbedingungen sind nicht nur in der Medientechnologieproduktion vorzufinden, sondern auch im Wirtschaftssektor der „digitalen Arbeit" (detaillierter hierzu s. Scholz 2017). Des Weiteren ist für die Herstellungsprozesse digitaler Medientechnologien Energie nötig, die derzeit primär aus fossilen Quellen gewonnen wird (Gabrys 2015, S. 3) und damit durch die Kohlenstoffdioxidemissionen negative ökologische Folgen hat. Eine Stoffstromanalyse von Mobilfunkgeräten in China zeigt, dass 50 % der im Lebenszyklus eines Mobilfunkgerätes eingesetzten Energie im Herstellungsprozess des jeweiligen Gerätes verbraucht werden und 20 % während der Nutzung (Yu et al. 2010, S. 4135). Van Heddeghem et al. (2014) zeigen in einer Analyse des Stromverbrauchs durch PCs, Kommunikationsnetzwerke und Datenzentren in den Jahren 2007 bis 2012, dass der Stromverbrauch durch die Nutzung digitaler Medientechnologien im Vergleich zum gesamten weltweiten Stromverbrauch signifikant steigt.

Der Stromverbrauch während der Mediennutzung ist einer der negativen sozial-ökologischen Folgen im Medienaneignungsprozess. Die Stromversorgung digitaler Medientechnologien und ihrer Infrastrukturen hat einen Anteil von 9 % des globalen Energieverbrauchs (Morley et al. 2018, S. 129). Gleich, welche Medientechnologie wir nutzen, der Gebrauch digitaler Medientechnologien benötigt immer elektrischen Strom:

> „Electronics and all that they plug into are energy intensive. An increasing amount of energy (and resulting carbon emissions) is required to power everything from Google searches to spam and text messages, which in turn involve a vast range of resources including data centers, digital devices, and fiber optic cabling to connect and transmit information." (Gabrys 2015, S. 3)

Fossile Energien sind als weltweite primäre Energiequelle auch die primäre Stromquelle, um digitale Medientechnologien zu betreiben (ebd.). Doch auch wenn erneuerbare Energien für die Nutzung digitaler Medientechnologien verwendet werden und damit die Umwelt scheinbar geschont wird, so ist auch für die Produktion von Energie aus Wind, Sonne oder Wasser die Verwendung von Technologien relevant, welche wiederum Ressourcen verbrauchen und energieintensiv hergestellt werden müssen (s. z. B. für Solarenergie Peng et al. 2013). Studien zeigen allerdings, dass der Stromverbrauch durch Medientechnologien in den vergangenen Jahren durch Energieeffizienz der Endgeräte zurückgegangen ist, dass jedoch durch die steigende Internetnutzung der Stromverbrauch in Datenzentren steigt (Deutscher Bundestag 2017, S. 2). Auch wenn Informations- und Kommunikationstechnologien in manchen Sektoren durch Effizienzsteigerung Energieverbrauch verringert, so steigert Digitalisierung doch letztendlich den Stromverbrauch (Lange et al. 2020).

So nimmt der Stromverbrauch u. a. durch den Wandel in der Mediennutzung bzw. den Medienangeboten zu, da das Streaming[14] von Videos und Musik eines der größten Treiber für die gestiegene Datenbereitstellung und damit auch den gestiegenen Strombedarf ist (Cook 2017, S. 19). Während der Covid-19-Pandemie haben Streaming-Dienste wie Netflix einen Rekordzuwachs erfahren (Tagesschau 2021).

Zwar reduziert das Streaming zum einen den Energie- und Ressourcenverbrauch, weil keine physischen Datenträger mehr produziert oder transportiert werden müssen, doch laden Streamingdienste zu erhöhtem Konsum ein, was eine schlechte Ökobilanz mit sich bringt (Sühlmann-Faul 2019, S. 32). Der Energieverbrauch und Emissionsausstoß der globalen Internetnutzung steigt extrem: „Während dieser 2002 noch bei 100 Gigabyte pro Sekunde lag, geht eine Prognose für das Jahr 2021 von 106.000 Gigabyte pro Sekunde aus." (ebd.) Brennan (2016) setzt sich mit den ökologischen Folgen des Datenspeicherns in Clouds auseinander, die entweder, ähnlich des Streamings, Server in Datenzentren (mit entsprechendem Energieverbrauch) benötigen, oder entsprechende Ressourcen für zusätzliche externe Datenträger.

In den für Internetnutzung eingesetzten Datenzentren wird Strom nicht nur für den Betrieb der Server selbst benötigt, sondern auch für weitere elektronische Geräte, die z. B. für die Kühlung der Server notwendig sind: „Intense computation processes can make serverrooms reach temperatures of 35–45 °C that could result in server failure." (Velkova 2016, S. 3) Starosielski zeigt mit Verweis auf McLuhans (1964) Konzept der heißen und kalten Medien, dass Temperatur schon in frühen Arbeiten genutzt wurde, um Medien und Kommunikation zu konzeptionalisieren; jüngste Ansätze, wie die hier herangezogenen Arbeiten, beschäftigen sich mit der Temperatur bzw. Wärme als *Produkt* von

---

[14] Streaming wird definiert als „die Nutzung von audiovisuellen Medien in Form eines Datenstroms statt auf einem physischen Datenträger." (Sühlmann-Faul 2019, S. 32)

Medienumgebungen (Starosielski 2014b, S. 2504 f.) und den ökologischen Folgen bzw. notwendigen Maßnahmen wie der Kühlung von Servern oder großen Datenzentren. Für die Kühlung der Datenzentren wird oft Wasser genutzt; auch werden Datenzentren zunehmend in kälteren Regionen gebaut (Velkova 2016, S. 4). Zudem werden stromintensive Klimaanlagen genutzt, um das Überhitzen von Servern zu vermeiden (Gabrys 2015, S. 3).

> „Storing, moving, processing and analyzing data all require energy, as does the cooling of the buildings so the heat-generating servers don't overheat. Even with energy efficiency efforts, if coal and other fossil fuels are used to power data centers, their continued dramatic growth produce a significant increase CO_2." (Cook und Jardim 2019, S. 8)

Dabei kann die Abwärme der Server in großen Datenzentren jedoch weiterverwendet werden, z. B. für den Heizbedarf in Städten, wie Velkova (2016) am Beispiel von Paris und Stockholm zeigt.

Greenpeace nimmt Unternehmen verschiedenster Medienangebote (von Suchmaschinen über Messengerdienste bis hin zu Social Media-Anbietern und Musik- und Videostreaming-Anbietern) und deren Energienutzungskonzepte in den Blick und erstellt Listen, in denen kurz das Energienutzungskonzept des jeweiligen Unternehmens dargestellt wird (sofern eines vorhanden ist) sowie der Anteil erneuerbarer Energien bei den Datenverarbeitungs- und -bereitstellungsprozessen durch die jeweiligen Anbieter (s. Cook 2017). Der Frage „How dirty is your data?" (ebd.), können die Nutzer*innen von Internetmedien mit Hilfe von Kohlenstoffdioxidemissionsrechnern nachgehen, wobei die meisten Rechner die Nutzung digitaler Medientechnologien nicht explizit abfragen.[15] Gabrys (2015, S. 7) betont, dass neben dem Kohlenstoffdioxidausstoß durch den Energieverbrauch bei der Nutzung digitaler Technologien auch die zerstörende Landnutzung beim Abbau der benötigten Kohle negative ökologische Folgen hat sowie Gesundheitsschäden bei den in den Abbau involvierten Personen auftreten.

Die Energie, die bei der Nutzung digitaler Technologien verwendet wird, wird in Form von Emissionen Müll und trägt zur Erderwärmung bei (Gabrys 2015, S. 7). Ein interdisziplinäres Forschungsfeld, welches sich mit elektronischem Müll beschäftigt, setzt vor allem die Technologien selbst in den Fokus. „Electronic waste or e-waste for short is a generic term embracing various forms of electric and electronic equipment that have ceased to be of any value to their owners." (Widmer et al. 2005, S. 438) Entsorgte digitale Medientechnologien

---

[15] Siehe z. B. der Kohlenstoffdioxidrechner des Umweltbundesamtes https://uba.co2-rechner.de/.

sind Teil des elektronischen Mülls. Gabrys (2011, S. 3) unterstreicht, dass durch das Aufkommen *elektronischen* Mülls eine neue Kategorisierung im System der Müllklassifikation und Müllregulierung notwendig sei. Dabei werden die Medienapparate im Moment der Entsorgung zu Müll, was jedoch nicht bedeutet, dass die Geräte im Moment der Entsorgung zwingend defekt sind. Denn die Lebensdauer digitaler Medientechnologien entspricht nicht unbedingt ihrer Nutzungsdauer, was bedeutet, dass viele digitale Medientechnologien ausrangiert werden, also nicht mehr genutzt werden, bevor sie tatsächlich defekt oder gar irreparabel sind.

Die Nachfrage nach technologischen Innovationen, aber auch die verschiedenen Formen von Obsoleszenz (s. Abschn. 2.2.3) führen dazu, dass digitale Medientechnologien immer schneller ersetzt werden, sich die Nutzungsdauer und oftmals auch die Lebensdauer der Geräte verkürzt.

> „The rapid acceleration of turnover of old and outdated devices, fueled by planned obsolescence in consumer electronics design and escalating demand, has caused an unprecedented surge in electronic and electric waste (e-waste): e-waste is now the fastest growing part of urban waste-streams." (Maxwell et al. 2015, S. xiii)

Kaitatzi-Whiltock (2015, S. 71) spricht von einer „fetish mentality of innovation", die zur vermehrten Produktion elektronischen Mülls führe, und Gabrys (2011, S. 2) proklamiert: „The digital revolution, as it turns out, is littered with rubbish".

Elektronischer Müll wird vor allem in (Post-)Industrienationen produziert (Robinson 2009, S. 183). Es wird jedoch davon ausgegangen, dass die sich bildende Mittelschicht in Schwellenländer wie Brasilien, Indien, China, Russland und Südafrika durch die vermehrte Nachfrage nach digitalen Medientechnologien zukünftig zunehmend zur Produktion elektronischen Mülls beitragen wird und sich das Volumen elektronischen Mülls noch vergrößern werde (s. ebd. und Kaitatzi-Whitlock 2015, S. 72). Einige einzelne Länder fokussierende Studien belegen die Annahme, dass die Nachfrage nach digitalen Medientechnologien in Schwellenländern steigt (s. z. B. Yu et al. 2010 für China), was aber aufgrund der verschiedenen Arten von Obsoleszenz und technologischen Innovationen auch für (Post-)Industrienationen gilt (s. Abschn. 2.2.3). „In 2016, 44.7 million metric tonnes of e-waste was generated. This is an equivalent of almost 4,500 Eiffel towers." (Baldé et al. 2017, S. 4). Doch wird der elektronische Müll mitnichten auf den Müllhalden in den Ländern entsorgt, in denen er produziert wird. Vielmehr wird er (und damit auch entsorgte digitale Medientechnologien) überwiegend von (Post-)Industrienationen in Asien, Nordamerika und Westeuropa zu Mülldeponien in ökonomisch weniger entwickelten Ländern verschifft, z. B. auf die weltweit größten Mülldeponien Agbogbloshie in Ghana oder Guiyu in China (Kaitatzi-Whiltock 2015, S. 72). Die Berge elektronischen Mülls sind Zeichen der Konsumgesellschaft: „Digital technologies linger in the dump, where they stack up as a concrete register of consumption" (Gabrys 2006, S. 164).

Der grenzüberschreitende Transport elektronischen Mülls ist nach dem auch von Deutschland ratifizierten „Baseler Übereinkommen über die Kontrolle der grenzüberschreitenden Verbringung gefährlicher Abfälle und ihrer Entsorgung" (Basler Konvention) und der europäischen Verordnung über die Verbringung von Abfällen illegal (Umweltbundesamt 2019). Doch lückenhafte oder fehlende Kontrollen ermöglichen die Verschiffung auch defekter und irreparabler digitaler Medientechnologien in ökonomisch weniger entwickelte Länder:

> „[A]lthough illegal under the Basel Convention, rich countries export an unknown quantity of e-waste to poor countries, where recycling techniques include burning and dissolution in strong acids with few measures to protect human health and the environment. Such reprocessing initially results in extremely localised contamination followed by migration of the contaminants into receiving waters and food chains. E-waste workers suffer negative health effects through skin contact and inhalation, while the wider community are exposed to the contaminants through smoke, dust, drinking water and food. There is evidence that e-waste associated contaminants may be present in some agricultural or manufactured products for export." (Robinson 2009, S. 183)

Robinson benennt hier in aller Kürze die Facetten der sozial-ökologischen Auswirkungen des elektronischen Mülls. Die verschrotteten digitalen Medientechnologien werden auf den Mülldeponien in ökonomisch weniger entwickelten Ländern unsachgemäß entsorgt und dort meist von Menschen (oftmals Kindern) verbrannt, um das Plastik wegzubrennen und wertvolle, noch in den Medientechnologien enthaltene Ressourcen wie Kupfer freizulegen. Durch den Verbrennungsprozess werden nicht nur giftige Stoffe freigesetzt, die die Menschen einatmen, sondern die Stoffe gelangen in den Boden und ins Grundwasser, das die Anwohner*innen und (Nutz-)Tiere trinken; so schadet der illegal entsorgte Müll nicht nur aktuell der Natur, sondern vergiftet die Orte auch für zukünftige Generationen (Kaitatzi-Whitlock 2015, S. 72).

Die Herausforderungen für den Umgang mit elektronischem Müll für ökonomisch weniger entwickelte Länder arbeiten Osibanjo und Nnorom (2007, S. 198) am Beispiel Nigerias heraus: Es fehle u. a. an einem der Infrastruktur angemessenen Müllmanagement, an einer Rechtsprechung, die sich mit elektronischem Müll beschäftigt sowie an einem Ordnungsrahmen für die Rücknahme von Altgeräten. Neben den Schäden für Mensch, Tier und Natur ist ein weiteres Problem, dass (unter diesen umwelt- und menschenschädigenden Bedingungen) nur ca. 13 % des jährlich verschifften elektronischen Mülls wiederverwertet werden kann und die restlichen 87 % des Schrotts auf den Halden als giftiger Müll zurückbleiben – so die Schätzungen (Kaitatzi-Whitlock 2015, S. 72).

Auf die Frage nach den Auswirkungen elektronischen Mülls („What is the impact of e-waste?", Bily 2009) kann also als Antwort auf die massiven negativen sozial-ökologischen Folgen für Mensch, Tier und Natur verwiesen werden. Gabrys (2011, S. 4) betont in ihrer „digital rubish theory", dass bei der Betrachtung und Analyse elektronischen Mülls jedoch nicht nur die Stofflichkeit digitaler Technologien, die Stoffströme und ökonomischen Aspekte in den Blick genommen werden müssen, sondern auch technologische Imaginationen, Fortschrittsnarrative und materielle Zeitlichkeit. „A dump is not just about waste, it is also about understanding our cultural and material metabolism" (Gabrys 2006, S. 160). Die Forderungen, Unternehmen in die Pflicht zu nehmen, Produktions- und Entsorgungsprozesse digitaler Medientechnologien nachhaltiger zu gestalten (s. z. B. Kaitatzi-Whitlock 2015, S. 73 und Bleischwitz et al. 2011, S. 19), scheinen aufgrund der Komplexität dieser Produktions- und Entsorgungsprozesse und der Möglichkeiten der Umgehung geltenden Rechts wenig erfolgversprechend.

Zusammenfassend lässt sich für das interdisziplinäre Forschungsfeld, welches sich mit den sozial-ökologischen Auswirkungen der Produktion, Nutzung und Entsorgung digitaler Medien beschäftigt, festhalten, dass in diesem die komplexen negativen sozial-ökologische Auswirkungen dieser Prozesse identifiziert werden, dass Mensch, Tier und Natur durch die Gewinnung der für digitale Mediengeräte notwendigen Ressourcen (wie Coltan) und durch die Herstellungsprozesse der Apparate Schaden nehmen oder sterben. Des Weiteren ist hervorzuheben, dass die Nutzung digitaler Medientechnologien durch den Verbrauch v. a. fossiler Energien beim Betreiben der Endgeräte oder für Onlinekommunikation notwendige Serverfarmen zur Erderwärmung beiträgt. Schließlich wurde herausgearbeitet, dass die (unsachgemäße) Entsorgung digitaler Medientechnologien Mensch, Tier und Natur schadet. Dabei finden die Produktions- und Entsorgungsprozesse v. a. in ökonomisch weniger entwickelten Ländern statt und scheinen in (Post-)Industrienationen unsichtbar zu sein.

Das Wissen um die sozial-ökologischen Folgen v. a. der Produktion und Entsorgung digitaler Medientechnologien bildet die Hintergrundfolie für die Medienpraktiken der Akteur*innen, welche in den Fallstudien untersucht wurden. Dabei zeigt sich, dass Konsum und Konsumkritik zentrale Aspekte in den Medienpraktiken der Akteur*innen sind. Im Folgenden wird daher das Forschungsfeld aufgearbeitet, welches sich mit Konsum, Konsumkritik und Medien auseinandersetzt.

2.2.3 Konsum, Konsumkritik und digitale Medien(-kommunikation)

Fragt man nach der Beziehung von Medien, Nachhaltigkeit und dem „guten Leben", so wird schnell deutlich, dass Konsum eine der entscheidenden Praktiken ist, wenn Menschen versuchen, zu einer nachhaltigen Gesellschaft beizutragen, aber auch, wenn die Ursachen für eine nicht-nachhaltige Gesellschaft ergründet werden. Denn durch den Konsum von Medientechnologien und einer entsprechenden Nachfrage, werden zum einen die Produktion neuer Medientechnologien angeregt und die sozial-ökologischen Auswirkungen dieser damit indirekt unterstützt, zum anderen werden nach dem Konsum neuer Endgeräte existierende Apparate (wie gezeigt werden wird oftmals unsachgemäß) entsorgt.

Konsum wird hier im lateinischen Wortsinn von *consumere* als das Verbrauchen von Gütern verstanden (s. Einleitung). Rosa (2011) weist auf die Verwechselung von Kauf und Konsum hin: Während der Kauf im Sinne eines Erwerbens von Gütern ökonomische Ressourcen und Zeit brauche, ist für den Akt des Konsumierens v. a. Zeit aufzuwenden, da es in diesem Prozess um Aneignung gehe. Canclini weist auf den Moment der Aneignung hin, der im Prozess des Konsumierens relevant wird: „Consumption is the ensemble of sociocultural processes in which the appropriation and use of products takes place" (Canclini 2003, S. 38). Er verbindet Konsum nicht mit dem individuellen Besitz isolierter Objekte, sondern versteht unter Konsum eine kollektive Aneignung (innerhalb solidarischer und abgrenzender Beziehungen zu anderen) von Gütern, die biologische und symbolische Bedürfnisse befriedigen, um Botschaften zu übermitteln und zu empfangen (Canclini 2003, S. 46).

Konsum wird in der Kommunikations- und Medienwissenschaft in Hinblick auf unterschiedliche Aspekte analysiert. So wird zum einen der Konsum von Medieninhalten untersucht, aber auch die Wirkung von Medieninhalten im Allgemeinen und Werbung im Besonderen auf das Konsumverhalten der Rezipierenden. Auch wie Medien für die Äußerung von Konsumkritik genutzt werden, ist Gegenstand v. a. der Medienforschung. In Hinblick auf den Konsum von Medieninhalten wird u. a. untersucht, wie viele Medieninhalte konsumiert werden, und es wird z. B. gefragt, wie viele Stunden Rezipierende Fernsehen oder vor dem Computer verbringen. So werden z. B. in der ARD/ZDF-Onlinestudie jährlich die Internetnutzung der deutschen Bevölkerung analysiert und die Wahl der Endgeräte für diese Nutzung sowie die Art bzw. das Ziel der Nutzung (Beisch und Schäfer 2020). Auch in qualitativen Studien wird die Internetnutzung untersucht, wobei z. B. die Motive der Nutzung herausgearbeitet werden (z. B. Meyen et al. 2009).

Ein kritischer Blick auf den Konsum bzw. die Produktion von Medieninhalten wird bereits von Horkheimer und Adorno in ihrer Kritik an der Kulturindustrie eingenommen. Sie (2003 [1944/1969], S. 128) kritisieren die Standardisierung durch die Massenproduktion der Kulturindustrie, bezeichnen die Kultur als Ware und die Menschen als Konsumierende, die keines eigenen Gedankens bedürfen. Auch Baudrillard (2015 [1970]) setzt sich in seinem Buch „Die Konsumgesellschaft" kritisch mit den Massenmedien auseinander. Er arbeitet sich an McLuhans (1964) These „The medium is the message" ab und beschreibt den Akt des Rezipierens als Konsum, durch den eine komplizierte Welt vereinfacht erfahrbar werde:

> „[Der] technologische Prozess der Massenkommunikation liefert eine bestimmte Sorte höchst imperativer Botschaften: *die Botschaft vom Konsum der Botschaft,* vom Zerlegen, von der Inszenierung und der Verkennung der Welt und von der Verwertung der Information als Ware, der Glorifizierung ihres Inhalts als Zeichen. [...] Die Wahrheit der Massenmedien ist demnach in ihrer Funktion zu suchen, den erlebten, einzigartigen, ereignishaften Charakter der Welt zu neutralisieren, um an seine Stelle ein vielgestaltiges Universum von Medien zu setzen, die als solche gleichartig sind, einander wechselseitig signifizieren und aufeinander verweisen. Zu guter Letzt werden sie füreinander zum Inhalt – und dies genau ist *die totalitäre ‚Botschaft' einer Konsumgesellschaft.* [...] Ein jedes Medium zwingt dann einer verworrenen, konflikthaften, widersprüchlichen Welt seine abstraktere, kohärentere Logik auf, zwingt sich uns als Medium auf, das, um mit McLuhan zu sprechen, selbst die Botschaft ist. Und die gemäß diesem technischen und zugleich ‚legendären' Code zerstückelte, filtrierte, umgedeutete Substanz der Welt: Sie ist es, die wir ‚konsumieren' – die gesamte Materie der Welt, die ganze industriell zu Fertigprodukten, zum Zeichenmaterial verarbeitete Kultur, aus der jeglicher ereignishafte, kulturelle oder politische Wert entschwunden ist." [(2015 [1970]), S. 180 f., Hervorhebung im Original]

Canclini (2003) nimmt eine kritische Perspektive auf den Konsum von Medieninhalten vor dem Hintergrund zunehmender Globalisierungsprozesse ein. Er (ebd., S. 24) verbindet das Konzept des Citizenship (s. Abschn. 3.2.5) mit dem der Konsumierenden und beobachtet den Wandel des Bürgers als Repräsentanten der öffentlichen Meinung hin zum Konsumierenden, der die Qualität des Lebens und hier v. a. das Angebot elektronischer Medien genieße. Seine Analyse bezieht sich dabei überwiegend auf Massenmedieninhalte und deren Veränderung durch Globalisierungsprozesse und hier insbesondere das Fernsehen in Lateinamerika. Canclini konstatiert:

> „Men and women increasingly feel that many of the questions proper to citizenship – where do I belong, what rights accrue to me, how can I get information, who represents my interests? – are being answered in the private realm of commodity

consumption and the mass media more than in the abstract rules of democracy or collective participation in public spaces" (Canclini 2003, S. 15).

Seine Überlegungen zur Transformation des demokratietheoretischen Konzepts des Citizenship hin zur Relevanz des Konsumierenden werde ich in der Diskussion der Fallbeispiele in Abschn. 4.5 erneut aufgreifen.

Sind dies Beispiele für eine kritische Perspektive auf den Konsum von Medieninhalten, so ist auch Konsumkritik *in* den Medieninhalten selbst Gegenstand der Forschung, die im Feld der politischen Kommunikation anhand konsumkritischer (Medien-)Kampagnen untersucht werden (s. z. B. Greenberg und Knight 2004; Micheletti und Stolle 2007; Gaßner 2014). Baringhorst et al. (2010) untersuchen unternehmenskritische Kampagnen vor dem Hintergrund des Medienwandels und der neuen Möglichkeiten für zivilgesellschaftliche Akteur*innen durch Internetmedien. Dabei definiert Baringhorst unternehmenskritische Kampagnen[16] als Protestkampagnen, die die Bürger*innen als Konsument*innen ansprechen und inhaltlich unternehmerische Normverletzungen skandalisieren (Baringhorst 2010a, S. 11). Über diese wird versucht, „durch die Mobilisierung der politischen und gesellschaftlichen Macht von Verbrauchern" (ebd., S. 12) Druck auf Unternehmen aufzubauen. In ihrer Analyse kommen Kneip und Niesyto (2010a, S. 367 ff.) zu dem Ergebnis, dass Internetmedien zwar neue Möglichkeiten für die Artikulation und Verbreitung unternehmenskritischer Kampagnen bieten, der Onlineprotest aber zum einen mit Offlineprotestaktionen kombiniert werde. Das Erreichen massenmedialen Aufmerksamkeit bleibt weiterhin für die Protestakteur*innen zentral:

> „Das Netz erleichtert individuelle Protestpartizipation durch individualisierte Handlungsangebote wie elektronische Kettenbriefe und E-Petitions. Dabei werden allerdings kollektive Handlungsrepertoires wie Demonstrationen vor Geschäften oder kollektive Feldbefreiungen nicht ersetzt." (Baringhorst 2010b, S. 392)

Für die Vorbereitung und Durchführung solcher Protestkampagnen bleiben Nichtregierungsorganisationen zentral (ebd., S. 372), auch wenn Baringhorst (2010a, S. 11 f.) bei „Protestaktionen des gegenwärtigen politischen Konsumerismus" zwei allgemeinere gesellschaftliche Trends, den der Individualisierung und den

---

16 „Allgemein betrachtet, können Kampagnen verstanden werden als ein Komplex aufeinander abgestimmter kommunikativer und sozialer Praxen zur Erreichung eines oder mehrerer zuvor definierter Ziele bezogen auf eine zuvor definierten Zielgruppe in einem zuvor definierten Zeitraum und mit zuvor definierten Ressourcen. […] Politische Kampagnen sind strategische Formen der Kommunikation, deren Hauptziel darin besteht, die öffentliche Meinungsbildung zu beeinflussen. Sie sollen nicht nur informieren, sondern auch die Akzeptanz bestimmter Prinzipien oder Akteure fördern" (Baringhorst 2010a, S. 21).

Rückzug ins Private, wahrnimmt, da Konsumierende oftmals individuell im Alltagshandeln durch z. B. Buykott- oder Boykott-Aktionen ihr Protesthandeln verfolgen: „Während Boykott den bewussten Nicht-Kauf bestimmter Produkte oder Marken bezeichnet, wird unter Buykott der bewusste Kauf (z. B. von fair gehandelten Produkten) verstanden." (Baringhorst 2010a, S. 12) Baringhorst bewertet die Politisierung privaten Konsums als wirkungsvoll:

> „[K]ollektive und öffentlich ausgerichtete Formen der Politisierung privaten Konsums können wesentlich dazu beitragen, das (vorhandene) politische Engagement der Bürger zu revitalisieren und politische Partizipation enger an alltagsweltliche Lebenspraxen anzuschließen." (Baringhorst 2010b, S. 392)

Das Spannungsfeld zwischen dem Privaten und dem Politischen sowie individuellem und kollektivem Protesthandeln wird auch in der hier diskutierten Studie relevant. Weiterhin wird gezeigt, inwiefern sich das Konsumieren an sich vor dem Hintergrund des medialen Wandels verändert, da die Digitalisierung und Internetmedien für Konsumierende neue Möglichkeiten der Information oder Vernetzung mit anderen Konsumierenden, aber auch neue Möglichkeiten des Konsumierens selbst bieten. So spricht Rosa (2011, S. 127) von einer De-Materialisierung des Konsums, da Konsumgüter wie Bücher oder Musik zunehmend digital konsumiert werden.

Internetmedien bieten durch Onlineeinkäufe auch neue Wege des Kaufens und Konsumierens. Dabei stellen nicht nur etablierte Unternehmen Onlineshops (oftmals zusätzlich zu „Offlinefilialen") bereit, sondern Onlineshops wie www.daw anda.de ermöglichen auch semi-professionellen Personen oder Laien, eigene produzierte Güter zu verkaufen. Dass über Internetmedien nicht nur der Neukauf von Gütern möglich ist, sondern auch gebrauchte Gegenstände online gehandelt werden, zeigt die Erfolgsgeschichte von eBay. Die Volkswirtschaftslehre sowie die Politikwissenschaft haben sich bereits mit dem Aspekt der Nachhaltigkeit einer neuen Wiederverkaufskultur über Internetmedien beschäftigt (Frick et al. 2019; Behrendt et al. 2019; Henseling et al. 2009; Aulinger und Paech 2005). Während der Covid-19-Pandemie und hier v. a. durch die wiederholte Schließung des Einzelhandels, außer des Lebensmitteleinzelhandels und weniger weiterer Ausnahmen, nahm die Nutzung von Onlinemedien zum Konsumieren stark zu.

Inwiefern Internetmedien eine Bedeutung für politischen Konsum haben, wurde u. a. in dem von Baringhorst geleiteten DFG-Projekt „Consumer Netizens – neue Formen von Bürgerschaft an der Schnittstelle von politischem Konsum und Social Web" untersucht. Aus diesem Kontext wurde eine Typologie entwickelt, die die unterschiedlichen Formen und Ziele der Aneignung

von Internetmedien durch ihre Nutzer*innen aufzeigt. Die „pragmatische Alltagsexpertin", die „expressive Ästhetik", der „technische Innovator" und die
„integrative Prosumentin" (beschrieben u. a. in Witterhold 2017, S. 186 ff.) unterscheiden sich nicht nur in der Nutzung verschiedener Internetmedien, sondern
auch in ihrer Motivation für diese Nutzung, u. a. was die politischen Implikationen angeht: Während die „pragmatische Alltagsexpertin" das Internet nutze,
um offline nicht erhältliche Ware zu erwerben oder nach Informationen für ihren
politischen Konsum zu suchen, nutze die „expressive Ästhetikerin" ihr soziales
Onlinenetzwerk,

> „um sich und ihren Konsumstil auszudrücken und um mit anderen, die einen ähnli-
> chen Konsumstil haben, in Kontakt zu kommen, was zu einem wechselseitigen Aus-
> tausch über Produktinformationen, neue Shops, aber auch von Anerkennung und Lob
> für bestimmte Konsumpraktiken führt" (ebd., S. 187).

Während für die „expressive Ästhetikerin" beim Konsum v. a. ästhetische Aspekte
relevant seien, seien es bei dem „technischen Innovator" eben technische oder
innovative Aspekte eines Produkts, über die er sich via Internetmedien infor-
miere (ebd.). Während diese drei Typen ihren Konsum im Privaten und außerhalb
des Internets belassen, engagiere sich die „integrative Prosumentin" „online
wie offline, in der Öffentlichkeit wie im Privaten" (ebd., S. 189). Witterhold
(2017) untersucht das aus diesem Projekt generierte Datenmaterial aus einer
Geschlechterperspektive und arbeitet die unterschiedlichen Ausprägungen von
politischem Konsum bei Frauen heraus. Mit dem Begriff des „politischen Pro-
sumings" bezeichnet Witterhold (2017, S. 304) die „Suchbewegung zwischen
Alltagserfahrung, Online-Selbst-Aktualisierung und Social-Web-Interaktionen".

Mit konsumkritischen Medieninhalten und den Konsumierenden als Internet-
nutzenden stehen in diesem Forschungsbereich v. a. die Medieninhalte und ihre
Nutzung im Fokus. Weniger im Blick ist der Konsum von Medientechnologien
im Sinne eines Erwerbens und Verbrauchens der Medienapparate selbst. Doch
ist dies ebenfalls ein Aspekt des Konsums von Medien, der in den untersuchten
Fallbeispielen relevant wird.

Medientechnologien werden u. a. in der in diesem Buch diskutierten Studie als
Konsumgüter relevant, die in der digitalen Gesellschaft zunehmend konsumiert
werden. Wie Erhebungen des Statistischen Bundesamtes für Deutschland zeigen,
sind immer mehr Haushalte in Deutschland mit Informations- und Kommunikationstechnologien ausgestattet. Waren es z. B. 1998 nur 36,7 % der Haushalte, die
mit Personal Computern ausgestattet waren, so waren es 2020 bereits 91.1 %, und
während 1998 in nur 11,2 % der Haushalte ein Mobilfunkgerät vorkam, waren
es 25 Jahre später bereits 97,5 % (Statistisches Bundesamt 2014 und 2020). Aus

diesen Zahlen kann geschlossen werden, dass zunehmend Medientechnologien konsumiert werden, also Haushalte mit verschiedenen Medientechnologien ausgestattet werden. Können mit solchen Statistiken Aussagen über die Verbreitung von Medientechnologien in den Haushalten gemacht werden, so geben die Zahlen jedoch noch keine Auskunft über das Ersetzen bestehender Medientechnologien und damit Neuanschaffungen und Entsorgungen von Medientechnologien. Während der Covid-19-Pandemie gab auch politische Maßnahmen für die Verbreitung digitaler Medientechnologien, so wurden z. B. in Bremen *alle* Schüler*innen und Lehrkräfte mit einem iPad als Leihgabe ausgestattet (Senatorin für Kinder und Bildung der Freien Hansestadt Bremen 2020).

Die Gründe für den Konsum von Medientechnologien können auch mit verschiedenen Dimensionen von Obsoleszenz erklärt werden: Während die werkstoffliche und die funktionale Obsoleszenz sich auf die tatsächliche Funktionsfähigkeit bzw. den Defekt beziehen, rekurriert die psychologische Obsoleszenz auf die Bedürfnisse der Nutzenden, welche dem Konsum zugrunde liegen und verweist die ökonomische Obsoleszenz auf die Repariermöglichkeiten eines Objektes (Prakash et al. 2016, S. 21).[17]

Die Diskussion um Obsoleszenz in Wissenschaft und Medienöffentlichkeit ist nicht neu, sondern fand bereits in den 1920er, 1960er und 1980er Jahren statt, hat jedoch in den vergangenen Jahren v. a. mit dem Begriff der „geplanten Obsoleszenz" einen Höhepunkt erhalten (ebd., s. zur geplanten Obsoleszenz auch Poppe und Longmuß 2019). Von „geplanter Obsoleszenz" wird im Zusammenhang mit werkstofflicher und funktionaler Obsoleszenz gesprochen, wenn eine „absichtliche Lebensdauerverkürzung der Produkte durch den bewussten Einbau von Schwachstellen durch die Hersteller" (Prakash et al. 2016, S. 21) unterstellt wird. Prakash et al. (2016) untersuchen die verschiedenen Dimensionen von Obsoleszenz u. a. am Beispiel von Fernsehgeräten, Smartphones/Mobilfunkgeräten und Notebooks. Sie zeigen für den Austausch von Fernsehgeräten, dass die Gründe für den Neukauf neben dem Bedürfnis nach einem größeren Bildschirm auch eine bessere Bildqualität sowie die fallenden Preise seien (ebd., S. 157) – jedoch nicht zwingend der Defekt der Geräte. Bei der Untersuchung zur Obsoleszenz bei Notebooks zeigt sich, dass hier die psychologische Obsoleszenz eine geringere Rolle spielt als zu Beginn der 2000er Jahre, was die Autoren auch damit begründen, dass das Notebook als Modeaccessoire an Bedeutung verloren habe und hier Smartphones und Tablets relevanter geworden seien (ebd., S. 183).

---

[17] Baudrillard (2015 [1970], S. 59) wies bereits 1970 auf Obsoleszenz und deren schädliche Folgen auf die Umwelt hin.

Nach einer Befragung durch Stiftung Warentest tauschen 42 % der Nutzer*innen in Deutschland ihr Mobiltelefon alle zwei Jahren aus (was sicherlich auch an den entsprechenden Laufzeiten von Mobilfunkverträgen begründet lag), etwa 16 % alle drei Jahre, weitere 12 % alle vier Jahre, etwa 20 % der Befragten ersetzen ihr Mobiltelefon seltener als alle fünf Jahre (s. in Prakash 2016, S. 130). Die Smartphones sind bei dem Austausch oftmals noch funktionsfähig, auch hier dominiert die psychologische Obsoleszenz (ebd., S. 173). Die psychologische Obsoleszenz wird u. a. durch technische Innovationen und Medienwandel hervorgerufen, denn durch diese ist die Nutzungsdauer von Medientechnologien beschränkt und werden Mediengeräte regelmäßig ausgetauscht. So ersetzt z. B. das Smartphone alte Mobilfunkgeräte, oder weckt die Entwicklung des Tablets neue Bedürfnisse, die durch den Kauf entsprechender Geräte gestillt werden. Der Medienwandel[18] führt hier im Sinne eines technologischen Wandels der Geräte zu Anregung des Konsums.

Es ist u. a. auch der Konsum im Sinne eines Verbrauchs und Neukaufs von Medientechnologien, der in den empirisch untersuchten Fallbeispielen von den Akteur*innen hinterfragt wird. Damit kritisieren die Akteur*innen auch die derzeitige Form der Konsumgesellschaft bzw. die Konsumgesellschaft an sich (s. Abschn. 4.5). Denn in der Konsumgesellschaft steht nicht mehr der Besitz der konsumierten Gegenstände im Vordergrund, sondern der Akt des Konsumierens selbst (Oetzel 2012). Konsum kann als Akt der Partizipation an der Konsumgesellschaft gedeutet werden: „To consume is to participate in an arena of competing claims for what society produces and the ways of using it" (Canclini 2003, S. 39).

Dabei kann Konsum insofern politisch sein, als durch den Akt des Konsumierens bewusst versucht wird, Gesellschaft zu gestalten und zu verändern (zum Begriff des Politischen s. Abschn. 3.2.5) „Bei politischem Konsum geht es […] inhaltlich […] darum, Antworten auf Fragen nach dem Guten und dem, was man selbst vertreten kann, zu finden" (Witterhold 2017, S. 304) und diese Antworten dann auch umzusetzen. Konsum kann dann auch eine „Politik mit dem Einkaufswagen (Baringhorst 2010b) werden, wenn bewusst nach bestimmten Werten Güter gekauft oder nicht gekauft werden bzw. bestimmte Güter gekauft werden (s. hierzu oben die Definition der Begriffe Buykott und Boykott). Konsum ist also auch an die Identität der Konsumierenden und ihre Wertvorstellungen geknüpft. Insofern wird der Konsum durch den Lebensstil geprägt: „[Lebensstile] rahmen Konsumentscheidungen, und zwar zum einen als individuelle Speicher von Routinen, Wertvorstellungen und Selbstbildern, zum anderen als symbolische Muster

---

[18] Mehr zu Theorien des Medienwandels s. u. a. im Sammelband Kinnebrock et al. 2015.

des Vergleichs und der sozialen Ähnlichkeit mit anderen" (Lüdtke 2004, S. 103). Der Lebensstil ist ein „Feld symbolischer Kommunikation" (ebd., S. 118), mit dem nicht nur Individualität, sondern auch die Zugehörigkeit zu einer Gruppe ausgedrückt wird. Wenn der Lebensstil den Konsum rahmt (ebd., S. 103), dann wird das, *was* und *wie* wir konsumieren also zum Ausdruck unserer Identität und Zugehörigkeit. Diese These wird in der späteren Diskussion der Studie erneut aufgegriffen, da Konsum hier ein Ausdruck von Individualität und Zugehörigkeit wird.

Die politische Bedeutung des Lebensstils in Hinblick auf Konsum erfasst Bennett (2003) mit dem Begriff der „lifestyle politics". Sowohl Konsum als auch Lebensstil sind politische Praxis (Baringhorst 2015). Internetmedien bieten nicht nur neue Möglichkeiten des Konsums (s. o.), sondern auch für die Herausbildung von Lebensstilgemeinschaften (Baringhorst 2015, S. 24 ff.; zur Vergemeinschaftung s. Abschn. 3.2.4), wie in der Diskussion der Fallstudien gezeigt wird.

Die ökologischen Auswirkungen der Konsumgesellschaft wurden bereits in den 1970er Jahren in Politik und Wissenschaft zunehmend diskutiert und das auf Wachstum basierende kapitalistische System der Konsumgesellschaft hinterfragt (z. B. Meadows 1972; Baudrillard 2015 [1970]). Als Alternativen zur auf Wachstum basierenden Konsumgesellschaft wurden u. a. die Gemeinwohl-Ökonomie (Felber 2010)[19] und die Postwachstumsökonomie entworfen (u. a. Paech 2012a, s. Abschn. 2.1.1).

Paech konstatiert, dass das Wachstum kapitalistischer Gesellschaften nur durch ökologische Plünderung möglich werde und die Menschen der Konsumgesellschaften über ihre Verhältnisse leben: „Sie entgrenzen ihren Bedarf erstens von den gegenwärtigen Möglichkeiten, zweitens von den eigenen körperlichen Fähigkeiten und drittens von den lokal oder regional vorhandenen Ressourcen." (vgl. Paech 2012a, S. 10).

Er kritisiert die entgrenzte Produktions- und Konsumkette von Gütern:

---

[19] Als Alternative zum kapitalistischen System entwirft Felber (2010) die „Gemeinwohl-Ökonomie", in der das Ziel aller Unternehmen „das Streben nach dem allgemeinen Wohl" (ebd., S. 24) sei: „Ein Unternehmen ist nicht länger erfolgreich, wenn es einen hohen Finanzgewinn erzielt, sondern wenn es einen größtmöglichen Beitrag zum Gemeinwohl leistet." (ebd.) Diesen Beitrag will Felber in einer „Gemeinwohlbilanz" messen, die er durch eine Matrix ermitteln will, welche neben ökologischer Nachhaltigkeit (messbar u. a. an dem Einsatz von Vorprodukten aus der Region oder am Mobilitätsmanagement) und sozialer Gerechtigkeit (messbar u. a. an der maximalen Einkommensschere und Fair-Trade-Prozessen) auch demokratische Mitbestimmung (messbar durch Partizipationsmöglichkeiten der Mitarbeiter*innen und Kund*innen) und Menschenwürde (messbar durch Selbstorganisation der Arbeitszeit und Weiterbildungen) umfasst (s. ebd., S. 28 ff.).

„Durch Konsum greifen Individuen auf Güter zurück, deren Herstellung und Verbrauch zwei getrennte Sphären sind. Konsumenten verbrauchen prinzipiell Dinge,
die sie selbst niemals herstellen könnten oder wollten – andernfalls wären sie Produ-
zenten oder Selbstversorger. Mehr noch: Mit zunehmendem Konsumwohlstand nehmen der räumliche Radius und die Komplexität des Produktionssystems, dem die in
Anspruch genommenen Leistungen entstammen, kontinuierlich zu. Das Wesensprin-
zip des Konsumierens besteht darin, sich die von anderen Menschen an anderen Orten
geleistete Arbeit und insbesondere den materiellen Ertrag andernorts verbrauchter
Ressourcen und Flächen zunutze zu machen." (Paech 2012a, S. 37)

Die Produktion von Konsumgütern ist also entgrenzt und die Güter werden nicht
mehr dort hergestellt, wo sie produziert werden, mehr noch: „Sweat Shops in
Asien, Lateinamerika und absehbar in Afrika sind zu einem Symbol für die
globusweite Verlagerung des ‚schmutzigen' Teils der Herstellungsketten geworden." (Paech 2012a, S. 39 f.) Auch Medientechnologien werden auf diese
entgrenzte Weise produziert und konsumiert, wie bereits in Abschn. 2.2.2 gezeigt
wurde. Wachstumskritische Ansätze kritisieren die ausbeuterischen Arbeitsbedingungen sowie die Umweltzerstörung und weisen auf die Endlichkeit der
Ressourcen hin, was auch das Wachstum endlich mache (z. B. Paech 2012a).
Die Endlichkeit der Ressourcen verdeutlichen die Wachstumskritiker*innen oftmals am „Peak Oil", dem Fördermaximum des Rohöls (ebd., S. 67 ff.). Paech
erweitert „Peak Oil" zum „Peak Everything", denn die Herstellung der derzeit
stark nachgefragten Konsumgüter wie Mobiltelefone, Computer und Flachbild-
schirme benötigten nicht nur Rohöl, sondern auch Lithium, Coltan und Seltene
Erden (ebd., S. 69), Ressourcen, die ebenso endlich sind und die unter oftmals
verheerenden sozial-ökologischen Bedingungen abgebaut werden.

Postwachstumsökonom*innen entwerfen daher ein Wirtschaftsmodell, das eine
Alternative *ohne* Wachstum darstellt:

„Das einzig noch verantwortbare Gestaltungsprinzip für Gesellschaften und Lebensstile im 21. Jahrhundert heißt Reduktion – und zwar verstanden als Befreiung von
jenem Überfluss, der nicht nur unser Leben verstopft, sondern unsere Daseinsform
so verletzlich macht. […] Das Alternativprogramm einer Postwachstumsökonomie
würde zwar auf eine drastische Reduktion der industriellen Produktion hinauslaufen,
aber erstens die ökonomische Stabilität der Versorgung (Resilienz) stärken und zweitens keine Verzichtsleistung darstellen, sondern sogar die Aussicht auf mehr Glück
eröffnen." (Pacch 2012a, S. 11)

Ein System der Postwachstumsökonomie erfordere nicht nur eine Reform
des gegenwärtigen Wirtschaftssystems, sondern vielmehr die Etablierung eines
neuen Modells, in dem die derzeitigen Produktions- und Konsumketten wieder „begrenzt" werden, „also eine geringere Distanz zwischen Verbrauch und

Herstellung" (ebd., S. 58 f.) bestehe. In der Postwachstumsökonomie verändert sich gleichzeitig die Rolle der Individuen, die nicht mehr nur „passive" Konsument*innen sind, sondern sich der Güter ermächtigen, d. h. die Güter „verstehen" und nicht nur (ver)brauchen, sondern auch zu deren (nachhaltigen) Existenz beitragen:

> „Handwerkliche und manuelle Tätigkeiten müssen nicht notwendigerweise innerhalb industrieller Prozesse zum Einsatz gelangen oder diese (teilweise) ersetzen. Sie könnten stattdessen im Anschluss an die eigentliche Produktion dazu beitragen, dass die Güter länger genutzt und ausgeschöpft werden. Mittels eigener Instandhaltungs-, Pflege-, und Reparaturmaßnahmen ließe sich die Nutzungsdauer der Produkte verlängern. So könnte eine verringerte Produktionsmenge durch ergänzte handwerkliche Leistungen „gestreckt" werden, und zwar eigenhändig von den Nutzern. [...] Zusätzlich könnte eine verstärkte Gemeinschaftsnutzung dafür sorgen, dass eine verringerte Anzahl von Gebrauchsgegenständen den Bedarf möglichst vieler Menschen befriedigt." (ebd., S. 60 f.)

Der Erhalt von Gütern durch handwerkliche Leistungen der Menschen ist eine Herausforderung, erlernen doch immer weniger Menschen solche Fähigkeiten (ebd. 55). Das Reparieren, welches Gegenstand eines der Fallbeispiele der hier diskutierten Studie ist, wird in diesem Ansatz als eine Praktik auf Mikroebene eines Postwachstumssystems diskutiert (s. Abschn. 4.5).

Der Trend der Do-it-yourself-Bewegung zeigt, dass handwerkliche Tätigkeiten und das Selbermachen zunehmend populär werden (s. beschreibend Baier et al. 2013). Medien spielen hier nicht nur als Objekte des Selbermachens eine Rolle (indem sie z. B. repariert werden), sondern v. a. zur Mobilisierung und Vernetzung dieser Bewegung (Ratto und Boler 2014b; s. Abschn. 4.6). Trotz des Aufkommens der Do-it-yourself-Bewegung stehen solche handwerklichen Praktiken in der heutigen Konsumgesellschaft nicht im Vordergrund, sondern die Bedürfnisbefriedigung des Menschen durch den Konsum: „In a consumer society, well-being is in large part defined by consumer ideals that focus on the consuption of desired products and services (Briggle et al. 2012, S. 5). Konsum wird hier auch in Hinblick auf das Wohlbefinden des Menschen diskutiert: „Of course, it is certainly not novel to correlate happiness with consumerism; the insinuation that things would generally be better if we owned and used some specific item has long been a core tactic of advertising." (Vorderer 2016, S. 2) Doch führt der Konsum materieller Güter nur zu einer kurzen Bedürfnisbefriedigung, an die eine erneute Unzufriedenheit und weitere Konsumwünsche anschließen (Patterson und Biswas-Diner 2012). Nur solche Konsumgüter, welche bei Konsumierenden zu aktiven Anschlusshandlungen führen, könnten längerfristig positive Auswirkungen auf die Zufriedenheit der Konsumierenden haben (ebd.).

Mit Bezug zu Bourdieu weist Jansson darauf hin, dass die Mitglieder der „neuen bourgeoisie" (Jansson 2014, S. 285), ein „vested interest in expressive consumption" (ebd.) haben. Dabei hänge der Konsum im Sinne eines Erwerbens neuer Medientechnologien und die Einschätzung, welche Technologien Menschen als notwendig oder unverzichtbar einstufen, von den Wünschen und Bedürfnissen der Menschen ab (ebd., S. 285).

Zusammenfassend lässt sich für das Forschungsfeld, welches sich mit Konsum, Konsumkritik und Medien(-kommunikation) beschäftigt, zeigen, dass dieses v. a. den Fokus auf Medieninhalte setzt und untersucht, wie (viele) Medieninhalte konsumiert werden oder wie Medieninhalte zur Artikulation von Konsumkritik genutzt werden. Dass aber auch der Konsum von Medientechnologien selbst wissenschaftlich untersucht werden muss, zeigen der theoretische Ansatz der Postwachstumsökonomie und auch die hier diskutierte Studie. Will man verstehen, wie Akteur*innen den Zusammenhang von Nachhaltigkeit, Konsum(-kritik), und Medien(-technologie) gestalten, müssen neben der Medieninhaltebene auch Medien als Technologien berücksichtigt werden.

2.3 Digitale Medien, Nachhaltigkeit und das „gute Leben" in der Kommunikations- und Medienwissenschaft: Medienpraktiken als Forschungsdesiderat

Der bis hierher aufgearbeitete Forschungsstand zu Nachhaltigkeitskommunikation und dem kommunikations- und medienwissenschaftlichen Forschungsfeld, das sich mit dem „guten Leben" auseinandersetzt, zeigt, dass Nachhaltigkeit in der Kommunikations- und Medienwissenschaft ein facettenreiches, wenn auch kleines Forschungsfeld darstellt. Der Bereich der Nachhaltigkeitskommunikation lässt sich in drei Gebiete unterteilen: 1) das Feld der Kommunikator*innenforschung, also der Journalismus- und Public-Relations-Forschung, sowie der Wissenschaftskommunikation, welches die Produktion der Medieninhalte untersucht, die (Aspekte von) Nachhaltigkeit thematisieren, 2) der Bereich, der diese Medieninhalte in den Blick nimmt, sowie 3) das Feld der Medienwirkungsforschung und Rezeption, das untersucht, wie diese Medieninhalte rezipiert werden und welche Wirkung sie haben. Die Aufarbeitung des Forschungsfeldes zeigt, dass Nachhaltigkeit hier v. a. auf Umwelt- bzw. Klimafragen reduziert wird.

Die Aufarbeitung des kommunikations- und medienwissenschaftlichen Forschungsfeldes, welches sich explizit mit dem „guten Leben" beschäftigt, zeigt, dass hier das individuelle *Wohlbefinden* und die Relevanz der Mediennutzung für dieses im Fokus stehen. Weiterhin wurde die Forschung aufgearbeitet, welche implizit für die wissenschaftliche Auseinandersetzung mit dem „guten Leben" und Medien(-kommunikation) relevant ist, nämlich die, welche sich mit den Problemen beschäftigt, die im Zusammenhang von Medien(-technologien) und dem „guten Leben" zu finden sind. Im Mittelpunkt stehen hier die sozial-ökologischen Auswirkungen der Produktion, Aneignung und Entsorgung von Medientechnologien. Kritisch untersucht werden die Arbeitsbedingungen in der Herstellung von Medienapparaten und der Extraktion der dafür benötigten Ressourcen sowie die Umweltschäden, welche im Ressourcenabbau, in der Produktion der Technologien und ferner durch die unsachgemäße Entsorgung des elektronischen Mülls verursacht werden. Dass der Konsum von Medientechnologien im Sinne eines Verbrauchens *und* Neukaufens die sozial-ökologischen Problematiken in der Produktion und Entsorgung der Apparate forciert, konnte durch die Aufarbeitung des entsprechenden Forschungsfeldes gezeigt werden – wenn auch deutlich wurde, dass Konsum in der Kommunikations- und Medienwissenschaft v. a. als Konsum von Medieninhalten gedacht und untersucht wird und weniger als Konsum der Mediengeräte selbst.

Die Aufarbeitung des Forschungsstandes zeigt, dass digitale Medien zunehmend relevant sind, zum einen für das Feld der Nachhaltigkeitskommunikation, zum anderen für die Produktions- und Entsorgungsprozesse von Medientechnologien sowie die Fragen nach Konsum(-kritik) und Medien. Was aber verschiedene Akteur*innen mit Medien(-technologien) machen, um zu einer nachhaltigen Gesellschaft beizutragen, ist noch zu wenig im Blick der Kommunikations- und Medienforschung, ist jedoch vor dem Hintergrund der „multiplen Krise" (Bader et al. 2011, s. Einleitung) eine drängende Frage, mit der sich das vorliegende Buch beschäftigt. Denn wie gezeigt wurde, hat der Konsum von Medientechnologien bzw. die Produktion, Nutzung und Entsorgung dieser weitreichende negative sozial-ökologische Folgen, die Menschen und andere Lebewesen an einem „guten Leben" hindern und die Umwelt zerstören. Es ist daher von großem wissenschaftlichen und gesellschaftlichen Interesse zu untersuchen, was verschiedene Akteur*innen mit Medien(-technologien) machen, um diese sozial-ökologischen Auswirkungen zu vermeiden und durch ihre Medienpraktiken Alternativen zu entwickeln.

Medienpraktiken für eine nachhaltige Gesellschaft und das „gute Leben" erforschen

Dass Nachhaltigkeit und das „gute Leben" Themen, wenn auch (noch) Nischenthemen, in der Kommunikations- und Medienwissenschaft sind, zeigt die vorangegangene Aufarbeitung des Forschungsstands zur Nachhaltigkeitskommunikation und dem „guten Leben". Was aber verschiedene Akteur*innen mit Medien(-technologien) machen, um zu einem „guten Leben" und einer nachhaltigen Gesellschaft beizutragen, ist noch zu wenig untersucht. Dass diese Frage jedoch von großem kommunikations- und medienwissenschaftlichen Erkenntnisinteresse sowie gesellschaftlicher Relevanz ist, zeigt u. a. die Aufarbeitung des Forschungsstands zu den sozial-ökologischen Effekten der Produktion, Nutzung und Entsorgung digitaler Medientechnologien (s. Abschn. 2.2.2), denn sowohl die Produktion als auch die Nutzung und die Entsorgung von Medientechnologien haben negative sozial-ökologische Folgen, die in (Post-)Industriegesellschaften jedoch oftmals unsichtbar bleiben, da sie, wie gezeigt wurde, in ökonomisch weniger entwickelte Länder ausgelagert werden. Nicht zuletzt aufgrund massenmedialer Berichterstattung sind diese Folgen dennoch Menschen in (Post-)Industrienationen bewusst. Einige Menschen versuchen daher, diese negativen Effekte zu vermeiden und stattdessen mit ihrer Medienaneignung zu einer nachhaltigen Gesellschaft und einem „guten Leben" beizutragen. Wie und warum sie dies tun, ist die zentrale Frage dieses Buches. Denn will man verstehen, wie Akteur*innen den Zusammenhang von Nachhaltigkeit, Konsum(-kritik), und Medien(-technologien) gestalten, müssen (auch) ihre Medienpraktiken in den Blick genommen werden.

Wie in der Einleitung bereits erläutert, werden in dieser Arbeit drei Beispiele für Medienpraktiken untersucht, mit denen Menschen zu einer nachhaltigen Gesellschaft und einem „guten Leben" beitragen wollen: 1) das Reparieren von Medientechnologien in Repair Cafés, 2) die Produktion und Aneignung fairer Medientechnologien am Beispiel des Fairphones und 3) Onlineplattformen, die

S. Kannengießer, *Digitale Medien und Nachhaltigkeit,*
Medien • Kultur • Kommunikation,
https://doi.org/10.1007/978-3-658-36167-9_3

für Nachhaltigkeit werben, am Beispiel der Onlineplattform Utopia.de. Die Fallbeispiele und ihre Relevanz werden im Folgenden näher erläutert. Dabei wird
auch der jeweils relevante Forschungsstand zu den einzelnen Fallbeispielen aufgearbeitet. Im Anschluss werden die sechs theoretischen Dimensionen und die
hier relevanten Forschungsfelder erläutert, die bei der Analyse der Fallbeispiele
relevant wurden: 1) Medienpraktiken, 2) Materialität, 3) Medienethik, 4) Vergemeinschaftung, 5) politische Partizipation sowie und 6) soziale Bewegung. Zu den
Forschungsfeldern dieser theoretischen Dimensionen sowie den im Kap. 2 aufgearbeiteten Forschungsfeldern der Nachhaltigkeitskommunikation und des „guten
Lebens" leistet die hier diskutierte empirische Studie einen Beitrag, nicht nur,
indem sie diese durch empirische Erkenntnisse erweitert, sondern auch, indem
die im folgenden erläuterten theoretischen Dimensionen weiterentwickelt werden.

3.1 Fallbeispiele

Die bereits in der Einleitung vorgestellten Fallbeispiele wurden gewählt, um
die Bandbreite der Medienpraktiken für eine nachhaltige Gesellschaft abzubilden. So sind das Reparieren von Medientechnologien in Repair Cafés ein
Beispiel für die Medienaneignungsebene, die Produktion und Aneignung des
Fairphones exemplarisch für die Ebenen der Produktion und Aneignung digitaler Medientechnologien und die Onlineplattform Utopia.de ein Beispiel für
medienbezogenes Handeln auf der Inhaltsebene, durch das zu einer nachhaltigen
Gesellschaft beigetragen werden soll (s. Einleitung).
    Die Fallbeispiele bieten sich des Weiteren auch für eine vergleichende Analyse
an, weil sie alte sowie neue Praktiken in den Blick nehmen. So ist das Reparieren von Medientechnologien keine neue Praktik (s. Abschn. 1), die *Politisierung*
des Reparierens als eine Praktik für eine nachhaltige Gesellschaft aber ist, wenn
nicht eine neue Konnotation, so doch vor dem Hintergrund der ökologischen
Krise und bei den in Abschn. 2.2.2 beschriebenen aktuellen sozial-ökologischen
Auswirkungen der Produktion und Entsorgung digitaler Medientechnologien von
zunehmender Brisanz. Diese Bedingungen kritisierend, ist die Produktion und
Aneignung *fairer* Medientechnologien hingegen eine neue Medienpraktik. Wurden bislang v. a. im Bereich der Nahrungsmittelproduktion und zunehmend im
Textilbereich Projekte des fairen Handels verfolgt, so ist die Produktion und ent-
sprechend auch die Aneignung fairer Medientechnologien ein neues Feld für den
fairen Handel (s. Abschn. 3.1.2). Auch das dritte Fallbeispiel, die Onlineplattform
Utopia.de, beschäftigt sich mit einer vergleichsweisen neuen Medienpraktik, da
Internetmedien zwar kein neues Medium darstellen, Onlineplattformen jedoch,

die für Nachhaltigkeit werben und Nutzenden die Möglichkeit des Austausches sowie der Artikulation in Onlineforen bieten, (relativ) neu sind (s. Abschn. 3.1.3).

Im Folgenden sollen die drei Fallbeispiele näher beschrieben sowie der jeweils relevante Forschungsstand zu den Phänomenen aufgearbeitet werden. Dabei zeigt sich, dass v. a. das Reparieren von Medientechnologien in Repair Cafés sowie das Produzieren und Aneignen fairer digitaler Medientechnologien in der Kommunikations- und Medienwissenschaft kaum beachtete Forschungsgegenstände sind. Damit ist nicht nur eine Forschungslücke bei der handlungstheoretischen Auseinandersetzung mit Nachhaltigkeit auszumachen, sondern auch in Hinblick auf die Forschungsgegenstände innerhalb der Kommunikations- und Medienwissenschaft. Das Anliegen dieser Publikation ist es, mit der Auswahl dieser Fallbeispiele auch diese Forschungslücken zu schließen.

3.1.1 Reparieren von Medientechnologien in Repair Cafés

Ein erstes Fallbeispiel für Medienpraktiken, die auf eine nachhaltige Gesellschaft und das „gute Leben" abzielen, ist das Reparieren von Medientechnologien in Repair Cafés. Dies wurde in einer empirischen Studie untersucht. In diesem Kapitel wird zum einen das Phänomen beschrieben, zum anderen wird der relevante Forschungsstand zum Reparieren und zu Repair Cafés skizziert (s. auch Kannengießer 2018c, 2018d, 2017a). Bislang wurden das Reparieren und öffentliche Reparaturveranstaltungen v. a. in der Technik- und Designforschung sowie in der Geschichtswissenschaft und den Kulturwissenschaften untersucht (s. z. B. Beiträge in Houston et al. 2017 oder Krebs et al. 2018).

Reparieren wurde in der Einleitung definiert als der Prozess, durch den Technologien erhalten und wieder- bzw. weiterverwendet werden (können), um mit deren Verschleiß und rückschrittlichen Veränderungen umzugehen (Rosner und Turner 2015, S. 59). Dadurch wird die Nutzungsdauer von Objekten verlängert bzw. die Brauchbarkeit von Gegenständen wiederhergestellt: „In repair we are bringing objects back to readiness." (Houston 2017, S. 51) Reparieren ist ein Umgang mit der Materialität von Dingen, um diese stabil zu halten, denn Stabilität ist keine ontologische Eigenschaft von Dingen, sondern resultiert aus einem fortwährenden sorgsamen Umgang mit diesen (Denis und Pontille 2011). Stabilität meint jedoch nicht zwingend gleichbleibende Materialität, denn das Reparieren kann sowohl der Instandhaltung von Dingen dienen als auch ihrer Transformation (Henke 2017, S. 41), da durch das Reparieren Objekte nicht zwangsläufig in den Originalzustand zurückversetzt, sondern auch verändert werden.

Wie bereits in der Einleitung erwähnt, ist das Reparieren keine neue Praktik. Stöger (2015) untersucht das Reparieren in vormodernen Gesellschaften. Er analysiert die Praktik zwischen dem 17. Jahrhundert und der ersten Hälfte des 19. Jahrhunderts in West- und Zentraleuropa und zeigt, dass sowohl in Haushalten als auch durch professionelle Handwerker repariert wurde und stellt fest: „Things that could be repaired were repaired – often for as long as possible." (Stöger 2015, S. 149) Die Motive des Reparierens zielten in der Vormoderne jedoch nicht auf Nachhaltigkeit ab, sondern resultierten aus einer finanziellen Notwendigkeit und der damaligen Sparsamkeitsmentalität (ebd., S. 160). Mit Blick auf moderne Gesellschaften beschreiben Graham und Thrift die Relevanz des Reparierens:

> „Repair and maintenance are not incidental activities. In many ways, they are the engine room of modern economies and societies. As such, they form a challenge to our ways of thinking about things which is more than just an expression of their supposedly passive and banal presence. For what we see is that repair and maintenance are vital parts of the relays of everyday life. […] Without them, life would not be possible."(Graham und Thrift 2007, S. 19 f.)

Auch Jackson (2014, S. 221 f.) betont die Relevanz des Reparierens in von ihm heute wahrgenommenen Krisenzeiten. In Zeiten der „multiplen Krise" (Bader et al. 2011, s. Einleitung) wird das Reparieren für Individuen und Gesellschaften notwendig und relevant. Es wird nicht nur durch Wirtschafts- und Finanzkrisen in vielen Ländern wieder notwendig, sondern auch durch ökologische Krisen und den Klimawandel, die Menschen veranlassen, die Nutzungsdauer ihrer Alltagsgegenstände durch das Reparieren zu verlängern, wie später gezeigt werden wird. Farman argumentiert, dass die Relevanz des Reparierens durch Digitalisierung und mobile Endgeräte sogar noch steige:

> „[W]e face distinct and growing repair challenges in the age of mobile software, as objects no longer cohere at the physical level, but are instead spread out among devices, databases, and app downloads such that objects become void of the content they seek to hold" (Farman 2017, S. 23).

Zwar ist das Reparieren oftmals eine im Alltag vollzogene, unsichtbare Praktik (Jackson 2014, S. 225), wird jedoch durch Repair Cafés öffentlich und damit sichtbar. Durch die Verbreitung von Repair Cafés als Veranstaltungen, in denen Menschen zusammenkommen, um gemeinsam ihre defekten Alltagsgegenstände zu reparieren, erhält das Reparieren derzeit eine zunehmende Popularität (s. Einleitung). Während einige Teilnehmer*innen ehrenamtlich ihre Hilfe bei diesen Veranstaltungen anbieten, suchen andere Hilfe beim Reparieren ihrer defekten Dinge und bringen u. a. Elektrogeräte und hier insbesondere Medientechnologien sowie Küchengeräte, Fahrräder oder Textilien mit. Die Reparatur dieser unterschiedlichen Gegenstände wird oftmals an verschiedenen „Stationen" angeboten: Schilder kündigen an, welche Alltagsgegenstände die jeweiligen, an den Tischen sitzenden Helfer*innen reparieren können. Die Reparaturveranstaltungen sind kostenlos, weder werden Eintrittsgebühren erhoben noch muss die Reparaturhilfe bezahlt werden.

Die niederländische Stiftung Stichting Repair Café beansprucht für sich, das Konzept der Reparaturcafés 2009 entwickelt zu haben (Stichting Repair Café ohne Datum). Die Vielzahl der Reparaturinitiativen in Deutschland wird von der Stiftung Anstiftung & Ertomis koordiniert (s. Einleitung). Auf ihrer Onlineplattform können sich die einzelnen Reparaturinitiativen nicht nur in ihren Profilen vorstellen und Ansprechpartner*innen benennen, auch zeigt eine interaktive Karte, wo die einzelnen Reparaturinitiativen verortet sind, und des Weiteren ein Kalender, wann entsprechende Veranstaltungen wo stattfinden. Eine Publikation von Mitarbeiter*innen der Anstiftung & Ertomis stellt verschiedene Reparaturprojekte in Deutschland vor (Baier et al. 2016, s. auch Baier 2013). Das Buch trägt den Titel „Die Welt reparieren" und politisiert das Reparieren sowie die Reparaturveranstaltungen als eine Praktik für eine nachhaltige Gesellschaft (s. Abschn. 4.5).

Diese sowie auch das Buch des Generaldirektors des Deutschen Museums in München Heckl (2013), der für eine „Kultur der Reparatur" plädiert, tragen zur Popularität des Reparierens und der Reparaturveranstaltungen bei. Heckl will mit seinem gleichnamigen Buch „nicht nur auf Reparaturbetriebe […] wieder aufmerksam […] machen, sondern ihnen [der*die Leser*in, S. K.] Lust aufs Reparieren und Gestalten […] machen." (2013, S. 20) Die Relevanz des Reparierens als Akt gegen die Konsumgesellschaft wird von Bausinger (1983, S. 7) bereits in den 1980er-Jahren unterstrichen, der eine Kultur des Reparierens als Gegensatz zur Wegwerfkultur[1] versteht. Er unterstreicht hier die ökonomischen und sozialen Probleme, die einer Wegwerfkultur inhärent sind, während ökologische Probleme, welche aus der Wegwerfkultur resultieren, von ihm (noch) nicht thematisiert werden. Repair Cafés kritisieren diese Mentalität und Praktiken der Wegwerfgesellschaft und wollen für die Praktik des Reparierens werben und somit einen Beitrag zu einer nachhaltigen Gesellschaft leisten (s. Abschn. 4.2).

Bertling und Leggewie (2016, S. 282 f.) entwickeln ein schematisches Modell einer Reparaturkultur, in der sie zwischen den Ebenen der Reparierbarkeit,

---

[1] „Der Begriff der Wegwerfgesellschaft bezeichnet die Dominanz einer historisch spezifischen gesellschaftlichen Haltung gegenüber Dingen. Diese ist gekennzeichnet vom Besitz unzähliger Dinge, ihrem Ge- und Verbrauchen, einer Achtlosigkeit im Dingumgang sowie der Bereitschaft, Dinge schnell zu ersetzen und auszutauschen." (Heßler 2013, S. 253).

Reparaturfähigkeit, Reparaturbereitschaft, Reparaturökonomie und Reparaturfolgen unterscheiden, welche in wissenschaftlichen Studien mit unterschiedlichen Fragestellungen untersucht werden können. Zwar kann die Trennung der verschiedenen Ebenen zu einer wissenschaftlichen Fokussierung verhelfen, doch ist gerade die Interdependenz der verschiedenen Ebenen erkenntnisreich, wie in Kap. 4 dieses Buches gezeigt werden wird.

Repair Cafés sind Forschungsgegenstand in verschiedenen wissenschaftlichen Disziplinen. Jackson (2014, S. 226 f.) kritisiert, dass in der Medien- und Technikforschung das Reparieren nicht ausreichend untersucht werde, obwohl die Entwicklung von Medientechnologien permanent mit Momenten des Scheiterns und Rückschritten konfrontiert sei. Er (ebd., S. 227) betont die Relevanz des Reparierens für gesellschaftlichen Wandel, der eben nicht nur durch technologische Innovation hervorgerufen werden würde. Jackson schlägt den Ansatz des „broken world thinking" (ebd., S. 221) vor, um die Perspektive von Innovationen auf Abnutzung und Verfall zu verschieben. Rosner und Ames (2014) untersuchen in der Designforschung öffentliche Reparaturveranstaltungen in Kalifornien, USA und Paraguay und beschreiben das Reparieren als Aushandlungsprozess über die Nutzungsdauer von Technologien. Die Autorinnen betonen, dass diese weniger durch die Designer*innen oder Entwickler*innen als vielmehr in den jeweiligen Aneignungsprozessen der Nutzenden selbst festgelegt werde (ebd., S. 329; s. auch Rosner und Turner 2015, S. 65). Sie unterstreichen weiter, dass das Reparieren als Alltagshandlung durch materielle, infrastrukturelle, vergeschlechtlichte, politische und sozial-ökonomische Faktoren geprägt (Rosner und Ames 2014, S. 329) und durchaus eine privilegierte Praxis sei: „repair can be a privileged practice, relying on certain kinds of materials (replacement parts, testing equipment) and forms of expertise to be carried out" (ebd., S. 320).

Öffentliche Reparaturveranstaltungen in Kalifornien bezeichnen Rosner und Turner (2015) als „Theaters of alternative industry" und beschreiben das Reparieren als eine politische Handlung, durch die in kreativen Wiederaufarbeitungsprozessen nicht nur die Objekte verändert, sondern auch gesellschaftlicher Wandel durch die Akteur*innen verfolgt werden (ebd., S. 64 f.). Wandel und das Politische wird in diesem Zusammenhang v. a. unter Aspekten der Kollektivität und Gleichheit diskutiert, während Fragen der Nachhaltigkeit hier weniger im Zentrum stehen.

Neben der politischen Bedeutung wird das Reparieren auch als künstlerische Praxis (Jackson und Kang 2014) und im Kontext ökonomisch weniger entwickelter Länder untersucht (Jackson et al. 2011; Ahmed et al. 2015; Houston 2014). Die hier im Fokus stehenden Repair Cafés sind jedoch v. a. ein Phänomen „westlicher" Gesellschaften, wie nicht nur die Darstellung der Initiativen

auf der Onlineweltkarte der Stiftung Stichting Repair Café zeigt, da sie u. a. als
Zeichen gegen die Wegwerfgesellschaft inszeniert werden (s. Abschn. 4.5).

Grewe (2017) konzeptionalisiert auf Basis einer Analyse von Repair Cafés
in Deutschland das Reparieren als „kulturelle Strategie im Umgang mit Knappheit und Überfluss". Dafür führt sie eine empirische Studie durch, in der sie
Organisator*innen von Repair Cafés befragte, Beobachtungen durchführte und
Material der beiden Stiftungen Stichting Repair Café sowie Anstiftung & Ertomis auswertete. Die Perspektive der Helfenden sowie Hilfesuchenden wurden in
dieser Studie jedoch nicht berücksichtigt. Auf der Basis dieses Datenmaterials
beschreibt Grewe (ebd., S. 171) aus einer kulturwissenschaftlichen Perspektive
das Reparieren in Repair Cafés als eine Protestpraxis, die sich gegen geplanten
Verschleiß richte und die die Organisierenden und Teilnehmenden ermächtige.
Diese Thesen werden auch in meiner Fallstudie aus einer kommunikations- und
medienwissenschaftlichen Perspektive thematisiert, wobei sich jedoch anhand
meiner Forschungsergebnisse zeigt, dass die Momente des Protests und der
Ermächtigung kritisch reflektiert werden müssen, da sich in ihnen auch Widersprüchlichkeiten und Paradoxien finden (s. Abschn. 4.2). Denn wie anhand des
Datenmaterials meiner Studie gezeigt wird, müssen das Handeln sowie die Ziele
des Reparierens in Repair Cafés differenzierter betrachtet und kritischer reflektiert
werden (s. Abschn. 4.2).

Grewe (ebd., S. 172 ff.) bezeichnet Repair Cafés als „soziale Orte", in denen
sich eine Gemeinschaft konstituiere. Auch ich komme im Rahmen meiner Fallstudie zu diesem Ergebnis (siehe Abschn. 4.4), wobei ich hierbei zum einen
die Relevanz von Kommunikationsprozessen herausarbeite und zum anderen in
Anlehnung an Webers Begriff der Vergemeinschaftung (1922, S. 21) die Bedeutung der gemeinsamen Ziele sowie das Zugehörigkeitsgefühl der Beteiligten
betone.

Führte Grewe eine qualitative Studie aus einer kulturwissenschaftlichen Perspektive durch, so analysieren Charter und Keiller (2014) in einer quantitativen
Studie, in der 158 Personen in neun Ländern befragt wurden, die Motivatio-
nen von Helfer*innen öffentlicher Reparaturveranstaltungen. Zu den drei meist
genannten Gründen, warum sich Helfende an Repair Cafés beteiligen, gehören
das Ziel der Nachhaltigkeit, der Dienst an der Gemeinschaft sowie der Wunsch,
Teil einer Reparaturbewegung zu sein (ebd., S. 5). Charter und Keiller kommen zu dem Ergebnis, dass die freiwilligen Helfer*innen altruistisch handelten
und persönlicher Nutzen für sie nicht wichtig sei (ebd., S. 13). Entgegen dieser Ergebnisse zeigt die von mir durchgeführte Studie, dass die Ziele deutlich
differenzierter zu betrachten sind. Des Weiteren können durch eine dezidiert
kommunikations- und medienwissenschaftliche Perspektive für eben dieses Fach

relevante Aspekte des Reparierens von Medientechnologien sowie Aspekte der Repair Cafés herausgearbeitet und an verschiedene Fachdiskurse angeschlossen werden (s. Kap. 4). Dem Reparieren digitaler Medientechnologien kommt in aktuellen digitalen Gesellschaften eine besondere Relevanz zu.

3.1.2 Produktion und Aneignung fairer Medientechnologien am Beispiel des Fairphones

Ist das Reparieren von Medientechnologien in Repair Cafés ein Beispiel dafür, wie sich Menschen Medien aneignen, um zu einer nachhaltigen Gesellschaft und einem „guten Leben" beizutragen, so ist das zweite Fallbeispiel ein solches für die Aneignung *und* Produktion von Medientechnologien. Dieses Beispiel ist die Produktion und Aneignung fairer Medientechnologien am Beispiel des Fairphones, einem Smartphone, das unter fairen und nachhaltigen Bedingungen produziert werden soll. Das Fairphone wurde exemplarisch aus den Angeboten fair produzierter Medientechnologien ausgewählt, da es zum einen das wohl bekannteste Produkt im Bereich fairer Medientechnologien ist und eine große mediale Aufmerksamkeit genießt sowie zum anderen die vermutlich verbreitetste faire Medientechnologie darstellt.[2]

Das Fairphone startete als Projekt der Waag Society (www.waag.org) und wird seit der Gründung des Fairphone-Unternehmens von diesem produziert und vertrieben (Fairphone 2015b, S. 1). Die Modelle der ersten Generation kamen 2013 auf den Markt, seit August 2019 wird die dritte Generation des Fairphones verkauft (s. Einleitung). Ziel des Unternehmens ist es, ein reparierbares Smartphone, das unter guten Arbeitsbedingungen mit fair gehandelten Materialien produziert wird, herzustellen (s. Abschn. 4.2). Mittlerweile kann das Fairphone nicht nur direkt über die Onlineplattform des Unternehmens erworben werden, sondern auch bei ausgewählten Händlern und Telekommunikationsunternehmen.

Digitale Medientechnologien werden bislang selten fair produziert – im Gegenteil. Wie in Abschn. 2.2.2 gezeigt wurde, werden sie meist unter menschenunwürdigen und umweltschädlichen Bedingungen produziert. Vereinzelt gibt es seit einigen Jahren Initiativen und Unternehmen, die dies kritisieren und mit den von ihnen entwickelten, produzierten und vertriebenen Produkten versuchen, faire Alternativen auf dem Markt der Medientechnologien zu etablieren.

---

[2] Ein weiteres Beispiel für fair produzierte Medientechnologien ist die von dem Verein Nager IT e. V. produzierte Fairmouse, eine Computermaus, die unter fairen Bedingungen produziert werden soll (Nager IT 2017; s. hierzu Kannengießer 2016).

Dabei sind faire Medientechnologien jedoch noch eine Seltenheit auf dem Markt fair und nachhaltig produzierter Güter, und werden auch in der Wissenschaft selten zur Kenntnis genommen.[3]

Bevor das Forschungsfeld zu fair produzierten Medientechnologien skizziert wird, soll zunächst das Konzept des fairen Handelns und Produzierens erläutert werden. Die Nichtregierungsorganisationen World Fair Trade Organization und Fairtrade Labelling Organizations (2009, S. 6) definieren fairen Handel wie folgt:

> „Fairer Handel ist eine Handelspartnerschaft, die auf Dialog, Transparenz und Respekt beruht und nach mehr Gerechtigkeit im internationalen Handel strebt. Durch bessere Handelsbedingungen und die Sicherung sozialer Rechte für benachteiligte ProduzentInnen und ArbeiterInnen – insbesondere in den Ländern des Südens – leistet der Faire Handel einen Beitrag zu nachhaltiger Entwicklung. Faire Handelsorganisationen engagieren sich – gemeinsam mit VerbraucherInnen – für die Unterstützung der ProduzentInnen, die Bewusstseinsbildung und die Kampagnenarbeit zur Veränderung der Regeln und der Praxis des konventionellen Welthandels."

Sie definieren weiter fünf Grundsätze des fairen Handels (ebd., S. 6 f.): 1) Marktzugang für marginalisierte Produzierende, 2) nachhaltige und faire Handelsbeziehungen, 3) Aufbau von Fähigkeiten und Stärkung der Organisationen, 4) Sensibilisierung der Verbraucher*innen und politische Arbeit im Interesse der Produzierenden, 5) fairer Handel als „Sozialvertrag".

Fairer Handel umfasst neben gerechten Preisen, stabilen Handelsbeziehungen sowie der Vermeidung von Zwischenhändler*innen also auch die Verbesserung der Arbeitsbedingungen in Anlehnung an die Kernarbeitsnormen der International Labour Organisation und die Einhaltung ökologischer Standards mit dem Ziel einer ökologisch verträglichen Produktion (Hauff und Claus 2012, S. 93 ff.). Damit kann *fairer* Handel als ein Konzept *nachhaltigen* Handelns beschrieben werden (ebd.), da er sowohl die ökonomische als auch ökologische und soziale Dimension von Nachhaltigkeit betrifft: Preise und Handel sollen gerechter und stabiler (ökonomische Dimension), Arbeitsbedingungen gerechter (soziale Dimension) und Produktionsprozesse die Umwelt schonender (ökologische Dimension) gestaltet werden.

Um zu gewährleisten, dass die Grundsätze des fairen Handels eingehalten werden, wenn Unternehmen und Initiativen ihre Produkte als „fair" bezeichnen,

---

[3] In den Ausführungen von Hauff und Claus zu fair produzierten Gütern kommen Medientechnologien gar nicht vor (s. Hauff und Claus 2012, S. 110 ff.). So zeigt sich, dass sich der Markt an fairen Gütern in den vergangenen Jahren ausdifferenziert hat und auch faire Medientechnologien hinzugekommen sind.

vergibt die Nichtregierungsorganisation Fairtrade Labelling Organizations International ein Fairtrade-Siegel, das wahrscheinlich zu den bekanntesten auf dem Markt gehört und auch an das Fairphone vergeben wurde (s. www.fairtrade.net).

Die Produktion und Aneignung fair produzierter Medientechnologien ist in der Kommunikations- und Medienwissenschaft kaum untersucht, findet aber in anderen wissenschaftlichen Disziplinen zunehmend Beachtung. Aus der Perspektive der Materialforschung stellen Dießenbacher und Reller (2016, S. 287) fest, dass „eine Bewertung der Fairphone-Anstrengungen in Richtung Fairness und Nachhaltigkeit weder möglich noch sinnvoll" sei. Sie betrachten das Fairphone aber als einen „Impulsgeber für Nachhaltigkeit in der Smartphonebranche" (ebd.). In der Designforschung wird das Fairphone als ein Beispiel für partizipatives Design (Velden 2014 und 2018) und als „kritische Designalternative für Nachhaltigkeit" (Joshi und Pargman 2015) diskutiert, während das Fairphone-Unternehmen in betriebswirtschaftlichen Analysen als „social entrepreneur" beschrieben wird, das nicht nur zu einer nachhaltigen Gesellschaft beitrage, sondern auch andere Unternehmen unter Druck setze, sich mit dem Thema Nachhaltigkeit auseinanderzusetzen (Lin-Hi und Blumberg 2015; s. auch Akemu et al. 2016). In der Rechtswissenschaft wird das Fairphone-Unternehmen als ein Beispiel dafür genannt, wie Menschenrechtsverletzungen in der Mobilfunkproduktion entgegengewirkt werden könne (Hagemann 2017, S. 67), während eine politikwissenschaftliche Analyse nach der Rolle der niederländischen Regierung für das Fairphone-Projekt fragt und zeigt, dass diese die Fairphone-Initiative u. a. durch die Netzwerkinitiative „Conflict-Free Tin Initiative" unterstützte (Eynde und Bachus 2016).

Handler und Chang (2015) untersuchen in einer quantitativen Studie in Taiwan die Relevanz der Nachhaltigkeitsattribute des Fairphones bei jungen Mobilfunknutzenden im Alter bis 30 Jahre und kommen zu dem Schluss, dass diese zwar ein Interesse am Fairphone äußern, das Design und die technischen Details für die Nutzenden jedoch wichtiger seien als Nachhaltigkeit (ebd., S. 26). Die Aneignung des Fairphones durch Nutzende wurde auch in der Psychologie untersucht. So versuchen Meier und Mäschig (2016) die Einstellungen der Fairphone-Nutzenden anhand einer automatisierten Analyse der Fairphone-Online-Community zu rekonstruieren. Als Datenmaterial werteten sie hierfür Einträge im Onlineforum des Fairphone-Unternehmens aus. Ihre Ergebnisse zeigen, dass „der größte Teil der Nutzer maximal einen Monat, oft auch nur mit einem Beitrag in der Community aktiv ist" (ebd., S. 436) und die Nutzenden das Forum überwiegend anwenden, um Hilfe für technische Probleme zu finden (ebd.). Die Autoren weisen darauf hin, dass der Forenbereich besonders interessant für die Diskussion um nachhaltigen Konsum und damit auch die

Beweggründe für die Nutzung des Fairphones wäre, für deren Untersuchung aber die von ihnen durchgeführte, automatisierte Analyse wenig erkenntnisreich sei (ebd., S. 437).

Genau hier lag ein Erkenntnisinteresse meiner Studie, in der im Mittelpunkt steht, warum die Hersteller*innen faire Medientechnologien produzieren und die Nutzenden eben diese Medientechnologien erwerben. So wurden im Rahmen der hier präsentierten Studie sowohl die Produktions- als auch die Aneignungsseite des Fairphones untersucht. Dieses Fallbeispiel zeigt, wie auf den Ebenen der Produktion und der Aneignung (hier im Sinne einer bewussten Kaufentscheidung) Menschen versuchen, mit eben der Produktion und der Aneignung von Medientechnologien eine nachhaltige Gesellschaft und ein „gutes Leben" zu etablieren.

3.1.3 Onlineplattformen und Nachhaltigkeit – das Beispiel Utopia.de

Sind das Reparieren von Medientechnologien in Repair Cafés sowie das Produzieren und Aneignen fair gehandelter Medientechnologien am Beispiel des Fairphones Fallbeispiele dafür, was Individuen, Nichtregierungsorganisationen und Unternehmen mit Medien*technologien* machen, um zu einer nachhaltigen Gesellschaft und einem „guten Leben" beizutragen, so beschäftigt sich das dritte Fallbeispiel mit Medien*inhalten* und untersucht diese Fragestellung am Beispiel der Onlineplattform Utopia.de.

Utopia.de ist eine deutschsprachige Onlineplattform, die von der Utopia GmbH mit Sitz in München betrieben wird. Die Utopia AG samt Onlineplattform wurde 2007 von der Unternehmerin Claudia Lange gegründet (Hauck 2010). Der Deutschen Druck- und Verlagsgesellschaft (DDVG), welche zu 100 % in Besitz der SPD ist, kommen seit 2014 100 % der Anteile der Utopia GmbH zu (Meyer 2014). Nach dem Selbstverständnis der Utopia GmbH will diese „Millionen Verbraucher informieren und inspirieren, ihr Konsumverhalten und ihren Lebensstil nachhaltig zu verändern." (Utopia 2019c) Was Utopia dafür primär macht, ist, über die von ihnen betriebene Onlineplattform Kaufberatung zu geben. D. h., es werden v. a. Informationen über von der Utopia GmbH als nachhaltig eingestufte Produkte (z. B. auch das Fairphone) und Praktiken (z. B. auch das Reparieren) über ein auf der Onlineplattform integriertes Onlinemagazin verbreitet sowie Nutzende der Onlineplattform zum Test dieser Produkte über verschiedene (medienvermittelte) Aktionen eingeladen (s. detaillierter Abschn. 4.1). In die Plattform integriert sind aber auch Onlineforen, in denen die sogenannten Utopist*innen ihre Meinung über Produkte oder Tipps für nachhaltigen Konsum äußern können (s. Abschn. 4.4).

In der Kommunikations- und Medienwissenschaft bildet die Forschung, welche sich mit Internetmedien, in denen Nachhaltigkeit thematisiert wird bzw. über die Menschen zu einer solchen beitragen wollen, ein Nischenthema (s. Abschn. 2.3). Begreift man Konsumkritik als einen bewussten Akt, mit dem Praktiken und Produkte kritisiert werden, die als nicht nachhaltig bewertet werden, so konnte bereits in Abschn. 2.2.3 ein Teil des hier relevanten Forschungsstandes aufgearbeitet werden. Dort wurde deutlich, dass das Forschungsfeld, welches sich mit Konsumkritik beschäftigt, ein Thema der (politikwissenschaftlich orientierten) Kommunikations- und Medienforschung ist und dass nur einige, wenige Studien vorliegen, die analysieren wie Menschen Medien nutzen, um Konsumkritik zu äußern und dass hier ferner v. a. unternehmenskritische Protestkampagnen im Fokus der Forschung stehen.

Wie Nachhaltigkeit in Internetmedien thematisiert wird und welche neuen Möglichkeiten sich durch Internetmedien für Nachhaltigkeitskommunikation ergeben, wurde bereits in Abschn. 2.1.2 skizziert. Aufbauend auf diesem skizzierten Forschungsstand sollen im Folgenden noch einige Studien erläutert werden, die explizit die Onlineplattform Utopia.de analysiert haben.

Aus der Perspektive der politischen Kommunikation nehmen Baringhorst und Witterhold (2018) Utopia.de in den Blick. Sie attestieren dieser ein „enormes Unterstützungspotenzial für kritische Verbraucher(innen)" (Baringhorst und Witterhold 2018, S. 206), arbeiten gleichzeitig heraus, dass sich die auf der Onlineplattform registrierten Mitglieder v. a. nach einem Relaunch der Plattform immer weniger beteiligen können und viele Nutzende inaktiv bleiben (ebd., S. 206 f.).

Aber auch darüber hinaus gilt Utopia.de bei Web 2.0-Nutzer*innen als nicht unumstritten:

> „Trotz des Erfolgs und der großen Nachfrage gerät Utopia.de ab und an in die Kritik von Web 2.0 Nutzern. Beispielsweise durch nutzungsbezogene Unstimmigkeiten (Umgang mit kritischen Kommentaren oder Nutzern, mangelnde Transparenz der Betreiber) oder aufgrund der aktuellen Kooperation mit der Firma Henkel" (Glathe 2010, S. 110).[4]

---

[4] Die Kritik an Utopia.de belegt Glathe jedoch nicht mit entsprechenden Beispielen aus dem Web 2.0.

Die Onlineplattform Utopia.de wurde als ein drittes Beispiel für Medienpraktiken, die auf eine nachhaltige Gesellschaft und ein „gutes Leben" zielen, herangezogen, über die die Dimension der Medieninhalte in den Blick genommen werden kann.

Durch die Wahl dieser drei Fallbeispiele wurden also die Dimensionen der Medienproduktion, Medienaneignung und Medieninhalte abgedeckt. In der Analyse der Beispiele wurden v. a. sechs theoretische Dimensionen relevant, die im Folgenden erläutert werden.

3.2 Theoretische Dimensionen

Wurden im vorhergehenden Kapitel die drei Fallbeispiele beschrieben, die für die hier präsentierte Studie untersucht wurden, und der jeweils relevante Forschungsstand skizziert, so werden im Folgenden die theoretischen Dimensionen erarbeitet, welche in der Analyse der Medienpraktiken, die auf eine nachhaltige Gesellschaft und ein „gutes Leben" zielen, sichtbar wurden. Wie bereits in der Einleitung erläutert zeigt sich in der empirischen Untersuchung der Fallbeispiele, dass sechs kommunikations- und medienwissenschaftlich relevante Dimensionen den untersuchten Medienpraktiken inhärent sind: 1) Medienpraktiken, 2) Materialität, 3) Medienethik, 4) Vergemeinschaftung, 5) politische Partizipation sowie 6) soziale Bewegung. Denn nimmt man die auf eine nachhaltige Gesellschaft und ein „gutes Leben" abzielenden Medienpraktiken in den Blick, so zeigt sich, dass zunächst im Fokus der Frage steht, was Individuen, Nichtregierungsorganisationen und Unternehmen mit Medien *machen,* um zu einer nachhaltigen Gesellschaft und einem „guten Leben" beizutragen. Damit stehen *Medienpraktiken* im Zentrum der Frage. Fokus der untersuchten Medienpraktiken ist (auch) die *Materialität* digitaler Medientechnologien, die die Akteur*innen bewusst wahrnehmen, reflektieren sowie kritisieren und die sie durch ihre Medienpraktiken verändern wollen. Da die hier untersuchten Medienpraktiken bestimmte Normen und Ziele verfolgen, ist eine *medienethische Perspektive* in der Analyse der Fallbeispiele ebenso relevant. In der Analyse zeigte sich dann, dass Menschen nicht alleine handeln, sondern innerhalb von (kommunikativen und/oder medienvermittelten) *Vergemeinschaftungen* oder sich zumindest an solchen orientieren. Des Weiteren zeigt die Analyse, dass die Akteur*innen die Gesellschaft mit ihren Medienpraktiken verändern wollen. Somit steht als vierte Dimension die Frage nach *politischer Partizipation* im Fokus. Somit ist eine weitere relevante Dimension in der Analyse von Medienpraktiken, die der Vergemeinschaftung. Schließlich ist zu diskutieren, inwiefern es sich bei diesen Vergemeinschaftungen um *soziale Bewegungen* handelt, durch die die Gesellschaft zu einer nachhaltigeren gestaltet werden soll, nicht zuletzt, da Akteur*innen in den Fallbeispielen versuchen, soziale Bewegungen herzustellen.

Entlang dieser sechs theoretischen Dimensionen, die nicht nur miteinander verknüpft sind, sondern sich z. T. auch überschneiden, werden die empirischen Ergebnisse der hier durchgeführten Studie diskutiert. Gleichzeitig leistet die hier präsentierte vergleichende Studie einen Beitrag zu den Forschungsfeldern, welche sich mit diesen Dimensionen auseinandersetzen, und erweitert die jeweiligen Bereiche nicht nur durch die empirischen Befunde, sondern trägt durch theoretische (Weiter-)Entwicklungen auch zu den theoretischen Konzeptualisierungen in diesen Felder bei. Daher werden im folgenden die genannten Dimensionen erläutert, die zentralen Begriffe definiert und relevante theoretische Ansätze sowie empirische Studien aufgearbeitet.

3.2.1 Medienpraktiken

Stellt man die in diesem Buch zentrale Frage, was Individuen, Nichtregierungsorganisationen und Unternehmen mit Medien machen, um zu einer nachhaltigen Gesellschaft und einem „guten Leben" beizutragen, so wird alleine durch das Verb „machen" deutlich, dass diese Arbeit im Forschungsfeld der Medienpraktiken zu verorten ist, das untersucht, wie sich Akteur*innen in verschiedenen Kontexten Medien aneignen.

Die kommunikations- und medienwissenschaftliche Praxistheorie basiert auf einem soziologischen Fundament und bezieht sich dabei v. a. auf die Arbeiten von Schatzki und Reckwitz. Schatzki (2012, S. 14) definiert Praktiken: „A practice […] is an open-ended, spatially-temporally dispersed nexus of doings and sayings." Er betont damit nicht nur die zeitliche und räumliche Relevanz von Praktiken, sondern auch die Verbindung von Taten und Aussagen.

Reckwitz definiert Praktiken als

> „a routinized type of behaviour which consists of several elements, interconnected
> to one another: forms of bodily activities, forms of mental activities, ‚things' and
> their use, a background knowledge in the form of understanding, know-how, states
> of emotion and motivational knowledge" (Reckwitz 2003, S. 249 f.).

Praktiken sind also durch Wiederholung gekennzeichnet. In ihnen kommen körperliche mentale Aktivitäten zusammen und sie basieren auf Wissens: Eine Praktik ist ein „Nexus von wissensabhängigen Verhaltensroutinen" (Reckwitz 2003, S. 291) und ist im Gegensatz zu Handlungen nicht punktuell und individuell, sondern sozial geteilt, routinisiert und durch ein implizites sowie interpretatives Wissen gekennzeichnetes, „sozial ‚verstehbares' Bündel von Aktivitäten" (ebd., S. 289). Praktiken sind charakterisiert durch die „Kollektivität von Verhaltensweisen" (ebd.). Praktiken sind also keine vereinzelten Handlungen, vielmehr sind sie eine Konstellation von Handlungen verschiedener Personen: „practice is an organised constellation of different people's activities. A practice is a social phenomenon in the sense that it embraces multiple people" (Schatzki 2012, S. 13).

Nach dem „practice turn" (Schatzki et al. 2001) hat sich auch das kommunikations- und medienwissenschaftliche Forschungsfeld, welches sich mit Medienpraktiken beschäftigt, in den vergangenen zwei Jahrzehnten entwickelt (für einen Überblick s. z. B. Pentzold 2020 und 2015; Gentzel 2015, S. 15 ff.). Als zentrale Frage formuliert Couldry für das entsprechende kommunikations- und medienwissenschaftliche Feld: „What, quite simply, are people doing in relation to media across a whole range of situations and contexts?" (Couldry 2004, S. 119) Couldry (2004, S. 117) definiert Medien selbst als Praktik: „media [are, S. K.] the open set of practices relating to, or oriented around, media". Er argumentiert, dass wir eine praxistheoretische Perspektive einnehmen müssen, um zu verstehen, wie Medien in den sozialen und kulturellen Alltag eingebettet werden (ebd., S. 129). Eine solche Perspektive erlaubt zu untersuchen, wie sich Akteur*innen Medien aneignen und welche Bedeutung sie Medien zuschreiben.

Lünenborg und Raetzsch (2018, S. 14) unterstreichen die Relevanz einer medienpraktischen Perspektive: „Through practice theory, we can understand how negotiations allow different actors – let them be single actors or groups like (emerging) social movements – to participate, articulate themselves and challenge dominant viewpoints."

Die Medienaneignungsforschung ist ein Feld der kommunikations- und medienwissenschaftlichen Praxisforschung. Sie untersucht, wie Menschen Medien in ihren Alltag integrieren: „Der Begriff Medienaneignung unterstreicht, dass das Subjekt auch der medialen Umwelt als Sinn gebende und eigentätige Instanz begegnet, die medialen Offerten prüft, in sein Leben integriert oder sich ihnen verweigert." (Theunert und Schorb 2010, S. 249) Der Domestizierungsansatz (s. z. B. Hartmann 2013; Röser und Müller 2017) betrachtet dabei die Integration von Medientechnologien in den häuslichen Alltag. In diesem Buch wird jedoch nicht nur diskutiert, wie Individuen Medien(technologien) in ihren Alltag integrieren, um zu einer nachhaltigen Gesellschaft beizutragen. Vielmehr stehen auch weitere Akteur*innen wie Nichtregierungsorganisationen sowie Unternehmen und ihre Medienpraktiken für Nachhaltigkeit im Fokus.

Burchell, Driessens und Mattoni (2020) unterscheiden zwischen „practicing media" und „mediating practice": Während letzteres Konzept sich auf Medienpraktiken bezieht, durch die Akteur*innen Medien in ihren Alltag integrieren (ebd., S. 2780), verweist das erste auf Praktiken, in denen Medien (als Inhalte) hergestellt werden (ebd., S. 2782). Auch wenn diese Differenzierung sinnvoll erscheint, so ist der Begriff des „mediating practice" etwas irreführend – sind es doch nicht die Medienpraktiken, die vermittelt („mediating") werden, sondern sind es Medien, auf die sich die Praktiken beziehen.

Eine Differenzierung zwischen Praktiken, in denen Medien als Vermittler fungieren, und solchen, in denen Medien im Fokus der Praktiken selbst stehen, ist daher sinnvoll: Das Konzept des „acting on media" (Kannengießer und Kubitschko 2017) erfasst die Medienpraktiken sehr unterschiedlicher Akteur*innen, welche Medien in den Fokus ihres Handelns setzen: „The notion of acting on media denotes the efforts of a wide range of actors to take an active part in the molding of media organizations, infrastructures and technologies that are part of the fabric of everyday life" (ebd., S. 1). Das Konzept „acting on media" bezieht sich dabei auf Medienpraktiken, in denen Menschen *bewusst* und *aktiv* Medien(-technologien) durch ihr Handeln gestalten und damit nicht nur die Medientechnologien selbst transformieren, sondern auch gesellschaftlichen Wandeln hervorbringen (Kannengießer 2020a, S. 178). „Acting on media" ist dabei oft, wenn auch nicht immer, ein politisches Handeln, in dem die Medien(-technologien) selbst politisiert werden (ebd.). Empirische Fallstudien zeigen, wie soziale Bewegungen (Stephansen 2017), Fangemeinschaften (Reißmann et al. 2017), Kollektive, die sich über soziale Netzwerke bilden (Myers West 2017) und Unternehmen (Möller und von Rimscha 2017) Medien, Medientechnologien und Medienunternehmen in das Zentrum ihres Handelns setzen.

Die Praktiken des „acting on media" werden in hierarchischen Strukturen und sozialen Machtgefügen[5] verfolgt, deren Veränderung diese Medienpraktiken z. T. hervorrufen wollen. „Acting on media, like other forms of political action, is best characterized as a set of practices that are embedded in and at the same time produce constellations of power (related, amongst others, to gender, class, age and education)." (Kannengießer und Kubitschko 2017, S. 2) Bei der Analyse der Medienpraktiken, welche Medien(-technologien) selbst in den Fokus stellen, sind daher die gesellschaftlichen Kontexte und Machtkonstellationen zu berücksichtigen. Die Fallbeispiele für die Medienproduktion und -aneignung von Medien(-technologien) werden in dieser Arbeit als Beispiele des „acting on

---

[5] Macht ist hier im Sinne Foucaults (2015[1977]) produktiv, sie ist allen sozialen Beziehungen inhärent und wird durch Handlungen hergestellt.

media" verstanden, da beim Reparieren von Medientechnologien einerseits wie auch bei der Produktion und Aneignung fairer Medientechnologien andererseits die Medienapparate selbst im Fokus des Handelns stehen (s. hierzu Abschn. 4.1). Aus der Perspektive der Sozio-Informatik argumentieren Wulf et al. (2018) mit ihrem Konzept des „practice-based computing" für eine Praxisperspektive im Design von Informationstechnologien. Sie betonen das Wechselspiel von Medientechnologieentwicklung und -aneignung: Medientechnologien seien mit dem Verfahren des „Grounded Designs" (ebd., S. 23 ff.) unter Einbeziehung der Nutzer*innen zu entwickeln, die die Technologien und ihre Bedeutungen in Aneignungsprozessen verändern (können).

Relevant für die in diesem Buch diskutierten Fallstudien sind auch Medienpraktiken aktivistischer Akteur*innen und sozialer Bewegungen. Mattoni (2012, S. 159) benennt drei Aspekte aktivistischer Medienpraktiken:

> „1) both routinised and creative social practices that; 2) include interactions with media objects (such as mobile phones, laptops, pieces of paper) and media subjects (such as journalists, public relations managers, other activists); 3) draw on how media objects and media subjects are perceived and how the media environment is understood and known."

In der kommunikations- und medienwissenschaftlichen Praxisforschung im Allgemeinen und in der Analyse der Medienpraktiken sozialer Bewegungen im Besonderen wurde v. a. untersucht, wie sich Akteur*innen sozialer Bewegungen Medien für die Vernetzung und Mobilisierung aneignen (s. hierzu detaillierter Abschn. 3.2.6). So argumentiert Milan (2013), dass Aktivist*innen bestimmte Handlungsrepertoires während der Aneignung digitaler Medien entwickeln, die es zu untersuchen gilt. Wie und warum Individuen, Organisationen, Kollektive und damit schließlich auch soziale Bewegungen Medien(-technologien) selbst in den Fokus ihres Handels setzen und nicht nur die Technologien selbst verändern, sondern darüber hinaus auch gesellschaftlichen Wandel hervorbringen wollen, ist hingegen kaum untersucht.

Nicht zuletzt für Medienpraktiken, die Medientechnologien in das Zentrum stellen, ist die Materialität dieser zentral. Doch hebt die soziologische Praxistheorie die Relevanz des Materiellen für jedwede Art von Praktiken hervor und kritisiert „eine grundlegende ‚Entmaterialisierung' des Sozialen in vielen Sozial- und Kulturtheorien" (Reckwitz 2003, S. 291). Reckwitz (ebd.) betont die Materialität von Praktiken, welche er auf den Körper der die Praktiken ausführenden Person bezieht: „Eine Praktik besteht aus bestimmten routinisierten Bewegungen und Aktivitäten des Körpers." Gleichzeitig hebt er auch die Relevanz der Materialität von Dingen hervor, welche Teilelemente sozialer Praktiken seien (ebd.).

Mit dem Konzept des „acting on media", wird die Relevanz der Materialität der Medientechnologien für die Medienpraktiken unterstrichen. Da die Materialität der Medientechnologien in den Medienpraktiken relevant wird, die in der hier diskutierten Studie untersucht wurden, soll im Folgenden auch das kommunikations- und medienwissenschaftliche Forschungsfeld skizziert werden, welches sich mit Materialität auseinandersetzt.

3.2.2 Materialität

Die Relevanz der Materialität von Medientechnologien im Zusammenhang mit digitalen Medien und Nachhaltigkeit wurde bereits in den Ausführungen zu den sozial-ökologischen Effekten der Produktion, Aneignung und Entsorgung digitaler Medientechnologien deutlich (s. Abschn. 2.2.2). So weist Starosielski (2014b, S. 2504) in Hinblick auf Datenzentren auf die *Materialität der Temperatur* digitaler Medientechnologien hin, die Auswirkungen auf die *materielle Umgebung* der Geräte habe, während Gabrys (2006, S. 160) in ihrer Auseinandersetzung mit elektronischem Müll und im Zusammenhang mit Mülldeponien von kultureller und *materieller „Verdauung"* spricht und die materielle Beschaffenheit elektronischer Geräte betont: „Electronics typically are composed of more than 1000 different *materials,* components that form part of a materials program that is far reaching and span from micro-chip to electronic systems." (Gabrys 2011, S. 3; Hervorhebung, S. K.)

Die Auseinandersetzung mit den Medientechnologien selbst und ihrer physischen Beschaffenheit fand lange Zeit am Rande der Kommunikations- und Medienwissenschaft statt (Quandt und von Pape 2010, S. 330). In der Mitte des Faches wurden die Medientechnologien selbst oftmals übersehen, da der Fokus vielmehr auf den Medieninhalten, den die Inhalte produzierenden Institutionen sowie Akteur*innen und den Rezipierenden lag (Gillespie et al. 2014, S. 1). Dabei hatten bereits Innis und McLuhan in den 1950er und 1960er-Jahren auf die Relevanz der Mediengeräte selbst hingewiesen, indem sie den Blick von den Medieninhalten hin zu der Form von Medien verschoben (Innis 1951; McLuhan 1964). Im Anschluss unterstrich Meyrowitz (1986) die Relevanz der Kommunikations*technologie* für soziale Beziehungen und Gesellschaft am Beispiel des Fernsehens.

In der für die hier präsentierte Studie besonders relevanten Aneignungsforschung, wurde die Relevanz der Materialität der Medientechnologien frühzeitig betont. So weist Williams (mit den Kollegen am Centre for Contemporary Cultural Studies in Birmingham) als Vertreter der Cultural Studies bereits in den 1970er und 1980er-Jahren die Idee von Medientechnologien als neutrale Kanäle von Botschaften zurück und betont u. a. die prägenden Eigenschaften der Medien auf Kommunikation und Kultur (s. z. B. Williams 1977; siehe hierzu auch Göttlich 2009). Auch im Domestizierungsansatz wird die Bedeutsamkeit der Materialität von Medientechnologien hervorgehoben. So betont Silverstone (1990) in seinem Konzept der doppelten Artikulation, dass die Materialität die Mediennutzung prägt und daher neben den Medieninhalten auch die Objekte in den Blick zu nehmen seien (s. hierzu auch Hartmann 2013, S. 24 und 117).[6] Dabei prägt jedoch nicht nur die Materialität der Medientechnologien die Kommunikationsprozesse, die sozialen Beziehungen sowie die Kultur, sondern diese beeinflussen andersherum auch die Materialität der Medientechnologien selbst: „In much of contemporary scholarship, media technologies are no longer treated as things that simply happen to society, but rather as the product of distinct human and institutional efforts" (Gillespie et al. 2014, S. 1). So sind Medientechnologien schließlich „kulturelle Güter" (Jansson 2014, S. 284) die nicht nur aufgrund ihrer Funktionalität, sondern auch bestimmter kultureller Werte genutzt oder abgelehnt werden (ebd., s. hierzu auch Abschn. 3.2.4). Jasanoff betont in den Science and Technology Studies: „[T]here can be no machines without humans to make them" (Jasanoff 2015, S. 3).[7]

Der Diskurs um die Materialität (digitaler) Medien(-technologien) in der Kommunikations- und Medienwissenschaft drehte und dreht sich vor allem um eine Auseinandersetzung mit den Binaritäten *Materialität* und *Immaterialität, Sichtbarkeit* und *Unsichtbarkeit* (für einen Überblick über das Forschungsfeld, welches sich mit der Materialität der Medientechnologien beschäftigt, s. Gillespie et al. 2014; Lievrouw 2014). So meint Jansson (2014, S. 281), dass die Artefakte in der Lebenswelt der Individuen naturalisiert und die Technologien transparenter werden, je selbstverständlicher sie im Alltag genutzt werden. In seiner „negativen Medientheorie" behauptet Mersch sogar, dass die Medien „in ihrem Erscheinen selbst verschwinden" (Mersch ohne Jahr, 3, s. auch Mersch 2006):

> „Schon vom Wort her bezeichnen ,Medien' das ,Mittlere', das, was sich dazwischen hält, was freilich im Prozess der Vermittlung selbst untergeht. Keine Vermittlung vermag ihre eigenen Bedingungen, so wenig wie ihre Materialitäten und Strukturen mitzuvermitteln: darin manifestiert sich das genuine Paradox des Medialen." (Mersch ohne Jahr, 3)

---

[6] Hartmann (2006) erweitert dieses Konzept in das der dreifachen Artikulation und betont, dass auch die Kontexte der Mediennutzung in die Untersuchungen einzubeziehen seien.

[7] Für einen Überblick über den Diskus um Materialität in den Science and Technology Studies auch in Bezug zur Kommunikations- und Medienwissenschaft s. Lievrouw 2014.

Mit der Etablierung des Internets und der Entwicklung verschiedener Internetmedien wurde zunehmend die Immaterialität und Virtualität der „neuen" Medien
betont (s. z. B. Chudoba et al. 2005; Blanchette 2011, S. 3). Unter dem Ein-
druck aktueller Digitalisierungsprozesse wird sogar von einem „Zeitalter der
Dematerialisierung" gesprochen (Magaudda 2011, S. 15). Doch sind digitale
Medientechnologien mitnichten immateriell:

> „Electronics often appear only as ‚media', or as interfaces, apparently lacking in mate-
> rial substance. Yet digital media materialize in distinctive ways – not just as raw
> matter but also as performances of abundance – often because they are so seemingly
> immaterial." (Gabrys 2011, S. 2; s. auch Gabrys 2015)

Seit dem „material turn" (Bennett und Joyce 2010) hat sich auch in
der Kommunikations- und Medienwissenschaft ein Diskurs etabliert, der die
Annahme einer Körperlosigkeit von Medien kritisiert (Geiger 2014, S. 346), die
Materialität (digitaler) Technologien betont und sich mit dieser auseinandersetzt
(z. B. Parikka 2012; Aakhus et al. 2011; Berry 2012; Gillespie et al. 2014; Parks
und Starosielski 2015; Allen-Robertson 2017). In seiner Auseinandersetzung mit
Mediatisierung nimmt Jansson (2014, S. 286) die materielle Ausdehnung der
Mediatisierung sogar als „Epizentrum" dieser wahr. Er spricht von der „Uner-
lässlichkeit des Materiellen" und betont, dass Mediennutzung an die materielle
Existenz und die Affordanzen der Medien gebunden sei (ebd., S. 284). Affordanzen sind die Besonderheiten der jeweiligen Technologien, die eine bestimmte Art
und Weise der Nutzung ermöglichen bzw. festlegen (s. z. B. Hutchby 2001).

Die Relevanz der Materialität *digitaler* Medientechnologien für die Medieninhalte und die -aneignung wird in der aktuellen Kommunikations- und Medienwissenschaft zum einen theoretisch diskutiert, zum anderen empirisch untersucht.
Am Beispiel digitalen Geschichtenerzählens arbeiten Couldry (2008) und Bratteteig (2008) die Relevanz des Digitalen für die Inhalte und Praktiken des
Geschichtenerzählens heraus. So benennt Couldry vier Merkmale für die Spe-
zifik digitaler Medien, die sowohl die Inhalte der Geschichten als auch die
Erzählweisen beeinflussen: der Druck, Text mit Ton, Bewegt- oder Stand-
bild zu kombinieren und Geschichten zu visualisieren; 2) die Anpassung bzw.
Verkürzung der Geschichtendauer wegen beschränkter Dateigrößen und/oder
verkürzter Aufmerksamkeitsspanne der Internetnutzer*innen; 3) eine Standardisierung der Erzählform aufgrund etablierter Formate und Erwartungshaltungen;
4) die Berücksichtigung der Verbreitung digitaler Geschichten innerhalb uner-
wünschter Nutzer*innenkreise (Couldry 2008, S. 49; s. hierzu auch Kannengießer
2014a, S. 212 f. und Bozdag und Kannengießer 2019).

Neben solchen theoretischen Konzeptionalisierungen wird die Bedeutung der Materialität digitaler Medientechnologien in den Aneignungsprozessen dieser auch empirisch untersucht. Magaudda (2011) analysiert z. B. in einer qualitativen Studie die Musikaneignung am Beispiel der Nutzung von iPods, externen Festplatten und Vinylplatten und betont, dass die Relevanz der Materialität von Medientechnologien auch bei der Mediennutzung digitaler Apparate nicht abnehme (Magaudda 2011, S. 15).

Inwiefern digitale Medientechnologien Einfluss auf ihre materielle Umwelt haben, wird auch an ihre Materialität bzw. Immaterialität geknüpft: „Digital technologies appear to be *green* because they seem more *immaterial,* and because they can make processes more efficient." (Gabrys 2015, s. 5; Hervorhebungen S. K.) Dass die Materialität digitaler Medientechnologien negative sozial-ökologische Folgen verursacht, wurde in Abschn. 2.2.2 herausgearbeitet. Es ist dieses Bewusstsein um die Materialität digitaler Medientechnologien und die Folgen dieser auf ihre materielle Umgebung, die den in den drei Fallstudien untersuchten Akteur*innen bewusst ist. Somit ist Materialität eine der zentralen theoretischen Dimensionen, die in der Analyse der hier diskutierten Fallbeispiele virulent wurden. Dabei wird hier Materialität zum einen als die tatsächliche Stofflichkeit der Medientechnologien definiert, also als die Stoffe, aus denen die Mediengeräte bestehen; zum anderen wird auf der Basis der hier skizzierten relevanten fachlichen Diskussion die Materialität der Medientechnologien als Manifestationen von Medienaneignungsprozessen verstanden, welche in spezifischen sozial-kulturellen Kontexten zu bestimmten Zeitpunkten stattfinden. Aufgrund dieser Materialisierung von Medienpraktiken manifestieren sich in den Medientechnologien auch die Werte und Normen, welche in den jeweiligen sozial-kulturellen, zeitlich spezifischen Kontexten vorzufinden sind und z. T. auch dominieren. Die Materialität (digitaler) Medientechnologien und die Praktiken, in denen diese angeeignet werden, können daher immer auch mit einer medienethischen Perspektive betrachtet werden, die für die Studie ebenfalls zentral ist.

3.2.3 Medienethik

Den in der hier präsentierten Studie untersuchten Medienpraktiken ist eine normative Dimension inhärent, bewerten die Akteur*innen das „konventionelle" Handeln mit Medien, das sie kritisieren und für das sie mit ihren Medienpraktiken Alternativen schaffen wollen. Nicolini unterstreicht, dass Praktiken *immer* eine normative Dimension haben, da es eine richtige und falsche Art und Weise gäbe zu handeln: „there is a right and wrong way of doing things" (Nicolini 2017, S. 22). Aufgrund dieser normativen Dimension der Medienpraktiken, die im Fokus dieses Buches stehen, ist für die Analyse der Fallbeispiele eine medienethische Perspektive bedeutend. Daher bedarf es hier auch der Skizzierung des kommunikations- und medienwissenschaftlichen Forschungsfeldes, welches sich mit Medienethik beschäftigt, um zentrale, für die Analyse notwendige Begriffe zu definieren.

Averbeck-Lietz (2014, S. 82) unterscheidet zwischen Medienethik und Kommunikationsethik und argumentiert, dass Letztere über Erstere hinausgehe, da sie auch Encounter- und Versammlungsöffentlichkeiten einschließe. Zwar werden in der hier präsentierten Studie mit den Repair Cafés nicht nur medienvermittelte Versammlungsöffentlichkeiten untersucht, sondern auch solche, die sich vis-à-vis konstituieren, dennoch stehen Medienpraktiken und damit auf Medien bezogenes Handeln im Zentrum dieser Arbeit, weswegen sich die folgenden Ausführungen konsequenterweise mit *Medien*ethik befassen. Wenngleich Ess (2009) vor dem Hintergrund der Etablierung digitaler Medien und des Internets von einer *digitalen* Medienethik spricht und dies bei einer ausschließlichen Beschäftigung mit digitalen Medien sinnvoll wäre, so nutze ich hier weiterhin den Begriff der Medienethik, da in der hier präsentierten Studie auch *nicht* digitale Medien, wie beispielsweise in der Fallstudie zu Repair Cafés, bedeutend sind.

Medienethische Arbeiten in der Kommunikations- und Medienwissenschaft beschäftigen sich mit Moral, Werten und Normen in den Bereichen der Medienproduktion, Medieninhalte und Medienrezeption. Digitale Medien bzw. Internetmedien haben den Forschungsgegenstand der Medienethik verändert. So wird eine „Neuvermessung der Medienethik" (Prinzing et al. 2015) vorgenommen oder „ethische Herausforderungen im Web 2.0" (Dabrowski et al. 2014) untersucht. Zunehmend beschäftigen sich gegenwärtige medienethische Perspektiven auf Medieninhalte beispielsweise mit Hasskommentaren in Internetmedien (s. u. a. Hafez 2017) oder Leaking (z. B. Averbeck-Lietz 2014, S. 95 ff.). Eine medienethische Analyse der Medienaneignung von Medien*technologien* im Allgemeinen und solchen mit dem Ziel der Nachhaltigkeit und des „guten Lebens", wie sie für die hier präsentierte Studie vorgenommen wurde, ist hingegen noch nicht vorgenommen worden.

Zu den für diese Arbeit relevanten medienethischen Begriffen gehört auch der der Ethik selbst sowie jener der Moral. Verstehen wir unter Ethik die wissenschaftliche Beschäftigung mit dem Bereich der Moral (Funiok 2002, S. 38) und unter Moral „den in einer bestimmten Gruppierung, Gemeinschaft oder Gesellschaft geltenden Komplex an Wertvorstellungen, Normen und Regeln" (Rath 2002, S. 59), dann sind die hier untersuchten Medienpraktiken moralische, weil mit ihnen bestimmte Werte verfolgt werden, wie später in der Diskussion der empirischen Ergebnisse gezeigt wird. Unter Moral lassen sich also Handlungsregeln verstehen, die die Ethik betrachtet und bewertet (s. hierzu auch Funiok 2015).

Neben Ethik und Moral ist weiterhin das Begriffspaar der Werte und Normen für die spätere empirische Analyse relevant. „Werte sind also Ziele für individuelle oder soziale Entwicklungen, sie sind (immaterielle) Güter, um die man sich individuell oder gesellschaftlich bemüht." (Funiok 2016, S. 322) Normen dagegen sind „konkrete Verhaltensregeln" (ebd.). Das Verhältnis des Begriffspaares untereinander beschreibt Funiok wie folgt:

> „Werte begründen das moralische Handeln – Normen begrenzen und sanktionieren es. Werte haben, verglichen mit Normen, etwas Attraktives, sie gehen – bei aller Verbindlichkeit – mit der Erfahrung von Freiheit, des Bei-sich-Seins, der Eröffnung von Horizonten zusammen. Normen haben demgegenüber etwas Restriktives, Einschränkendes, konkret Festmachendes" (ebd., S. 324).

In der Kommunikations- und Medienwissenschaft beschäftigt sich die Medienethik mit den Normen und Werten, welche in der Produktion von Medieninhalten (v. a. im Journalismus), in den Medieninhalten selbst und bei der Rezeption und Aneignung der Medieninhalte vorzufinden sind.

> „Medienethik erhebt, analysiert und reflektiert Wertevorstellungen und Normen auf unterschiedlichen Ebenen: auf der gesellschaftlichen Makroebene (z. B. Gesetzgebung, Medienregulierung), auf der Mesoebene der Organisationen (Medienunternehmen, Dachverbände etc.) sowie auf der Mikroebene der handelnden Individuen (Produzent_innen und Rezipient_innen)." (Krainer et al. 2016, S. 10)

Mit den in der hier präsentierten Studie untersuchten Medienpraktiken stehen solche auf der Mikro- und Mesoebene im Fokus, da zum einen Medienpraktiken von Individuen untersucht werden (wie den Nutzenden des Fairphones), aber auch solche, die organisiert (wie das Reparieren von Medientechnologien in Repair Cafés) oder durch Organisationen bzw. Unternehmen (wie das Fairphone-Unternehmen und die Utopia GmbH) praktiziert werden. Die Makroebene spielt als Rahmen für die untersuchten Medienpraktiken eine Rolle, der die Medienpraktiken prägt bzw. durch diese kritisiert wird.

„Medienethik gilt als Bereichsethik (wie Wirtschaftsethik, Bioethik, Rechtsethik etc.) sowie als angewandte Ethik, insofern sie sich mit konkreten Handlungsbezirken befasst." (Krainer et al. 2016, S. 11) Entsprechend des handlungstheoretischen Paradigmas in der Kommunikations- und Medienwissenschaft (s. Abschn. 3.2.1), fragt Couldry (2012, S. 189): „How should we act in relation to media, so that we contribute to lives that, both individually and together, we would value on all scales, up to and including the global?" Es ist eine solche normative und zentrale Frage, die sich auch die Akteur*innen in den Fallstudien stellen und die sie mit ihren Medienpraktiken beantworten wollen.

> „Als Angewandte Ethik ist die Kommunikations- und Medienethik eine wissenschaftliche Disziplin, die auf praktische Orientierung und Beurteilung von konkreten Handlungen und Strukturen im Bereich von (öffentlicher) Kommunikation und Medien auf der Basis von Normen unterschiedlicher Art ausgerichtet ist." (Filipović 2015a, S. 431)

Medienethik ist somit beides, zum einen Gegenstand kommunikations- und medienwissenschaftlicher Analysen, wie auch die hier untersuchten Medienpraktiken, zum anderen lässt sie sich auf Medienphänomene und Medienpraktiken anwenden, indem diese kritisch bewertet werden.

> „Es soll klar werden, dass Ethik eben nicht allein eine Sache der persönlichen Einschätzungen von Individuen ist und etwa nur die Normen des Rechts eine allgemeine Verbindlichkeit haben: In Ihrem [sic!] Urteil über gute (bzw. schlechte) und richtige (bzw. falsche) Handlungen und Strukturen macht die Medienethik als Ethik immer Vernunftgründe geltend, von denen sie erwarten kann, dass diese allgemein nachvollziehbar sind." (Filipović 2015b, S. 316)

Die Gründe für das Praktizieren der hier untersuchten Medienpraktiken, wurden daher in der empirischen Studie genauer in den Blick genommen. Dabei stehen bei der Ergebnispräsentation zentrale medienethische Begriffe im Fokus, zu denen vor allem Verantwortung und Gerechtigkeit, aber auch Gemeinwohl, Freiheit, Selbstbestimmung, Transparenz und Würde gehören. Diese für die empirische Analyse relevant werdenden Begriffe, sollen daher im Folgenden kurz aus einer medienethischen Perspektive dargestellt werden.

Verantwortung ist eine (medien-)ethische Schlüsselkategorie (Funiok 2011, S. 63). Der Begriff Verantwortung bezieht sich „auf eine der moralischen Grundfragen des menschlichen Lebens, nämlich die Frage, ob die Folgen unseres Handelns als ethisch akzeptabel gelten können" (Debatin 2016, S. 68). Genau diese Frage stellen sich die in den Fallbeispielen untersuchten Akteur*innen. Verantwortung ist ein relationaler Begriff: „Jemand (Verantwortungssubjekt) ist für etwas (Verantwortungsgegenstand) vor oder gegenüber jemandem (Adressat bzw. Verantwortungsinstanz) verantwortlich." (Werner 2002, S. 523) Aus einer medienhandlungsethischen Perspektive ist daher zu fragen: Was machen Menschen (Verantwortungssubjekt) mit Medien (Verantwortungsgegenstand), sodass die Folgen des Handelns akzeptabel gegenüber anderen (Verantwortungsinstanz) sind? Dieser Frage wird in dem Kapitel, in dem die Analyseergebnisse der empirischen Studie aus einer medienethischen Perspektive diskutiert werden, nachgegangen (Abschn. 4.3).

Neben Verantwortung zählt vor allem der Begriff der Gerechtigkeit zu den hier relevanten medienethischen Begriffen. Krainer (2018, S. 320) betont, dass es verschiedene medienethische Betrachtungsmöglichkeiten des Gerechtigkeitsbegriffs gebe. Zu diesen gehören auch medien- und kommunikationsrelevante Gerechtigkeiten wie Freiheit in der Informationsbeschaffung und der Meinungsäußerung, aber auch im Zugang zu Medien sowie ein gerechter Besitz medialer Produktionsmittel und eine gleichberechtigte Repräsentation unterschiedlicher Personen oder Meinungen innerhalb der Medien (ebd., S. 320 f.). Wie die Studie zeigt, gibt es jedoch noch weitere medienethische Aspekte von Gerechtigkeit wie z. B. die Frage nach Gerechtigkeit in Produktions- und Entsorgungsprozessen von (digitalen) Medientechnologien, wie sie bereits problematisiert wurden, und wie dies auch die Akteur*innen der Fallstudien tun (s. Abschn. 4.1).

Eng in Zusammenhang mit Fragen der Gerechtigkeit in Produktions- und Entsorgungsprozessen digitaler Medientechnologien stehen auch Fragen nach dem Begriff der Würde. Bohrmann (2018) diskutiert, inwiefern die Menschenwürde in Medieninhalten verletzt werden kann bzw. durch diese eben nicht zu verletzen ist. Mit Blick auf Bohrmann zeigen die hier diskutierten Fallstudien deutlich, dass die Würde der Menschen a) auch in den Produktions- und Entsorgungsprozessen digitaler Medien verletzt wird bzw. b) nicht verletzt werden sollte, wie es die Akteur*innen in den Fallbeispielen durch ihre Medienpraktiken versuchen (s. Abschn. 4.1 bis 4.3). In der neuzeitlichen Philosophie sowie in aktuellen politischen Normen wie den Menschenrechten[8] bezieht sich Würde vor allem auf die Autonomie und Selbstbestimmung des Einzelnen (Bohrmann 2018, S. 55; s. hier auch eine Begriffsgeschichte), die einen weiteren, relevanten medienethischen Begriff in dieser Arbeit darstellt.

In der Kommunikations- und Medienwissenschaft wird Selbstbestimmung meist als *informationelle* Selbstbestimmung, also als Kontrolle der Menschen über Informationen gedacht (z. B. Heesen 2017). Dabei geht es zum einen um die Kontrolle im Sinne eines Zugangs zu Informationen, zum anderen aber auch über die Kontrolle im Sinne eines Datenschutzes über Informationen der eigenen

---

[8] Artikel 1 der Allgemeinen Erklärung der Menschenrechte der Generalversammlung der Vereinten Nationen (1948) besagt: „Alle Menschen sind frei und gleich an Würde und Rechten geboren." Und auch das Grundgesetz der Bundesrepublik Deutschland (1949) stellt die Würde des Menschen in Artikel 1, Absatz 1 an vorderste Stelle: „Die Würde des Menschen ist unantastbar."

Person. Die hier diskutierten Fallstudien zeigen, dass Selbstbestimmung medienethisch einerseits in Hinblick auf die Aneignung von Medientechnologien im Sinne eines Verstehens sowie einer Fähigkeit im Umgang mit den Technologien gedacht werden muss; andererseits wird Selbstbestimmung darüber hinaus auch wieder in Hinblick auf die Selbstbestimmung von Menschen, die an den Produktions- und Entsorgungsprozessen von (digitalen) Medientechnologien beteiligt sind, relevant (s. hierzu Abschn. 4.3).

Damit liegen Fragen der Selbstbestimmung ganz nah bei medienethischen Fragen der Freiheit. Rath betont, dass „Freiheit die Bedingung moralischer Beurteilung überhaupt [ist, S. K.] und damit auch die Voraussetzung für eine ethische Reflexion auf die Prinzipien, die einer Moral zugrunde liegen" (Rath 2018, S. 193). Geht es in den Fallstudien immer auch um eine moralische Beurteilung der Medienpraktiken, so ist Freiheit daher als eine Voraussetzung für diese Beurteilung zu betrachten. Um Medienpraktiken, Produktions- und Entsorgungsprozesse digitaler Medientechnologien beurteilen zu können, bedarf es an Informationen über diese Prozesse. Damit ist die medienethische Frage der Transparenz tangiert, die im kommunikations- und medienwissenschaftlichen Feld innerhalb der Journalismusforschung diskutiert wird (z. B. Averbeck-Lietz 2014, S. 93 ff.; Meier 2017). Die Studie zeigt jedoch, dass auch die Transparenz mit Blick auf die Produktions- und Entsorgungsprozesse digitaler Medientechnologien bzw. die Forderung und Versuche der konkreten Umsetzung einer solchen medienethisch relevant ist (s. hierzu Abschn. 4.3). Dabei gilt auch, und soll in der Diskussion der empirischen Ergebnisse der Studie herangezogen werden, was Meier für Transparenz in Hinblick auf Journalismus konstatiert: „Wir können grundsätzlich unterscheiden zwischen Transparenz, die von außen in ein System oder eine Organisation gebracht wird (Fremd-Transparenz), und Transparenz, die von innen aus sich heraus hergestellt wird (Selbst-Transparenz)." (Meier 2017, S. 225)

Schließlich ist es der Begriff des Gemeinwohls, der ebenfalls in einer medienethischen Perspektive in der Studie relevant wird. Dieser betont, „dass neben individuellen (privaten) auch überindividuelle (gemeinsame, öffentliche) Interessen Maßstäbe des Handelns sein können und sollen" (Filipović 2017, S. 10). Gemeinwohl ist eine „normative Orientierung" (ebd.) im Medienhandeln. Filipović (ebd., S. 13 ff.) skizziert kommunikationswissenschaftliche Arbeiten, die sich mit Gemeinwohl und Medien beschäftigen, und macht dabei deutlich, dass Gemeinwohl v. a. in Hinblick auf Medieninhalte diskutiert wird. Die Fallstudien zeigen, dass es bei einer medienethischen Perspektive auf Gemeinwohl eben auch um die Dimension der Medientechnologien bzw. Medienpraktiken gehen kann. Um dies später detaillierter zu erläutern, sind Filipovićs Schlussfolgerungen aus seiner Aufarbeitung der exemplarischen kommunikationswissenschaftlichen Arbeiten erkenntnisreich:

> „Gemeinwohl wird zu einem Leitbild gesellschaftlicher Mitverantwortung im Medienbereich. In dieser Perspektive haben die Akteure die moralische Pflicht (Verantwortung), in ihrem Medienhandeln nicht nur ihre eigenen Interessen zu berücksichtigen, sondern auch immer die der Allgemeinheit." (ebd., S. 13)

Hier deutet sich an, dass die verschiedenen medienethischen Begriffe, welche in diesem Kapitel kurz definiert wurden, in einem engen Zusammenhang stehen und entsprechend in der Diskussion der empirischen Ergebnisse als interdependent besprochen werden.

Anhand der hier definierten zentralen medienethischen Begriffe Verantwortung und Gerechtigkeit, Gemeinwohl, Freiheit, Selbstbestimmung, Transparenz und Würde, werden in Abschn. 4.3 auch die Werte herausgearbeitet, die in den untersuchten Medienpraktiken zu finden sind, denn welche Medien(-inhalte) wie genutzt werden, hängt von den moralischen und kulturellen Werten in Kombination mit den situativen Konditionen ab (Jansson 2014, S. 288). Denn:

> „Werte sind in einer Kultur (oder Subkultur) anerkannt, sie sind teilweise (als tiefliegende Grundannahmen und Werthaltungen wie Akzeptanz, gegenseitiges Vertrauen) nur latent vorhanden, teilweise als Orientierungsrahmen gewusst und in Handlungsregeln erkennbar. Sie beruhen auf Konsens und sind in ständiger Veränderung (Wertewandel). Werte werden in der Sozialisation oder Enkulturation erlernt." (Funiok 2016, S. 322)

Wie die Science und Technology Studies betonen, zeigen sich kulturelle Werte und Normen nicht nur in den Medienpraktiken, sondern materialisieren sich in den Medientechnologien selbst. „‚Media things' are much more than technics. To a significant extent they are also *cultural properties* that may be appropriated or rejected on the basis of cultural values as much as functional assets" (Jansson 2014, S. 284, Hervorhebung im Original). In Technologien können sich außerdem technologische und gesellschaftliche Utopien abbilden, wie in diesem Buch am Beispiel des Fairphones diskutiert wird. Jasanoff spricht von sozial-technologischen *Imaginationen* und meint damit:

> „‚collectively held and performed visions of desirable future' (or of resistance against the undesirable), and they are also animated by shared understandings of forms of social life and social order attainable through, and supportive of, advances in science and technology. Unlike mere ideas and fashions, sociotechnical imaginaries are collective, durable, capable of being performed; yet they are also temporally situated and culturally pariticular. Moreover, as captured by the adjective ‚sociotechnical', these

imaginaries are at once products and instruments of the co-production of science, technology, and society in modernity." (Jasanoff 2015, S. 28)

Als sozio-technologische Imaginationen manifestieren sich in Medientechnologien also sozial-kulturelle Werte und Normen, die sich durch Medienpraktiken, welche die Medientechnologien hervorbringen, in die Mediengeräte einschreiben. Damit manifestiert sich in den Medientechnologien auch die Frage nach dem „guten Leben": „Imaginaries, moreover, encode not only visions of what is attainable through science and technology, but also of how life ought, or ought not, be lived; in this respect they express a society's shared understandings of good and evil" (ebd., S. 6).

Mit einer medienethische Perspektive kann also die Frage nach einem „guten Leben", das Richtige und Falsche in den Blick genommen werden: „In General, ethics is concerned with how one should live one's life. […] Ethics addresses questions about what is right or wrong, good or bad, fair or unfair" (Arneson 2007, S. xiii). Inwiefern sich gesellschaftliche Werte in den Medientechnologien selbst manifestieren bzw. in den Medienpraktiken, die sich auf Medien(-technologien) beziehen, wird im Rahmen der für diese Studie untersuchten Fallstudien deutlich und in Abschn. 4.3 diskutiert.

3.2.4 Vergemeinschaftung

In den Fallstudien wird deutlich, dass Menschen nicht alleine mittels Medien handeln, um zu einer nachhaltigen Gesellschaft und einem „guten Leben" beizutragen, sondern auch in Kollektiven und Gemeinschaften agieren. Daher ist eine weitere wichtige Dimension in der Analyse der Fallbeispiele, die der Vergemeinschaftung (s. in Hinblick auf die folgenden Ausführungen auch Kannengießer 2014a, S. 41 ff.). Die sozialwissenschaftliche Vergemeinschaftungsforschung geht auf Max Weber zurück, der zwischen Vergesellschaftungen und Vergemeinschaftungen unterscheidet. Vergesellschaftungen definiert er als

> „eine soziale Beziehung […], wenn und soweit die Einstellung des sozialen Handelns auf rational (wert- oder zweckrational) motiviertem Interessenausgleich oder auf ebenso motivierten Interessenverbindungen beruht. […] ‚Vergemeinschaftung' soll eine soziale Beziehung heißen, wenn und soweit die Einstellung des sozialen Handelns […] auf subjektiv gefühlter (affektueller oder traditionaler) Zusammengehörigkeit der Beteiligten beruht" (Weber 1972, S. 21).

Für Vergemeinschaftungen ist also neben geteilten Zielen auch das Zugehörigkeitsgefühl der Mitglieder zu ihrer Vergemeinschaftung signifikant und betont
des Weiteren bereits begrifflich den Prozesscharakter der Gemeinschaftsbildung.
Hitzler, Honer und Pfadenhauer benennen fünf Merkmale von Vergemeinschaftungen:

> „a) die Abgrenzung gegenüber einem wie auch immer gearteten ‚Nicht-Wir', b)
> ein wodurch auch immer entstandenes *Zu(sammen)gehörigkeitsgefühl*, c) ein wie
> auch immer geartetes, von den Mitgliedern der Gemeinschaft geteiltes *Interesse* bzw.
> *Anliegen*, d) eine wie auch immer geartete, von den Mitgliedern der Gemeinschaft
> anerkannte *Wertschätzung* und schließlich e) irgendwelche, wie auch immer gear-
> tete, den Mitgliedern zugängliche Interaktions(zeit)räume" (Hitzler et al. 2008, S. 10,
> Hervorhebung im Original).

U. a. durch Individualisierungs- und Globalisierungsprozesse entstanden und
entstehen neue Vergemeinschaftungsmuster, die neben die traditionellen Gemeinschaften wie Familie und Nachbarschaft, aber auch Kirchengemeinden, Vereine
und Parteien etc. traten. Diese „posttraditionalen Gemeinschaften" (Hitzler et al.
2008) sind dadurch gekennzeichnet, dass ihre Mitglieder ähnliche Lebensziele
verfolgen und ähnliche ästhetische Ausdrucksformen haben (ebd., S. 9). Vergemeinschaftungen werden also nicht aufgelöst, vielmehr betont der Begriff der
posttraditionalen Gemeinschaft, „dass der Mensch gewissermaßen sozial bleibt,
dass der sozialstrukturelle Wandel also keine ersatzlose Auflösung von Sozialbe-
ziehungen bewirkt, sondern neue Formen von Vergemeinschaftung ermöglicht."
(Krotz 2008, S. 151 f.)

Während der Mensch in traditionale Gemeinschaften meist hineingeboren
wurde, werden die Mitglieder posttraditionalen Vergemeinschaftungen freiwillig
Teil dieser bzw. zu ihrer Teilhabe „verführt" (Hitzler et al. 2008, S. 9 und 12). Im
Unterschied zu traditionalen Gemeinschaften wie Familien oder Kirchengemeinden, die eher stabil sind, können posttraditionale Vergemeinschaftungen jedoch
zeitweilig sein und in der Intensität variieren (ebd., S. 9). Posttraditionale Vergemeinschaftungen sind außerdem „Kommunikationsgemeinschaften" (Knoblauch
2008), in denen nicht nur ihre Mitglieder Themen kommunikativ verhandeln
(ebd., S. 74), sondern auch die Zugehörigkeit der Mitglieder kommunikativ
ausgewiesen wird (ebd., S. 86), was Knoblauch dazu veranlasst, den Begriff
der Mitgliedschaft in Hinblick auf diese Vergemeinschaftungen zu hinterfragen
(ebd.).

Die Metaprozesse der Individualisierung und Globalisierung sowie Digitalisierung und Datafizierung verändern Vergemeinschaftungsformen maßgeblich.

Nach der Etablierung des Internets wurde die Entstehung „virtueller Gemein-schaften" (z. B. Gläser 2005; van Dijk 2006, S. 166) beobachtet. Diese seien durch medienvermittelte Kommunikation gekennzeichnet und weder orts- und zeitgebunden noch an physische oder materielle Bedingungen geknüpft (van Dijk 2006, S. 166). Dieser Begriffsverwendung wurde aber widersprochen, partizipie-ren die Beteiligten, welche über Internetmedien Vergemeinschaftungen bilden, einerseits doch leibhaftig an diesen Gemeinschaften und kann die Alltagswelt andererseits nicht einfach von der „virtuellen" Welt separiert werden (Knob-lauch 2008, S. 85; Hepp 2008, S. 132 f.). Dennoch ermöglichen Internetmedien die ortsübergreifende Herstellung von Vergemeinschaftungen, die sich als trans-lokale Vergemeinschaftungen mittels translokaler Kommunikation konstituieren (vgl. Hepp 2011, S. 99). Hepp unterscheidet zwischen translokalen *territorialen* Vergemeinschaftungen, welche sich auf ein Territorium wie z. B. den National-staat beziehen, und *deterritorialen* Vergemeinschaftungen, für die ein Territorium bei der Konstituierung irrelevant ist (vgl. Hepp 2011, S. 106 ff.). Als Merkmale deterritorialer Vergemeinschaftungen nennt Hepp: 1) die translokale Vergemein-schaftung lokaler Gruppen, 2) ein translokaler, gemeinsamer Sinnhorizont, der über medienvermittelte Kommunikationsprozesse aufrechterhalten wird und 3) die deterritoriale Erstreckung der Vergemeinschaftung, also das Überschreiten von nationalen und regionalen Grenzen (ebd., S. 133 f.).

In der Kommunikations- und Medienwissenschaft sind bereits verschiedene translokale deterritoriale Vergemeinschaftungen analysiert worden [s. Kannengie-ßer (2014a) zur translokalen Frauenbewegung, Bozdag (2013) und Suna (2013) zu Diasporagemeinschaften, Hepp et al. 2014 zu Vergemeinschaftungen von Jugendlichen]. Translokale Vergemeinschaftungen sind *vorgestellte* Gemeinschaf-ten („imagined communities", Anderson [2006(1983)]), da sich ihre Mitglieder nicht alle untereinander kennen, sie aber gegenseitig in ihrer Vorstellung existie-ren (ebd., S. 6). Neuere kommunikations- und medienwissenschaftliche Arbeiten (und dazu gehört auch diese Publikation) beschäftigen sich mit kollektiven Akteur*innen und Gemeinschaften, die Medien in das Zentrum ihres Han-delns setzen (Kannengießer und Kubitschko 2017, s. Abschn. 3.2.1). Die Art und Wiese sowie die Organisationsform dieser Akteur*innen unterscheidet sich und reicht von individuellen Mediennutzenden (Myers West 2017) über Fan-Gemeinschaften (Reißmann et al. 2017) bis hin zu politischen Bewegungen (Stephansen 2017). Die in diesen sehr unterschiedlich organisierten Formen agierenden Akteur*innen schreiben ihrem Medienhandeln dabei oftmals einen Pioniercharakter zu (Kannengießer 2014b) oder werden von anderen als Pioniere wahrgenommen. Entsprechend werden die Vergemeinschaftungen, in denen sich diese Pioniere zusammenfinden, zu „Pioniergemeinschaften" (Hepp 2016).

Auch in den untersuchten Fallbeispielen werden Aspekte von Vergemeinschaftung relevant, finden sich doch in allen drei Beispielen entweder Vergemeinschaftungen oder zumindest Bemühungen, Vergemeinschaftungen herzustellen. Daher wurde in der Analyse der Fallbeispiele genauer untersucht, inwiefern diese in den Studien vorzufinden sind. Der Gemeinschaftscharakter konsumkritischer Projekte wurde bereits am Beispiel von Guerilla Gärten (Todd 2016) bzw. Gemeinschaftsgärten (Morstein 2018) oder Schnippeldiskos (Betz 2018) analysiert. Grewe (2018) sowie Baringhorst und Witterhold (2018) beschreiben in Anlehnung an Wenger (1998) Repair Cafés (Grewe 2018) und die Onlineplattform Utopia.de (Baringhorst und Witterhold 2018) als „communities of practice", in denen Menschen ein gemeinsames Anliegen verfolgen. In konsumkritischen Projekten wie z. B. den hier untersuchten Repair Cafés, findet „gemeinschaftlicher Konsum" (Kannengießer und Weller 2018b, S. 7) statt. Die Relevanz von (medienvermittelter) Kommunikation und digitalen Medien wird in diesen Arbeiten jedoch nicht explizit herausgearbeitet, ist aber Gegenstand der hier diskutierten Studie.

Die in diesem Buch betrachteten Vergemeinschaftungen werden durch die Konsumpraktiken der beteiligten Akteur*innen und ihrer Zuschreibungen zu Konsum konstituiert. Canclini unterstreicht, dass Konsum ein zentrales Moment sei, durch das Menschen Teil bestimmter Gruppen werden: „What groups do we belong to when we participate on a sociality constructed primarily in relation to globalized processes of consumption?" (Canclini 2003, S. 43). Er beobachtet „international communities of consumers" (ebd., S. 43 f.), wie das Fernsehpublikum, das bestimmte, international rezipierbare Formate rezipiert. In den hier diskutierten Fallstudien wird untersucht, inwiefern durch den Konsum bestimmter Medieninhalte und Medientechnologien Vergemeinschaftungen entstehen.

3.2.5 Politische Partizipation

Eine weitere theoretische Dimension der hier diskutierten Fallbeispiele ist die der Partizipation. Der Partizipationsbegriff wird im wissenschaftlichen Diskurs heterogen verwendet (s. Carpentier 2011, S. 15 ff.; de Nève und Olteanu 2013, S. 14; Barrett und Brunton-Smith 2014). Der aus dem Lateinischen stammende Begriff meint *Teilnahme* und wird definiert als freiwillige Handlungen von Bürger*innen, mit denen gesellschaftliche Prozesse beeinflusst und gestaltet werden sollen (de Nève und Olteanu 2013, S. 14). Zu unterscheiden ist Partizipation von Engagement. Während Partizipation eine *aktive* Teilhabe meint, rekurriert Engagement eher auf Interesse und Aufmerksamkeit (Dahlgren 2009, S. 80 ff.; Barrett und Brunton-Smith 2014, S. 6). Sowohl für den Partizipationsbegriff als auch den des

Engagements lassen sich in der Forschung eine Reihe von Adjektiven wie (sub-) politisch, zivilgesellschaftlich u. ä. finden. Der Fokus wird hier auf Partizipation liegen.

Während konventionelle Partizipation traditionell das Wählen meint, sind unkonventionelle Partizipationsformen solche Beteiligungsformen, die nicht institutionell verfasst sind (Kaase 1987, S. 138; s. auch de Nève und Olteanu 2013; Barret und Brunton-Smith 2014, S. 7) und damit subpolitisch, da sie jenseits institutionalisierter Politikfelder stattfinden (Beck 1993, S. 103). Partizipation findet im Alltag v. a. in und über Medien statt (Altheide 1997), die Etablierung von Internetmedien ermöglicht neue Formen subpolitischer Partizipation wie die Meinungsäußerung in Weblogs und Onlineforen oder das Unterzeichnen von Onlinepetitionen. Einige subpolitische bzw. unkonventionelle Partizipationsformen wurden bisher untersucht (s. u. a. Fallstudien in de Nève und Olteanu 2013). Ekman und Amnå (2012, S. 290) bevorzugen den Begriff der extraparlamentarischen Form politischer Partizipation („extra-parliamentary forms of political participation"). Für die hier diskutierten Formen des konsumkritischen Medienhandelns scheint mir aber gerade das Adjektiv des Unkonventionellen relevant zu sein, da es den subpolitischen Charakter des Aktivismus betont. Politik definiere ich hier im Sinne Arendts (2002 [1958]) „Vita activa" als „die aktive Teilnahme an der Gestaltung und Regelung menschlicher Gemeinwesen" (Schubert und Klein 2018, o. S.) und nicht als institutionalisierte Politik. Die hier analysierten Medienpraktiken sind aufgrund des ihnen inhärenten Ziels, Gesellschaft zu gestalten, *politische* Medienpraktiken.

Die Forschung zu Partizipation und Medien hat eine lange Tradition (s. z. B. Downing 1984; Atton 2002; Bailey et al. 2008; Atkinson 2010; Carpentier 2011, S. 64 ff.). Hier wird zwischen Partizipation *in* Medien und *durch* Medien unterschieden (Altheide 1997 und Carpentier 2011, S. 67 ff.): Während erstere die Teilhabe an Medienorganisationen und der Produktion von Medieninhalten meint, umfasst die Partizipation durch Medien die medienvermittelte Teilhabe an Öffentlichkeit und die Möglichkeit der Selbstrepräsentation (Carpentier 2011, S. 67 ff.). Carpentier unterscheidet hier außerdem zwischen einer minimalen und einer maximalen Medienpartizipation, wobei er Zugang und Interaktion als Bedingung der Möglichkeit von Teilhabe nennt (ebd., S. 69).

Durch die Etablierung des Internets hat der Forschungsbereich um Partizipation und Medien eine neue Relevanz erfahren. Gefragt wird nach (neuen) Möglichkeiten und Praktiken der Partizipation und Mobilisierung durch Internetmedien und hier v. a. der Rolle des Web 2.0 und der Onlinenetzwerke (s. u. a. Emmer und Vowe 2004; Emmer 2005; Anduiza 2009; Anduiza et al. 2012; Voss

2014; Serra 2014; Loader et al. 2014; für eine Systematik verschiedener Partizipationsformen über frühe Internetmedien s. Leggewie und Bieber 2003). Auch wird
die Relevanz von (Internet-)Medien für Protest untersucht (s. z. B. van de Donk
et al. 2004; Mattoni 2012; Baringhorst 2014; Cammaerts 2015; s. Abschn. 3.2.6).
Bennett und Segerberg (2012, S. 756) entwickeln mit Blick auf politische
Partizipation und das Web 2.0. eine Typologie der „digitally networked action",
in der sie zwischen *konnektiven* und *kollektiven* Aktionen unterscheiden, wobei
die erstgenannten weniger koordiniert werden als die letztgenannten. Diese
Unterscheidung ist auch für die hier präsentierte empirische Studie brauchbar.

Im Beck'schen Sinne des Subpolitischen (s. o.) kann die Partizipation über
Internetmedien als „Subaktivismus" (Bakardjieva 2009) oder „Cyberaktivismus"
(Winter 2010, S. 101) bezeichnet werden, wobei zu betonen ist, dass eine einfache Trennung zwischen Online- und Offlineaktivismus nicht möglich ist, da die
politisch Aktiven offline verortet sind und hier ihre Motivation für ein medienvermitteltes Engagement finden. Der Begriff der Medienpartizipation (u. a. Bucy und
Gregson 2001) sowie die Unterscheidung zwischen Online- und Offlinepartiza-
tion (z. B. Anduiza 2009) sind somit zu hinterfragen, da das medienvermittelte
und das unvermittelte Handeln, wie auch in den hier diskutierten Fallstudien
gezeigt wird, verflochten sind.

Während der Corona-Pandemie hat die Relevanz der Onlinepartizipation
eine neue Bedeutung erhalten, da aufgrund der Einschränkungen der Versamm-
lungsfreiheiten in vielen Ländern, Aktivist*innen primär Onlinemedien für die
Vernetzung, Mobilisierung und Artikulation nutzen (s. Kannengießer 2021a am
Beispiel der Fridays for Future Bewegung).

In der Kommunikations- und Medienwissenschaft werden v. a. öffentliche Formen der politischen Partizipation in und über (Internet-)Medien diskutiert (s. u.
und dezidiert Biermann et al. 2014). Dabei gilt der feministische Slogan „das Private ist politisch" (Hanisch 1969) nicht nur für die Geschlechterpolitik, sondern
auch für weitere Formen des subpolitischen Handelns, wie das des Konsumierens.
Denn auch die alltäglichen Lebensentscheidungen können politisch sein, wie Giddens (1991, S. 215 ff.) mit dem Begriff „life politics" konstatiert. Di ein diesem
Buch diskutierten konsumkritische Partizipationsformen finden sowohl öffentlich
statt oder werden im öffentlichen Raum inszeniert (so z. B. das Reparieren von
Medientechnologien in Repair Cafés oder in der Meinungsäußerung in Onlinefo-
ren), als auch im Privaten als Formen der „life politics" oder der „Politik mit dem
Einkaufswagen" (Baringhorst 2010b). Zu dieser gehören Buykott- und Boykott-
Aktionen, welche den bewussten Kauf bzw. Nicht-Kauf bestimmter Marken oder
Produkte bezeichnen (Baringhorst 2010a, S. 12; s. Abschn. 2.2.3).

Politisches Handeln muss also nicht immer öffentlich sein, wie es ein traditioneller Politikbegriff nahelegt. Vielmehr wird in den Fallstudien gezeigt, dass neben öffentlicher Partizipation, wie dem Reparieren in Cafés, auch im Privaten stattfindende Praktiken des subpolitischen Engagements vorzufinden sind, wie z. B. der Erwerb fairer Medientechnologien. Denn auch kritischer Konsum ist eine Form politischer Partizipation (Baringhorst und Witterhold 2018, S. 199). In dem Forschungsfeld um Partizipation und Medien werden aber auch die Grenzen der Partizipation sowie Ungleichheiten in Partizipationsprozessen thematisiert (Stegbauer 2012; Kannengießer 2014a), die genauso wie die Paradoxien und Widersprüchlichkeiten in den Medienpraktiken der hier diskutierten Fallbeispiele relevant werden.

Der Zusammenhang zwischen Materialität und Partizipation wird von Marres (2012) in ihrem Konzept der „material participation" aufgezeigt. In Bezug auf die Akteur-Netzwerk-Theorie betont Marres die Relevanz von Objekten im Moment politischer Partizipation. Sie nimmt eine „device-centered perspective" (ebd., S. 27 und 133) ein und definiert materielle Partizipation als „a specific mode of engagement, which can be distinguished by the fact that it deliberately deploys its surroundings, […] we then consider material participation as a specific phenomenon, in the enactment of which a range of entities all have roles to play" (ebd., S. 2). Auch wenn die Materialiät der Medientechnologien für die hier untersuchten Medienpraktiken eine große Bedeutung hat, da die Akteur*innen die Materialität der Geräte reflektieren und sich mit dieser in ihren Praktiken auseinandersetzen, so setze ich doch den Fokus auf die Menschen, die diese Medienpraktiken durchführen. Damit verfolge ich eine „non-media-centric" Kommunikations- und Medienwissenschaft (Morley 2009), die die Perspektive auf die Akteur*innen und ihre Praktiken und nicht auf die (Medien-)Technologien setzt, deren Relevanz für die Praktiken der Akteur*innen damit jedoch nicht gemindert werden soll – wie die Ergebnisse der hier präsentierten Studie zeigen werden.

Im Diskurs um politische Partizipation weist das Konzept des Citizenship auf die Relevanz der Partizipation(-smöglichkeiten) für die Bürger*innen in Nationalstaaten hin. Dabei wird das Konzept des Citizenship nicht auf die Rechte von Bürger*innen, die ihnen durch staatliche Institutionen eingeräumt werden, reduziert, sondern kann vielmehr als eine soziale und kulturelle Praxis verstanden werden, die ein Gefühl der Zugehörigkeit oder Differenz verursacht (Canclini 2003, S. 20). Ein solcher Ansatz ermöglicht auch die Erfassung und Analyse von Partizipation, welche die Veränderung des politischen Systems zum Ziel hat (ebd., S. 21), bzw. weitere gesellschaftlicher Prozesse, wie sie in der hier präsentierten Studie untersucht werden. Differenziert wird zwischen *civil*

Citizenship, in dem die Partizipation an Wirtschaft als Produzierenden und Konsumierenden erfasst wird, *political* citizenship, das die Teilhabe an politischen
Entscheidungsprozessen fokussiert, *social* Citizenship, das die Partizipation am
Sozial- bzw. Wohlfahrtsstaat meint (Marshall 1992) sowie *cultural* Citizenship,
welches wiederum die kreative und erfolgreiche Teilhabe an einer (National-)
Kultur beschreibt (Turner 2001, 12; Hermes und Dahlgren 2006), wobei diese
nie homogen oder statisch (Turner 2001, 12), sondern stets heterogen, prozess-
haft und transkulturell zu denken ist (Saal 2007; Welsch 2005). Insbesondere das
Konzept des *cultural* Citizenship wird in der Kommunikations- und Medienwissenschaft diskutiert. Dabei wird untersucht, wie sich Bürger*innen Medien für
ihre Teilhabe an Gesellschaft und Politik aneignen (z. B. Klaus und Lünenborg
2012). Denn die *digital* Citizens (Vowe 2014) entwickeln mit den (neuen) digitalen Medien (politische) Kommunikationsroutinen, welche zu einem strukturellen
Wandel der politischen Kommunikation führen (ebd., S. 25).

Neben dem *cultural* wird auch das Konzept des *civil* Citizenship in den
empirischen Fallstudien relevant, versuchen Menschen durch konsumkritisches
Medienhandeln doch in der „Konsumkultur" (Bundeszentrale für Politische Bildung 2009) Muster des Produzierens und Konsumierens zu verändern. Canclini
versteht in diesem Zusammenhang Konsum als eine „Übung" von Citizenship und
Konsum damit als politische Handlung, die die Konsumierenden zu Bürger*innen
ermächtige (Canclini 2003, S. 45).

Die in diesem Projekt analysierte Praktik des Reparierens als eine konsumkritische Medienpraktik ist dabei ein Beispiel für ein weiteres Konzept von
Citizenship, das des *do-it-yourself* Citizenship (Ratto und Boler 2014b), welches auf die Diversität in den Praktiken der Bürgerrechte hinweist (ebd., s.
z. B. Fallstudien in Ratto und Boler 2014a). Dieser Begriff des Citizenship
rekurriert auf do-it-yourself Medien (Lankshear und Knobel 2010), mit denen
digitale Medien gemeint sind, die Menschen (welche nicht-professionelle Medienproduzierende sind) die Möglichkeit geben, Medieninhalte zu gestalten (ebd.,
S. 10 f.). Für das Herstellen von Medieninhalten in Internetmedien und die Ver-
schmelzung der Rollen der Produzierenden und Konsumierenden wurde in der
Kommunikations- und Medienwissenschaft der Begriff des ProdUsers diskutiert
(Bruns 2008 und 2009). Der Begriff des Prosumenten (Toffler 1980) ist in Hinblick auf Medien(-technologien) jedoch differenzierter zu konzeptualisieren, was
in der Diskussion der empirischen Ergebnisse in diesem Buch getan wird, da hier
eine Forschungslücke besteht. Denn auch beim Reparieren von Medienapparaten
wird der Konsumierende zum Produzierenden.

In der bisherigen Forschung werden die unterschiedlichen Konzepte von
Citizenship, Partizipation und Engagement v. a. auf die Medieninhalte und

hier insbesondere in Hinblick auf Internetmedien untersucht. Diese ermöglichen „kleine Formen der Beteiligung" (Hepp et al. 2014, S. 232 und 245) wie
das Informieren, Kommentieren und Austauschen über soziale Netzwerkseiten,
Foren oder Weblogs. Neologismen wie „Clicktivismus" oder „Mausklickak-
tionen" meinen dabei das Klicken auf den „Like-Button" bei Facebook oder
auf den „Sign-Button" bei Kampagnenorganisationen wie Avaaz oder Campact
(u. a. Baringhorst 2014, S. 105), Hashtag-Aktivismus hingegen den Aktivismus, der sich auf den Mikrobloggingdienst Twitter bezieht (Khoja-Moolji 2015),
und der negativ konnotierte Begriff des „Slacktivismus" wertet Beteiligungsformen über das Internet als „Wohlfühl-Aktivismus" ab (s. u. a. Christensen
2011). Die hier diskutierten Fallbeispiele, welche das Reparieren von (digitalen)
Medientechnologien in Repair Cafés sowie die Produktion und Aneignung fairer
Medientechnologien untersuchen, zeigen jedoch, dass Menschen auch Medientechnologien selbst in den Fokus ihres partizipativen Handelns stellen, wie bereits
in Abschn. 3.2.1 argumentiert wurde. Damit richtet sich die Partizipation der
Akteur*innen u. a. auf die Materialität der Medientechnologien, die sie kritisch
reflektieren und mit ihrem Medienhandeln verändern wollen.

3.2.6 Soziale Bewegungen

Eng im Zusammenhang mit dem Feld der politischen Partizipation, aber auch mit
den Dimensionen der Medienpraktiken und Vergemeinschaftung steht das Feld,
welches sich mit sozialen Bewegungen und Medien beschäftigt. Im Abschn. 3.2.1,
das die theoretische Dimension der Medienpraktiken erläutert hat, wurde bereits
detailliert auf die Medienpraktiken von Aktivist*innen eingegangen. Diese Erläuterungen weiterführend, wird in diesem Kapitel die theoretische Dimension der
sozialen Bewegung beschrieben. So soll hier zunächst geklärt werden, was unter
dem Begriff der sozialen Bewegung zu verstehen ist.

Ullrich postuliert in Bezug auf Neidhardt und Rucht (1993), dass wir in
einer „Bewegungsgesellschaft" leben: „Soziale Bewegungen sind in dieser ein
fest etabliertes und weit verbreitetes Phänomen geworden; Proteste gibt es (fast)
allerorten und zu (fast) allen Themen." (Ullrich 2015, S. 9) Dabei definiert er
soziale Bewegungen wie folgt:

> „Eine soziale Bewegung ist ein kollektiver Akteur, mithin ein Netzwerk verschie-
> dener anderer Akteure, der auf Basis symbolischer Integration und eines gewissen
> Zugehörigkeitsgefühls (einer kollektiven Identität) mittels Protests sozialen Wandel
> erreichen, beschleunigen, verhindern oder umkehren will." (Ullrich 2015, S. 9)

Ullrich (ebd., S. 10 ff.) benennt vier Merkmale sozialer Bewegungen: Diese seien gekennzeichnet durch 1) ein Ziel der gesellschaftlichen Veränderung, 2) Protest als Mittel für sozialen Wandel, 3) einen Netzwerkcharakter und 4) eine symbolische Interaktion und ein Zugehörigkeitsgefühl der Akteur*innen. Die geteilten Ziele und das von Ullrich benannte Zugehörigkeitsgefühl weisen darauf hin, dass soziale Bewegungen Vergemeinschaftungen sind (s. auch Hepp 2008, S. 144). Da sich soziale Bewegungen fast immer über Orte hinweg konstituieren, können sie als translokale Vergemeinschaftungen verstanden werden, die abhängig von ihrem Territoriumsbezug auch als translokale deterritoriale Vergemeinschaftungen fungieren (siehe Abschn. 3.2.4).

Die genannten Merkmale sozialer Bewegungen werden auch für die Analysen der hier diskutierte Fallstudien herangezogen, da die Akteur*innen nicht (nur) alleine, sondern auch in Kollektiven handeln sowie explizit soziale Bewegungen in den Fallstudien hergestellt werden (sollen). Daher gilt es auch, zu untersuchen, ob wir bei den erforschten Beispielen jeweils mit sozialen Bewegungen konfrontiert sind oder es sich hierbei gar um eine die Fallstudien übergreifende soziale Bewegung handelt.

In der Kommunikations- und Medienwissenschaft, aber auch in weiteren sozialwissenschaftlichen Disziplinen, werden soziale Bewegungen aus verschiedenen Perspektiven und in Hinblick auf unterschiedliche Aspekte untersucht. Dabei stehen meist einzelne soziale Bewegungen und ihre Medienaneignung oder ihre Repräsentation in unterschiedlichen Medien im Fokus. So wurden z. B. die Medienpraktiken der globalisierungskritischen Bewegung (z. B. Aelst und Walgrave 2004; Hepp und Vogelgesang 2005), der internationalen Frauenbewegung (z. B. Kannengießer 2014a), des Arabischen Frühlings (z. B. Wulf et al. 2013; Breuer et al. 2015), der Indignados (z. B. Castells 2012; Anduiza et al. 2012) sowie der Occupy-Bewegung (z. B. Costanza-Chock 2012; Kavada 2015) untersucht. Auch Umwelt- und Klimabewegungen und die Relevanz von Medien für diese standen wiederholt im Fokus wissenschaftlichen Interesses. Aktuell wird die Fridays-for-Future-Bewegung und der Zusammenhang mit Medien in den Blick genommen (Haunss und Sommer 2020; Rucht und Sommer 2019). Rucht und Sommer (2019, S. 123) attestieren dieser Bewegung eine erfolgreiche „Mobilisierungs- und Medienarbeit" und beobachten eine „wohlwollende Berichterstattung".

Diese unterschiedlichen Bewegungen in den Blick nehmenden Studien zeigen, wie sich Akteur*innen sozialer Bewegungen Medien für die (translokale) Vernetzung und Mobilisierung aneignen. Internetmedien bieten für sie dabei neue Möglichkeiten der Artikulation, Vernetzung und Mobilisierung.

Rucht unterscheidet drei verschiedene Formen der Onlinemobilisierung:

„Erstens gibt es Aktivitäten, die ganz auf das Internet beschränkt bleiben. Dazu gehören beispielsweise Netzattacken (hacktivism), die meisten e-Petitionen und solche Proteste, die aufgrund staatlicher Repression nicht auf der Straße, sondern bestenfalls im Netz stattfinden können. Zweitens kann die Online-Mobilisierung vorbereitend, unterstützend und/oder begleitend zu einem als zentral bzw. final angesehenen Online-Protest [sic!, gemeint ist hier offline, S. K.] angelegt sein. In diesem Fall stellt das Netz lediglich eine Ergänzung der herkömmlichen Informationskanäle dar. Drittens kann eine Kampagne so gestaltet werden, dass Online- und Offline-Aktivitäten von Anfang aufeinander abgestimmt und integriert werden." (Rucht 2014, S. 120 f.)

Rucht betont verschiedene Vorteile des Internets auch für soziale Bewegungen:

„die geringen Nutzungskosten, vereinfachte Arbeitsläufe (z. B. bei der Versendung von Massenbotschaften), das schier unendliche Fassungsvermögen für Inhalte aller Art, die Kombinationsmöglichkeit von Sprache, unbewegtem und bewegtem Bild, die zu großen Teilen ungefilterten Informationsangebote, die Möglichkeiten der Interaktivität im Sinne einer Kommunikation ‚from many to many', das enorme Tempo der Beschaffung und Verteilung von Informationen sowie die potenziell globale Reichweite." (Rucht 2014, S. 117)

Sassen bezeichnet das Internet sogar als „Schlüsselmedium", das einen deterritorial vernetzten Aktivismus ermögliche, da jener „von einer Vielzahl von Standorten ausgeht, aber digital verknüpft lokale Reichweiten überschreitet und oft globale Ausmaße erreicht" (Sassen 2011, S. 100). Sie beobachtet „die Herausbildung einer neuen Form grenzüberschreitender Politik, tief verwurzelt im Lokalen, aber zugleich digital dicht vernetzt" (ebd., S. 103). Digitale bzw. Internetmedien spielen für diesen deterritorialen Aktivismus folglich eine zentrale Rolle, denn sie

„erlangen für ortsgebundene und mit lokalen Fragestellungen beschäftigte Aktivisten, die sich mit vergleichbaren Gruppen in anderen Weltteilen verbinden wollen, entscheidende Bedeutung. Es handelt sich dabei um grenzüberschreitende politische Arbeit, die auf der Tatsache basiert, dass sich bestimmte lokale Fragen überall in der Welt stellen." (ebd.)

Sassen nennt diese Form von Aktivismus eine „nicht-kosmopolitische Version globaler Politik" (ebd., S. 100). Ähnlich, wenn auch begrifflich konträr, beobachtet Beck (2003) einen „verwurzelten Kosmopolitismus", in dem sich Aktivist*innen gleichzeitig lokal und global engagierten (ebd., S. 41, s. hierzu auch Kannengießer 2014a, S. 47 f.).

Dass die translokalen sozialen Bewegungen durch Ungleichheiten geprägt sind, wurde am Beispiel der translokalen Frauenbewegung (Kannengießer 2014a und 2017b) und Fridays for Future (Kannengießer 2021a) herausgearbeitet. Denn

Teil der translokalen sozialen Bewegungen oder aktivistischen Netzwerke kann nur werden, wer (regelmäßigen) Zugang zu Internetmedien hat und sich über diese vernetzen und artikulieren kann. Dabei hat die Forschung zur digitalen Kluft gezeigt, dass nicht alleine der technische Zugang zum Internet gewährleistet sein muss, sondern, dass auch weitere Faktoren wie z. B. fehlendes Wissen und Kompetenz im Umgang mit Internetmedien fehlende kognitive Fähigkeiten oder Motivation dazu führen können, dass sich Menschen Internetmedien nicht aneignen (können) (s. z. B. van Dijk 2006; Haseloff 2007; Zillien 2009, s. Fußnote 17).

So muss die Perspektive auf die Relevanz von Internetmedien für soziale Bewegungen aus einer kritischen Perspektive betrachtet werden. Zwar ermöglichen Internetmedien Akteur*innen sozialer Bewegungen neue und andere Formen der Vernetzung, Mobilisierung und Artikulation, doch sind vis-à-vis Kommunikation und Protesthandlungen außerhalb des Internets (die sehr wohl online organisiert werden können) für viele Bewegungen weiterhin zentral.

Über die soeben skizzierten kritischen Merkmale hinaus benennt Rucht (2014, S. 119 f.) weitere Herausforderungen bei der Nutzung des Internets durch soziale Protestbewegungen. Zu diesen gehören neben praktischen Herausforderungen wie einer ressourcenstarken Organisation für z. B. die Pflege von Addresslisten und die Aktualisierung von Websites auch Chat-Kommunikation (ebd.), also auch die zeitintensive Pflege von Profilen auf Onlinenetzwerken oder Mikrobloggingdiensten der Protestakteur*innen. Außerdem eigne sich leicht zugängliche Onlinekommunikation von Protestakteur*innen für Kontrolle und Überwachung durch staatliche Organe sowie durch Gegenbewegungen (ebd., S. 120). Dass Aktivist*innen im Wissen um solche Überwachung diese in ihren Medienpraktiken bewusst nutzen, zeigen Castro Leal et al. (2019) am Beispiel der FARC Guerilla.

Die Akteur*innen der hier diskutierten Fallstudien, nutzen verschiedene Internetmedien für die Artikulation, Mobilisierung und Vernetzung. Inwiefern es sich bei den einzelnen Fallbeispielen um soziale Bewegungen handelt und/oder eine die Fallstudien übergreifende Bewegung zu beobachten ist, wird in Abschn. 4.6 diskutiert.

Wurden in diesem Teilkapitel die theoretischen Dimensionen erläutert, die in der empirischen Analyse der Fallstudien relevant wurden, so wird im Folgenden das methodische Vorgehen beschrieben, das in der hier diskutierten Studie verfolgt wurde. In der Darstellung der Ergebnisse dieser vergleichenden Studie wird auf die hier aufgearbeiteten theoretischen Dimensionen zurückgegriffen und anhand der empirischen Ergebnisse dieser Studie die jeweiligen Forschungsfelder der Dimensionen auch theoretisch erweitert.

3.3 Forschungsdesign

In den vorherigen Kapiteln wurde der relevante Forschungsstand der in diesem Buch präsentierten empirischen Studie aufgearbeitet, die Fallbeispiele der Studie beschrieben und die für die Fallstudien relevanten interdisziplinären Forschungsfelder skizziert. Im Anschluss wurden die theoretischen Dimensionen erläutert, die in der empirischen Analyse der hier vorgestellten Studie relevant wurden. In diesem Teilkapitel wird nun das Forschungsdesign dargestellt, das in der hier präsentierten empirischen Studie verwendet wurde. Die Beschreibung des methodischen Vorgehens ist dreigeteilt: zunächst wird das Forschungsverfahren der Studie erläutert, in einem weiteren Teilkapitel die Methoden und das Vorgehen der Datenerhebung skizziert sowie in einem dritten Teilkapitel die Prozesse der Datenausweitung und die Integration der drei Teilstudien vorgestellt.

3.3.1 Forschungsverfahren

Vor dem Hintergrund des in der Einleitung beschriebenen Erkenntnisinteresses und des aus der Aufarbeitung des Forschungsstands entwickelten Forschungsdesiderats habe ich, wie bereits in der Einleitung formuliert, eine weit gefasste Fragestellung gewählt: Was machen Individuen, Nichtregierungsorganisationen und Unternehmen mit Medien(-technologien), um zu einem „guten Leben" und einer nachhaltigen Gesellschaft beizutragen? Die Fragestellung wurde für die drei Teilstudien modifiziert, und es wurden jeweils gegenstandsbezogene Unterfragestellungen entwickelt. So wurden für die Studie zum Reparieren von Medientechnologien in Repair Cafés folgende weitere Fragen ausgearbeitet:

– Wer sind die Akteur*innen, die die Repair Cafés organisieren und in diesen Veranstaltungen Medientechnologien reparieren?
– Was sind die kommunikativen und Medienpraktiken in den Repair Cafés?
– Was sind die Ziele der Organisierenden, Helfenden und Teilnehmenden?
– Welche gesellschaftliche Bedeutung schreiben die Akteur*innen dem Reparieren sowie den Repair Cafés zu?

Für die Studie, die die Produktion und Aneignung fairer Medientechnologien am Beispiel des Fairphones untersuchte, wurden folgende Fragen entwickelt:

– Wer sind die Akteur*innen, die das Fairphone produzieren/kaufen?
– Was sind die kommunikativen und Medienpraktiken in dieser Fallstudie?

- Was sind die Ziele sowohl der Produzierenden als auch der Nutzenden?
- Welche gesellschaftliche Bedeutung schreiben die Akteur*innen dem Fairphone und ihren Praktiken zu?

Und schließlich wurden für die Studie zur Onlineplattform Utopia.de folgende Fragen formuliert:

- Wer sind die Akteur*innen, die die Onlineplattform Utopia.de gestalten?
- Was sind die kommunikativen Handlungen und Medienpraktiken in dieser Fallstudie?
- Was sind die Themen und Inhalte, die auf der Onlineplattform Utopia.de verhandelt werden?
- Wie beschreibt sich das Unternehmen Utopia.de selbst und welche Ziele formuliert es?
- Welche Möglichkeit der Artikulation und Vernetzung haben Nutzende der Onlineplattform auf dieser?

Da es mir u. a. um die Bedeutungskonstruktionen der beteiligten Akteur*innen sowie um die Rekonstruktion ihre Medienpraktiken ging, war eine qualitative Herangehensweise für die Bearbeitung der Fragestellung sinnvoll. Qualitative Forschung „will komplexe soziale Sachverhalte *verstehen* [und, …] subjektive Deutungsmuster [rekonstruieren]" (Kruse 2008, S. 17). Daher ist ein qualitativer Zugang für mein Anliegen relevant, da es mir darum ging, zu verstehen, warum die Akteur*innen Medientechnologien reparieren bzw. Repair Cafés organisieren, das Fairphone produzieren oder kaufen und welche Inhalte auf der Onlineplattform Utopia.de verhandelt werden.

Für die qualitative Untersuchung wählte ich das Verfahren der Grounded Theory nach Strauss und Corbin (1996), das mir zum einen erlaubte, offen, aber theoriegeleitet an die drei Fallstudien heranzutreten, diese mit einer jeweiligen Kombination verschiedener qualitativer Methoden zu untersuchen und eine gegenstandsverankerte Theorie zu entwickeln (ebd., S. 8). In theoriegenerierenden Verfahren wie der Grounded Theory sind Theorien „*kommunizierbare Aussagenzusammenhänge* [...], *die aus korrekt durchgeführten empirischen Operationen gewonnen werden*" (ebd., S. 75, Hervorhebung im Original). Mithilfe des Verfahrens der Grounded Theory kann die vorliegende Studie einen theoretischen und empirischen Beitrag zur kommunikations- und medienwissenschaftlichen Nachhaltigkeitsforschung leisten, darüber hinaus aber auch Erkenntnisse für die in den theoretischen Dimensionen dieser Medienpraktiken relevanten Forschungsfelder generieren: für den Bereich der Medienpraktiken und den, der sich mit der Materialität von Medientechnologien beschäftigt, für das Feld der Medienethik und der Vergemeinschaftungs- sowie Partizipationsforschung und für den Bereich, der soziale Bewegungen und (digitale) Medien in den Fokus setzt. Als Schlüsselkategorie entwickelte ich das Konzept der „konsumkritischen Medienpraktiken" (Kannengießer 2016 und 2020a). Schließlich argumentiere ich in diesem Buch abschließend, dass Nachhaltigkeit in der Kommunikations- und Medienwissenschaft ein Querschnittsthema ist (s. Abschn. 5.2) und diskutiere die Verantwortung des Faches in Hinblick auf Nachhaltigkeit und ein „gutes Leben".

Die Fallbeispiele wurden gewählt, um die Bandbreite der Medienpraktiken für eine nachhaltige Gesellschaft abzubilden und zu untersuchen. So ist das Reparieren von Medientechnologien in Repair Cafés ein Beispiel für die Medienaneignungsebene, die Produktion und Aneignung des Fairphones ist entsprechend eines für die Ebenen der Produktion und Aneignung von Medientechnologien, und die Onlineplattform Utopia.de ist ein Beispiel für medienbezogenes Handeln auf der Inhaltsebene, durch das zu einer nachhaltigen Gesellschaft beigetragen werden soll (s. Einleitung).

Für die Durchführung der drei Fallstudien wurden jeweils verschiedene qualitative Methoden kombiniert, die im Folgenden Teilkapitel erläutert werden. Außerdem wird die Wahl der jeweiligen Methoden begründet. Im anschließenden Teilkapitel wird das vergleichende Auswertungsverfahren der Daten erklärt. Denn nicht nur wurden die jeweiligen Daten der Studie in sich ausgewertet, sondern durch ein für alle Studien gemeinsam geltendes Kategorienschema verglichen, um die übergreifende Fragestellung beantworten zu können.

Entsprechend des Vorgehens der Grounded Theory wurde das Datenmaterial in den Fallstudien zyklisch erhoben, d. h. die zunächst erhobenen Daten wurden ausgewertet, um erste Erkenntnisse zu generieren, mit meinem Vorwissen abzugleichen und die Erkenntnisse dann für den Verlauf der weiteren Datenerhebung z. B. im Hinblick auf das Sampling zu nutzen (s. Krotz 2005, S. 167 f.).[9] Die einzelnen Fallstudien habe ich abgeschlossen, als jeweils eine „theoretische Sättigung" (Strauss und Corbin 1996, S. 159) erreicht war und das Datenmaterial also keine neuen Aspekte mehr aufwies.

Zeigen die untersuchten Fallstudien auf der einen Seite zwar exemplarisch, was Individuen, Nichtregierungsorganisationen und Unternehmen mit Medien machen, um zu einer nachhaltigen Gesellschaft und einem „guten Leben" beizutragen und decken sie auf der anderen Seite die Ebenen der Medienproduktion, Medieninhalte und Medienaneignung ab, so besteht dennoch weiterhin

---

[9] Ich danke Anna Schroeder für ihre Unterstützung bei der Erhebung und Auswertung des Datenmaterials.

Forschungsbedarf in Hinblick auf weitere Medienpraktiken, denen diese Ziele inhärent sind, wie z. B. die Nichtnutzung von Medientechnologien, die nicht untersucht wurden.[10]

3.3.2 Materialerhebung

In diesem Teilkapitel wird das jeweilige methodische Vorgehen der Datenerhebung in den drei Teilstudien beschrieben.

Für die Fallstudie zum Reparieren von Medientechnologien in Repair Cafés war es aufgrund der Vielzahl entsprechender Initiativen in Deutschland (s. Einleitung) notwendig, einige konkrete Fallbeispiele auszusuchen. Dafür habe ich drei Reparaturcafés ausgewählt, die sich in Hinblick auf das Setting und den Hintergrund der Organisierenden unterscheiden: Eines dieser Repair Cafés wurde von Wissenschaftler*innen der Universität Oldenburg zunächst in einer Kneipe, dann aufgrund einer Kooperation mit dem Stadttheater Oldenburg während der Spielzeit 2014 bis 2016 in einem Gebäude in der Fußgängerzone Oldenburgs organisiert,[11] ein zweites von einer Künstlerin in ihrem Atelier im Stadtteil Kreuzberg in Berlin und in Zusammenarbeit mit dem Berliner Verein Kunst-Stoffe e. V.[12] abgehalten und das dritte von einer Rentnerin in einem Stadtteilzentrum in der Kleinstadt Garbsen in der Nähe Hannovers veranstaltet. In den Repair Cafés habe ich Fremdbeobachtungen (Flick 2009, S. 282) durchgeführt, um die Handlungen in den Veranstaltungen rekonstruieren sowie diese beschreiben zu können. Dabei handelte es sich um natürliche Beobachtungen, da ich keine künstliche Situation für diesen Forschungszweck herstellte (ebd.) und die Reparaturveranstaltungen auch ohne mein Forschungsvorhaben vorgenommen wurden. Im Repair Café in Oldenburg habe ich aufgrund des wechselnden Veranstaltungsortes zwei Beobachtungen durchgeführt, was u. a. zu Erkenntnissen über die Relevanz des Ortes des jeweiligen Repair Cafés führte (s. hierzu detaillierter Kannengießer 2018c, S. 216 ff.)

---

[10] Die Nichtnutzung von Medien wurde aus verschiedenen Perspektiven bereits untersucht (z. B. Roitsch 2020; Woodstock 2014; Kaun und Schwarzenegger 2014; Portwood-Stacer 2013), nicht jedoch die Nichtnutzung von Medientechnologien mit dem Ziel der Nachhaltigkeit.

[11] Seit September 2016 findet das Repair Café im Kunstforum Oldenburgs in Kooperation mit der Werkschule e. V. statt.

[12] Es gibt eine Vielzahl von Reparaturcafés in Berlin (s. www.reparatur-initiativen.de/). Das Fallbeispiel wurde auch ausgewählt, da es das erste Reparaturcafé Berlins war und mit dem Nachhaltigkeitspreis der Stadt ausgezeichnet wurde (Berlin Online 2013).

Die Beobachtungen erfolgten *offen*, da ich alle involvierten Personen über mein Vorhaben informierte (vgl. Flick 2009, S. 282). Außerdem habe ich einen Beobachtungsleitfaden (Schöne 2003, o. S.) auf der Basis der oben genannten Forschungsfragen und der Aufarbeitung des Forschungsstands ausgearbeitet, der mir zur Orientierung, Vorbereitung und Sensibilisierung half und um die Aufmerksamkeit auf für das Erkenntnisinteresse relevante Aspekte zu lenken.

In diesem Prozess der Beobachtung war ich mit dem „Problem der begrenzten Perspektive im Beobachten" (Flick 2009, S. 289) konfrontiert, d. h. ich konnte nicht alle gleichzeitig im Repair Cafés ablaufenden Prozesse im Repair Cafés erfassen. Diese Einschränkung ergab sich nicht nur aus meiner begrenzten Wahrnehmung, sondern auch aus der Situation, dass ich die Interviews mit Organisierenden, Helfenden und Hilfesuchenden der Reparaturveranstaltungen durchführte. Da sich die Abläufe in den Veranstaltungen aber wiederholten, konnte ich die wesentlichen Prozesse während meiner Beobachtungen erfassen.

Neben den Beobachtungen habe ich außerdem qualitative leitfadengestützte Interviews (Kruse 2008, S. 53) mit Organisierenden der Repair Cafés geführt sowie mit Personen, die Hilfe bei der Reparatur von Medientechnologien anboten und solchen, die defekte Mediengeräte zu den Veranstaltungen mitbrachten, um sie dort zu reparieren. Auch mit einem Mitarbeiter sowie einer Mitarbeiterin der Anstiftung & Ertomis, die die Gründung von Repair Cafés in Deutschland unterstützt und ein Netzwerk deutscher Repair Cafés gegründet hat (s. Einleitung und Abschn. 3.1.1), habe ich entsprechende Interviews geführt. Diese ermöglichen mir die Perspektive der Akteur*innen zu rekonstruieren und entsprechend der Forschungsfragen ihre Ziele und Bedeutungszuschreibungen herauszuarbeiten. Insgesamt habe ich 40 Interviews erhoben.[13] Um zu gewährleisten, dass die für die Beantwortung der oben benannten Forschungsfragen relevanten Aspekte in den Interviews thematisiert wurden, habe ich auf der Basis des Forschungsstands auch für die Interviews einen thematischen Leitfaden entworfen, anhand dessen ich die qualitativen Interviews durchgeführt habe (ebd., S. 33 ff.). In dem Leitfaden deckte ich u. a. die Themen der Ziele, der gesellschaftlichen Bedeutungszuschreibungen an das Reparieren und an das Repair Café sowie weitere Fragen nach den Konsum- und Lebensstilen und den Medienrepertoires der jeweiligen Personen ab. Definieren Hasebrink und Domeyer (2012, S. 758) ein Medienrepertoire als die Gesamtheit der Medien, das der/die Nutzende regelmäßig verwendet, so verstehe ich ein Medienrepertoire hier als die Gesamtheit der Medien*technologien*, die der/die Nutzende regelmäßig verwendet. In den

---

[13] Von allen Interviewpartner*innen liegt eine Zitiererlaubnis vor; in diesem Buch werden die Namen der Interviewpartner*innen zum Schutz der Personen nicht genannt.

Interviews war es mir außerdem wichtig, „höreorientiert" und „situativ flexibel" (ebd., S. 54) zu agieren, also auch auf Aspekte einzugehen, die meine Interviewpartner*innen aufbrachten, aber nicht im Leitfaden zu finden waren. Gleichzeitig konnten jedoch alle wichtigen Themen durch den Leitfaden erfasst und thematisiert werden, sodass die Interviews vergleichbar wurden (vgl. ebd., S. 53).

Die Auswahl der Interviewpersonen erfolgte nach dem theoretischen Sampling (Strauss und Corbin 1996, S. 149 ff.). Ziel dieses war es, möglichst unterschiedliche Interviewpartner*innen zu finden, die sich in ihrem soziodemographischen Hintergrund im Hinblick auf Geschlecht, Klasse, Alter, Bildungshintergrund, Nationalität unterschieden. Alle Interviews wurden mit dem Einverständnis der jeweiligen Befragten digital aufgenommen und transkribiert.

Der Erhebungsprozess war dann abgeschlossen, als eine theoretische Sättigung (s. o.) erreicht war. Diese konnte ich aufgrund des zyklisch durchgeführten Forschungsprozesses (s. Krotz 2005, S. 167 f.) feststellen, da ich die Interviews bereits auswertete, während ich mich noch in der Erhebungsphase befand und die Erkenntnisse wiederum mit meinem Vorwissen abglich.

Des Weiteren habe ich in dieser Fallstudie nicht-teilnehmende Beobachtungen (Flick 2009, S. 282) im Rahmen einer „virtuellen Ethnographie" (Hine 2000 und 2015) auf der von der Anstiftung & Ertomis betriebenen Onlineplattform www.reparatur-initiativen.de durchgeführt, da sie Aufschluss über die mediale Vernetzung der Reparaturinitiativen und die Öffentlichkeitsarbeit der Anstiftung & Ertomis gibt. Ethnographie ist eine Methode, mit der Wissenschaft das Alltagshandeln von Menschen, ihre Sinnkonstruktionen und Lebenswelten untersucht. Sie ermöglicht den Forschenden, durch eine längere und unmittelbare Beobachtung des Forschungsfeldes, soziales Leben zu analysieren (Ayaß 2016, S. 335). In der traditionellen Ethnographie und der Kulturanthropologie wird die Ethnographie vorwiegend genutzt, um *andere* Kulturen zu erforschen, während die sozialwissenschaftliche Ethnographie „die Kulturen der eigenen Gesellschaft" (Lüders 1994, S. 390) in den Mittelpunkt rückt. Wenngleich sich ethnographisch Forschende traditionell lange im Feld einer fremden Kultur aufhalten, verfolgt die „fokussierte Ethnographie" das Ziel, einen besonderen Ausschnitt der (eigenen) Kultur in den Blick zu nehmen (Knoblauch 2001, S. 125). Die „virtuelle Ethnographie" (Hine 2000 und 2015) als neue(re) Form ethnographischer Forschung untersucht das soziale Leben, welches sich in Internetmedien manifestiert.

Im Gegensatz zu digitalen und computergestützten Methoden, handelt es sich bei virtuellen Methoden um eine „Adaption herkömmlicher sozialwissenschaftlicher Methoden der Datenerhebung [...] auf ‚Online-Räume'" (Hepp et al. 2021,

S. 9 f.). Entsprechend wurde im Rahmen dieser Studie die für die Ethnographie
zentrale Methode der Beobachtung auf relevante Onlinemedien übertragen.

Meine Beobachtungen auf der Onlineplattform www.reparatur-initiativen.de
und dem integrierten Onlineforum ist im Sinne Hines (2015) und Knoblauchs
(2001) eine „virtuelle fokussierte Ethnographie", da ich einen besonderen Ausschnitt der eigenen Kultur in Internetmedien beobachtete und nach Flick (2009,
S. 282; s. o.) Fremdbeobachtungen durchführte, die ich protokollierte. Die Beobachtungen im Rahmen der virtuellen Ethnographie fanden punktuell über den
Projektzeitraum von Juni 2015 bis November 2019 statt, wobei die Wahl der
Zeitpunkte nicht systematisch getroffen wurde.

Um die Produktion und Aneignung fairer Medientechnologie untersuchen zu
können, setzte ich den Fokus auf das Fallbeispiel Fairphone, ein Smartphone, das
unter fairen Bedingungen produziert werden soll. Ich wählte das Fallbeispiel des
Fairphones aus den sehr wenigen fair produzierten Medientechnologien aus, da es
u. a. durch eine breite Medienberichterstattung einen hohen Bekanntheitsgrad hat
(s. Einleitung). Um die oben benannten Forschungsfragen verfolgen zu können,
kombinierte ich hier die Methoden des qualitativen leitfadengestützten Interviews
(Kruse 2008, S. 53) mit einer qualitativen Inhaltsanalyse der englischsprachigen
Onlineplattform des Unternehmens Fairphone (www.fairphone.com) sowie nicht-
teilnehmenden Beobachtungen (Flick 2009, S. 282) im Rahmen einer „virtuellen
Ethnographie" (Hine 2000 und 2015, s. o.) der Profilseiten des Unternehmens auf
Facebook, Twitter und Instagram und einer qualitativen Inhaltsanalyse (nach dem
Kodierverfahren der Grounded Theory, Strauss und Corbin 1996, S. 39 ff., s. u.)
von Interviews, die der Gründer des Fairphone-Unternehmens Bas von Abel in
deutschsprachigen Zeitschriften und Zeitungen gegeben hat. Diese verschiedenen
Methoden werden im Folgenden beschrieben.

14 qualitative leitfadengestützte Interviews wurden mit Personen geführt, die
das Fairphone nutzen. Der dafür entwickelte Leitfaden beinhaltete neben Aspekten wie den Gründen für den Kauf des Fairphones und die Nutzungsweise des
Smartphones auch Fragen nach dem weiteren Konsumverhalten und Lebensstil der jeweiligen Personen. Die Interviews wurden ähnlich des oben für die
Repair Cafés beschriebenen Vorgehens durchgeführt. Beim theoretischen Sampling der Interviewpersonen war es mir wichtig, Nutzer*innen zu finden, die
sich auch hier in ihrem sozial-demographischen Hintergrund in Hinblick auf
Alter, Geschlecht, Status und Bildungshintergrund unterschieden. Durch Aufrufe
über politische Mailinglisten, einem Studierenden-Onlineportal und der Onlineplattform der Stadt Bremen wie auch über das Schneeballsystem habe ich
Interviewpartner*innen gesucht. Die Interviews fanden in Bremen, Berlin und
Hamburg statt, die Ortswahl ergab sich neben meiner Verortung in Bremen durch

das Schneeballsystem. Bei der Suche zeigte sich, dass ich zwar gleichermaßen Männer und Frauen verschiedener Altersgruppen und variierender Einkommen interviewen konnte, dass diese jedoch alle einen akademischen Hintergrund hatten. Entweder wird hier eine Unzulänglichkeit im Sampling offenbar oder aber es lässt sich vorsichtig vermuten, dass überwiegend Akademiker*innen das Fairphone kaufen und nutzen. Alle Interviews wurden digital aufgenommen und transkribiert.[14] Auch in dieser Fallstudie war der Erhebungsprozess im Sinne der Grounded Theory dann abgeschlossen, als eine theoretische Sättigung erreicht war (Strauss und Corbin 1996, S. 159).

Neben den qualitativen Interviews führte ich außerdem eine qualitative Inhaltsanalyse (nach dem Kodierverfahren der Grounded Theory, Strauss und Corbin 1996, S. 39 ff., s. u.) der Webseiten auf der Onlineplattform des Unternehmens Fairphone durch. Welker und Wünsch (2010, S. 496 f.) weisen auf sechs Spezifika und gleichzeitige Herausforderungen hin, die sich bei Onlineanalysen ergeben: 1) Flüchtigkeit und Dynamik der Inhalte, 2) ihre Multimedialität bzw. Multimodalität, 3) Nonlinearität/Hypertextualität, 4) Reaktivität und Personalisierung, 5) Quantität der Inhalte und 6) Digitalisierung/Maschinenlesbarkeit. Diesen Herausforderungen bin ich bei der Analyse der Onlineplattform des Fairphone-Unternehmens insofern begegnet, als dass ausgewählte Webseiten über den Browser Firefox in PDF-Dokumenten am 5. Juli 2016 archiviert wurden. Nach der Erhebung des Onlinedatenmaterials wurde im Auswertungsprozess des Datenmaterials punktuell erneut Material auf der Onlineplattform des Unternehmens bzw. den entsprechenden Profilseiten auf Facebook, Twitter und Instagram erhoben, um bereits formulierte Ergebnisse zu bestätigen oder zu ergänzen. Durch die Archivierung kann ich der Flüchtigkeit der Inhalte begegnen. Eine Herausforderung war jedoch weiterhin die Nonlinearität/Hypertextualität der Inhalte, doch konnte ich hier eine Auswahl treffen und das Datenmaterial insofern eingrenzen, als dass ich mich zum einen auf die Onlineplattform des Unternehmens beschränkte (und keinen die Unternehmensplattform verlassenden Links folgte) und zudem all jene Webseiten der Onlineplattform archivierte, welche für meine oben genannten Fragestellungen interessant waren. Somit konnte ich auch der Herausforderung der Quantität des Datenmaterials begegnen. Durch die Analyse der auf der Onlineplattform veröffentlichten Webseiten konnte ich nicht nur Informationen über das Produkt Fairphone generieren, sondern auch die Ziele des Unternehmens rekonstruieren.

---

[14] Von allen Interviewpartner*innen liegt eine Zitiererlaubnis vor; in diesem Buch werden die Namen der Interviewpartner*innen zum Schutz der Personen nicht genannt.

Auf der Onlineplattform des Unternehmens ist außerdem ein Onlineforum für Nutzer*innen integriert, in dem ich entsprechend der virtuellen Ethnographie (Hine 2000 und 2015, s. o.) nicht-teilnehmende Beobachtungen (Flick 2009, S. 282) durchführte, die ich protokollierte. Diese gaben v. a. Aufschluss über die Kommunikation von Forennutzenden untereinander sowie zwischen ihnen und dem Fairphone-Unternehmen. Des Weiteren führte ich im Rahmen einer Beobachtung auf den Profilseiten des Fairphone-Unternehmens auf den Online-plattformen Facebook, Twitter und Instagram durch. Die Beobachtungen führte ich im Rahmen der Projektlaufzeit zwischen Juni 2016 bis November 2019 punk-tuell durch, wobei ich die Wahl der Zeitpunkte auch hier nicht systematisch getroffen habe.

Neben den qualitativen Interviews mit Nutzer*innen des Fairphones sowie der Analyse der Onlineangebote des Unternehmens zog ich als weiteres Datenma-terial auch Interviews des Unternehmensgründers Bas van Abel heran, die in verschiedenen deutschsprachigen Zeitschriften und Zeitungen online veröffent-licht wurden. Die Entscheidung für die Wahl dieses Materials erfolgte, da ich auf meine Interviewanfrage an das Unternehmen eine Absage erhielt, mit der Begründung, Interviews würden für Journalist*innen gegeben werden, aber nicht für wissenschaftliche Zwecke. Die Begründung für diese war, dass das Unter-nehmen zu klein sei, um Interviews für wissenschaftliche Studien zu geben. So recherchierte ich online publizierte Interviews, die Bas van Abel verschie-denen deutschsprachigen Zeitungen und Zeitschriften gab, um diese auswerten und, neben der Onlineplattform des Unternehmens und von diesen genutzten Internetmedien, auch über diese Interviews die Perspektive des Unternehmens rekonstruieren zu können.

Um die dritte Fallstudie zur Onlineplattform Utopia.de analysieren zu können, wurden ausgewählte Webseiten des Onlinemagazins am 1. Dezember 2016 archi-viert. Ich begegnete den oben benannten Herausforderungen einer Onlineanalyse, indem ich auch in dieser Fallstudie eine begrenzte Auswahl des Datenmaterials traf und mich auf solches reduzierte, das im Hinblick auf die oben genannten Fragestellungen relevant war, also neben Inhalten, die die Utopia GmbH und ihre Ziele beschrieben auch solche Inhalte erhob, die sich explizit mit digitalen Medientechnologien auseinandersetzten. Auf einzelne Onlineartikel der Plattform Utopia.de verweise ich in der Ergebnisdarstellung entweder mit dem Namen der*des jeweiligen Autor*in oder, wenn kein Name angegeben ist, auf Utopia.

Auf der Onlineplattform Utopia.de waren neben dem Onlinemagazin auch Onlineforen integriert, deren Inhalte registrierte Nutzer*innen gestalten konnten. In diesen Gruppen führte ich im Rahmen einer virtuellen Ethnographie (Hine

2000 und 2015 s. o.) nicht-teilnehmende Beobachtungen über den Projektzeitraum von Juni 2015 bis November 2019 durch. Dabei ging es mir vor allem
darum, zu beobachten, welche Themen in den Onlineforen verhandelt werden.
Diese Foren waren zum Zeitpunkt der Manuskriptüberarbeitung für die Veröffentlichung des Buches im Juni 2021 nicht mehr online. Vielmehr werden die
Nutzer*innen über die Onlineplattform nun für „Utopia-Community-Gruppen" zu
solchen auf Facebook geführt. Die Ergebnisse der Analyse zur Vernetzung und
Vergemeinschaftung der Nutzer*innen von Utopia.de beziehen sich daher z. T.
auf Praktiken, welche aufgrund der Modifizierung des Onlineangebots so nicht
mehr möglich sind.

Die Kommunikation des Unternehmens und der Nutzer*innen analysierte ich
aber auch im Sinne einer virtuellen Ethnographie durch Onlinebeobachtungen in
den von der Utopia GmbH bespielten Profilen auf Facebook, Twitter, Instagram
und dem YouTube-Kanal des Unternehmens über den Projektzeitraum Juni 2015
bis November 2019.

Durch die Analyse des Onlinemagazins und der Onlineplattform auf der einen
sowie der Beobachtungen in den Onlineforen auf der Plattform Utopia.de und
den entsprechenden Profilen auf den genannten Onlinenetzwerken auf der anderen Seite, konnte ich die oben genannten Forschungsfragen beantworten, da ich
hier Rückschlüsse über die Themen erhielt, die auf Utopia.de verhandelt werden,
sowie auch Informationen über die Ziele und Praktiken des Unternehmens sowie
der Nutzenden sammeln konnte.

Durch die Triangulation der verschiedenen hier erläuterten Erhebungsmethoden lag mir in den jeweiligen Fallstudien unterschiedliches Datenmaterial in
digitaler und archivierter Form vor (s. Tab. 3.1), das computergestützt mit der
Software MAXQDA ausgewertet werden konnte. Wie ich bei der Auswertung
vorgegangen bin und die drei Fallstudien integrierte, erläutere ich im folgenden
Teilkapitel.

3.3.3 Materialauswertung und Integration der Fallstudien

Das gesamte Datenmaterial lag mir nach der Erhebung schließlich in Form
von Transkripten bzw. anderen kodierbaren Formaten (PDF, JPG) vor. Für die
Auswertung wählte ich den dreistufigen Kodierprozess der Grounded Theory
(Strauss und Corbin 1996, S. 39 ff.), um theoriegeleitet an das Material her-
angehen und die Bedeutungen sowie Sinnzuschreibungen der unterschiedlichen
Akteur*innen herausarbeiten zu können. Gleichzeitig war es durch die Wahl

Tab. 3.1 Gesamtes Datenmaterial und Erhebungsmethoden

Fallstudien / Datenmaterial	Reparieren von Medientechnologien in Repair Cafés	Produktion/Aneignung fairer Medientechnologien am Beispiel des Fairphones	Onlineplattform Utopia.de
Qualitative Interviews	Mit Organisierenden der Repair Cafés, Helfenden und Hilfesuchenden sowie mit Mitarbeitenden der *Anstiftung & Ertomis*	Mit Nutzer*innen des Fairphones	
Inhaltsanalyse verschiedener Internetmedien	Webseiten auf der Onlineplattform der *Anstiftung & Ertomis* (www.rep aratur-initiativen.de)	Englischsprachige Webseiten auf der Onlineplattform des Fairphone-Unternehmens (www.fairphone.com)	Webseiten des Onlinemagazins der Plattform Utopia.de
(nicht-teilnehmende) Beobachtung im Rahmen einer „virtuellen Ethnographie"	In drei Veranstaltungen verschiedener Repair Cafés, des Onlineforums auf der Onlineplattform der Anstiftung & Ertomis	In den auf der Onlineplattform des Unternehmens integrierten Onlineforen sowie der vom Unternehmen bespielten Profilen auf Facebook, Twitter, Instagram	In den auf der Onlineplattform des Unternehmens integrierten Onlineforen sowie der vom Unternehmen bespielten Profilen auf Facebook, Twitter, Instagram
Qualitative Inhaltsanalyse		Deutschsprachiger Zeitungs- und Zeitschrifteninterviews des Fairphone Gründers Bas von Abel	

der Grounded Theory möglich, die verschiedenen Datenmaterialien miteinander zu vergleichen. In dem Auswertungsprozess nach dem dreistufigen Modell von Strauss und Corbin werden die Daten aufgebrochen, konzeptualisiert und auf neue Art zusammengesetzt (Strauss und Corbin 1996, S. 39). Ich kodierte mithilfe der Software MAXQDA, da ein computergestütztes Vorgehen nicht nur den Kodierprozess erleichtert, sondern auch den Vergleich des Materials ermöglicht. Ziel des Kodierprozesses war es, ein für alle drei Fallstudien gültiges Kategorienschema zu entwickeln. Um dies zu erarbeiten, habe ich zunächst das Datenmaterial der ersten Fallstudie zum Reparieren von Medientechnologien in Repair Cafés ausgewertet. Hier habe ich in einem ersten offenen Kodierschritt induktive Kategorien erstellt und damit „die Daten in einzelne Teile aufgebrochen, gründlich untersucht, auf Ähnlichkeiten und Unterschiede hin verglichen" (Strauss und Corbin 1996, S. 44). In einem weiteren Schritt des axialen Kodierens habe ich die zunächst ungeordnet vorliegenden Kodes sortiert und in Bezug zueinander gesetzt (ebd., S. 75 ff.). Daran anschließend habe ich im selektiven Kodierprozess Hauptkategorien gebildet, durch die die Daten nochmals sortiert und hierarchisiert werden konnten (ebd., S. 94 ff.). Die Hauptkategorien sind die in Abschn. 3.2 erläuterten theoretischen Dimensionen, welche sich aus der theoriegeleiteten Analyse des Datenmaterials ergaben: Medienpraktiken, Materialität, Medienethik, Vergemeinschaftung, politische Partizipation und soziale Bewegung. Diese theoretischen Dimensionen bilden die zentralen Momente von Medienpraktiken für Nachhaltigkeit und ein „gutes Leben". Zu diesen Hauptkategorien sortierte ich Subkategorien, denen ich wiederum Ausprägungen zuordnen konnte.

Das nach der Auswertung des Datenmaterials der ersten Fallstudie vorliegende Kategorienschema nutzte ich, um das Datenmaterial der zweiten Fallstudie, nämlich die Produktion und Aneignung fairer Medientechnologien, am Beispiel des Fairphones auszuwerten. Einige der zuvor gebildeten Kategorien waren hierfür weniger relevant, andere fehlten, sodass ich in diesem Auswertungsprozess weitere Subkategorien induktiv bildete und damit das Kategorienschema ergänzte. Es zeigte sich in dem Prozess jedoch, dass sich viele der Kategorien überschnitten. Das nun ergänzte Kategorienschema zog ich auch für die Auswertung des Datenmaterials der dritten Fallstudie zu Utopia.de heran. Auch hier waren wieder diverse Kategorien weniger relevant, andere wiederum fehlten, so dass ich erneut induktive Kategorien bildete und das Schema um diese ergänzte. Schließlich lag mir ein Kategorienschema vor, das über das gesamte Datenmaterial der drei Fallstudien entwickelt wurde und dieses erfasste.

Als eine nach dem Verfahren der Grounded Theorie zu entwickelnde Schlüsselkategorie, entwarf ich das Konzept der konsumkritischen Medienpraktiken (s. Einleitung). In diesem Konzept können die zentralen Erkenntnisse der Arbeit subsumiert und gleichzeitig pointiert dargestellt werden, wie und warum verschiedene Akteur*innen Medien(-technologien) nutzen, um zu einer nachhaltigen Gesellschaft und einem „guten Leben" beizutragen (s. detaillierter hierzu Abschn. 4.2 und 5.1).

In den folgenden Kapiteln erläutere ich die zentralen Ergebnisse der empirischen Analyse unter Rückgriff auf den Forschungsstand und entlang der sechs
theoretischen Dimensionen der Medienpraktiken für Nachhaltigkeit und „gutes
Leben". Dabei wird die Schlüsselkategorie des konsumkritischen Medienhandelns
als Querschnittsthema wiederholt aufgegriffen.

Konsumkritische Medienpraktiken als Schlüssel(-kategorie) für eine nachhaltige Gesellschaft und das „gute Leben"

Vor dem Hintergrund des Forschungsstandes zur Nachhaltigkeitskommunikation und dem Feld, das sich in der Kommunikations- und Medienwissenschaft mit dem „guten Leben" beschäftigt, wurde ein Forschungsdesiderat ausgearbeitet, das in Hinblick auf die Frage existiert, wie sich Individuen, Nichtregierungsorganisationen und Unternehmen Medien(-technologien) aneignen, um zu einer nachhaltigen Gesellschaft und einem „guten Leben" beizutragen. Wie im vorherigen Kapitel erläutert, wurde diese Forschungsfrage in einer vergleichenden qualitativen Studie am Beispiel dreier Fallstudien untersucht. Dabei wurde als zentrales theoretisches Konzept der Terminus der konsumkritischen Medienpraktiken entworfen. Die Ergebnisse der Studie präsentiere ich entlang der sechs theoretischen Dimensionen, die in der Analyse virulent wurden, und die die Dimensionen konsumkritischer Medienpraktiken ausmachen.

4.1 Medienpraktiken und Materialität: Den Begriff der Medienpraktiken weit fassen

Mit der Forschungsfrage des vorliegenden Buches, was Individuen, Organisationen und Unternehmen mit Medien *machen,* um zu einer nachhaltigen Gesellschaft und einem „guten Leben" beizutragen, stehen *Medienpraktiken* verschiedener Akteur*innen im Fokus dieser Arbeit. In Abschn. 3.2.1 wurde das Konzept der Medienpraktiken als eine der theoretischen Dimensionen skizziert, die für die Analyse relevant waren. Fokus dieser Medienpraktiken ist (auch) die Materialität digitaler Medientechnologien. In diesem Teilkapitel sollen daher anhand des Datenmaterials die Ergebnisse der hier diskutierten empirischen Studie präsentiert werden, welche in Hinblick auf die beiden theoretischen Dimensionen der *Medienpraktiken* sowie *Materialität* relevant sind.

© Der/die Autor(en) 2022
S. Kannengießer, *Digitale Medien und Nachhaltigkeit,*
Medien • Kultur • Kommunikation,
https://doi.org/10.1007/978-3-658-36167-9_4

Im Folgenden werden zunächst die Medienpraktiken, die in den Fallstudien identifiziert werden konnten, beschrieben. Bereits hier wird deutlich, dass die Materialität digitaler Medientechnologien für die untersuchten Medienpraktiken von großer Bedeutung ist. Auf der Folie der hier präsentierten empirischen Studie argumentiere ich für ein *weites* Begriffsverständnis des Terminus' Medienpraktik, der diese sowohl in Relation zu Medieninhalten als auch zu Medientechnologien und ihrer Materialität umfasst.[1] Außerdem wird in diesem Teilkapitel betont, dass die sozial-ökologischen Aspekte der Materialität digitaler Medientechnologien, welche durch die Akteur*innen der verschiedenen Fallstudien in diesen sichtbar werden und die Folie für die Medienpraktiken bilden, auch in der Kommunikations- und Medienwissenschaft intensiver diskutiert und weiter untersucht werden müssen. Damit kann das Fach seiner wissenschaftlichen Verantwortung nachkommen, aktuelle Herausforderungen digitaler Gesellschaften zu analysieren (s. zu dieser Argumentation detaillierter Abschn. 5.2).

Um die Medienpraktiken und die Aspekte der Materialität in den Fallstudien verstehen zu können, muss auch erläutert werden, wer die in den jeweiligen Fallstudien handelnden Akteur*innen sind. Nur durch eine solche Betrachtung wird verständlich, wer, wie und später warum (s. hierzu Abschn. 4.1) agiert. Neben den Akteur*innen sollen hier auch noch die Analyseerkenntnisse zu den Orten der exemplarisch untersuchten Repair Cafés dargelegt werden, da diese für die im Anschluss beschriebenen Medienpraktiken relevant sind (s. hierzu auch Kannengießer 2018c, S. 216 ff.).

In der Fallstudie zum Reparieren von Medientechnologien in Repair Cafés konnten verschiedene Akteur*innen identifiziert werden, die unterschiedliche Rollen erfüllen (siehe auch Kannengießer 2018e, S. 106 ff.). Neben den Organisator*innen der Veranstaltungen bieten Helfer*innen Unterstützung im Reparaturprozess an; Hilfesuchende suchen Rat beim Reparieren ihrer mitgebrachten, defekten Alltagsgegenstände, weitere Besucher*innen der Veranstaltungen beobachten hingegen das Geschehen und nehmen nur das in die Veranstaltungen integrierte Café-Angebot wahr. Die verschiedenen Akteursgruppen sind sehr heterogen: Menschen verschiedener Altersgruppen mit unterschiedlichen (Aus-)Bildungshintergründen und aus verschiedenen sozialen Klassen sowie Geschlechtergruppen sind an den Reparaturveranstaltungen beteiligt. So organisieren Frauen und Männer, Junge und Alte, Akademiker*innen und Nicht-Akademiker*innen aus verschiedenen Berufsfeldern die Repair Cafés. Es lässt

---

[1] Für diese Argumentation eines weiten Verständnisses des Terminus Medienpraktiken in Hinblick auf die auch hier genutzten Fallstudien siehe Kannengießer (2018e, S. 108 ff., 2020a); für die Relevanz von Materialität in den Fallstudien zum Repair Café und dem Fairphone siehe Kannengießer (2019).

sich kein homogenes Bild der Veranstalter*innen zeichnen – Repair Cafés werden
also von ganz verschiedenen Personen an sehr unterschiedlichen Orten organisiert. Auffällig ist jedoch bei der Gruppe der Helfer*innen – und diese Beobachtung teile ich mit Rosner (2013) –, dass diese eher traditionelle Geschlechterrollen
in Hinblick auf ihre Reparaturkompetenz einnehmen: Während ich in den besuch-
ten Veranstaltungen ausschließlich Männer beobachten konnte, die Hilfe bei der
Instandsetzung elektronischer Geräte im Allgemeinen und Medientechnologien
im Besonderen anboten, waren es ausschließlich Frauen, die beim Nähen kaput-
ter Textilien halfen. Die Gruppe der Hilfesuchenden setzt sich wiederum sehr
heterogen zusammen – Männer wie Frauen, jung und älter, mit unterschiedli-
chem Einkommen und Bildungshintergründen bringen ihre defekten Dinge mit
und suchen Unterstützung beim Reparieren (s. auch Kannengießer 2020d).

Die Wahl der Veranstaltungsräume der Repair Cafés hängt von den Hinter-
gründen der jeweiligen Organisator*innen und ihren Zielen ab (s. zu den Zielen
detaillierter Abschn. 4.2).[2] Manchmal ist der Veranstaltungsort auch Ergebnis
pragmatischer Entscheidungen wie im Fall einer Künstlerin in Berlin, die das
untersuchte Repair Café in ihrem Atelier in Kreuzberg anbietet, so dass kein weiterer Ort gesucht, finanziert oder umgebaut werden muss. Oftmals ist die Wahl
für einen bestimmten Veranstaltungsraum oder -ort aber auch politisch motiviert.
So organisiert die Rentnerin das Repair Café in Garbsen in Kooperation mit der
Freiwilligenagentur der Stadt bewusst in einem Stadtteilzentrum eines Viertels, in
dem viele Menschen mit Migrationshintergrund leben; sie erklärt im Interview:

> „Den haben wir extra gewählt, weil die Begegnungsstätte Auf der Horst sozusagen
> ein sozial schwieriges Umfeld ist, auf der einen Seite, und auf der anderen Seite ein
> sehr kommunikatives Umfeld, [...] einfach um zu sagen: Wir sind Teil einer Stadt und
> ihr seid Teil einer Stadt und wir gehören alle dazu, egal woher wir [her-]kommen und
> deswegen haben wir gesagt: mitten rein.“

Die Organisatorin differenziert hier zwischen „uns“ und „ihnen“ und konstruiert
damit zwei Gruppen: Einmal die der Organisator*innen und Helfer*innen des
Repair Cafés, die offenbar nicht zu diesem „sozial schwierigen Umfeld“ gehören, und zudem eben dieses. Sie beschreibt, dass z. B. viele türkische Jugendliche
oder Kinder mit ihren Fahrrädern kämen und findet das gut, „weil die dann hier so
eine Anbindung haben.“ Die Organisatorin verbindet also mit der Reparaturveranstaltung u. a. die Idee der Integration von Menschen verschiedener Nationalität

---

[2] Siehe zur Wahl der Orte und Räume auch Kannengießer (2018c, 216 ff.) Während der
Covid-19-Pandemie fanden die Repair Cafés in Deutschland nicht in Präsenz statt, es gab
aber Onlineveranstaltungen, die zum einen von der Anstiftung Ertomis organisiert wurden,
zum anderen von einzelnen Reparaturinitiativen.

oder kultureller Hintergründe (zu den Zielen s. u.).[3] Die von mir durchgeführte
Studie zeigte jedoch, dass an der Reparaturveranstaltung relativ wenige Menschen
mit Migrationshintergrund teilnehmen.

Auch die Organisator*innen des Oldenburger Repair Cafés haben den Veranstaltungsort mit Bedacht ausgesucht. Zwar sind alle Organisator*innen Angestellte der Universität Oldenburg, sie haben aber dennoch außeruniversitäre
Räume gewählt: Während das Repair Café nach der Gründung 2013 in der
Kneipe Polyester in der Innenstadt Oldenburgs stattfand, wurde es aufgrund einer
Kooperation mit dem Oldenburgischen Staatstheater in den Spielzeiten 2014 bis
2016 in einem vom Theater genutzten Ladenlokal in der Fußgängerzone Oldenburgs durchgeführt.[4] Die Kooperation der Oldenburger Reparaturinitiative mit
dem Oldenburgischen Staatstheater hat auch zu einer Erweiterung des Angebots der Reparaturveranstaltungen geführt. Der Reparaturbegriff wurde in diesem
Rahmen breiter ausgelegt und nicht nur auf klassische Reparaturpraktiken, zum
Erhalt oder Weiterverwendung von Technologien reduziert, um so mit deren
Verschleiß und rückschrittlichen Veränderungen umzugehen (Rosner und Turner
2015, S. 59; s. Einleitung). Vielmehr regten die Organistor*innen auch an, kol-
lektives Wissen zu „reparieren", indem „alte" Fertigkeiten wie etwa das Spinnen
von Wolle unterrichtet und soziale Beziehungen durch eine Vermittlungsshow
(s. u.) „repariert" wurden. Darüber hinaus wurde das Thema Reparieren bzw.
der Verfall von Gegenständen in einem „Museum für Konsumwahn" vorgeführt,
in dem defekte Alltagsgegenstände in sogenannten „Leichensäcken" ausgestellt
wurden. Der Raumwechsel des Repair Cafés war einerseits Ergebnis der Kooperation mit dem Oldenburgischen Staatstheater, andererseits aber auch nötig, da
das Polyester für die wachsende Zahl der Veranstaltungsteilnehmer*innen zu
klein geworden war. Bewusst wählten die Organisator*innen aber als neuen Ort
keine Räume im Theater, sondern ein Gebäude in der Fußgängerzone. Eine der
Organisator*innen erklärt im Interview, dass das vom Theater genutzte Gebäude
in der Fußgängerzone „niedrigschwelliger" sei als die Theaterräume selbst. Des
Weiteren verknüpft sie mit diesem Standort eine politische Aussage:

„Um uns 'rum passiert der Konsumwahn vom Feinsten und wir sind der Antikonsum.
[…] Im Prinzip ist es so, dass die Leute, die sich mit neuen Sachen eindecken um

---

[3] Einige Reparaturinitiativen entwickeln seit 2014 Konzepte für die Zusammenarbeit mit
Geflüchteten, wie z. B. auch das hier untersuchte Oldenburger Repair Café oder eines in
Recklinghausen (Recklinghauser Zeitung ohne Datum).

[4] Seit September 2016 findet das Reparaturcafé im Kunstforum Oldenburgs in Kooperation
mit dem Werkschule e. V. statt und während der Covid-19-Pandemie auch online (https://
www.repaircafeoldenburg.org).

uns rum, hier vielleicht durch Zufall in die Baumgartenstraße [Teil der Fußgängerzone, S. K.] kommen und sehen: ‚Ah Reparaturcafé, ach ja, eigentlich hätte ich mir
vielleicht keinen neuen Mixer kaufen müssen, sondern den alten reparieren lassen,‘
und vielleicht dann umdenken, und die kommen nächste Woche mit einem kaputten
Toaster und kaufen dann lieber eine Packung Toastbrot und keinen neuen Toaster.“

Sie sieht das Repair Café darüber hinaus auch als einen Ort der Entschleuni-
gung, in dem Menschen zur Ruhe kommen können. Gleichzeitig beschreibt sie
es als einen Raum der Kommunikation, ein Merkmal, welches sie ebenfalls als
konträres Gegenstück zur umliegenden Fußgängerzone definiert: „Man kommt in
jedem Fall irgendwie in Kontakt mit Menschen und das hat man beim Shoppen-
Gehen draußen nicht so viel.“ Mit dieser Aussage tangiert die Organisatorin auch
die zentralen Kommunikations- und Medienpraktiken, die für diese Fallstudie
herausgearbeitet und näher untersucht wurden.[5] Denn neben dem Reparieren ist
Kommunikation eine der zentralen Handlungen in den Repair Cafés. So erklärt
auch eine andere Organisatorin des Oldenburger Repair Cafés:

> „Das Besondere ist zum einen das Café, das Zusammensein, Kaffee trinken, Gesellig-
> keit, sich austauschen über den Alltag, erzählen, unabhängig jetzt von seinem kaput-
> ten Teil, einfach ins Gespräch kommen, dass Menschen wieder miteinander kommu-
> nizieren [...] und so einfach ins Gespräch zu kommen und den Alltag miteinander zu
> teilen. Das finde ich das Wichtigste da dran.“

Die Relevanz der Kommunikation steckt bereits im Namen der Veranstaltungen:
Es ist ein Repair *Café* und kein Reparatur „-labor“, „-shop“ oder „-geschäft“.
Manche Personen kommen alleinig zu den Veranstaltungen, um Kaffee und
Kuchen zu genießen sowie sich zu unterhalten. So erklärt ein 27-jähriger
Fahrradkurier, der das Oldenburger Repair Café besucht, beispielsweise:

> „Ja, also es ist halt ein *Café*. Also ich mach ja auch grad nichts, sitze hier nur rum und
> hänge ab und habe gerade einen Kuchen gegessen. Das ist auch eine schöne Sache
> dabei und ja, dieses in Kontakt treten mit neuen Leuten oder mit anderen Leuten, mit
> denen man sonst nicht so viel zu tun hat.“

Die Kommunikation findet unter den beteiligten Akteur*innen jedoch nicht nur
vis-à-vis während der Reparaturveranstaltungen statt, sondern auch medienvermittelt zwischen den Veranstaltungen. So nutzen die Organisator*innen der Repair
Cafés E-Mailing-Listen, um die Helfer*innen anzufragen und zu koordinieren,
aber auch um interessierte Hilfesuchende einzuladen. Damit ist die medienvermittelte Kommunikation neben der Koordination und Organisation auch wichtig für

---

[5] Siehe zur Analyse der Kommunikationsprozesse und Medienpraktiken in Repair Cafés
auch Kannengießer (2018e, S. 108 ff., 2020a).

die Öffentlichkeitsarbeit durch die Organisator*innen. Viele der in Deutschland organisierten Veranstaltungen pflegen dafür auch eigene Websites oder Profilseiten auf Facebook (s. Verweise auf den einzelnen Profilen verschiedener Repair Cafés auf www.reparatur-initiativen.de). Diese sowie auch Poster und Flyer, die in den jeweiligen Dörfern und Städten, in denen die Reparaturveranstaltungen stattfinden, verteilt werden, werden für die Öffentlichkeitsarbeit genutzt. Die vis-à-vis, aber auch die medienvermittelte Kommunikation ist darüber hinaus auch für Vergemeinschaftungsprozesse zentral, die in Abschn. 4.4 näher betrachtet werden.

Neben der Vis-à-vis-Kommunikation in den Reparaturveranstaltungen und der medienvermittelten Kommunikation zwischen den Veranstaltungen für die Öffentlichkeitsarbeit, die Organisation der Veranstaltungen und hier u. a. für die Vernetzung der Beteiligten, ist auch der Prozess des Reparierens selbst in den Repair Cafés oftmals ein kommunikativer: Die Hilfesuchenden und Helfer*innen kommen über die defekten Alltagsgegenstände miteinander ins Gespräch, indem die Hilfesuchenden beschreiben, welche Probleme sie mit den defekten Dingen haben und die Helfer*innen die von ihnen identifizierten Defekte erläutern. Im Prozess des Reparierens erklären die Helfer*innen dann, was sie tun, und geben ihr Reparaturwissen weiter. Dabei versuchen sie oftmals auch, die Hilfesuchenden konkret einzubinden und leiten den Reparaturprozess „nur" an. Diese Einbindung hat jedoch v. a. bei elektrischen Geräten im Allgemeinen und Medientechnologien im Besonderen ihre Grenzen, da dessen Aufbau oftmals so kompliziert ist, dass die Reparatur Grundwissen über die Apparate erfordert, über welches die Hilfesuchenden selbst meist nicht verfügen (zur Komplexität digitaler Medientechnologien s. Kannengießer 2018b). Neueste Medientechnologien wie Tablets, Laptops und Smartphones sind zudem oftmals nicht mehr oder nur mit Spezialwerkzeug zu öffnen und damit auch nicht oder kaum zu reparieren (s. u.). So zeigen die Beobachtungen in den ausgewählten Repair Cafés, dass die Helfer*innen meistens die gesamte Reparatur für die Hilfesuchenden durchführen. Der Anspruch der Organisator*innen, mit den Repair Cafés Reparaturwissen zu verbreiten sowie die Hilfesuchenden in Hinblick auf ihre Alltagsgegenstände zu ermächtigen, wird damit oftmals nicht erfüllt (s. detaillierter Abschn. 4.2).

Dennoch ist das Reparieren ein kommunikativer Akt, der im Rahmen der Reparaturveranstaltungen vis-à-vis stattfindet. Die Kommunikation spielt sich dabei nicht nur zwischen den am Reparaturprozess beteiligten Personen ab, sondern auch zwischen den Menschen und den Medientechnologien selbst, da Reparieren mit Jackson und Kang (2014, S. 10) als „communication with material objects" beschrieben werden kann. Das Reparieren von (digitalen) Medientechnologien definiere ich darüber hinaus aber auch als *Medienpraktik*. Versteht man eine Praxis als einen „Nexus von wissensabhängigen Verhaltensroutinen" (Reckwitz 2003, S. 291; s. Abschn. 3.2.1) und im Gegensatz zu Handlungen als nicht punktuell und individuell, sondern als ein sozial geteiltes, routinisiertes und durch ein implizites und interpretatives Wissen gekennzeichnetes „sozial ‚verstehbares' Bündel von Aktivitäten" (ebd., S. 289), so ist das Reparieren von Medientechnologien in Repair Cafés als Praktik zu definieren, da es eine sozial geteilte Aktivität ist, die eine „kollektive Verhaltensweise" (s. hierzu Reckwitz 2003, S. 289) darstellt, an welche Wissen gebunden ist. Dieses Wissen ist nicht nur ein solches über die Art und Weise des Reparierens u. a. digitaler Medientechnologien, über das v. a. die Helfer*innen verfügen, es ist auch ein Wissen über die prinzipiellen Möglichkeiten des Reparierens sowie die sozial-ökologischen Probleme der Produktion und Entsorgung digitaler Medientechnologien, die wiederum eine Folie für die Motivation des Reparierens darstellen (s. hierzu Abschn. 4.2) und über die die Teilnehmenden der Repair Cafés sich austauschen.

Als zentrale Frage für die Erforschung von Medienpraktiken formulierte Couldry (2004, S. 119): „What, quite simply, are people doing in relation to media across a whole range of situations and contexts?" Diese Frage kann für die Fallstudie zum Reparieren von Medientechnologien in Repair Cafés einfach beantwortet werden: Menschen reparieren Medientechnologien. Denn sind Medienpraktiken solche Praktiken, die in Relation zu Medien stattfinden, so ist das Reparieren von (digitalen) Medientechnologien auch eine Medienpraktik, da sich die Praktik des Reparierens auf Medientechnologien bezieht. Helfer*innen und Hilfesuchende öffnen und säubern die Medientechnologien, sie schrauben, kleben und löten. Wie bereits oben angemerkt, ist dabei ein Gefälle auszumachen, da v. a. bei der Reparatur digitaler Medientechnologien, die Helfer*innen oftmals *für* die Hilfesuchenden reparieren, auch wenn das gemeinsame Reparieren eines der Ziele der Veranstalter*innen ist (s. oben und Abschn. 4.2). Dennoch setzen sich die Helfer*innen und Hilfesuchenden durch die Medienpraktik des Reparierens mit der Materialität der Medientechnologien im Sinne einer Stofflichkeit und Beschaffenheit auseinander. Sie erfahren die Medientechnologie haptisch, begreifen die Beschaffenheit der Geräte, lernen die einzelnen Teile kennen, aus denen der jeweilige Apparat besteht, ferner die Art und Weise, wie diese Teile zusammengefügt sind, zudem die (Soll-)Bruchstellen der Medientechnologien und schließlich auch die der Materialität inhärenten Möglichkeiten (sowie Unmöglichkeiten) des Reparierens bzw. Repariertwerdens. Dabei stehen die Helfer*innen und Hilfesuchenden bei digitalen Medienapparaten wie Smartphones und Laptops vor der materiellen Herausforderung, dass diese nicht, sehr schwierig oder nur mit Spezialwerkzeug zu öffnen sind. So moniert ein Helfer im Berliner Repair Café in Hinblick auf die Beschaffenheit neuerer Medientechnologien:

„Früher waren die [Medientechnologien, S. K.] hochwertiger anzufassen, da waren
die Knöpfe, wo man sie angefasst hat, da hat man schon gemerkt, da hat man einen
Widerstand. Also, das Hochwertige, das kann ich tausendmal an- und abschalten, das
geht nicht kaputt. Heute ist alles, muss alles günstig produziert werden, das ist dann
Kunststoff und bricht dann weg und dann ist es nicht mehr reparabel. Man kommt
nicht mehr ran."

Der Interviewpartner kritisiert hier zum einen die stoffliche Beschaffenheit neuerer Medientechnologien, die oftmals aus Kunststoff hergestellt sind, zum anderen
den Aufbau der Geräte, an deren „Inneres" er oft nicht mehr rankommt, da die
Apparate nicht oder schwierig zu öffnen sind.

Über den Aufbau der Medientechnologien hinaus umfasst die Materialität
hier aber auch noch eine zweite Dimension, die sich auf die in den Produktionsprozessen digitaler Medientechnologien verwendeten Ressourcen und des
elektronischen Mülls bezieht (s. Abschn. 2.2.2). Das Wissen um die sozial-
ökologischen Folgen der Produktion und Entsorgung digitaler Medientechnologien, welche sich in der Materialität der Medienapparate manifestieren, bildet
die Hintergrundfolie für die Medienpraktik des Reparierens in Repair Cafés: Die
Beteiligten der Repair Cafés wissen aus der massenmedialen Berichterstattung
um die in Abschn. 2.2.2 erläuterten sozial-ökologischen Folgen der Produktion digitaler Medientechnologien. In den Interviews verweisen viele Befragte
v. a. auf die menschenunwürdigen und umweltschädlichen Bedingungen der
Ressourcengewinnung und hier insbesondere auf den Abbau des für digitale
Medientechnologien benötigten Coltans, sowie auf die Problematik der unsach-
gemäßen Entsorgung elektronischen Mülls. So meint ein 42-jähriger Elektriker,
der seine Reparaturhilfe im untersuchten Berliner Repair Café anbietet, etwas
zynisch:

„Wegschmeißen ist nicht so sinnvoll, finde ich, und es sind in der Elektronik ja oft
unglaublich wertvolle Rohstoffe verbaut, wie Coltan und Kupfer, Gold usw. und jeder
Deutsche schmeißt davon im Schnitt jedes Jahr 15 Kilo weg. Und die landen dann
in Afrika und werden dann am Strand verbrannt. Das ist nicht so richtig nett für die
Umwelt und die Mitwelt und die Ressourcen. Insofern ist das [Reparieren, S. K.]
wenigstens ein kleiner Schritt."

Ein 70-jähriger ehemaliger Hauptschullehrer in Oldenburg, der Hilfe beim Reparieren elektrischer Geräte anbietet, argumentiert aufgrund der knappen für digitale
Medientechnologien benötigten Ressourcen sogar konkret für eine gesellschaftliche *Notwendigkeit* des Reparierens:

„Also das sind ja immer Rohstoffe, die da drinstecken [in den Medientechnologien,
S. K.]. Die verschiedenen Metalle und Materialien, die man speziell für die neuen

elektronischen Handys und so weiter braucht, die sind inzwischen ziemlich knapp und werden immer teurer und man *muss* reparieren.“

Auf die Ziele der Ressourcenschonung und Müllvermeidung durch das Reparieren digitaler Medientechnologien werde ich in Abschn. 4.2 näher eingehen. Hier sei in Hinblick auf die Relevanz der Medienpraktik des Reparierens digitaler Medientechnologien in Repair Cafés nochmals unterstrichen, dass diese eine doppelte Bedeutung hat: Zum einen ist es die Materialität der Beschaffenheit der (digitalen) Medientechnologien im Sinne des Aufbaus dieser, mit denen sich die Reparierenden auseinandersetzen, zum anderen sind es die Produktions- und Entsorgungsprozesse der (digitalen) Medientechnologien, welche sich in den Mediengeräten materialisieren, die die Reparierenden reflektieren. Ähnlich ist das Verhältnis von Medienpraktiken und Materialiät in der Studie zur Produktion und Aneignung des Fairphones zu beschreiben. Auch hier soll zunächst auf die Akteur*innen eingegangen werden, um anschließend die Medienpraktiken und ihre Auseinandersetzung mit der Materialität digitaler Medientechnologien verstehen zu können.

Wie bereits in Abschn. 3.1.2 erläutert, ist das Fairphone ein Smartphone, das unter fairen Bedingungen mit nachhaltigen Ressourcen hergestellt werden soll (s. zu den Zielen Abschn. 4.2). Das Fairphone startete als Projekt der Waag Society (www.waag.org) und wird seit der Gründung des gleichnamigen Unternehmens von diesem produziert und vertrieben (Fairphone 2015b, S. 1). Das niederländische Unternehmen sitzt in Amsterdam und mietet Produktionsstätten in China, um die Endgeräte zu produzieren (Fairphone 2015b, S. 7; mehr zum Produktionsprozess s. u.). Die zentrale Figur des Fairphone-Unternehmens ist der Gründer Bas von Abel, der international durch Interviews in traditionellen Massenmedien sehr präsent ist. Das Unternehmen selbst weist auf der seiner Plattform auf diese Präsenz in traditionellen Massenmedien hin (Fairphone 2019b).

Das Fairphone-Unternehmen beschreibt sich selbst als „social enterprise“ (Fairphone 2015b, S. 1) und wird auch als solches in der wissenschaftlichen Literatur bezeichnet, so benennen Lin-Hi und Blumberg (2015) das Unternehmen als „social entrepreneur“ (s. auch Abschn. 3.1.2). Das Smartphone wird in einem „Crowdfunding“-Prozess produziert, d. h., dass Käufer*innen zunächst ihr Smartphone bestellen und erst bei einer entsprechend großen Anzahl von Vorbestellungen die Produktion der jeweiligen Fairphone-Generation beginnt. 2013 wurde es erstmalig produziert und insgesamt 60.000 Exemplare verkauft (Fairphone 2016e). Drei Jahre später wurde die zweite Fairphone-Generation ausgeliefert, für deren Produktion die Vorbestellung von 15.000 Exemplaren Grundlage war (Költzsch 2015; Pakalski 2013). Ab dem 27. August 2019 konnten Geräte der dritten Fairphone-Generation vorbestellt werden (Fairphone 2019g). Mittlerweile können sie nicht nur direkt über die Onlineplattform des Unternehmens, sondern auch bei ausgewählten Händler*innen und Telekommunikationsunternehmen erworben werden.

Mit Blick auf die Nutzer*innen zeigt sich allgemein, dass diese aus verschiedenen Ländern kommen und unterschiedlichen Alters- und Geschlechtergruppen angehören. Eine umfassende Studie zu den Fairphone-Käufer*innen liegt jedoch noch nicht vor. Wie in Abschn. 3.3.2 bereits erläutert wurde, ist am Sample meiner Interviewpartner*innen auffällig, dass diese zwar über unterschiedliches Einkommen verfügen, jedoch alle auf einen akademischen Hintergrund verweisen. Dies führte mich zu der Annahme, dass v. a. Akademiker*innen zu den Käufer*innen des Fairphones zählen, wobei dieser Umstand in Hinblick auf die von mir Interviewten auch mit meinem individuellen Rekrutierungsverfahren in Zusammenhang stehen könnte (s. Abschn. 3.3.2). Wie meine Studie zeigt zählen zu den Fairphone-Nutzer*innen technisch affine Personen sowie Menschen, die sich wenig mit Medientechnologien auseinandersetzen und auskennen und sich v. a. für den (vermeintlich) fairen Charakter des Smartphones begeistern.

Mit Blick auf die Relation von Medienpraktiken und Materialität lässt sich in dieser Fallstudie Folgendes festhalten: Das Fairphone-Unternehmen reflektiert die Materialität konventionell hergestellter Smartphones, nimmt die sozial-ökologischen Folgen der Abbauprozesse von für digitale Medientechnologien benötigten Ressourcen in den Blick und kritisiert sie. Eines der Kernanliegen des Unternehmens ist es, den Ressourcenabbau fairer zu gestalten: „We want to source materials that support local economies, not armed militias. We're starting with conflict-free minerals from the DR Congo." (Fairphone 2015b, S. 1; s. detaillierter Abschn. 4.2) Konfliktfreie Ressourcen sind solche, deren Kauf keine Konfliktgruppierungen unterstützen. Dies bezieht sich bei der Smartphone-Produktion u. a. auf Warlords in der Demokratischen Republik Kongo, welche mit dem Verkauf von Coltan aus ihren Minen, ihren Krieg finanzieren (s. hierzu Abschn. 2.2.2). Das Unternehmen reflektiert also die Materialität der Medientechnologien und die sich darin materialisierenden Abbauprozesse. Über ihre Onlineplattform erläutert es die Problematik der Materialiät von Smartphones wie folgt:

> „Every smartphone contains over 30 different minerals. All minerals and metals enter the supply chain from the mining sector – a challenging industry in terms of environmental and social responsibility. From pollution and extremely dangerous working conditions to child labor, many mining-related practices desperately require improvement. Conflict minerals fund rebel groups, contributing to political and economic instability while neglecting workers' rights, safety and their ability to earn a fair

wage. We want to source responsibly mined minerals and metals that support local economies, not militias." (Fairphone 2015b, S. 1)

Neben dieser Aufklärung über die Materialität von Smartphones schafft das Unternehmen über ihre Onlineplattform auch Transparenz über die eigenen Errungenschaften in Hinblick auf die Integration fair abgebauter Ressourcen in das Fairphone. Die Onlineplattform des Unternehmens, genau wie die vom Fairphone-Unternehmen gestalteten Profilseiten auf Facebook (https://de-de. facebook.com/Fairphone), Twitter (https://twitter.com/Fairphone) und Instagram (http://instagram.com/fairphone/), dienen also der Öffentlichkeitsarbeit, nicht nur um das Smartphone zu bewerben, sondern auch, um über die sozial-ökologischen Folgen der Produktion und Entsorgung von Medientechnologien aufzuklären sowie Transparenz über die Materialität des Fairphones zu schaffen. Denn bislang sind es die Ressourcen Zinn, Tantal, Wolfram und Gold, die fair und konfliktfrei abgebaut in die Fairphones integriert werden können (Fairphone 2015b, S. 1). Wird fairer Handel als ein solcher definiert, der auf „auf Dialog, Transparenz und Respekt beruht und nach mehr Gerechtigkeit im internationalen Handel strebt (World Fair Trade Organization und Fairtrade Labelling Organizations 2009, 6; s. Abschn. 3.1.2), so ist das Fairphone-Unternehmen bestrebt, in den im Smartphone integrierten Ressourcen, aber auch im Herstellungsprozess der Endgeräte selbst, die Partnerunternehmen mit Respekt und gerecht zu behandeln (s. Fairphone 2015b).

Dennoch besteht mit den bislang nur wenige als fair klassifizierten Ressourcen lediglich ein kleiner Anteil des Smartphones aus fairen Stoffen – das Fairphone ist also mitnichten ein tatsächlich faires Smartphone. Das Unternehmen gibt in diesem Zusammenhang zu bedenken, dass ein ganzheitlich mit fair abgebauten Rohstoffen hergestelltes Fairphone derzeit nicht zu realisieren ist: „From the beginning, we knew it was unlikely, that the first edition of Fairphone would be truely 100% fair" (Fairphone 2016g).

Die Transparenz in Hinblick auf die Materialität des Fairphones und dessen Produktionsprozesse ist etwas, das die Fairphone-Nutzer*innen besonders schätzen. So erklärt ein 33-jähriger Angestellter einer Umweltorganisation, dass er den Ansatz des Fairphone-Unternehmens gut findet:

> „Einerseits [finde ich, S. K.] den Ansatz der Transparenz und auch der glaubwürdigen Kommunikation, dass man sagt, man weiß, es ist eine absolut komplexe Wertschöpfungskette, was dahintersteckt und man weiß okay, es gibt noch total Probleme, also wenn es um Beschaffung von unkritischen Rohstoffen geht, wenn es darum geht Arbeitsbedingungen zu verbessern und vor allem, dass man eine Kontrolle über seine

Lieferkette hat und da fand ich, dass die Idee eigentlich vom Fairphone ziemlich gut
[...] ist."

Dabei sind den Nutzer*innen die Grenzen in Hinblick auf eine faire Materialität des Fairphones durchaus bewusst. So äußert sich auch eine 33-jährige
Dramaturgin:

> „Ich habe auch gelesen, es ist nur ein gewisser Prozentsatz, den sie von Fair-Trade-
> Materialien benutzen können und es ist nicht hundert Prozent, aber die Perspektive,
> auch in etwas zu investieren, was dann immer mehr fair trade wird, und einfach in
> diese Idee zu investieren."

Die Hauptmotivation des Fairphone-Kaufs vieler Interviewpartner*innen ist also
v. a. die Idee, die *Entwicklung* fairer Medientechnologien zu unterstützen. Denn
die sozial-ökologischen negativen Folgen der Produktion des Fairphones zu minimieren, ist eines der postulierten Ziele des Unternehmens: „[We aim at further
reducing, S. K.] our environmental impact with every version of the Fairphone
we produce" (Fairphone 2016b, zu den Zielen s. detaillierter Abschn. 4.2).

Neben der Materialität im Sinne einer Stofflichkeit, die sowohl das Fairphone-
Unternehmen als auch die Fairphone-Nutzer*innen reflektieren, ist es auch die
Materialität im Sinne einer Beschaffenheit, die beide Akteursgruppen thematisieren. So ist das Fairphone als *modulares* Smartphone konzipiert, so dass leicht
geöffnet und einzelne Teile ersetzt werden können. Das Fairphone-Unternehmen
will damit ermöglichen, dass die Apparate reparierbar werden: „We're focusing
on longevity and repairability to extend the phone's usable life and give buyers
more control over their products." (Fairphone 2015b, S. 1). Das Unternehmen will
also neben der Verwendung fairer und konfliktfreier Ressourcen auch ein Smartphone schaffen, das langlebig ist, und proklamiert: „Built to last." (Fairphone
2019a).

Dass der unternehmerische Anspruch nach einem reparablen Smartphone
einer der Beweggründe für den Erwerb dieses Smartphones ist, zeigt das Interviewmaterial mit den Fairphone-Nutzer*innen. So erklärt der Mitarbeiter einer
Umweltorganisation:

> „Fairphone ist insofern super, weil, du kannst das jederzeit aufmachen. Es wird ja
> auch innen drin, also wenn du es dann geöffnet hast, so ein bisschen drauf hinge-
> wiesen: [...] 'This is your Battery.' Und wenn die halt leer ist, soll man das halt
> einschicken und dann kann man das auch austauschen."

„Change is in your hands" steht als Wortspiel auf der zu erwerbenden Batte-
rie (Fairphone 2019c). Damit lädt das Unternehmen zum einen ein, durch den

Erwerb eines Ersatzakkus einen nicht mehr funktionierenden zu ersetzen. Zum anderen rekurriert das Unternehmen damit auf sein Anliegen, gesellschaftlichen Wandel durch die Produktion einer fairen Medientechnologie zu provozieren. Auch die Nutzer*innen wollen sich im Reparierprozess mit der Materialität im Sinne des Aufbaus ihres Smartphones auseinandersetzen, dieses verstehen und die Materialität durch das Reparieren selbst gestalten.

Zusammenfassend lässt sich festhalten, dass das Fairphone-Unternehmen sowie auch die Nutzer*innen die Materialität im Sinne der Stofflichkeit und Beschaffenheit des Smartphones nicht nur reflektieren, sondern diese verändern, fairer gestalten bzw. diese faire Gestaltung mit dem Erwerb des Fairphones unterstützen wollen (s. detaillierter zu den Zielen des Unternehmens und der Nutzer*innen Abschn. 4.2).

Die zentralen Medienpraktiken in der Fallstudie des Fairphones sind daher die *Produktion* und *Nutzung* des Fairphones. Sind Praktiken durch sozial geteiltes, routinisiertes, implizites und interpretatives Wissen gekennzeichnetes (s. o. und s. Abschn. 3.2.1), so motiviert das Wissen um die Materialität von Smartphones einerseits, sowie um die sozial-ökologischen Folgen des Abbaus von für digitale Medientechnologien benötigte Ressourcen und der Produktionsbedingungen dieser andererseits das Unternehmen und die Nutzer*innen zur Produktion bzw. zum Erwerb des Fairphones. Die von Couldry aufgeworfene Frage für Medienpraktiken (s. o.), kann auch in dieser Fallstudie einfach beantwortet werden: Das Unternehmen handelt in Relation zu Medien, hier als Medientechnologie, indem es diese unter fairen Bedingungen mit nachhaltigen Ressourcen produzieren will. In dieser Medienpraktik der Fairphone-Produktion ist die Materialität des Smartphones ein zentraler Aspekt, der reflektiert und verändert werden soll. Neben der Produktion wird in dieser Fallstudie der *Erwerb* sowie die *Nutzung* des Fairphones als Medienpraktik definiert, da die Nutzer*innen in Relation zu Medien (hier Medientechnologien) handeln. Dabei reflektieren sie auch die Materialität des Smartphones. Ziel ihrer Medienpraktik ist, die Entwicklung einer „fairen Materialität" des Smartphones zu unterstützen. Des Weiteren sind in dieser Fallstudie auch die Herstellung von Medieninhalten für die Onlineplattform des Unternehmens sowie von diesen bespielte Profile in Onlinenetzwerken wie z. B. Facebook und Twitter Medienpraktiken.

Neben den Medienpraktiken sind in der Fairphone-Studie auch weitere kommunikative Praktiken zu identifizieren, so treffen sich Fairphone-Nutzer*innen auch vis-à-vis bzw. mit Mitarbeiter*innen des Unternehmens (s. detaillierter hierzu Abschn. 4.4).

Damit stehen in der Fallstudie des Reparierens von Medientechnologien in Repair Cafés und in der Fallstudie zum Fairphone digitale Medientechnologien im Zentrum der Akteur*innen. Beide Fallstudien sind damit Beispiele für das in Abschn. 3.2.1. beschriebene Konzept des „acting on media" (Kannengießer und Kubitschko 2017), da hier Medientechnologien in den Fokus der Medienpraktiken gestellt werden, die die Akteur*innen verändern und dadurch auch eine Transformation der Gesellschaft herbeiführen wollen. Kern dieser Veränderung ist die Reflektion der Materialität im Sinne einer Stofflichkeit und Beschaffenheit, mit der sich die Akteur*innen in ihrem Handeln auseinandersetzen und die sie gestalten wollen. In diesen Fallstudien sind also „material encounters between actors and objects" (Hutchby 2001, S. 27) vorzufinden: Die Akteur*innen „begegnen" den Medientechnologien, setzen sich im Sinne eines „acting on media" bewusst mit diesen auseinander. So zeigt sich, dass digitale Medientechnologien mitnichten immateriell oder transparent (Jansson 2014, S. 281) sind, in Aneignungsprozessen weder „verschwinden" noch „untergehen" (Mersch o. J., S. 3). Vielmehr zeigen die Fallstudien, dass sich die Nutzer*innen der Materialität digitaler Medientechnologien und ihrer sozial-ökologischen Folgen durchaus bewusst sind, diese reflektieren und kritisieren und sich in ihrem Medienhandeln nicht nur mit der Materialität digitaler Medienapparate auseinandersetzen, sondern Alternativen in der Materialität selbst (Fairphone) und im Umgang mit ihr (Reparieren) entwickeln. Der für die Herstellung von Onlineinhalten durch Nutzer*innen entwickelte Begriff des „ProdUsers" (Bruns 2008) kann in Hinblick auf die Fallstudien des Reparierens und des Fairphones also nochmal anders gedacht werden: Nutzer*innen werden auch in Hinblick auf ihre Medientechnologien selbst zu Produzent*innen, indem sie sich mit der Materialität dieser auseinandersetzen und diese reparieren. Durch die Gestaltung der Medientechnologien wollen die Akteur*innen der Fallstudien schließlich auch auf aktuelle Digitalisierungsprozesse einwirken und diese verändern. Die genauen Ziele dieser Veränderung werden in Abschn. 4.5 näher betrachtet. Hier sei in Hinblick auf die untersuchten Medienpraktiken festgehalten, dass diese *aktivistische* Medienpraktiken sind, da sie politische Anliegen verfolgen, mit denen sie Gesellschaft gestalten wollen (s. Abschn. 4.5).

Etwas anders gelagert sind die Medienpraktiken der Fallstudie, die sich mit der Onlineplattform Utopia.de auseinandergesetzt hat. Die hier vorzufindenden Medienpraktiken stellen überwiegend nicht Medientechnologien in den Fokus des Handelns. Vielmehr beziehen sich die Medienpraktiken hier in einem traditionell kommunikations- und medienwissenschaftlichen Begriffsverständnis auf die Medien*inhalte,* welche in dem Onlinemagazin der Plattform Utopia.de und den hier integrierten Onlineforen sowie auf den durch die Utopia GmbH bespielten Onlinenetzwerken wie Facebook und Twitter präsentiert werden. Bevor ich das

Zusammenspiel der Medienpraktiken und Materialität in dieser Fallstudie näher beschreibe, gehe ich näher auf die Akteur*innen ein.

Wie bereits in der Einleitung und in Abschn. 2.2.3 kurz angeführt, ist Utopia.de eine deutschsprachige Onlineplattform, die von der Utopia GmbH mit Sitz in München betrieben wird. Die Utopia AG mit der Onlineplattform wurde 2007 von der Unternehmerin Claudia Lange gegründet (Hauck 2010). 2014 kaufte Tivola Ventures, die Teil der Medienbeteiligungsgesellschaft Deutsche Druck- und Verlagsgesellschaft (DDVG) ist, welche wiederum zu 100 % im Besitz der SPD ist (Meyer 2014), die Utopia GmbH. Diese Parteinähe wird auf der Onlineplattform Utopia.de nicht transparent gemacht. Aufgrund der SPD-Nähe kann aber die Aussage „Utopia – Die grüne Mitte" (Utopia 2015b, S. 3) nochmal anders interpretiert werden als es die Utopia GmbH selber macht mit der Deutung, nachhaltiger Konsum sei von der Nische in den Mainstream gelangt (ebd.). Vielmehr sind die politischen Ansätze der Utopia GmbH aufgrund der SPD-Nähe wohl auch inhaltlich in der „politischen Mitte" zu verorten.

Dass nachhaltiger Konsum (so er denn als ein solcher bezeichnet werden kann, s. Abschn. 4.2) jedoch auch durch die Onlineplattform Utopia.de an Popularität gewonnen hat, zeigen die Nutzer*innenzahlen: Nach eigenen Angaben hat die Onlineplattform 6,8 Mio. Besucher im Monat sowie 63.000 Newsletter-Abonnement*innen (Utopia 2019a, S. 3). Unter der Überschrift „Die Lust am nachhaltigen Konsum" beschreibt die Utopia GmbH in ihren Mediadaten die die Plattform nutzenden Verbraucher*innen für die auf der Onlineplattform Werbung schaltenden Unternehmen: „Bewusste Konsumenten sind keine Konsummuffel. Im Gegenteil. Sie zeigen sich als online affin, konsumfreudig und offen für Produktneuheiten, die einen nachhaltigen Mehrwert bieten. Und sie lassen sich gerne durch Werbung inspirieren." (Utopia GmbH 2019a, S. 6) Hier zeigt sich, dass die Utopia GmbH bzw. ihrer Einschätzung nach deren Nutzer*innen, nachhaltigen Konsum nicht als Konsumverzicht interpretieren, sondern dass eine bestimmte *Art* von Konsum beworben bzw. praktiziert werden soll, der als nachhaltig bewertet wird. Kritisch zu hinterfragen ist an dieser Stelle jedoch, ob „Konsumfreude" mit Nachhaltigkeit einhergehen kann – benötigt doch auch (vermeintlich) nachhaltiger Konsum Ressourcen und führt zu Kohlenstoffdioxidproduktion.

Dem eigenen Selbstverständnis nach will die Utopia GmbH

„Millionen Verbraucher informieren und inspirieren, ihr Konsumverhalten und ihren Lebensstil nachhaltig zu verändern. Wir sind davon überzeugt, dass nachhaltiger Konsum sich nur dann auf breiter gesellschaftlicher Basis durchsetzen wird, wenn die Angebote attraktiv – und damit massen(markt)tauglich – sind. Wir glauben: Bewusster Konsum kann die Welt verändern. Deshalb wollen wir es unseren Nutzern so leicht und so attraktiv wie möglich machen, sich bei Produkten und Dienstleistungen für nachhaltigere Alternativen zu entscheiden." (Utopia 2019c)

Wenngleich die Ziele in Abschn. 4.2 noch einmal näher betrachtet werden, zeigt das angeführte Zitat ganz allgemein, dass die Utopia GmbH primär Kaufempfehlung und -beratung auf ihrer Onlineplattform ausspricht. D. h., es werden neben der Suche nach Produkt-Tester*innen v. a. Informationen über von der Utopia GmbH als nachhaltig eingestufte Produkte (z. B. auch Medientechnologien, s. Utopia 2015a) und Unternehmen verbreitet. Utopia.de ist insofern insbesondere eine *Werbeplattform.* Für die Erstellung der Inhalte existiert eine Vielzahl von Kooperationen mit Unternehmen, durch deren Finanzierung als nachhaltig eingestufte Produkte beworben werden. Dabei bestehen auch Kooperationen mit weniger für ihre Nachhaltigkeit bekannten Unternehmen wie Tchibo oder Penny. Die Utopia GmbH ermöglicht es Unternehmen, nicht nur durch Bannerwerbung oder Newsletter-Teaser direkt Werbung zu schalten, sondern durch Gewinnspiele, Produkttests, Themensponsoring oder „Green Shopping" (also durch die Vorstellung eines „nachhaltigen" Shops oder Produktes) für sich und ihre Produkte zu werben (Utopia 2019a). Neben dieser Produkt- und Unternehmenswerbung werden im Onlinemagazin konsumkritische Do-It-Yourself-Praktiken vorgestellt, wie z. B. das Reparieren, Kochen oder Basteln. In die Plattform integriert sind des Weiteren Onlineforen, in denen Nutzer*innen ihre Meinung über Produkte oder Tipps für nachhaltigen Konsum äußern und sich vernetzen.

In einer von der Utopia GmbH beauftragten Studie wird für die Intentionen der Plattformnutzung festgehalten:

> „Die große Mehrheit sucht hier praktische Tipps für den Alltag (86,1 Prozent) und allgemeine Informationen zum Thema Nachhaltigkeit (79,2 Prozent). Bei mehr als der Hälfte der User hilft Utopia bei Kaufentscheidungen (56,2 Prozent), knapp die Hälfte sucht konkrete Produktempfehlungen (45,9 Prozent)." (Utopia 2015b, S. 3)

Damit findet der Zweck der Utopia GmbH eine Entsprechung bei ihren Nutzer*innen. Auf die sogenannten Utopist*innen der Onlineplattform werde ich in Abschn. 4.4 noch näher eingehen, hier sollen die Medienpraktiken und die Materialität der (digitalen) Medientechnologien im Fokus stehen.

Die von Couldry aufgeworfene Frage, was Menschen mit Medien machen, kann für die Onlineplattform Utopia.de wie folgt zusammenfassend beantwortet werden: Die Utopia GmbH erstellt die Medieninhalte des Onlinemagazins der Plattform, welche sich im weitesten Sinne mit Konsum und Nachhaltigkeit befassen. D. h., dass Produkte beworben und Praktiken beschrieben werden, die die Utopia GmbH als nachhaltig einstuft. Inwiefern der Konsum neuer Produkte tatsächlich nachhaltig sein kann, da zumindest für die Produktion neuwertiger Konsumobjekte zwangsläufig Ressourcen verbraucht werden, problematisiert das Unternehmen z. T. selbst (s. u.). Durch die Kooperation mit Unternehmen sind viele der Produktbesprechungen letztendlich Werbung.

Die Erstellung der Medieninhalte erfolgt durch das Unternehmen nicht nur im Onlinemagazin der Plattform, sondern auch über den E-Mail-Newsletter sowie Onlinenetzwerke wie Facebook (https://de-de.facebook.com/utopia.de) und Instagram (https://instagram.com/utopia.de/) und den Mikrobloggingdienst Twitter (https://twitter.com/utopia). Auf Facebook hat das Profil der Utopia GmbH ca. 288.000 Follower, auf Twitter 28.800 und auf Instagram 80.000 (Stand 20. Juni 2021). Über Facebook findet schließlich auch eine Vernetzung der Nutzer*innen statt, die in ihren Posts Beiträge der Utopia GmbH kommentieren oder sich in sieben thematisch unterschiedlichen Facebook-Gruppen vernetzen können.[6] In einer der Gruppen werden auch „Medientipps" geteilt, indem auf als nachhaltig eingestufte Filme, Bücher o. ä. hingewiesen wird.[7] Die Nutzer*innen der Onlineplattform gestalten des Weiteren die Inhalte dieser in den 27 thematisch unterschiedlichen Gruppen, in denen sie sich auch vernetzen können (s. für eine Übersicht der Gruppen Utopia 2019b). Die Foren nutzen können nur Personen, die sich auf der Onlineplattform registriert haben. Anfänglich hatte die Utopia GmbH ein Onlinenetzwerk integriert, für das sich „Utopist*innen" registrieren und in diesem vernetzen konnten (Utopia 2015c). Diese Vernetzung findet nun öffentlich in den Onlineforen statt (s. hierzu Abschn. 4.4).

Das Erstellen von Medieninhalten erfolgt auf der Onlineplattform selbst sowie auf weiteren Internetmedien wie Facebook, Twitter und Instagram, also nicht nur durch die Utopia GmbH alleine, sondern auch durch die „Utopist*innen", die damit zu ProdUser*innen (Bruns 2008, s. o.) werden und sich über die Onlineangebote artikulieren und vernetzen können. Die Medienpraktik im Couldry'schen Sinne ist also hier die Herstellung von Medien*inhalten*. Die Materialität digitaler Medientechnologien wird dabei auch in den Inhalten thematisiert. Unter Überschriften wie z. B. „‚Katastrophe' – was Smartphones wirklich anrichten" (Utopia 2016b) oder „Handy – Krieg und Verwüstung in der Hosentasche" (Utopia 2013) werden die sozial-ökologischen Folgen der Produktion von Smartphones thematisiert. Auch über geplante Obsoleszenz wird in Hinblick auf Medientechnologien berichtet (Utopia 2016c). Auf der Onlineplattform findet man des Weiteren eine

---

[6] Siehe für die verschiedenen Facebook-Gruppen: https://www.facebook.com/pg/utopia.de/groups/?ref=page_internal.

[7] Siehe die Facebook-Gruppe unter dem Link: https://www.facebook.com/groups/152723 655414630/?ref=pages_profile_groups_tab&source_id=194397797261882.

Beratung für den Kauf von Medientechnologien, welche auf der Grundlage einer Auseinandersetzung mit den negativen Auswirkungen der Produktion und Entsorgung digitaler Medientechnologien gegeben wird. So formuliert Winterer (2015a) in einem Onlineartikel auf der Plattform die folgenden Ratschläge:

> „Das nachhaltigste Gerät ist das, das nicht gekauft wird.
> Jedes Gerät verbessert seine Ökobilanz dadurch, dass man es möglichst lange verwendet. Sinnvoll ist also, Smartphones und Tablets so lange wie möglich zu benutzen und schonend zu behandeln.
> Wer ein Gerät benötigt, sollte auch dem Gebrauchtmarkt eine Chance geben, über den sich die Lebensdauer aller Geräte verlängern lässt – siehe unsere Bestenliste Gebrauchtkauf-Portale.
> Steht ein Handy-Neukauf an, ist das Fairphone 2 wegen seiner Langlebigkeit und Reparierbarkeit eine interessante Option.
> Wenn ein Gerät das Ende seiner Lebenszeit erreicht hat, bemühe dich um eine fachgerechte Entsorgung (siehe Elektroschrott).
> Übrigens auch gut für die Umwelt: Den Stromanbieter wechseln – natürlich zu einem Ökostromanbieter."

In den Fokus genommen werden in diesem Artikelabschnitt die Medienpraktiken der Nutzer*innen und die Materialität digitaler Medientechnologien in Hinblick auf diese Medienpraktiken. Vor dem Hintergrund der Diskussion der sozial-ökologischen Folgen der Produktion und Entsorgung digitaler Medientechnologien wird zu bestimmten Medienpraktiken geraten, nämlich dem Konsumverzicht („Das nachhaltigste Gerät ist das, das nicht gekauft wird."), dem Erwerb gebrauchter Geräte („Wer ein Gerät benötigt, sollte auch dem Gebrauchtmarkt eine Chance geben"). Auch das Fairphone ist ein wiederholtes Objekt in Onlineartikeln auf der Plattform (s. z. B. Haderer 2015; Winterer 2015b). Es wird für seine Langlebigkeit und Reparierbarkeit gelobt (Winterer 2015b).

Medientechnologien geraten selbst in den Fokus weiterer Medienpraktiken der Utopia GmbH. So betreibt das Unternehmen die Server mit Ökostrom und klimaneutralisiert den Verbrauch (Utopia 2019c). Damit reflektieren sie die ökologischen Effekte der Nutzung von Internetmedien. Medienpraktiken sind in dieser Fallstudie also nicht nur das Produzieren von Medieninhalten durch die Utopia GmbH und die Nutzer*innen für die Onlineplattform und hier integrierte Foren sowie Onlinenetzwerke wie Facebook, Instagram oder den Mikrobloggingdienst Twitter, sondern auch die Medienpraktik der Servernutzung – welche nachhaltig durch Öko-Strom sein soll. Für den Stromverbrauch gilt aber, was für jeglichen Konsum gelten kann: Kein Verbrauch ist im Sinne der Nachhaltigkeit besser als Verbrauch; eine Klimaneutralisierung ist nur der Versuch, an anderer

Stelle Kohlenstoffdioxid einzusparen, aber sicherlich nicht die Möglichkeit, die Kohlenstoffdioxidemissionen ungeschehen zu machen.

Zusammenfassend lässt sich für die Fallstudie zu der Onlineplattform Utopia.de festhalten, dass die Medienpraktiken hier überwiegend das Erstellen der Medieninhalte auf den Webseiten der Onlineplattform und den in diese integrierten Onlineforen sowie auf den jeweiligen Profilseiten auf Facebook, Instagram und Twitter sind. Die Materialität digitaler Medientechnologien wird u. a. in Hinblick auf die sozial-ökologischen Folgen der Produktion und Entsorgung der Endgeräte in Beiträgen des Onlinemagazins thematisiert. Weiterhin sind aber auch das Betreiben der für die Onlineplattform benötigten Server mit Ökostrom sowie der Versuch der Klimaneutralisierung dieses Betriebs eine Medienpraktik, welche die Materialität digitaler Medientechnologien, hier die für das Betreiben der Server benötigte Energie, reflektiert.

Die drei Fallstudien vergleichend, stellt die folgende Tab. 4.1 eine Übersicht über die bis hierher erläuterten kommunikativen und Medienpraktiken dar (s. für

Tab. 4.1 Medienpraktiken und kommunikative Praktiken in den Fallstudien

Fallstudien / Praktiken	Reparieren von Medientechnologien in Repair Cafés	Produktion und Aneignung des Fairphones	Onlineplattform Utopia.de
Medienpraktiken	Öffentliches und gemeinsames Reparieren von Medientechnologien	Produktion und Erwerb/Nutzung eines „fairen" Smartphones	Erstellen der Inhalte des Onlinemagazins, der Onlineforen und Onlinenetzwerke
	Erstellen der Inhalte der Onlineplattform und Onlinenetzwerke	Erstellen der Inhalte der Onlineplattform und Onlinenetzwerke	Nutzung von Ökostrom für von der Utopia GmbH bespielte Server
Vis-à-vis-Kommunikation	In Repair Cafés	In lokalen Veranstaltungen der Nutzer*innen sowie in einem jährlichen Treffen der Mitarbeiterer*innen des Unternehmens und der Nutzer*innen	

eine detailliertere Analyse der kommunikativen Praktiken zur Vergemeinschaftung Abschn. 4.4).

Wie bis hierher herausgearbeitet wurde, ist die Materialität digitaler Medientechnologien zentral für diese hier untersuchten Medienpraktiken, welche Materialität im Sinne einer Stofflichkeit und Beschaffenheit reflektieren, sich mit diesen auseinandersetzen und die Materialität verändern wollen. Im Sinne Silverstones (1990) lässt sich in den Fallstudien also eine doppelte Artikulation ausmachen, denn Medien werden hier nicht nur als Inhalte relevant, sondern auch in ihrer Materialität. Solche Medienpraktiken, die Medientechnologien selbst in den Fokus des Handelns setzen, wurden mit dem Konzept des „acting on media" (Kannengießer und Kubitschko 2017) erfasst. Ein zentrales theoretisches Argument dieses Buches ist es daher, anhand der untersuchten Medienpraktiken den kommunikations- und medienwissenschaftlichen Begriff der Medienpraktik weit zu fassen – als Praktiken, welche sich auf *Medieninhalte* aber auch Medien*technologien* und *Medienorganisationen* beziehen. Die Materialität digitaler Medientechnologien spielt, wie gezeigt wurde, bei diesen Medienpraktiken eine entscheidende Rolle.

Versteht man das Reparieren von Medientechnologien in Repair Cafés, die Produktion und Aneignung des Fairphones sowie das Erstellen der Inhalte der Onlineplattform als Medienpraktiken, so kann durch die Analyse dieser Medienpraktiken nicht nur rekonstruiert werden, was Individuen, Nichtregierungsorganisationen und Unternehmen mit Medien(-technologien) in verschiedenen Kontexten machen, sondern es kann auch untersucht werden, warum die verschiedenen Akteur*innen auf diese unterschiedlichen Arten und Weisen mit Medien(-technologien) handeln sowie welche Bedeutung sie diesem Handeln jeweils zuschreiben. Im Folgenden sollen daher die Ziele der in den drei untersuchten Fallstudien handelnden Akteur*innen rekonstruiert und ihre Bedeutungszuschreibungen an ihre jeweiligen Medienpraktiken aufgearbeitet werden.

4.2   Ziele konsumkritischer Medienpraktiken

Wurden bislang die für die hier präsentierte Studie untersuchten Medienpraktiken und ihr Zusammenhang mit Materialität herausgearbeitet, so sollen im Folgenden die Ziele und Motive der Akteur*innen dieser Fallstudien näher betrachtet werden. Die Auswertung des unterschiedlichen Datenmaterials der verschiedenen Fallstudien zeigt, dass vier dominante Ziele bzw. Motive der Akteur*innen über die Fallstudien hinweg ausgemacht werden konnten: 1) Müllvermeidung,

2) Ressourcenschonung, 3) Wissensverbreitung bzw. Lernen sowie 4) Wertzuschreibung. Dabei spreche ich von Zielen, wenn die Akteur*innen ein bestimmtes Vorhaben durch ihre Praktiken erreichen wollen (Ressourcen schonen, Müll vermeiden, Wissen weitergeben und erlernen), und von Motiven, wenn die Ursache des Handelns eher intrinsisch motiviert ist, hier, indem die Akteur*innen Medientechnologien einen Wert zuschreiben bzw. mit ihren Medienpraktiken bestimmte Werte verfolgen.

Es sind diese Ziele und Motive, welche als dominant in den Fallstudien herausgearbeitet wurden, die die Medienpraktiken der Akteur*innen in den Fallstudien zu konsumkritischen machen. So kann nach der Erläuterung der Ziele und Motive zum Abschluss dieses Teilkapitels das in der Einleitung dieses Buches eingeführte Konzept der konsumkritischen Medienpraktiken detaillierter erläutert werden.[8] Dabei sind die Ziele nicht in allen drei Fallstudien in gleichem Maße vorzufinden, doch machen sie den Charakter der hier untersuchten Medienpraktiken aus. Auch wenn die Ziele in einem direkten Zusammenhang stehen, was im letzten Teil des Kapitels erläutert wird, so werden sie im Folgenden getrennt voneinander besprochen. Dabei arbeite ich auch Gemeinsamkeiten und Unterschiede sowie Paradoxien in den Zielsetzungen der verschiedenen Akteur*innen der unterschiedlichen Fallstudien heraus.[9]

Ressourcenschonung

Ressourcenschonung ist eines der dominanten Ziele der Akteur*innen, die in den hier diskutierten Fallstudien handeln. Im vorherigen Kapitel wurde bereits in Hinblick auf die Materialität digitaler Medientechnologien erläutert, dass die an den Repair Cafés beteiligten Akteur*innen der drei unterschiedlichen Gruppen (Organisator*innen, Helfer*innen und Hilfesuchende) die sozial-ökologischen Folgen des Abbaus der Ressourcen reflektieren. Ist die Ressourcenschonung eines der Ziele, das die Akteur*innen durch die Reparatur unterschiedlicher Konsumgüter in den Repair Cafés verfolgen, so wird der Reparatur und der damit einhergehenden Nutzungsdauerverlängerung von Medientechnologien eine besondere Bedeutung zugeschrieben, um die für digitale Medientechnologien benötigten Ressourcen zu schonen: „Wegschmeißen ist nicht so sinnvoll, finde ich, und es sind in der Elektronik ja oft unglaublich wertvolle Rohstoffe verbaut, wie Coltan und Kupfer, Gold

---

[8] Siehe zum Konzept der konsumkritischen Medienpraktiken auch Kannengießer (2016, 2018a, 2020a); zu den Zielen der Akteur*innen der Repair Cafés u. a. Kannengießer (2018c, d, e), zu den Zielen des Fairphone-Unternehmens und der Fairphone-Nutzer*innen Kannengießer 2020c).

[9] Siehe zu den Paradoxien konsumkritischer Medienpraktiken auch Kannengießer (2018a, S. 227 f., 2020a).

usw., und jeder Deutsche schmeißt davon im Schnitt jedes Jahr 15 Kilo weg," meint
ein 42-jähriger Elektriker, der seine Hilfe bei der Reparatur von Medientechnologien in dem von mir untersuchten Berliner Repair Café anbietet. Das Reparieren
ist für ihn ein „kleiner Schritt", mit dem er zur Ressourcenschonung und damit
zum „Schutz der Umwelt" beitragen will, um darüber auch die Nachfrage nach
neu produzierten Geräten zu senken. Die Organisator*innen, Helfer*Innen und Hilfesuchenden in den Repair Cafés knüpfen also an das Reparieren die Hoffnung
einer Reduktion der Nachfrage neuwertiger Medientechnologien und der Schonung
der für diese Technologien benötigten Ressourcen. Die Relevanz dieser Schonung
begründet ein 70-jähriger Helfer im Oldenburger Repair Café mit der Knappheit
der Ressourcen: „Die verschiedenen Metalle und Materialien, die man speziell für
die neuen elektronischen Handys und so weiter braucht, die sind inzwischen ziemlich knapp und werden immer teurer und man *muss* reparieren." An die Relevanz
der Ressourcenschonung knüpft er die Notwendigkeit des Reparierens. Für den 47-
jährigen Betreiber der Kneipe, in dem das für die hier präsentierte Studie untersuchte
Oldenburger Repair Café zunächst ausgerichtet wurde, ist die Ressourcenschonung
in heutigen Gesellschaften sogar eine Selbstverständlichkeit: „Man muss Ressourcen schonen, das ist einfach so." Neben den Helfer*innen, unterstreicht auch er die
Relevanz der Reparatur digitaler Medientechnologien:

> „Gerade diese Computer-Geschichte [die Reparatur von Computern, S. K.] [ist] sehr
> wichtig, weil da natürlich die Rohstoffe drin sind, wofür die anderen Menschen in
> anderen Ländern für sterben und wir das einfach so wegschmeißen und uns ein neues
> iPhone hölen. Also *das* ist schon für mich unheimlich wichtig, dass es Leute gibt, die
> so was reparieren können und dass es auch Leute gibt, die sagen: ‚Ich will es auch
> reparieren'."

Er rekurriert hier auf die sozial-ökologischen Folgen der Produktion digita-
ler Medientechnologien. Auch eine der beiden Organisatorinnen des Berliner
Repair Cafés beschreibt Ressourcenschonung als eines der zentralen Ziele ihrer
Veranstaltungen:

> „Wir versuchen, die Ressourcen, die wir haben, auch weiter zu nutzen, also nicht
> verschwenden und deswegen auch eben das Repair Café, weil man schmeißt eben
> so viele Sachen weg und da sagen wir, das muss nicht sein. Wir müssen mit den
> Ressourcen, die wir haben, einfach irgendwie auskommen."

Ein 31-jähriger Musiker, der im Oldenburger Repair Café den Verstärker seiner
ca. 30 Jahre alten Musikanlage reparieren (lassen, s. u.) möchte, bezieht sich auf
den Diskurs der Postwachstumsökonomie (s. Abschn. 2.2.3): „Das ist uns allen,
glaube ich, klar, dass die Ressourcen endlich sind und dass der Standard, auf dem

wir leben, auf Dauer nicht funktioniert, wenn das alles nur auf Wachstum basiert." Die Notwendigkeit der Ressourcenschonung liegt für ihn also in der Endlichkeit der Rohstoffe begründet.

In Hinblick auf das Ziel des Ressourcenschutzes ist die Einbeziehung der Angaben der Repair-Cafés-Beteiligten zu ihren Medienrepertoires besonders interessant. Definieren Hasebrink und Domeyer (2012, S. 758) ein Medienrepertoire als die Gesamtheit der Medien, die der*die Nutzer*in regelmäßig verwendet, so verstehe ich ein Medienrepertoire hier als die Gesamtheit der Medien*technologien,* die der*die Nutzer*in regelmäßig verwendet (s. Abschn. 3.3.2). Das Interviewmaterial der an den Repair-Cafés-Beteiligten, für die Ressourcenschonung ein Ziel der Reparaturprozesse ist, zeigt, dass einige der Personen wenige Medientechnologien besitzen, diese sehr lange nutzen oder gebraucht erwerben, andere jedoch über durchaus komplexe Medienrepertoires, also eine große Anzahl von Medientechnologien, verfügen und aufgrund technischer Innovationen regelmäßig neue digitale Endgeräte erwerben. Hier lässt sich eine Paradoxie im Handeln der Akteur*innen ausmachen, die einerseits mit dem Reparieren defekter Medientechnologien die Nutzungsdauer dieser verlängern wollen, auch um Ressourcen zu schonen, dass aber andererseits die Ressourcenschonung aufgrund technologischer Innovationen und der möglichen Komplexität von Medienrepertoires durch die große Anzahl verschiedener Medientechnologien nicht zwingend konsequent gelebt wird.

Dennoch zeigt sich in der Fallstudie, dass die Akteur*innen die ökologische und soziale Dimension von Nachhaltigkeit in Hinblick auf Ressourcenschonung thematisieren, da nicht nur der Schutz der Natur, sondern auch die Arbeitsbedingungen der Menschen, die Medientechnologien bzw. für diese benötigten Mineralien abbauen, verfolgt wird.

Ein nachhaltiger Umgang mit für digitale Endgeräte benötigte Ressourcen ist auch eines der Ziele des Fairphone-Unternehmens. Wie bereits im vorherigen Kapitel in Hinblick auf die Materialität digitaler Medientechnologien erläutert, erklärt das Fairphone-Unternehmen sowohl konfliktfreie Ressourcen zu verwenden, als auch zunehmend recycelte und wiederverwendbare Ressourcen sowie solche, die weniger gefährlich und giftig sind (Fairphone 2016a). Damit will das Unternehmen den negativen Umwelteinfluss der konventionellen Smartphone-Produktion minimieren und beschreibt somit eines seiner Kernziele: „[We aim at further reducing, S. K.] our environmental impact with every version of the Fairphone we produce" (Fairphone 2016b). Gleichzeitig weist das Fairphone-Unternehmen aber auch darauf hin, dass bislang nur eine sehr begrenzte Anzahl der verwendeten Ressourcen tatsächlich unter fairen Bedingungen abgebaut werden kann. Denn bislang sind es die Ressourcen Zinn, Tantal, Wolfram und Gold, die fair und konfliktfrei abgebaut in die Smartphones integriert werden können (Fairphone 2015b, S. 1).

Neben einem nachhaltigeren Abbau der für die Smartphone-Produktion benötigten Ressourcen, versucht das Fairphone-Unternehmen auch die Geräte unter menschenwürdigeren Bedingungen herstellen zu lassen und rekurriert dabei auf die desaströsen Bedingungen, unter denen konventionelle Smartphones (und andere digitale [Medien-]Technologien) hergestellt werden:

> „The majority of the world's smartphones are manufactured in China, but the country's fast, affordable production comes at the cost of workers. We want to improve working conditions in the heart of the electronics sector, including health and safety, worker representation and working hours." (Fairphone 2019f.)

Das Fairphone-Unternehmen lässt seine Smartphones in chinesischen Produktionsstätten herstellen und arbeitet dort mit lokalen Partnerorganisationen zusammen, um die Arbeitsbedingungen in der Smartphone-Produktion zu verbessern und die Rechte der Arbeiter*innen zu stärken (ebd.).

Neben der Verwendung nachhaltig gewonnener Ressourcen und der Umsetzung menschenwürdiger Arbeitsbedingungen ruft das Fairphone-Unternehmen außerdem auf, defekte oder ungenutzte Mobilfunkgeräte und Smartphones einzusenden, damit ihre Partnerorganisation diese recyceln und aus ihnen notwendige Ressourcen für die Produktion neuer Medientechnologien gewinnen kann (Fairphone 2019e): „We're also encouraging consumers to send back their old phones, plus supporting the collection of scrap phones in Africa for safe recycling." (Fairphone 2019d).

Auch durch diese Recyclingprozesse will das Fairphone-Unternehmen Ressourcen schonen, wenngleich das Verfahren mit Blick auf seine Nachhaltigkeit als sehr energieaufwendiges Verfahren nicht unumstritten ist (s. für Solarenergie u. a. Peng et al. 2013). Außerdem regt das Fairphone-Unternehmen mit der Einladung zur Einsendung existierender Endgeräte und dem Recycling-Versprechen zum Kauf neuer Endgeräte an, indem es einen Rabatt von 45 € beim Neukauf eines Fairphones anbietet (Fairphone 2019e). Durch diese Anregung zum Kauf neuer Endgeräte, bleibt das Ziel der Ressourcenschonung zumindest dann fragwürdig, wenn existierende Smartphones zwar noch nutzbar sind, den Käufer*innen jedoch über das Recycling, gekoppelt an den Neukauf des Fairphones, ein reines Gewissen suggeriert wird. So erklärt ein 34-jähriger Sozialarbeiter im Interview, er habe sich das Fairphone mit dem Gefühl gekauft, ein weniger schlechtes Gewissen haben zu müssen als beim Kauf eines konventionellen Smartphones. Ein anderer Nutzer erzählt, er habe bis zum Kauf des Fairphones ein altes Mobilfunkgerät verwendet und dieses nur aufgrund der Möglichkeit des Erwerbs eines fair produzierten Smartphones ersetzt. Das Fairphone wurde hier durch das Versprechen eine „gute Alternative" auf dem Smartphone-Markt zu sein, also zum „Eintritt" in den Smartphone-Markt.

Ein nachhaltigerer Abbau der für Smartphones benötigten Ressourcen ist ein zentrales Argument vieler Fairphone-Käufer*innen. Sie führen das Bestreben des Unternehmens, das Fairphone (nach Möglichkeit) unter fairen Arbeitsbedingungen mit nachhaltigen Ressourcen herzustellen, als den zentralen Grund für den Erwerb des Fairphones an. In den Interviews zeigt sich, dass die Fairphone-Nutzer*innen um die sozial-ökologischen Folgen der Smartphone-Produktion wissen und im Fairphone eine Alternative sehen mit der sie nachhaltiger in ihren Medienpraktiken handeln können. So erklärt ein 42-jährige technische Angestellte: „Ich habe mich damals für eine Alternative zu den bestehenden Telefonen interessiert, die halt ja nicht sehr umweltfreundlich und fair produziert werden." Im Mittelpunkt der von ihm problematisierten Smartphone-Produktion sieht er besonders die menschenunwürdigen Bedingungen:

> „In China wird halt unter unmenschlichen Bedingungen produziert und wenn ich dann im Fernsehen sehe, dass da die Angestellten aus dem Fenster springen, weil sie einfach keine andere Lösung mehr finden, weil sie einfach komplett überarbeitet sind oder dann [in, S. K.] irgendwelchen unmenschlichen Schlafkammern in der Fabrik übernachten müssen oder so was, das finde ich halt nicht in Ordnung. Da versuche ich halt dann was zu finden, ja, also Produkte zu finden die anders produziert werden, fairer."

Auch eine 70-jährige Fairphone-Nutzerin, die für eine Frauen-Nichtregierungsorganisation arbeitet, erklärt:

> „Ich finde, dass wir in einer Welt leben, in der man nicht mehr einfach irgendwas machen kann, was Auswirkungen auf Menschen in anderen Teilen der Welt haben, die sich irgendwie nicht wehren können [...]. Also die da zu beschissensten, sorry, Arbeitsbedingungen tätig sind, wenig Geld verdienen und aber geknebelt sind bis zum geht nicht mehr, das geht für mich gar nicht."

Sie rekurriert hier auf die Arbeitsbedingungen der Menschen, die im Abbau der für digitale Medientechnologien benötigten Ressourcen einerseits und in den Herstellungsprozessen der Technologien andererseits arbeiten. Das Fairphone ist für sie ein Versuch, alternative, fairere Produktionsprozesse zu realisieren wodurch sich mit Blick auf die Kaufentscheidung der Fairphone-Nutzer*innen die soziale Dimension von Nachhaltigkeit (s. Einleitung) als zentral erweist: Die Käufer*innen wollen ein Smartphone erwerben, das unter menschenwürdigen Bedingungen hergestellt wurde.

Ressourcenschonung ist aber nicht nur ein Ziel der Fairphone-Nutzer*innen, sondern gleichzeitig auch ein Kritikpunkt am Fairphone. So bemängelt der 33-jährige Mitarbeiter einer Umweltorganisation, dass er den Akku seines Fairphones häufiger aufladen müsse als dies bei anderen Geräten nötig sei, was er in Studien bestätigt fand. Über technische Unzulänglichkeiten, gerade im Vergleich mit anderen Smartphones, klagten mehrere der interviewten Personen.

Ressourcenschonung ist auch ein zentrales Thema auf der Onlineplattform Utopia.de. Neben *Produkten,* die Ressourcen schonen (sollen), wie z. B. Bienenwachstücher zur Vermeidung von Frischhalte- oder Aluminiumfolie bei der Aufbewahrung von Lebensmitteln (Ayoub 2019), werden auch konkrete *Praktiken* zur Ressourcenschonung im Alltag beschrieben, v. a. Praktiken des Selbermachens wie z. B. die Herstellung von Zahnpasta oder Putzmitteln, Hafermilch oder Hustensaft (z. B. Utopia 2018). Auch verweist Utopia.de auf andere Onlineplattformen, über die Nutzer*innen Konsumgüter tauschen oder teilen können, mit dem Argument: „Gebraucht-Kaufen [schont, S. K.] die natürlichen Ressourcen und somit auch das Klima." (Utopia, o. J.)

Auch digitale Medientechnologien werden in den Artikeln des Onlinemagazins in Hinblick auf Ressourcen thematisiert. So wird z. B. die Ökobilanz von E-Book-Readern analysiert (Matting 2015). Dabei werden nicht nur die in den E-Book-Reader verarbeiteten Ressourcen und deren Abbauprozesse in den Blick genommen, sondern auch der Stromverbrauch bei der Nutzung dieser Endgeräte (ebd.). Empfohlen werden neben einer bestimmten Art und Weise des Lesens von Büchern aus Papier (z. B. „öffentliche Leihbibliotheken nutzen, bei Tageslicht lesen, auf Ökostrom umstellen, Bücher in der Stadt gebraucht kaufen, gelesene Bücher tauschen oder verschenken", ebd.) auch bestimmte Produkte, also E-Book-Reader, für die eine Kaufempfehlung ausgesprochen wird (ebd.).[10]

In der Diskussion der Möglichkeiten nachhaltigen Kaufens digitaler Medientechnologien (Winterer 2015a) wird neben der Nutzungsdauerverlängerung der Geräte („Jedes Gerät verbessert seine Ökobilanz dadurch, dass man es möglichst lange verwendet", ebd.) auch der Verzicht („Das nachhaltigste Gerät ist das, das nicht gekauft wird", ebd.) und der Kauf gebrauchter Geräte („Wer ein Gerät benötigt, sollte auch dem Gebrauchtmarkt eine Chance geben", ebd.) empfohlen.

Der Verzicht auf digitale Medientechnologien wird in Onlineartikeln auf Utopia.de wiederholt als beste Möglichkeit, zu einer nachhaltigen Gesellschaft beizutragen, benannt, so auch in der Besprechung modularer Smartphones:

> „Nach wie vor bleiben zwei Dinge die bessere Wahl [als modulare Smartphones zu kaufen, S. K.]: 1. Das gebrauchte Smartphone, denn jedes nicht produzierte Gerät ist

---

[10] Hier zeigt sich, dass die Medienpraktiken der Nicht-Nutzung (z. B. Roitsch 2020; Woodstock 2014; Kaun und Schwarzenegger 2014; Portwood-Stacer 2013; s. Abschn. 3.3.1) und des Sharings (z. B. Lobinger/Schreiber 2017 zum Sharing von Medieninhalten) auch mit Bezug zu Nachhaltigkeit diskutiert werden müssen.

das bessere. Und 2. gar kein Handy mehr (aber klar: das will derzeit kaum jemand für sich umsetzen)." (Winterer 2019a)

Wie das Zitat zeigt, ist die tatsächliche Nichtnutzung digitaler Medientechnologien im Allgemeinen und von Smartphones im Besonderen für den Utopia-Autor keine Option. Empfohlen wird also nicht ein Ausstieg aus der digitalen Gesellschaft, sondern vielmehr das Gestalten dieser auf eine Art und Weise, die die Utopia GmbH als nachhaltig einschätzt (s. hierzu detaillierter Abschn. 4.5).

Auch das Bemühen um eine bessere Ressourcennutzung in der Produktion digitaler Medientechnologien wird thematisiert, dabei steht auf der Onlineplattform Utopia.de v. a. das Fairphone im Fokus. In Onlineartikeln mit Überschriften wie z. B. „Fairphone macht Lieferketten von Zinn, Gold, Tantal und Wolfram transparent" (Winterer 2016) oder „Fairphone 2: Modul-Handy will faires Gold nutzen" (Haderer 2015) wird nicht nur auf die sozial-ökologischen Folgen des Abbaus von für Smartphones benötigten Ressourcen hingewiesen, sondern mit dem Fairphone-Unternehmen auch eine Initiative vorgestellt, die diese Abbauprozesse nachhaltiger gestalten will. Dabei wird das Fairphone sehr positiv besprochen (ebd.), aber mit dem Hinweis auf die nur wenigen fair gehandelten Ressourcen im Fairphone der zweiten Generation durchaus auch etwas kritischer in den Blick genommen:

> „*Utopia meint:* Zinn, Gold, Tantal und Wolfram sind nicht alles. Doch Fairphone zeigt weiten Teilen der Elektronikbranche einmal mehr, dass die Herkunft konfliktfreier Mineralien zuverlässig dokumentierbar ist – wenn man es nur will. Käufer eines zugegeben recht teuren Fairphone 2 sollten wissen: Sie kaufen nicht nur ein Smartphone, sie unterstützen die ersten Schritte für einen nachhaltigen Wandel in der Elektronikbranche." (Winterer 2016, Hervorhebung im Original)

Das Zitat zeigt worauf auch Nutzer*innen des Fairphones verweisen: Beim Erwerb des Fairphones geht es letztendlich nicht darum, ein tatsächlich nachhaltig produziertes Smartphone zu kaufen, sondern eine Initiative zu unterstützen, die das *Potenzial hat,* ein nachhaltiges Smartphone zu produzieren.

Schließlich ist für die Onlineplattform Utopia.de festzuhalten, dass Ressourcenschonung im Allgemeinen und der Zusammenhang von Ressourcen und digitalen Medientechnologien im Besonderen zwar ein zentrales Thema auf der Plattform ist, dass die Onlineartikel, Gewinnspiele, Produkttests etc. aber als Kaufempfehlungen für von der Utopia GmbH als nachhaltig bewertete Produkte schließlich wieder zu Konsum und damit Ressourcenverbrauch anregen.

Zusammenfassend lässt sich festhalten, dass in den drei Fallstudien Medienpraktiken untersucht wurden, die das Ziel der Ressourcenschonung verfolgen, dass darin jedoch Grenzen und Paradoxien auszumachen sind, da die Ressourcenschonung durch das Reparieren von Medientechnologien, die Produktion und Nutzung eines fairen Smartphones oder die Information über (vermeintlich) ressourcenschonende Produkte und Praktiken, punktuelle Versuche der Ressourcenschonung sind; dem stehen ein Verbrauch von Ressourcen u. a. durch die Komplexität des eigenen Medienrepertoires, die geringe Anzahl verwendeter fairer Ressourcen im Fairphone oder die Anregung zum erneuten Konsum und damit Ressourcennutzung gegenüber.

Müllvermeidung

Ein zweites dominantes Ziel der Akteur*innen, das über die Fallstudien hinweg herausgearbeitet wurde, ist das der Müllvermeidung. Dies wird von allen Akteursgruppen in den Repair Cafés (Organisator*innen, Helfer*innen, Hilfesuchende) mit dem Reparieren von Konsumgütern im Allgemeinen und dem der digitalen Medientechnologien im Besonderen verfolgt. So erklärt eine Teilnehmerin des Oldenburger Repair Cafés, die ihr altes Mobilfunkgerät reparieren möchte: „Ich möchte nicht, dass wir unsere Welt vermüllen mit lauter Sachen, die zwar in Ordnung sind, aber wo eine Schraube locker ist." Eine Universitätsangestellte, die das Oldenburger Repair Café mitorganisiert, bezieht sich in diesem Zusammenhang hingegen konkreter auf die problematischen Entsorgungsprozesse elektronischen Mülls:

> „Es gibt ein Ausfuhrverbot für nicht mehr funktionsfähige, technische Geräte. Und der Zoll kommt gar nicht hinterher und manchmal habe ich auch das Gefühl, dass die gar kein Interesse daran haben. Da werden vorne ein paar funktionierende Geräte vorgestellt und dahinter befindet sich nur Elektromüll. Und wenn du dir diese „Agbogbloshie"-Geschichte[11] mal anguckst, da wird dir ja so übel. Und das Verrückte daran ist, dass die Fischbestände, die vor dieser Küste, und die mit den Schwermetallen gefüttert werden und man muss ja wirklich inzwischen von Fütterung sprechen, die landen auch auf unseren Tellern, sofern wir den Fisch dann essen. […] Es ist grauenvoll, was da passiert, grauenvoll."

Nicht zuletzt aus dieser Kritik heraus organisiert sie das Repair Café, um Menschen eine Möglichkeit zu geben, ihre defekten Konsumgegenstände und insbesondere elektronische Geräte wie Medientechnologien zu reparieren, um damit die Produktion elektronischen Mülls und eine von ihr beschriebene Verschiffung nach Ghana zu vermeiden.

Auch die Organisatorin des Repair Cafés in Garbsen, die 65-jährige Rentnerin, weist auf die Umwelteinflüsse des Mülls hin, die sie mit der Nutzungsdauerverlängerung von Konsumgütern durch das Reparieren verhindern möchte: „Wenn wir die Müllberge so weiter höher werden lassen, und die ganzen Gifte in […] unser Grundwasser gehen, dann werden unsere Kinder […] die Zeche zahlen müssen." Hier wird

---

[11] In Agbogbloshie, Ghana befindet sich eine der weltweit größten Deponien für elektronischen Müll, der dort unsachgemäß entsorgt wird, s. Abschn. 2.2.2.

die intergenerative Bedeutung von Nachhaltigkeit deutlich, in der der Schutz der Bedürfnisse zukünftiger Generationen durch das Handeln heutiger Generationen postuliert wird (siehe Kap. 1).

Das Repair Café in Berlin organisiert eine Künstlerin in Kooperation mit dem Verein Kunst-Stoffe e. V. (s. Abschn. 3.3.2). Eine Mitarbeiterin des Vereins, welche die Künstlerin bei der Planung und Durchführung der Reparaturveranstaltungen unterstützt, hat ihr eigenes Verhalten in der Müllproduktion durch ihre Mitarbeit beim Repair Café reflektiert:

> „Vorher hab ich [...] die Sachen einfach weggeschmissen und jetzt, seitdem ich bei Kunststoffe arbeite und [...] beim Repair Café mitmache, kommt halt erst das Bewusstsein: ‚Okay, überleg dir zweimal, ob du es wegschmeisst.' Und dann versuch ich erst, es zu reparieren."

Durch die Repair Cafés werden also Menschen, selbst die Organisator*innen, dazu angeregt, ihre eigene Müllproduktion zu reflektieren und gleichzeitig die Verursachung von (elektronischem) Müll durch das Reparieren zu vermeiden. Die bildende Künstlerin, die das Repair Café in Berlin organisiert, beschreibt dieses als einen „Rettungsort, wo Geräte und Dinge, die sonst im Müll landen würden," repariert werden können.

Müllvermeidung ist auch ein zentrales Ziel des Fairphone-Unternehmens und der Fairphone-Nutzer*innen. Wie bereits im vorherigen Kapitel in der Auseinandersetzung mit Medienpraktiken und Materialität erklärt wurde, ist das Fairphone mit der Intention konzipiert, auseinander gebaut und repariert werden zu können:

> „The Fairphone 2 is designed to last longer than the rest by combining a modular architecture with the good old-fashioned power of repair. Affordable spare parts and helpful tutorials make it easy for anyone to fix the most commonly broken parts. And because we know how important software is to longevity, we're opening up our source code to owners and developers." (Fairphone 2016b)

Um die Reparatur der Smartphones zu ermöglichen, produziert und verkauft das Fairphone-Unternehmen Ersatzteile. Allerdings wird diese zunächst durch das Unternehmen hervorgehobene und beworbene Reparierbarkeit eingeschränkt, da seit Juli 2017 keine Ersatzteile mehr für das sich seit 2013 auf dem Markt befindliche Fairphone der ersten Generation produziert werden. Der Gründer des Fairphone-Unternehmens Bas van Abel begründet dies damit, dass die Nachfrage für Ersatzteile zu gering sei und ihre Produktion somit zu teuer wäre (in Tricarico 2017). Auch äußert sich van Abel, dass der Haltbarkeitsaspekt des Fairphones ursprünglich nicht im Vordergrund gestanden habe (in ebd.). Die für die hier präsentierte Analyse der Onlineplattform des Unternehmens zeigt jedoch, dass die Reparierbarkeit des

Fairphones und das daran geknüpfte Haltbarkeitsversprechen sehr wohl als ein Argument für (vermeintliche) Nachhaltigkeit des Smartphones durch das Unternehmen hervorgehoben wurde.

Neben der modularen Bauweise und (eingeschränkten) Reparaturmöglichkeiten will das Fairphone-Unternehmen Müll vermeiden, indem es Menschen auffordert, ihre alten Mobilfunkgeräte und Smartphones einzuschicken, damit diese durch eine Partnerorganisation recycelt werden können (Fairphone 2019e; s. o.). In der Nutzungsdauerverlängerung der Endgeräte durch die Reparaturmöglichkeit des Fairphones sowie mit Recyclingprojekten, für die das Unternehmen Menschen aufruft, ihre alten Mobilfunkgeräte und Smartphones einzuschicken, damit diese durch eine Partnerorganisation recycled werden können, sieht das Unternehmen also eine Möglichkeit der Müllvermeidung. Diese nimmt das Unternehmen aufgrund der sozial-ökologischen Folgen der Entsorgung digitaler Medientechnologien als gesellschaftliche Notwendigkeit wahr:

> „When you buy a new mobile phone, the old one is often quickly forgotten. Some of these phones are properly discarded, but others may end up in landfills or are recycled in locations with dangerous working conditions." (Fairphone 2019d)

Ein 36-jähriger Softwareentwickler und Fairphone-Nutzer sieht in der Reparierbarkeit des Fairphones die Möglichkeit, die Folgen der Wegwerfgesellschaft zu reduzieren:

> „Ich fand es [den Kauf des Fairphones, S.K.] für mich sinnvoll, [...] weil es halt nicht nur den Anspruch hat: ‚Wir wollen fair produzierte Komponenten drin verbauen‘, sondern eben auch noch den Nachhaltigkeitsgedanken: ‚Wir wollen nicht, dass es ein Wegwerfprodukt ist.‘ Und damit finde ich handelt man konsequent auf jeden Fall richtig, wenn man ein Produkt kauft, was kein Wegwerfprodukt ist, dann hilft man damit, die Folgen der Wegwerf-Gesellschaft zu minimieren."

Nachhaltigkeit knüpft er an die Reduktion von Müll und weniger an die Produktionsprozesse des Fairphones. Für einen 68-jährigen Rentner und Fairphone-Nutzer ist hingegen der Crowdfunding-Prozess, nach dem die verschiedenen Generationen des Fairphones produziert werden, eine zentrale Möglichkeit der Müllreduktion:

> „Ich finde das auch in Ordnung, dass man nicht einfach so auf Halde produziert und danach die Sachen wegschmeißt, sondern das man das produziert, was gebraucht wird, und da braucht man eben eine Vorfinanzierung."

Müllreduktion ist neben Ressourcenschonung also eines der dominanten Ziele des Fairphone-Unternehmens sowie auch der Nutzer*innen, wobei diese neben der

Möglichkeit der Reparierbarkeit auch durch den Crowdfunding-Prozess gewährleistet werden soll. Dass hier Grenzen bzw. Paradoxien auszumachen sind, zeigt die Einstellung der Ersatzteilproduktion für die erste Fairphone-Generation (s. o.).

Müllreduktion ist neben Ressourcenschonung auch eines der zentralen Themen in den Artikeln des Onlinemagazins auf der Plattform Utopia.de. Wie bei der Rohstoffschonung sind es auch bei der Müllvermeidung zum einen *Produkte,* zum anderen *Praktiken,* die beworben werden. Einerseits werden Produkte wie die in Hinblick auf Ressourcenschonung bereits angeführten Bienenwachstücher aufgrund ihrer Wiederverwendbarkeit zur Vermeidung von Müll angepriesen (Ayoub 2019), andererseits werden Onlineshops beworben, über die man plastikfrei einkaufen kann (Utopia 2019d). Auch in Hinblick auf digitale Medientechnologien werden neben der Ressourcenschonung (s. o.) Möglichkeiten der Müllvermeidung aufgezeigt. So werden neben dem Fairphone (z. B. Winterer 2016; Haderer 2015; s. o.) auch die vom hessischen Start-up Shiftphone produzierten Smartphones als reparierbar und durch die damit verbundene Nutzungsdauerverlängerung als nachhaltig beworben (s. Winterer 2019a). Wenn die Entsorgung digitaler Medientechnologien nicht vermieden werden kann, so wird auf Utopia.de zumindest zu einer sachgemäßen Entsorgung der Endgeräte geraten: „Wenn ein Gerät das Ende seiner Lebenszeit erreicht hat, bemühe dich um eine fachgerechte Entsorgung" (Winterer 2015a).

Neben reparierbaren und damit langlebigen Medientechnologien werden auch Medienpraktiken in Artikeln des Onlinemagazins besprochen, die zu Müllvermeidung beitragen sollen, wobei Müllvermeidung. Das Leihen digitaler Medientechnologien wird im Vergleich zum Neukauf als eine nachhaltigere Praktik vorgestellt und gleichzeitig auf Anbieter, bei denen Elektrogeräte geliehen werden können, hingewiesen (Schulz 2018). Auch der Kauf gebrauchter Konsumgüter im Allgemeinen und digitaler Medientechnologien im Besonderen sowie die Möglichkeiten des Gebrauchtkaufens über Onlineportale wird auf Utopia.de als eine Option der Müllreduktion besprochen: „Der Gebrauchtkauf vermeidet Müll" (Utopia o. J. a). Dabei werden Initiativen und Unternehmen, die gebrauchte digitale Medientechnologien wiederaufbereiten und zum Kauf anbieten, vorgestellt (Schulz 2019).

Aber nicht nur das Vermeiden des Neukaufs digitaler Medientechnologien durch die Praktiken des Leihens oder Gebrauchtkaufens, sondern auch Möglichkeiten der Vermeidung der Entsorgung digitaler Medientechnologien wird auf der Onlineplattform thematisiert, z. B. durch den Verweis auf die Option des Verschenkens: So wird die französische Initiative *Back Market* vorgestellt, die gebrauchte Mobilfunkgeräte annimmt und diese zum Ressourcenschutz recyceln will, und die Leser*innen werden dazu aufgefordert, „elektronischen Altgeräten ein zweites Leben" zu schenken (Winterer 2018).

Zusammenfassend lässt sich festhalten, dass Müllvermeidung ein zentrales Ziel
der Akteur*innen der untersuchten Fallstudien ist, wobei Ressourcenschonung und
Müllvermeidung in allen Fallstudien oftmals zusammengedacht werden. Ob mit
dem Reparieren, Leihen, Gebrauchtkaufen und Verschenken tatsächlich Ressourcen geschont und Müll vermieden wird, kann hier in letzter Konsequenz nicht
nachvollzogen werden, da die Akteur*innen in den Fallstudien nicht längerfristig
begleitet wurden. Dass sich bei der Verfolgung dieser Ziele durch die verschiedenen
Akteur*innen jedoch Grenzen und Paradoxien zeigen, wurde in Hinblick auf die
eingeschränkten Reparaturmöglichkeiten in den Repair Cafés und des Fairphones
thematisiert. Ob sich durch das auch auf Utopia.de beworbene Reparieren, Leihen,
Gebrauchtkaufen Rebound-Effekte[12], also hier ein gesteigerter Konsum durch Effizienzsteigerung und Einsparungen, einstellen, weil eingespartes Geld z. B. für den
Neukauf anderer Konsumgüter investiert wird, muss an dieser Stelle offen bleiben
und kann aufgrund des erhobenen Datenmaterials nicht abschließend beantwortet
werden.

Wertschätzung
Wertschätzung der Konsumgüter im Allgemeinen und von (digitalen) Medientech-
nologien im Besonderen ist ein weiteres Motiv der Akteur*innen in den Fallstudien.
Dabei steht die Wertschätzung in engem Zusammenhang mit den bis hierher disku-
tierten Zielen der Ressourcenschonung und Müllvermeidung. So schätzen viele der
Beteiligten in den Repair Cafés den Wert der Dinge, die sie besitzen und deswegen
reparieren. Ein 57-Jähriger Teilnehmer, der sein defektes Radiogerät im Berliner
Repair Café reparieren möchte, erklärt:

> „Es steckt ja auch eine Menge Arbeit hier drin [deutet auf sein defektes Radiogerät,
> S.K.], in so einem Gerät […]. Da haben Leute dran gearbeitet, haben sich das ausge-
> dacht, haben die Pläne gezeichnet, haben das Design entworfen und dann haben Leute
> in der Fabrik dran gesessen und haben das montiert. […] Und ich finde einfach, es ist
> auch eine Wertschätzung von menschlicher Arbeit, wenn man versucht, ein Produkt
> nachher wieder zu reparieren, wenn es nicht mehr funktioniert."

Letztendlich honoriert er in dieser Aussage die Materialität seines Radiogeräts, in
der sich die Arbeit und Mühe einer Vielzahl von Arbeiter*innen manifestiert, die
das Gerät hergestellt haben. Der Aneignungsprozess digitaler Medientechnologien
kann auch dazu führen, dass sich eine Beziehung zwischen den Nutzer*innen und
den Endgeräten entwickelt, wie ein 30-jähriger IT-Systemelektroniker, der Hilfe bei
der Reparatur von Smartphones anbietet, erklärt: „Eigentlich hat man sich ja mit

---

[12] Siehe detaillierter zu verschiedenen Formen von Rebound-Effekten Santarius 2012.

dem Smartphone so angefreundet, dass man das ja auch nicht jedes Mal wechseln will." Ein 41-jähriger Hochfrequenztechniker wiederum rekurriert im Interview auf den Diskurs um geplante Obsoleszenz und ermutigt die Hilfesuchenden im Repair Café, sich teurere elektronische Geräte zu kaufen, in der Annahme, diese seien von besserer Qualität und damit langlebiger, wenn er sagt: „Wenn ich mir was kaufe, möchte ich auch, dass ich einen Wert angeschafft hab."

Grundsätzlich fällt auf, dass viele Hilfesuchende in den Repair Cafés Medientechnologien mitbringen, die schon länger in ihrem Besitz sind und zu denen sie eine persönliche Beziehung aufgebaut haben, wie ein 70-jähriger Rentner im Oldenburger Repair Café, der sein altes Radiogerät reparieren möchte, erklärt: „Ja, erst mal hänge ich an dem. […] Ich bin damit groß geworden." Einige Teilnehmer*innen bringen geerbte Medientechnologien mit, z. B. mehrere Dekaden alte Radios, an denen Erinnerungen hängen und deren Nutzungsdauer sie daher verlängern wollen. Ein Rentner, der Hilfe bei der Reparatur elektronischer Geräte im Garbsener Repair Café anbietet, schätzt besonders die Materialität alter Radiogeräte wert:

> „Alte Radios, ich habe schon mal zwei […] hier gehabt, von 1955 oder so was. So was habe ich zuhause auch noch stehen, das schmeißt man einfach nicht mehr weg. Nicht weil das 150 Euro wert sein könnte, nee, einfach weil es antik ist, weil es schön ist, weil man es sieht, wenn da was glüht drin, es hat einfach irgendwie so ein Flair."

Eine Wertschätzung der Medientechnologien ergibt sich also zum einen, wenn diese älter oder geerbt sind, zum anderen, wenn die in der Materialität der Gegenstände eingeschriebene Arbeit honoriert sowie wenn die Rohstoffe bewahrt werden sollen. Eine 50-jährige Teilnehmerin im Garbsener Repair Café, die ihren Laptop reparieren möchte, findet das Reparieren digitaler Medientechnologien einfach „vernünftig" und erklärt: „Wenn ihnen ein Knopf abgeht, schmeißen Sie ja auch nicht gleich die ganze Bluse weg." Die Wertschätzung der existierenden Medientechnologien ergibt sich für manche aber auch aus einer finanziellen Notwendigkeit: Einige wenige Teilnehmer*innen äußerten in den Interviews, dass sie sich keine neuen Exemplare ihrer defekten Gegenstände leisten können, wobei dies vor allem von Studierenden, Erwerbslosen oder Rentner*innen geäußert wurde.

Wertschätzung ist auch eines der Motive des Fairphone-Unternehmens und seiner Nutzer*innen. Das Fairphone-Unternehmen schätzt nicht nur die von ihm produzierten Smartphones wert, indem sie die Nutzungsdauer der Geräte durch die modulare Bauweise und der damit einhergehenden Reparierbarkeit der Smartphones verlängern möchten (s. o.), sondern auch die Mobilfunkgeräte und Smartphones, über die Interessierte bereits vor Kauf des Fairphones verfügen. So postuliert das Unternehmen auf seiner Onlineplattform: „the most sustainable phone available is the one you already own. So the longer you keep it, the more sustainable it becomes. Extending the lifespan of existing phones is the best strategy for reducing their impact on the planet." (Fairphone 2019h) Das Unternehmen will Nutzer*innen dazu ermutigen, existente Smartphones wertzuschätzen und so lange wie möglich zu nutzen. Dafür gibt das Unternehmen auch Hinweise, wie durch eine entsprechende Aneignung die Nutzungsdauer der Endgeräte verlängert werden kann, u. a. durch die regelmäßige Reinigung der Geräte, regelmäßige Software-Updates und das Reparieren, für das das Unternehmen auch Anleitungen auf seiner Onlineplattform zur Verfügung stellt (Fairphone 2019i). Und dennoch lädt das Fairphone-Unternehmen mit dem Versprechen, ein *faires* Smartphone zu verkaufen und durch verschiedene Werbestrategien, zum Konsum an, geht es dem Unternehmen nicht nur um den Kauf eines Endgerätes, sondern auch um den Verkauf einer Idee (s. u.).

Aus dem Datenmaterial ergibt sich, dass die Fairphones-Nutzer*innen dieses u. a. auch gekauft haben, da ihnen die Möglichkeit des Reparierens und einer entsprechend längeren Nutzungsdauer versprochen wurde, welche ihnen auch aufgrund der Wertschätzung der von ihnen genutzten Smartphones wichtig ist. Sie haben das Fairphone erworben, um die Nutzungsdauer ihres Smartphones durch das Reparieren desselben zu verlängern. Dieses Ziel haben viele Fairphone-Konsument*innen aufgrund ihrer Kritik an der Konsum- und Wegwerfgesellschaft entwickelt. So kritisiert der 36-jährige Softwareentwickler und Fairphone-Nutzer die Wegwerfgesellschaft in Hinblick auf die konventionelle Smartphone-Nutzung:

> „Weil ein ganz großer Teil dieser Wegwerfgesellschaft bei Smartphones und generell im medientechnischen Bereich basiert darauf, dass man die Einzelteile nicht bewerten kann, dass sie keinen Wert haben. Das ist immer das komplette Produkt, was zählt. Du kannst nicht sagen: Moment, mein Tablet ist langsam geworden, ich baue irgendwie eine neue Platine auf oder stocke dem RAM auf, das funktioniert halt nicht."

Die Möglichkeit des Reparierens seines Fairphones aufgrund der modularen Bauweise sowie das Angebot der Ersatzteile für das Fairphone durch das Fairphone-Unternehmen, sind ihm daher besonders wichtig, weil er die von ihnen genutzten Medientechnologien wertschätzt. Dass in Hinblick auf die Reparierbarkeit des Fairphones jedoch Grenzen auszumachen sind, wurde bereits in Abschn. 4.1 erläutert. Auch lassen sich Paradoxien in den Alltagspraktiken der Fairphone-Nutzer*innen finden: So wollen die Nutzer*innen durch den Erwerb des Smartphones nachhaltig handeln, besitzen manche aber dennoch, ähnlich der Reparierenden in Repair Cafés, komplexe Medienrepertoires (hier verstanden als die Gesamtheit der Medientechnologien, die Individuen nutzen, s. Abschn. 3.3.2) oder ersetzen Medientechnologien regelmäßig aufgrund technischer Innovationen. Auch im Vergleich mit weiteren Alltagspraktiken wurden Paradoxien identifiziert, z. B. sind Fairphone-Nutzer*innen durchaus Viel- oder Langstreckenflieger*innen und handeln damit weniger nachhaltig.

Auch in den Artikeln des Onlinemagazins auf der Plattform Utopia.de ist die Wertschätzung von Konsumgütern im Allgemeinen und Medientechnologien im Besonderen ein zentrales Thema. So werden z. B. Hinweise gegeben, wie Lebensmittelverschwendung vermieden werden (Utopia o. J. b), aber auch, wie die Nutzungsdauerverlängerung digitaler Medientechnologien ein Beitrag zu Nachhaltigkeit sein kann: „Jedes Gerät verbessert seine Ökobilanz dadurch, dass man es möglichst lange verwendet. Sinnvoll ist also, Smartphones und Tablets so lange wie möglich zu benutzen und schonend zu behandeln." (Utpia 2015b) Dabei steht die Wertzuschreibung auch im Beispiel der Onlineplattform Utopia.de in einem engen Zusammenhang mit den Zielen der Ressourcenschonung und Müllvermeidung, da in den Onlineartikeln, in denen Ressourcenschonung und Müllvermeidung im Allgemeinen und solche in Hinblick auf Medientechnologien im Besonderen, diese auch im Zusammenhang mit der Wertschätzung von Konsumobjekten bzw. digitalen Medientechnologien diskutiert werden.

Zusammenfassend lässt sich für alle drei Fallstudien festhalten, dass die Akteur*innen Konsumobjekte im Allgemeinen und digitale Medientechnologien im Besonderen wertschätzen, auch, um Ressourcen zu schonen und Müll zu vermeiden, aber auch, weil sie persönliche Beziehungen zu den Endgeräten aufgebaut haben.

Wissensverbreitung und Lernen
Neben den Zielen der Ressourcenschonung und Müllvermeidung sowie dem Motiv der Wertschätzung, wurde das Ziel der Wissensverbreitung und des Lernens über die Fallstudien hinweg herausgearbeitet. Viele der in den drei Fallstudien handelnden Akteur*innen wollen über die sozial-ökologischen Folgen der Konsumgesellschaft im Allgemeinen und die der Produktion und Entsorgung digitaler Medientechnologien im Besonderen eine breitere Bevölkerung aufklären sowie Alternativen aufzeigen und anbieten bzw. Wissen über alternative und nachhaltigere Medienpraktiken verbreiten.

So organisieren ganz unterschiedliche Personen die Repair Cafés, um ihr Wissen über die sozial-ökologischen Auswirkungen der Produktion und Entsorgung digitaler Medientechnologien weiterzugeben. Mit der Ausrichtung des Repair Cafés möchte der Betreiber der Oldenburger Kneipe, in der zunächst das Repair Café ausgerichtet wurde, ein Bewusstsein über die sozial-ökologischen Folgen der Produktion von Konsumgütern im Allgemeinen und Medientechnologien im Besonderen schaffen:

„Dieses Bewusstsein [über die Problematik der Produktionsbedingungen, S. K.] muss
einfach da sein und das ist für mich tatsächlich [wichtig, S. K.], dass man dieses
Bewusstsein verbreitet, dass man da unheimlich viel Werbung für macht, dass immer
mehr Leute irgendwie aufmerksam darauf werden. Und auch diese Problematiken
sehen, [..., und, S. K.] dass man damit einfach wesentlich bewusster umgeht."

Er sieht in den Repair Cafés eine Möglichkeit, Menschen über die Relevanz der Ressourcenschonung und Müllvermeidung aufzuklären. Auch die bildende Künstlerin
des Berliner Repair Cafés möchte dieses nutzen, um Wissen über die Auswirkungen
der Produktion und Entsorgung digitaler Medientechnologien zu teilen:

„Es geht hier auch viel um Bildung, man [...] muss wissen: Okay, diese Metalle
kommen aus diesen Länder, wo es Krieg gibt [und, S. K.] die Leute arm sind. Und
auch die Entsorgung [digitaler Medientechnologien, S. K.] ist sehr schwierig und sehr
problematisch, weil [...] viel illegal geliefert wird nach Afrika."

Neben der Wissensverbreitung über die globalen Produktions- und Entsorgungs-
ketten, die sie als eine „Katastrophe" bezeichnet, möchte sie aber auch, dass
Teilnehmer*innen Wissen um die sachgemäße Nutzung ihrer Geräte erlernen, wie
beispielsweise die Entnahme der Batterien oder Akkus aus elektronischen Geräten
bei längerer Nichtnutzung.

Somit wollen Organisator*innen und Helfer*innen in den Repair Cafés nicht
nur ihr Wissen um die sozial-ökologischen Folgen der Produktion, Nutzung und
Entsorgung von Konsumgütern im Allgemeinen und digitalen Medientechnologien
im Besonderen verbreiten, sondern auch Wissen über die richtige Nutzung elektronischer Geräte weitergeben. Des Weiteren wollen Helfer*innen auch Kompetenzen
in der Praktik des Reparierens teilen. Der 30-jährige Systemelektroniker, der seine
Hilfe bei der Reparatur von Mobilfunkgeräten in Berlin anbietet, erklärt:

„Wir arbeiten sehr viel mit Anleitung, sodass derjenige, wenn's jetzt ein Displayscha-
den ist oder so, die Reparatur selber machen sollte mit unserer Anleitung und unserer
Hilfe. [...] Ich hatte sehr viele Kunden, die einfach interessiert sind, die Handys selber
zu reparieren."

In diesem Zitat wird die bereits oben erläuterte Paradoxie zwischen dem Anspruch,
„Hilfe-zur-Selbsthilfe" zu leisten, sowie der Praxis einer Dienstleistung (suggeriert
durch die Verwendung des Begriffs „Kunden") offenbar.

Dass unter den Hilfesuchenden aber Interesse am Erlernen des Reparierens
besteht, zeigt das folgende Zitat einer Beteiligten im Berliner Repair Café beispiel-
haft: „Ich find's immer spannend, dabei zuzugucken [beim Reparieren, S. K.], was
ist jetzt kaputt und warum. […] Ich [finde] es immer cool, mir das anzugucken und

auch sich so ein bisschen was abzugucken." Doch haben die Prozesse der Wissensvermittlung und des Lernens auch Grenzen. Viele der Teilnehmer*innen haben v. a.
mit digitalen Medientechnologien Berührungsängste und trauen sich das Reparieren nicht selber zu, wobei dies gleichermaßen für Männer wie auch für Frauen gilt.
So sagt ein 31-jähriger Musiker in Oldenburg, der den defekten Verstärker seiner
Musikanlage mitgebracht hat:

> „Ich würde es [das Reparieren, S. K.] wahnsinnig gerne selber können, aber ich habe
> leider so was völlig Unnötiges gelernt wie Musiker und ich bewundere das wahnsin-
> nig, wie man sich hinsetzen kann, die Technik verstehen kann und sagen kann: Na ja,
> das und das müssen wir ersetzen und dann geht das Ding wieder. [...] Ich würde mich
> nie trauen, das selber jetzt aufzumachen."

Und auch eine 64-jährige Teilnehmerin des Repair Cafés in Garbsen, die ihren
defekten Fernseher reparieren lassen möchte, antwortet auf die Frage, ob sie sich
in den Reparaturprozess einbringen möchte: „Nein, nein, mit Technik habe ich es
nicht so. Nein. Das kann ich nicht. Und brauche ich auch nicht." Genau wie Rosner
und Ames (2013, S. 327), zeigt auch meine Analyse, dass oftmals *für* die Teilnehmenden repariert wird. Aber viele Hilfesuchende interessiert zumindest das Öffnen
der Geräte und das Beheben des Defekts und beobachten die Reparaturprozesse.

Auch die Helfer*innen nehmen diese Grenzen der Wissensvermittlung wahr. So
erklärt der 70-jährige pensionierte Hauptschullehrer, der in Oldenburg bei der Reparatur elektrischer Geräte und auch Medientechnologien hilft: „Hier einem totalen
Laien zu erklären, was man an den technischen Geräten macht, das führt natürlich
zu weit. Also, das geht sicher bei einigen Sachen, aber bei so Elektronik sicher
nicht." Die Beobachtungen in den verschiedenen Reparaturveranstaltungen zeigen
tatsächlich, dass z. B. mehr Hilfesuchende in den Reparaturprozess von Textilien
oder Fahrrädern eingebunden werden als in den elektronischer Geräte. Die Art der
defekten Dinge beeinflusst also, inwiefern das Reparieren ein gemeinsamer Akt ist
und sein kann und inwiefern das Reparieren erklärt bzw. erlernt werden kann.

Für Personen, die im Alltag bereits reparieren und Technikwissen sowie -
kompetenz mitbringen, ist das Repair Café ein Ort, an dem Werkzeuge, Ressourcen
und Unterstützung zur Verfügung gestellt werden, die zuhause fehlen. So erklärt ein
Helfer im Oldenburger Repair Café:

> „Also viele kommen hier auch her, die haben eine technische Vorbildung und kennen
> sich ein bisschen mit solchen Dingen aus, denen fehlt eben nur das Werkzeug und
> brauchen hier und da mal einen Tipp. [...] Wir sehen uns zu allererst als Unterstützer".

Die Unterstützung findet nicht nur im Reparaturprozess durch die Helfenden statt, sondern auch durch die Bereitstellung von Ressourcen und einer Infrastruktur während der Reparaturveranstaltungen. Findet die Wissensvermittlung in den Repair Cafés vis-à-vis statt, so tauschen sich auch einige, wenn auch wenige Reparierende über die Onlineforen der Plattform der Anstiftung & Ertomis aus. Auch hier wird Reparaturwissen erfragt oder weitergeben. Dennoch bleiben die lokalen Reparaturveranstaltungen die zentralen Momente des Wissensaustauschs.

Während der Covid-19-Pandemie wurden Reparaturveranstaltungen auch online organisiert – durch einzelne Reparaturinitiativen bzw. in netzwerkweiten Veranstaltungen, die durch die Anstiftung & Ertomis organisiert wurden. Diese Onlineveranstaltungen wurden u. a. auf der durch die Stiftung gestalteten Onlineplattform beworben (www.repararur-initiativen.de), sowie auch im Newsletter der Anstiftung.

Auch in der Fallstudie zum Fairphone ist das Ziel der Wissensvermittlung zentral. Das Fairphone-Unternehmen verkauft nicht nur ein Smartphone, sondern vermittelt Wissen über die sozial-ökologischen Folgen von konventionellen Smartphones im Allgemeinen sowie der Produktion des Fairphones im Besonderen. Dabei liegt ein Schwerpunkt auf der Problematik des Ressourcenabbaus und auf hier liegende Potenziale fairer Abbauprozesse sowie auf der Problematik der Entsorgung von Smartphones und hier liegenden Möglichkeiten der Müllvermeidung durch Nutzungsdauerverlängerung (s. o.). Im Onlineforum auf der Plattform des Unternehmens tauschen sich Fairphone-Nutzer*innen über die Reparaturmöglichkeiten des Smartphones aus, und auch in lokalen von einzelnen Fairphone-Nutzer*innen organisierten Veranstaltungen wird Wissen über das Smartphone, die Herstellungsprozesse und Repariermöglichkeiten ausgetauscht (s. hierzu detaillierter Abschn. 4.4).

Schließlich will das Fairphone-Unternehmen den Diskurs um (un-)faire Produktionsbedingungen elektronischer Geräte beeinflussen (Fairphone 2015b, S. 1), zum einen durch die Entwicklung des Fairphones selbst, zum anderen durch Kampagnen, in denen das Unternehmen über die globalen Auswirkungen der Produktion und Entsorgung von Smartphones aufklärt. Durch die Informationsverbreitung der eigenen Produktion schafft das Fairphone-Unternehmen Transparenz (siehe detaillierter zum Wert der Transparenz Abschn. 4.4). Hierfür nutzt es nicht nur die eigene Onlineplattform, sondern auch Onlinenetzwerke wie Facebook und Instagram und den Mikrobloggingdienst Twitter.

Auch in der Fallstudie zur Onlineplattform Utopia.de ist das Ziel der Wissensvermittlung zentral, denn die Utopia GmbH beschreibt als Anliegen, dass sie „Millionen Verbraucher informieren und inspirieren [will, S. K.], ihr Konsumverhalten und ihren Lebensstil nachhaltig zu verändern." (Utopia 2019c, s. o.) In Artikeln des

Onlinemagazins wird nicht nur Wissen über als nachhaltig deklarierte Produkte und Praktiken, sondern auch über sozial-ökologische Folgen des als nicht nachhaltig eingeschätzten Konsums weitergegeben. Hier werden auch die Auswirkungen der Produktion und Entsorgung digitaler Medientechnologien thematisiert (s. o.). So wird z. B. auch die oben erläuterte Problematik im Abbau der für digitale Medientechnologien benötigten Ressourcen, wie dem Coltanabbau in der Demokratischen Republik Kongo, durch den Warlords ihren Krieg gegen die Zentralregierung finanzieren, und Menschen, oftmals Kinder, unter unwürdigen und lebensbedrohlichen Bedingungen arbeiten, unter Artikeltiteln wie „Handy – Krieg und Verwüstung in der Hosentasche" (Utopia 2013) thematisiert.

In den Onlineforen sowie v. a. über verschiedene Facebook-Gruppen tauschen sich Nutzer*innen über verschiedene Themen aus und teilen hier ihr Wissen über nachhaltigen Konsum (s. o.). Die Utopia GmbH nutzt des Weiteren einen eigenen YouTube-Kanal, in dem sie Kurzfilme über verschiedene Themen nachhaltigen Konsums präsentiert und hierüber Wissen an die Rezipierenden vermitteln will (s. o.).

Zusammenfassend lässt sich festhalten, dass der Wissensaustausch in den unterschiedlichen Fallstudien über vis-à-vis in lokalen Veranstaltungen oder medial vermittelt über die eigenen Onlineplattformen oder über Profile auf Onlinenetzwerken oder Mikrobloggingdiensten stattfindet. Diese (medial vermittelte) Kommunikation ist auch ein zentrales Moment der Vergemeinschaftungsprozesse, die in den Fallstudien auszumachen sind und die in Abschn. 4.4 näher betrachtet werden.

Dem Ziel der Wissensvermittlung und des Lernens inhärent ist das Ziel der Ermächtigung, das eine Folge der Wissensvermittlung und des Lernens sein kann und sein soll. Ermächtigung wird in Anlehnung an Rosner und Ames (2014, S. 326) hier als ein Prozess definiert, in dem sich Wissen um Gegenstände entwickelt, um besser informierte Entscheidungen über diese zu treffen. Die Auswertung des Datenmaterials zeigt deutlich, dass die Akteur*innen der verschiedenen Fallstudien Wissen über Medienpraktiken und digitale Medientechnologien teilen, um besser informierte Entscheidungen treffen zu können – z. B. über nachhaltigen Konsum im Allgemeinen, digitale Medientechnologien und die Medienpraktik des Reparierens im Besonderen. In der Fallstudie zum Reparieren von (digitalen) Medientechnologien in Repair Cafés und in der Produktion und Aneignung des Fairphones geht es letztendlich um eine Ermächtigung der Geräte selbst. In dem Datenmaterial zeigten sich jedoch auch Paradoxien und Grenzen in der Wissensvermittlung und damit auch der Ermächtigung.

Konsumkritische Medienpraktiken

Die folgende Tab. 4.2 gibt eine Übersicht über die dominanten Ziele und Motive, welche die Akteur*innen der drei Fallstudien verfolgen.

Es sind die Ziele der Ressourcenschonung, Müllvermeidung, Wissensvermittlung und des Lernens sowie des Motivs der Wertzuschreibung, welche die Medienpraktiken der untersuchten Fallstudien als konsumkritisch charakterisieren. Konsumkritische Medienpraktiken definiere ich als solche, in denen a) Medien entweder genutzt werden, um (eine bestimmte Art von) Konsum zu kritisieren oder b) Alternativen zum Konsum (im Sinne des Verbrauchens und Kaufens) von Medientechnologien entwickelt bzw. praktiziert werden (s. auch Kannengießer 2018a, S. 217 und Kap. 1).

Sind konsumkritische Medienpraktiken solche, in denen explizit der Zusammenhang von Medien (als Technologien, Inhalte und Organisationen) und Konsum thematisiert wird, so werden kritische Medienpraktiken allgemeiner durch zwei Charakteristika definitorisch bestimmt:

> „1) In kritischen Medienpraktiken reflektieren Akteure Routinen, die sich auf Medien (als Organisationen, Inhalte oder Technologien) beziehen, und/oder Metaprozesse wie Mediatisierung, Digitalisierung oder Datafizierung. 2) Auf der Grundlage dieser Reflektion entwickeln Akteure alternative Routinen in ihren Medienpraktiken und gestalten Prozesse der Mediatisierung, Digitalisierung oder Datafizierung." (Kannengießer und Möller 2021, S. 256).

Konsumkritische Medienpraktiken sind also eine spezifische Form kritischer Medienpraktiken.

Wie gezeigt wurde, können die hier untersuchten Medienpraktiken jeweils als konsumkritisch bezeichnet werden, da entweder Konsum an sich bzw. eine bestimmte Art von Konsum in den Medien kritisiert wird bzw. eine Art von Konsum proklamiert wird, der als nachhaltig angesehen wird (so im Beispiel von Utopia.de) oder durch die Medienpraktiken des Reparierens von Medientechnologien bzw. Produzierens und Aneignens fairer Medientechnologien Alternativen zum Konsum von Medientechnologien etabliert werden sollen, zum einen, um die Nutzungsdauer digitaler Medientechnologien zu verlängern und damit Ressourcen zu schonen sowie Müll zu vermeiden, zum anderen in der Produktion und Nutzung eines Smartphones, das (zu einem gewissen Anteil) nachhaltig produziert wird und reparierbar ist – wodurch auch Ressourcen geschont sowie Müll vermieden werden soll.

Die vier Ziele Ressourcenschonung, Müllvermeidung, Wissensvermittlung und Lernen sowie das Motiv der Wertzuschreibung stehen dabei in einem engen Zusammenhang, sollen durch die Vermittlung des Wissens über die sozial-ökologischen Folgen der Produktion und Entsorgung digitaler Medientechnologien Nutzer*innen

Tab. 4.2 Dominante Ziele und Motive konsumkritischer Medienpraktiken

Fallstudien / Ziele	Reparieren von Medientechnologien in Repair Cafés	Produktion und Aneignung des Fairphones	Onlineplattform Utopia.de
Müllvermeidung	Durch das Reparieren und damit die Nutzungs-dauerverlängerung digitaler Medientechnologien	Durch die Produktion/Nutzung eines modularen und reparierbaren Smartphones	Als ein zentrales Thema in den Onlineartikeln auf der Plattform
Ressourcenschonung	Durch das Reparieren und damit die Nutzungs-dauerverlängerung digitaler Medientechnologien	Durch die Produktion/Nutzung eines modularen und reparierbaren Smartphones	Als ein zentrales Thema in den Onlineartikeln auf der Plattform
Wissensverbreitung und Lernen	Über das Reparieren von (digitalen) Medientechnologien und Gespräche über die sozial-ökologischen Folgen der Produktion und Entsorgung digitaler Medientechnologien	Über Inhalte auf der Onlineplattform des Unternehmens und Profile auf Onlinenetzwerken über die sozial-ökologischen Folgen der Produktion und Entsorgung digitaler Medientechnologien und der Möglichkeiten der Produktion fairer Medien-technologien	Über Inhalte auf der Onlineplattform des Unternehmens und Profile auf Onlinenetzwerken über die sozial-ökologischen Folgen der Produktion und Entsorgung digitaler Medientechnologien und Möglichkeiten und „nachhaltigen" Konsums
Wertzuschreibung	An existierende (digitale) Medientechnologien	An existierende Smartphones	An Konsumgüter im Allgemeinen und digitale Medientechnologien im Besonderen

in den verschiedenen Fallstudien aufgeklärt werden, um ihre Medienpraktiken zu reflektieren. Des Weiteren sollen sie dazu motiviert werden, durch Medienpraktiken, wie dem Reparieren, Ressourcen zu schonen und Müll zu vermeiden. Die Wertschätzung der vorhandenen Apparate ist schließlich eine Bedingung und zugleich Folge der Ressourcenschonung und Müllvermeidung, schreiben die Nutzer*innen ihren Geräten doch einen Wert zu, weil sie um die integrierten Ressourcen und in den Apparaten materialisierte Arbeit wissen, und versuchen sie entsprechend die Entsorgung digitaler Medientechnologien aufgrund dieses Wissens zu vermeiden.

Kritik wird hier zum einen im Sinne Kants (1996 [1790], S. 18 ff.) als „Urteilskraft" verstanden, da Akteur*innen Produkte und Praktiken bewerten, zum anderen im Sinne Foucaults (1992 [1978]) als die Entwicklung von Alternativen – hier von Produkten und Praktiken, die nicht dem mehrheitlichen Konsum bzw. verbreiteten Konsumgütern entsprechen. Stellt Kritik „gesellschaftliche Werte, Praktiken und Institutionen und die mit diesen verbundenen Welt- und Selbstdeutungen ausgehend von der Annahme infrage, dass diese nicht so sein müssen, wie sie sind" (Jaeggi und Wesche 2009, S. 7), so hinterfragen die hier untersuchten konsumkritischen Medienpraktiken die derzeit mehrheitlich verfolgten Medienpraktiken von Konsumierenden und Produzierenden, bewerten diese und entwickeln *andere* Produkte und Praktiken.

Mit den konsumkritischen Medienpraktiken wollen die Akteur*innen der drei Fallstudien zu einer nachhaltigeren Gesellschaft beitragen. Wie das Datenmaterial zeigt, bezieht sich Nachhaltigkeit dabei nicht nur auf die ökologische Dimension (s. Kap. 1), indem die Umwelt durch Ressourcenschonung und die Müllvermeidung geschützt wird, sondern auch auf die soziale Dimension, in dem Produktionsprozesse digitaler Medientechnologien fairer gestaltet und gesundheitsgefährdende Entsorgungsprozesse vermieden werden. Schließlich geht es auch um die ökonomische Dimension von Nachhaltigkeit, indem ein alternativer, nachhaltigerer Markt für Medientechnologien geschaffen bzw. beworben wird.

Neben den vier das Handeln der Akteur*innen dominierenden Zielen, welche ich als konsumkritisch bezeichne, wurden auch weitere Ziele und Motive in der Materialauswertung identifiziert, wie z. B. die Freude am Reparieren oder die finanzielle Notwendigkeit (s. o.), die weniger politisch motiviert sind, also weniger darauf zielen, Gesellschaft zu gestalten. Es sind jedoch die konsumkritischen Ziele, welche im Datenmaterial dominierten. Auch ist zu betonen, dass die verschiedenen Ziele nicht nur von unterschiedlichen Personen vertreten werden, sondern, dass einzelne Personen auch unterschiedliche Ziele verfolgen, und dass es schließlich nicht zwingend zu Widersprüchen zwischen den Zielen kommen muss. So kann eine Person digitale Medientechnologien aufgrund einer finanziellen Notwendigkeit oder Freude an der

Auseinandersetzung mit dem Endgerät reparieren und dies gleichzeitig aufgrund der Ressourcenschonung und Müllvermeidung tun.

Weiterhin wurde gezeigt, dass in den konsumkritischen Medienpraktiken durchaus Paradoxien zu finden und diese mit ihren eigenen Grenzen konfrontiert sind. Im Falle des Reparierens von Medientechnologien hat z. B. die Vermittlung des Wissens über Reparaturprozesse ihre Grenzen, weil Helfer*innen oftmals *für* Hilfesuchende reparieren und letztere nicht zwingend selbst. Des Weiteren zeigte das Interviewmaterial, dass an den Repair Cafés Beteiligte, die mit dem Reparieren die Ziele der Ressourcenschonung und Müllvermeidung verfolgen, auch über komplexe Medienrepertoires verfügen und ihre Medientechnologien aufgrund technischer Innovationen regelmäßig ersetzen, was mit dem übergeordneten Ziel der Nachhaltigkeit konfligiert. Dies erklären überwiegend technisch affine Reparaturhelfer*innen. Einige andere Personen erzählten aber auch von Konsumverzicht in Hinblick auf Medientechnologien oder von der Nutzung sehr alter Medienapparate.

Auch aufseiten des Fairphone- und des Utopia-Unternehmens lassen sich jeweils Paradoxien finden. So regt die Onlineplattform Utopia.de aufgrund ihrer Kaufberatung durchaus und v. a. zum Kauf an, auch wenn dieser nach Einschätzungen der Utopia GmbH nachhaltig sein soll. Aber tatsächlich nachhaltig im Sinne einer konsequenten Müllvermeidung und Ressourcenschonung wäre eher der Konsumverzicht bzw. Konsumreduktion. Solche Praktiken werden zwar wiederholt in Onlineartikeln der Plattform thematisiert, dominant ist aber das Bewerben als nachhaltig deklarierter Produkte – nicht zuletzt sicherlich aufgrund der Finanzierung der Onlineplattform, welche durch (nachhaltige) Unternehmen gewährleistet wird (s. Abschn. 4.1).

Und auch wenn die Reparierbarkeit des Fairphones zwar den Konsum neuer Geräte verhindern könnte, so veranlassen die Existenz dieses Gerätes und das Unternehmen selbst über den Kauf des Smartphones doch wieder Konsum – nämlich den Erwerb des Fairphones. Auch sind für die erste Generation des Fairphones keine Ersatzteile mehr beziehbar, sodass dieses nicht zwingend reparierbar ist. Dies erstaunt v. a., da die Fairphones der ersten Generation erst wenige Jahre alt sind (die erste Auslieferung erfolgte 2013) und eine durch das Unternehmen versprochene Langlebigkeit des Smartphones somit nicht gewährleistet ist. Eine Paradoxie in Hinblick auf die Fairphone-Nutzer*innen lässt sich ähnlich wie bei den Reparierenden in Repair Cafés anhand der Medienrepertoires festmachen, denn einige Nutzer*innen verfügen über komplexe Medienrepertoires oder ersetzen bestehende Medientechnologien regelmäßig aufgrund technischer Innovationen.

Neben den Paradoxien innerhalb der konsumkritischen Medienpraktiken müssen diese auch im Kontext weiterer Alltagspraktiken beobachtet werden. So zeigt sich bei vielen der Reparateur*innen und Fairphone-Nutzer*innen, dass die konsumkriti-schen Motive für das Reparieren bzw. den Kauf des Fairphones einige Personen nicht davon abhalten, in ihrer Freizeit trotzdem z. B. Viel- oder Langstreckenflieger*innen zu sein und hier das Ziel der Nachhaltigkeit weniger zu verfolgen.

Menschen handeln also durchaus konsumkritisch mit Medien(-technologien), aber die konsumkritischen Medienpraktiken weisen dennoch Paradoxien auf und sind auch im Kontext weiterer Alltagspraktiken (und ihrer Relevanz für Konsumkri-tik) zu beobachten. Nichtsdestoweniger können konsumkritische Medienpraktiken als Versuche bezeichnet werden, mit Medien(-technologien) zu einer nachhaltigen Gesellschaft beizutragen.

4.3 Konsumkritische Medienpraktiken aus medienethischer Perspektive

Wurden im vorherigen Kapitel die Ziele und Motive der in den Fallstudien unter-suchten Medienpraktiken untersucht, durch welche diese als konsumkritisch zu charakterisieren sind, so stehen in diesem Teilkapitel die Werte im Mittelpunkt, welche den konsumkritischen Medienpraktiken inhärent sind. Denn die im vor-hergehenden Kapitel herausgearbeiteten Ziele und Motive der in den Fallstudien agierenden Personen zeigen, dass viele der Beteiligten bestimmte und ähnliche Wertvorstellungen konstruieren und verfolgen. Die Werte konsumkritischer Medi-enpraktiken werden durch das Einnehmen einer medienethischen Perspektive (s. Abschn. 3.2.3) auf das Datenmaterial sichtbar.

Nimmt eine medienethische Perspektive Wertevorstellungen auf der Makro-, Meso- und Mikroebne in den Blick (Krainer et al. 2016, S. 10), so stehen in diesem Buch mit den Beispielen besonders die Meso- und die Mikrobene im Fokus, da zum einen Medienpraktiken von Individuen untersucht werden (wie den Fairphone-Nutzer*innen), aber auch solche, die organisiert (wie das Reparieren von Medientechnologien in Repair Cafés) oder durch Organisationen bzw. Unternehmen (z. B. das Fairphone-Unternehmen und die Utopia GmbH) praktiziert werden. Die Makroebene hingegen spielt als Rahmen für die unter-suchten Medienpraktiken eine Rolle, der die Medienpraktiken reguliert bzw. durch diese kritisiert wird – so weisen Beteiligte an Repair Cafés und Fairphone-Konsument*innen beispielsweise auf die Baseler Konvention hin, in der die Verschiffung elektronischen Mülls von Staaten der Europäischen Union in andere Länder verboten ist (s. Abschn. 2.2.2). Das Wissen um das Ignorieren dieser Konvention und die illegale Verschiffung elektronischen Mülls auf u. a. die größte Deponie der Welt in Ghana aufgrund der Rezeption dies thematisierender Medienberichte, veranlasst die Akteur*innen, sich um Müllvermeidung zu bemühen (s. vorheriges Kapitel). Bildet dieses Wissen die Motivation der Akteur*innen in den Fallstudien, so wird diese Makroebene, also z. B. die Gesetzgebung zu globalen Wertschöpfungsketten nicht detaillierter untersucht, sondern als Rahmen der konsumkritischen Medienpraktiken erläutert. Im Folgenden erläutere ich die Werte, welche den untersuchten Medienpraktiken inhärent sind.

Wie in Abschn. 3.2.3 erklärt, kann mit einer medienethischen Perspektive die Moral in Medienpraktiken von Akteur*innen oder Gemeinschaften untersucht werden, wobei unter Moral der „in einer bestimmten Gruppierung, Gemeinschaft oder Gesellschaft geltenden Komplex an Wertvorstellungen, Normen und Regeln" (Rath 2002, S. 59) verstanden wird. Die hier untersuchten konsumkritischen Medienpraktiken sind moralische, weil mit ihnen bestimmte Werte verfolgt werden. Wenn Werte, Ziele und Normen konkrete Verhaltensregeln sind (Funiok 2016, S. 322), dann sind den in den untersuchten Medienpraktiken Werte inhärent, da die verschiedenen Akteur*innen freiwillig bestimmte Ziele verfolgen und den konsumkritischen Medienpraktiken keine konkreten Verhaltensregeln zugrunde liegen.

Durch eine Abstrahierung der im vorherigen Kapitel erläuterten Ziele sowie Motive und eine weitere Auswertung des Datenmaterials aus medienethischer Perspektive wurden sechs dominante Werte herausgearbeitet, die den in den Fallstudien untersuchten konsumkritischen Medienpraktiken inhärent sind und die bereits in Abschn. 3.2.3 theoretisch erläutert wurden: Verantwortung und Gerechtigkeit, Gemeinwohl und Selbstbestimmung, Transparenz und Würde.

Oben wurde bereits verdeutlicht, dass sich der Begriff Verantwortung auf die Frage bezieht, „ob die Folgen unseres Handelns als ethisch akzeptabel gelten können". (Debatin 2016, S. 68) Genau diese Frage stellen sich die Akteur*innen in den Fallstudien in Hinblick auf ihre Medienpraktiken, indem sie die ethischen Auswirkungen ihrer und anderer Medienpraktiken reflektieren: Wie im vorherigen Kapitel herausgearbeitet, kritisieren sie die konventionellen Produktions- und Entsorgungsprozesse digitaler Medientechnologien in Hinblick auf die unwürdigen Bedingungen, in denen Menschen die für die Apparate benötigten Ressourcen gewinnen, die Endgeräte herstellen bzw. sie (unsachgemäß) entsorgen, sowie auch die schädlichen Auswirkungen der Produktion- und Entsorgung auf die Umwelt. Auch gängige Aneignungsprozesse, in denen digitale Medientechnologien aufgrund technologischer Innovationen regelmäßig ersetzt oder bei einem Defekt ohne Reparaturversuche entsorgt werden, kritisieren sie. Die Akteur*innen aller drei Fallstudien informieren nicht nur über die sozial-ökologischen Folgen der Produktion, Aneignung und Nutzung digitaler Medientechnologien, sondern werben darüber hinaus für von ihnen als nachhaltig bewertete Medientechnologien und -praktiken (Utopia.de) bzw. wollen mit dem Reparieren von (digitalen) Medientechnologien eine nachhaltige Medienpraktik durchführen und über Repair Cafés verbreiten sowie mit dem Fairphone ein reparierbares und fair produziertes und dadurch nachhaltiges Smartphone produzieren bzw. kaufen.

Aufgrund des Wissens um die sozial-ökologischen Folgen der komplexen Produktions-, Aneignungs- und Entsorgungsprozesse digitaler Medientechnologien übernehmen die Akteur*innen *Verantwortung* für ihre Medienpraktiken, indem sie versuchen die negativen Auswirkungen ihrer Medienpraktiken zu minimieren. Um dies zu erreichen, nutzen sie Onlinemedien als Informationsquelle über nachhaltigen Konsum, verlängern die Nutzungsdauer ihrer Endgeräte durch das Reparieren bzw. die Produktion/den Kauf eines reparierbaren Smartphones, um Konsum und damit auch die Produktion und Entsorgung von Medientechnologien zu vermeiden. Das Fairphone-Unternehmen will die Produktion des Smartphones nachhaltiger gestalten, indem die Herstellungsprozesse menschenwürdiger vollzogen werden sollen. Das Unternehmen bewertet das eigene Produkt explizit als ethisch: „The world's first *ethical,* modular smartphone" (Fairphone 2019a; Hervorhebung, S. K.) und betont die eigene Verantwortung, der sie mit ihrem Ansatz nachkommen wollen: „We're addressing the full lifespan of mobile phones, including use, reuse and safe recycling. We believe that our *responsibility* doesn't end with sales." (Fairphone 2016d; Hervorhebung, S. K.)

Der (medien-)ethische Terminus der Verantwortung wurde als ein relationaler Begriff eingeführt und aus medienethischer Perspektive die Frage aufgeworfen (s. Abschn. 3.2.3): Was machen Menschen (Verantwortungssubjekte) mit Medien (Verantwortungsgegenstand), sodass die Folgen des Handelns akzeptabel gegenüber anderen (Verantwortungsinstanz) sind? Diese Frage kann auf die untersuchten Fallstudien wie folgt beantwortet werden: Individuen (Verantwortungssubjekte) reparieren ihre digitalen Medientechnologien bzw. erwerben reparierbare Medientechnologien, damit ihre Aneignung von Medien (Verantwortungsgegenstand) akzeptabler gegenüber der in den Produktions- und Entsorgungsprozessen involvierten Umwelt (verstanden als Natur und Lebewesen) ist. Eine ethisch akzeptable Medienproduktion verfolgt auch das Fairphone-Unternehmen (Verantwortungssubjekt) mit der Produktion des Fairphones (Verantwortungsgegenstand) gegenüber der Umwelt (Verantwortungsinstanz), die in die Herstellungsprozesse des Smartphones involviert sind. Schließlich ist es die Utopia GmbH (Verantwortungssubjekt), welche eine Onlineplattform nutzt (Verantwortungsgegenstand), um für nachhaltigen Konsum zu werben, und sich bemüht, darüber die Folgen des Konsums für die Umwelt (Verantwortungsinstanz) akzeptabel zu gestalten. Unterscheiden sich die Verantwortungssubjekte in den Fallstudien (Individuen,

Nichtregierungsorganisationen, Unternehmen), so sind die Verantwortungsgegenstände ähnlich, nämlich Medien(-technologien) (verschiedenster Art in den Repair Cafés, ein Smartphone beim Beispiel des Fairphones und Internetmedien bei Utopia.de). Die Veranstaltungssubjekte sind gleich, nämlich die Umwelt (Natur und Lebewesen), welche durch Konsum im Allgemeinen und den digitaler Medientechnologien negativ betroffen ist. Es sind also v. a. Menschen, Tiere und Natur in ökonomisch weniger entwickelten Ländern und Schwellenländern, in denen die für digitale Medientechnologien benötigten Ressourcen abgebaut, die Geräte produziert und entsorgt werden, vor denen sich die in den Fallstudien untersuchten Akteur*innen in Industrienationen (das Fairphone-Unternehmen in den Niederlande, Fairphone-Nutzende in Deutschland sowie auch Beteiligte an Repair Cafés und die Utopia GmbH in Deutschland) verantworten, indem sie die Folgen ihres Konsums im Allgemeinen und der digitaler Medientechnologien im Besonderen transparent machen und versuchen, die negativen Folgen zu ändern.

Die hauptsächlichen Verursacher*innen der negativen sozial-ökologischen Auswirkungen der Produktion, Aneignung und Entsorgung digitaler Medientechnologien sind überwiegend Akteur*innen in den Industriestaaten, während die Menschen in ökonomisch weniger entwickelten Ländern meist diejenigen sind, die unter den Folgen leiden, zum einen, weil sie in die Produktions- und Entsorgungsprozesse direkt involviert sind, zum anderen, weil die Folgen des Klimawandels, der auch durch den Konsum und die Aneignung von Medientechnologien verursacht wird (z. B. durch den Verbrauch fossiler Energien für das Betreiben digitaler Medientechnologien bzw. für Onlinekommunikation benötigte Server) und überwiegend in ökonomisch weniger entwickelten Ländern spürbar ist.

Aus den Motiven und Zielen der Akteur*innen konnte herausgearbeitet werden, dass sich die Akteur*innen bewusst sind, dass Menschen in anderen Ländern unter den sozial-ökologischen Folgen derzeitiger Produktion und Entsorgung digitaler Medientechnologien leiden und diese die Lebensgrundlage der Menschen in ökonomisch weniger entwickelten und Schwellenländern zerstören oder bedrohen.

Mit ihren Medienpraktiken versuchen die Akteur*innen, ihre Verantwortung für die Umwelt in diesen Ländern wahrzunehmen, also ihr Medienhandeln ethisch akzeptabel gegenüber der Umwelt in diesen Ländern zu gestalten. So versuchen die Reparierenden in Repair Cafés, den Konsum im Sinne eines Verzichts und Verbrauchs bestehender Medientechnologien zu verhindern und wollen die Akteur*innen der Fairphone- und der Utopia-Studie nicht auf Konsum (digitaler Medientechnologien) verzichten, aber diesen anders gestalten und damit

auch die sozial-ökologischen Folgen des Konsums. Die untersuchten konsumkritischen Medienpraktiken sind also *verantwortungsvolle* Medienpraktiken, da
Akteur*innen mit diesen verantwortungsvoll, also ethisch akzeptabel handeln
wollen.

Dass diesen Medienpraktiken Grenzen und Paradoxien inhärent sind, wurde
im vorherigen Kapitel dargelegt. So ist die Verantwortung, der die Akteur*innen
in den drei Fallstudien nachkommen wollen, schließlich auch durch Grenzen und
Paradoxien durchzogen, da die untersuchten Medienpraktiken nicht ohne negative sozial-ökologische Folgen vollzogen werden können: So regt einerseits die
Werbung für nachhaltigen Konsum auf der Onlineplattform Utopia.de sowie die
Produktion des Fairphones zum Konsum an, für den *immer* weitere Ressourcen
benötigt werden, die mitnichten alle fair abgebaut werden, wie das Beispiel des
Fairphones exemplarisch zeigt. Auch kommen die Akteur*innen der Fallstudien
der Verantwortung eher partiell nach – so reparieren sie z. B. ihre Medientechnologien, um nachhaltig zu handeln, fliegen aber regelmäßig. Ändern sich
also die Verantwortungsgegenstände, ändern sich dementsprechend durchaus auch
die Praktiken der Verantwortungssubjekte. Aber auch in Hinblick auf das Verantwortungssubjekt der Medientechnologien wandeln sich die Praktiken, wenn
Menschen z. B. ihre Medientechnologien mit dem Ziel der Nachhaltigkeit reparieren, aber komplexe Medienrepertoires besitzen und diese regelmäßig ersetzen
(s. vorheriges Kapitel).

Für den bis hierher herausgearbeiteten relationalen Begriff der Verantwortung
ist der in Abschn. 3.2.3 erläuterte (medien-)ethische Terminus der Gerechtigkeit
zentral. Denn es ist ein Ungerechtigkeitsempfinden, dass die in den Fallstudien
agierenden Akteur*innen zu den verantwortungsvollen Medienpraktiken veranlasst. Es geht ihnen also in ihrem Handeln auch darum, mit den konsumkritischen
Medienpraktiken die Umwelt, welche von den negativen sozial-ökologischen
Folgen der Produktion, Anregung und Entsorgung digitaler Medientechnologien
betroffen sind, zu ihrem Recht auf ein „gutes Leben" kommen zu lassen, indem
sie diese negativen Folgen aktiv begrenzen.

Dabei zeigen die in den Fallstudien untersuchten Medienpraktiken, dass der
Begriff der Gerechtigkeit aus einer medienethischen Perspektive noch breiter
gedacht werden muss, als es Krainer (2018, S. 320 ff.) bereits vornimmt, die
a) die Freiheit in der Informationsbeschaffung und der Meinungsäußerung, b)
den Zugang zu Medien sowie einen gerechten Besitz medialer Produktionsmittel und c) gleichberechtigtes Vorkommen unterschiedlicher Personen oder
Meinungen innerhalb der vorhandenen Medien als verschiedene medienethische
Betrachtungsmöglichkeiten des Gerechtigkeitsbegriffs aufzählt. Wie die Fallstudien zeigen, ist Gerechtigkeit in einer medienethischen Perspektive nicht nur in

Hinblick auf die Medieninhalte, deren Produktion und Rezeptionsmöglichkeiten zu denken, sondern auch im Zusammenhang mit den sozial-ökologischen Auswirkungen der Produktion, Aneignung und Entsorgung digitaler Medientechnologien. Die Akteur*innen der hier untersuchten Fallstudien weisen mit den konsumkritischen Medienpraktiken auf Ungerechtigkeit in diesen Prozessen hin, darauf, dass Mensch und Natur Unrecht in diesen Prozessen erfahren, da die Menschen unter unwürdigen, gesundheitsschädlichen und gar lebensbedrohlichen Bedingungen arbeiten und die Natur ausgebeutet und zerstört wird. In ihrem Unrechtsempfinden versuchen die Akteur*innen der Fallstudien, Medien zu nutzen, um über dieses Unrecht zu informieren und diesem entgegenzuwirken, entweder, in der Vermeidung der Unterstützung dieser Ungerechtigkeit durch das Reparieren ihrer Medientechnologien (Repair Cafés), in der Information über diese Ungerechtigkeit und im Aufzeigen von Alternativen (Utopia.de) oder der Gestaltung gerechter Produktionsprozesse digitaler Medientechnologien (Fairphone).

Eng im Zusammenhang mit Fragen der Gerechtigkeit in Produktions- und Entsorgungsprozessen digitaler Medientechnologien stehen auch Fragen nach der Würde der in diesen Prozessen involvierten Menschen. Wie oben angeführt wurde, wird Würde im medienethischen Diskurs v. a. in Hinblick auf die Menschenwürde in Medieninhalten diskutiert. Die hier diskutierten Fallstudien zeigen aber, dass sowohl die Würde des Menschen als auch anderer Lebewesen in Produktions- und Entsorgungsprozessen digitaler Medientechnologien relevant ist und in solchen verletzt wird. Die Akteur*innen der drei Fallstudien kritisieren die Verletzung der Menschenwürde in diesen Prozessen und versuchen, mit den konsumkritischen Medienpraktiken die Würde des Menschen zu schützen, indem sie durch das Reparieren digitaler Medientechnologien unwürdige Produktions- und Entsorgungsprozesse vermeiden oder diese durch eine andere Gestaltung derselben fairer und damit auch menschenwürdiger produzieren wollen. Auch die Information und das Werben für nachhaltige Konsumgüter auf der Onlineplattform Utopia.de dient letztendlich dazu, Menschenwürde zu schützen. Wie in Abschn. 3.2.3 argumentiert wurde, bezieht sich in der neuzeitlichen Philosophie und in aktuellen politischen Normen wie den Menschenrechten Würde vor allem auf die Autonomie und Selbstbestimmung des Einzelnen (s. Borhmann 2018, S. 55). Selbstbestimmung ist in den hier untersuchten Fallbeispielen auf zweierlei Weise ein relevanter (medien-)ethischer Begriff: Verknüpft mit dem Schutz der Menschenwürde in Produktions- und Entsorgungsprozessen, geht es den Akteur*innen der Fallstudien zum einen darum, den in diesen Prozessen involvierten Menschen, Möglichkeiten der Selbstbestimmung zu garantieren. Dafür kooperiert das Fairphone-Unternehmen z. B. mit Partnerorganisationen in ökonomisch weniger entwickelten und Schwellenländern, nicht nur, um Nicht-regierungsorganisationen und Unternehmen vor Ort selbstbestimmtes Handeln in Produktionsprozessen digitaler Medientechnologien zu ermöglichen, sondern auch, die einzelnen Arbeitnehmer*innen in ihrer Selbstorganisation zu unterstützen: „[We] strengthen employee representation structures to increase workers' voice in decision-making processes and ownership of lasting improvements in factory conditions" (Fairphone 2016f).

Des Weiteren geht es bei den Fallbeispielen um die Selbstbestimmung der Konsument*innen im Allgemeinen und Nutzer*innen digitaler Medientechnologien im Besonderen. So beschreibt eine Mitarbeiterin der Stiftung Anstiftung & Ertomis, die die Organisation von Reparaturveranstaltungen in Deutschland unterstützt, den Reparaturprozess als einen der Aneignung der Alltagsgegenstände:

> „Zum einen natürlich ist es [das Reparieren, S. K.] eine Aneignung, also man schaut sich […] das Gerät [an, S. K.], das man da benutzt, man wird selber tätig. Also [die, S. K.] Idee der Reparaturinitiative ist ja, es nicht reparieren zu lassen, sondern sich das Gerät *selber* zu nehmen, es mit einem Helfer zusammen aufzumachen, den Fehler zu […, finden S. K.] und es wieder zum Laufen zu bringen."

Wird in der Kommunikations- und Medienwissenschaft der Begriff der Medienaneignung als die Integration von Medien in den Alltag durch Nutzer*innen sowie die Sinnzuschreibung an diese (s. Abschn. 3.2.1) definiert, so ist das Reparieren ein Aneignungsprozess. Dabei geht es jedoch nicht um die Aneignung von Medieninhalten oder Sinnzuschreibung an sie, wie dies traditionell in der Kommunikations- und Medienwissenschaft verstanden wird, sondern um einen Prozess der Aneignung der (digitalen) Medientechnologien selbst. Den an Repair Cafés Beteiligten ist es wichtig, dass sich Nutzer*innen digitaler Medientechnologien diese aneignen, sie verstehen, Defekte erkennen und diese reparieren können. In dieser Aneignung liegt ein Moment der Selbstbestimmung, da die Nutzer*innen selbst erkennen und entscheiden können, ob sie das defekte Gerät reparieren können und wollen und den Reparaturprozess im besten Fall auch selbstbestimmt durchführen können. Dass diesem Moment der Selbstbestimmung ein Problem inhärent ist, wurde bereits in den Abschn. 4.1 und 4.2 erläutert, denn zwar ist das selbstständige und dadurch selbstbestimmte Reparieren eines der Ziele der Organisator*innen und Helfer*innen der Repair Cafés, doch wird aufgrund der Komplexität gerade digitaler Medientechnologien oftmals *für* die Hilfesuchenden repariert.

Der Wert der Selbstbestimmung findet sich auch in der Fallstudie zum Fairphone wieder. So hat das Fairphone-Unternehmen ein modulares Smartphone entwickelt, das die Möglichkeit der Reparierbarkeit offeriert, damit die

Nutzer*innen sich selbstbestimmt mit dem von ihnen genutzten Apparat auseinandersetzen können. Diese Selbstbestimmtheit ist den Fairphone-Nutzer*innen
wichtig. So äußert sich der 33-jährige Mitarbeiter einer Umweltorganisation
begeistert: „Fairphone ist insofern super, weil du kannst das jederzeit aufma-
chen." Dass die Möglichkeit der Reparierbarkeit jedoch eingeschränkt ist, wurde
in den Abschn. 4.1 und 4.2 erläutert.

Schließlich ist es auch ein Anliegen der Utopia GmbH, Verbraucher*innen
über Möglichkeiten des vom Unternehmen als nachhaltig eingestufte Konsumgüter auf der Onlineplattform zu informieren, damit die Nutzer*innen aufgeklärte
und bewusste (Kauf-)Entscheidungen treffen können. Ist dies eine informationelle Selbstbestimmung im Sinne eines Zugangs zu Informationen, wie sie v. a.
in der Kommunikations- und Medienwissenschaft gedacht wird (s. z. B. Heesen
2017), so ist die Selbstbestimmung in den Fallbeispielen der Repair Cafés und
des Fairphones eine, die sich auf die Medien*technologien* bezieht und nicht die
Medieninhalte.

Die Voraussetzung für solche informierten Konsumentscheidungen und eine
selbstbestimmte Aneignung digitaler Medientechnologien ist Transparenz. Die
Schaffung von Transparenz ist ein implizites oder explizites Ziel in den Fallstudien und gleichzeitig ein weiterer (medienethischer) Wert in diesen. So informiert
das Fairphone-Unternehmen auf seiner Onlineplattform über die verwendeten
Ressourcen und deren Abbauprozesse sowie die Herstellungsprozesse der Smartphones. Transparenz ist dabei ein Kernziel des Unternehmens, so argumentiert der
Gründer des Unternehmens Bas van Abel (2015): „At Fairphone, transparency is
one of our core principles for creating fairer electronics." Die Transparenz bezieht
sich dabei v. a. auf die globale Wertschöpfungskette, die das Unternehmen transparent machen möchte: „We want you to understand where your products come
from, so we are tracing our materials to their source and making improvements
in the supply chain among their way" (Fairphone 2016b). Insofern informiert das
Unternehmen auf der Onlineplattform nicht nur über den Herstellungsprozess der
Smartphones, sondern auch über die Art und Weise der Ressourcengewinnung,
wobei v. a. über die Prozesse berichtet wird, die bereits unter faireren Bedingungen stattfinden. Aber auch die Produktionskosten und die Gewinne aus dem
Verkauf der Produkte macht das Unternehmen auf seiner Onlineplattform transparent (van Abel 2015) und unterstreicht damit den Anspruch des Unternehmens,
ein „social entrepreneur" zu sein. Die Kommentare unter dem entsprechenden
Artikel auf der Onlineplattform zeigen, dass die Nutzer*innen diese Transparenz
schätzen und loben.

Transparenz ist auch in der Fallstudie zu Utopia.de ein relevanter Wert: Die
Utopia GmbH informiert über von ihnen als nachhaltig bewertete Konsumgüter

und deren Produktionsprozesse, um Transparenz über die Materialität der Güter und ihrer Produktionsprozesse zu schaffen (s. detaillierter Abschn. 4.2).

Zusammenfassend lässt sich für den Wert der Transparenz in den Fallstudien hervorheben, dass hier Beispiele der „Fremd-Transparenz" und „Selbst-Transparenz" (Meier 2017, S. 225) vorliegen: Das Fairphone ist ein Beispiel für Selbst-Transparenz, da es Informationen über das eigene Produkt und dessen Herstellungsprozesse veröffentlicht sowie über das Unternehmen selbst; die Onlineplattform Utopia GmbH ist ein Beispiel für „Fremd-Transparenz", da hier überwiegend Informationen über andere Unternehmen und deren Produkte publiziert werden. Dabei ist jedoch zu bedenken, dass viele der auf der Onlineplattform veröffentlichten Inhalte durch Kooperationen mit Unternehmen produziert werden, da diese die Produktionsprozesse der Medieninhalte auf unterschiedlichste Art und Weise finanzieren. Die Fremd-Transparenz wird damit z. T. zur Selbst-Transparenz. Im Falle der Selbst-Transparenz sind die Eigeninteressen der Unternehmen in der Herstellung von Transparenz zu hinterfragen.

Schließlich ist es der (medien-)ethische Begriff des Gemeinwohls, der in den konsumkritischen Medienpraktiken, die in den drei Fallstudie untersucht wurden, relevant ist. Betont der Begriff des Gemeinwohls, „dass neben individuellen (privaten) Interessen auch überindividuelle (gemeinsame, öffentliche) Interessen Maßstäbe des Handelns sein können und sollen" (Filipović 2017, S. 10), so zeigt die Analyse der Fallstudien, dass neben individuellen Interessen eben auch über das Individuum hinausgehende Interessen Maßstäbe der konsumkritischen Medienpraktiken sind. Denn die Akteur*innen in den verschiedenen Fallstudien haben neben den Eigeninteressen wie der Wissensaneignung und Selbstbestimmung auch Interessen anderer im Blick, die sie durch ihre Medienpraktiken verfolgen, wie z. B. den Schutz der Würde der Menschen, die in den Produktions- und Entsorgungsprozessen digitaler Medientechnologien und weiterer Konsumgüter involviert sind. Schließlich zielen konsumkritische Medienpraktiken auf eine nachhaltige Gesellschaft und damit die Interessen zukünftiger Generationen, ist doch das zentrale Ziel konsumkritischer Medienpraktiken, die Umwelt, also die Lebewesen und Lebensgrundlagen heutiger Generationen zu schützen, sodass die Bedürfnisse zukünftiger Generationen und damit deren Gemeinwohl, nicht eingeschränkt werden (s. Definition des Nachhaltigkeitsbegriffs in Kap. 2). Dabei wird erneut deutlich, dass auch in der medienethischen Diskussion um den Begriff des Gemeinwohls nicht nur die Medieninhalte im Fokus stehen (s. Abschn. 3.2.3), sondern auch die Medientechnologien und die Produktions- und Entsorgungsprozesse, die sich in diesen materialisieren. Denn wie digitale Medientechnologien produziert und entsorgt werden und wie Menschen mit ihren Endgeräten umgehen und damit die Nutzungsdauer dieser bestimmen, ist eine medienethische Frage im

Spannungsfeld der eigenen Interessen und solcher anderer. Die Forderung von
Filipović, dass „Akteure die moralische Pflicht (Verantwortung) [haben, S. K.],
in ihrem Medienhandeln nicht nur ihre eigenen Interessen zu berücksichtigen,
sondern auch immer die der Allgemeinheit" (Filipović 2017, S. 17), kann (so
zeigen die Fallbeispiele) und muss eben nicht nur auf Medieninhalte bezogen
gedacht werden, sondern auch auf Medientechnologien.

In digitalen Medientechnologien, dies zeigen die Fallstudien, materialisieren
sich auch die Werte einer Gesellschaft. Sind es überwiegend saubere, glatte, glän-
zende digitale Medientechnologien, die in der Konsumgesellschaft genutzt und
aufgrund technologischer Innovationen regelmäßig ersetzt werden, so zeigt die
Fallstudie des Reparierens digitaler Medientechnologien in Repair Cafés, dass
auch ältere, länger genutzte Apparate mit Gebrauchsspuren für die Nutzer*innen
einen Wert haben.

Einer der Organisator*innen des Oldenburger Repair Cafés betont die Relevanz einer solchen Materialität des Gebrauchten für die Reparierenden:

> „Also die Repair-Bewegung [...] hat teilweise solche Formen von Identitätsbildung
> auf Basis einer ganz bestimmten Produktästhetik schon hervorgebracht. [...] Das sind
> die ganz Harten [...], so junge Leute, die so einen uralten Nokia haben. Also wo
> wirklich mit Isolierband und so weiter das Gehäuse fixiert ist, weil es sonst aus-
> einanderfällt und wo der [sic] kleine Display so verschrammt ist, dass die schon
> gucken müssen. Aber da stehen die drauf, das finden die gut und sie wollen damit
> eine politische Aussage treffen, das ist absolut unverkennbar."

Auf den im Zitat erwähnten Bewegungsaspekt werde ich in Abschn. 4.6 detaillierter eingehen. Hier sei die im Zitat erwähnte Produkt*ästhetik* hervorgehoben, in
der sich die Werte der Reparierenden materialisieren, die sich vom Neuen, Schö-
nen und Innovativen abwenden und sich, wie Jackson (2014) in seinem „broken
world thinking" (s. auch Abschn. 3.1.1) betont, der Abnutzung und dem Verfall
zuwenden und diese betonen.

Auch das Fairphone zeigt, dass Medientechnologien „cultural properties" sind,
wie Jansson (2014, S. 284) für Medieninhalte konstatiert, und als solche entweder abgelehnt oder angenommen werden. In den gesellschaftlich angenommenen
oder abgelehnten Medieninhalten und -technologien spiegeln sich die Werte einer
Gesellschaft wieder. Dabei zeigen die Fallstudien, dass durchaus unterschiedliche Medientechnologien ähnliche Werte verkörpern können: So sind es die alten,
gebrauchten Medientechnologien, deren Reparatur einen Beitrag zu einer nachhaltigen Gesellschaft leisten soll, und es ist das neu produzierte Fairphone, das
aufgrund nachhaltiger Produktionsprozesse und seiner modularen Bauweise einen

solchen Beitrag leisten kann. Weiterhin zeigt sich an der Onlineplattform Utopia.de und ihrer Popularität, dass Nachhaltigkeit und die mit dieser verbundenen Werte, ein zentrales Thema auch in aktuellen Medieninhalten sind.

Dass die alte Praktik des Reparierens zunehmend an Popularität gewinnt, zeigt die steigende Anzahl der Repair Cafés – auch in Deutschland. In dieser deutet sich ein Wertewandel in der Gesellschaft an, der sich – zumindest in einer Nische – von der Konsum- und Wegwerfgesellschaft hin zu einer nachhaltigeren Gesellschaft entwickelt. Ein solcher zeigt sich auch in der Etablierung und der Popularität der Onlineplattform Utopia.de, die für nachhaltigen Konsum wirbt. Schließlich materialisiert sich ein solcher Wertewandel auch im modularen Fairphone. Mit der Perspektive der Science and Technology Studies kann das Fairphone als eine sozial-technologische Imagination (Jasanoff 2015, S. 28) beschrieben werden, die Verkörperung einer wünschenswerten Zukunft, in der langlebige Konsumgüter nachhaltig produziert werden. Als eine sozial-technologische Imagination zeigt sich im Fairphone das Zusammenspiel von Wissenschaft, Technologie und Gesellschaft.

Es ist aber nicht nur das Fairphone als digitale Medientechnologie, in der sich im Sinne der Science and Technology Studies (z. B. Jasanoff 2015) eine gesellschaftliche Utopie materialisiert. Die weiteren Fallstudien zeigen, dass auch auf der Medieninhalts- und Medienaneignungsebene gesellschaftliche Utopien verhandelt werden. So setzen sich die Medieninhalte auf der Onlineplattform Utopia.de letztendlich in der Beschäftigung mit nachhaltigen Produkten und Praktiken mit den Möglichkeiten der Realisierung einer nachhaltigen Gesellschaft auseinander, und so versuchen auch die an den Repair Cafés Beteiligten, die Utopie einer nachhaltigen Gesellschaft zu leben. Dabei sind diese Utopien durch Grenzerfahrungen der Akteur*innen und Paradoxien in den Praktiken und Zielen gekennzeichnet, wie im vorherigen Kapitel herausgearbeitet wurde. Durch diese Grenzen und Paradoxien sind die Akteure schließlich mit der Unmöglichkeit der Realisierung ihrer Utopie konfrontiert.

Und dennoch stellen sich die Akteur*innen der Fallstudien die zentrale ethische Frage nach dem „guten Leben" in Hinblick auf ihr Handeln in Bezug zu Medien. Entsprechend des handlungstheoretischen Paradigmas in der Kommunikations- und Medienwissenschaft fragt Couldry (2012, S. 189): „How should we act in relation to media, so that we contribute to lives that, both individually and together, we would value on all scales, up to and including the global?" Es ist eine solche normative Frage, die sich auch die Akteur*innen in den Fallstudien stellen und die sie mit ihren Medienpraktiken beantworten wollen.

In den konsumkritischen Medienpraktiken: in der Medienaneignung des Reparierens, der Produktion und Aneignung fair produzierter Medientechnologien und auch in den Medieninhalten, die für nachhaltigen Konsum werben, wird die Frage nach dem „guten Leben" gestellt, gesellschaftliche Missstände kritisiert und Alternativen aufgezeigt und praktiziert. Dabei erfahren die Akteur*innen durch die konsumkritischen Medienpraktiken Resonanz, da die Akteur*innen mit den konsumkritischen Medienpraktiken eine Beziehung zur sie umgebenden Welt aufbauen und sich in den konsumkritischen Medienpraktiken „das Subjekt und Welt berühren und zugleich transformieren" (Rosa 2016, S. 285 und 298) und die Akteur*innen in den Repair Cafés, mit dem Fairphone und auf der Online-plattform Utopia.de ein Angebot entsprechend ihrer Werte finden. Mehr noch, die Akteur*innen handeln nicht alleine, sondern in Gemeinschaften, denen sie sich zugehörig. Dieses Ergebnis der vergleichenden Studie wird im folgenden Teilkapitel erläutert.

4.4 Medienvermittelte und kommunikative Vergemeinschaftungen für eine nachhaltige Gesellschaft und das „gutes Leben"

Wie zuletzt angedeutet, handeln die Akteur*innen in den Fallstudien nicht alleine, um mit den konsumkritischen Medienpraktiken zu einer nachhaltigen Gesellschaft und einem „guten Leben" beizutragen, sondern zusammen mit anderen in Verge-meinschaftungen. In diesem Teilkapitel wird dieses Ergebnis der durchgeführten vergleichenden Studie genauer erläutert. In Rückbezug zu den bis hierher vorge-stellten Ergebnissen und den in Abschn. 3.2.4 beschriebenen Erkenntnissen der Vergemeinschaftungsforschung wird herausgearbeitet, wer (und wer nicht) die Akteur*innen sind, die die Vergemeinschaftungen in den hier diskutierten Fall-studien bilden, wie sich diese Vergemeinschaftungen konstituieren und welchen Sinn sowie welche gesellschaftliche Relevanz sie diesen Vergemeinschaftungen zuschreiben.[13]

Zunächst sei hier die Weber'sche Definition von Vergemeinschaftung in Erinnerung gerufen, in der soziale Beziehungen als Vergemeinschaftungen definiert werden, wenn diese „auf subjektiv gefühlter (affektueller oder tra-ditionaler) Zusammengehörigkeit der Beteiligten beruht" (Weber 1972, S. 21, s. Abschn. 3.2.4). In der theoriegeleiteten vergleichenden Analyse der drei Fallstudien konnten die von Hitzler, Honer und Pfadenhauer benannten fünf

---

[13] Zur Vergemeinschaftung in Repair Cafés siehe auch Kannengießer (2018c, S. 221 ff., e, S. 112 f.), zur Vergemeinschaftung in der Faiphone- und Utopia.de-Studie in aller Kürze auch Kannengießer (2020a, S. 181 und 184).

Merkmale von Vergemeinschaftungen herausgearbeitet werden: 1) die Abgrenzung gegenüber einem „Nicht-Wir", 2) ein Zusammengehörigkeitsgefühl, 3) ein gemeinsames Anliegen, 4) eine Wertschätzung gegenüber den anderen Mitgliedern und 4) den Mitgliedern zugängliche Interaktions(-zeit-)räume (Hitzler et al. 2008, S. 10). Nicht alle Merkmale treffen auf die sich in den drei verschiedenen Fallstudien konstituierenden Vergemeinschaftungen in gleicher Intensität zu, vielmehr zeigen sich mit den drei Fallbeispielen unterschiedliche Arten von Vergemeinschaftungen, deren Gemeinsamkeit daran liegt, dass ihre Mitglieder mit konsumkritischen Medienpraktiken zu einer nachhaltigen Gesellschaft und einem „guten Leben" beitragen wollen.

In der Fallstudie zum Reparieren digitaler Medientechnologien in Repair Cafés konstituieren sich Vergemeinschaftungen auf verschiedenen Ebenen. So bilden sich zunächst kommunikative Vergemeinschaftungen während der jeweiligen Reparaturveranstaltungen, denn nicht nur verhandeln ihre Mitglieder Themen kommunikativ (Knoblauch 2008, S. 74), sondern ist auch die im Zentrum der Reparaturveranstaltung stehende Praktik des Reparierens eine kommunikative, über die die an den Repair Cafés Beteiligten in den Austausch kommen (s. Abschn. 4.1).

Wie bereits in Abschn. 4.1 herausgearbeitet wurde, impliziert der Name der Veranstaltungen die Relevanz der Kommunikation für diese: Es ist ein Repair *Café* und damit Kommunikation für die Veranstaltungen zentral. Ein Helfer im Oldenburger Repair Café bezeichnet dieses als einen Ort der Begegnung, und auch ein 27-jähriger Fahrradkurier, der seinen Laptop im Oldenburger Repair Café repariert, meint, das Repair Café bringe Menschen zusammen.

Das Oldenburger Repair Café hat während der Kooperationsphase mit dem Oldenburgischen Staatstheater (s. hierzu Abschn. 4.1) einen Programmpunkt in die Reparaturveranstaltungen eingebaut, der explizit Kommunikation zwischen Teilnehmenden forcieren will: die Vermittlungsshow, bei der zwei Personen einen Theaterbesuch gewinnen können. Das Konzept erläutert eine der Organisator*innen:

> „Es geht halt nicht darum, dass sozusagen Singles miteinander vermittelt werden, sondern es geht um die Idee, dass man halt auch Kultur gemeinsam erleben kann und sozusagen nicht einsam zuhause vor dem Fernseher sitzen sollte, sondern dass […] die Sozialkontakte […] repariert [werden]."

Der Reparaturbegriff wird hier breit ausgelegt, da nicht nur die Reparatur von Gegenständen, sondern metaphorisch auch die zwischenmenschlichen Beziehungen repariert werden. Hier wird das Anliegen der an der Organisation der Repair Cafés Beteiligten offenbar, mit den Veranstaltungen gesellschaftlichen

Individualisierungsprozessen entgegen zu wirken und kommunikativen Austausch zwischen Menschen zu ermöglichen, der eben auch zu Vergemeinschaftungen führen kann.

Im Interviewmaterial wurde wiederholt deutlich, dass Repair Cafés eine soziale Bedeutung für die Beteiligten haben. Für die sich in Rente befindenden Helfer*innen sind die Reparaturveranstaltungen eine Möglichkeit, das Haus zu verlassen und eine Aufgabe zu finden: „Was soll ich zu Hause, zu Hause kann ich sitzen, wenn es gesundheitlich nicht mehr geht," erklärt ein helfender Rentner. Ein 82-jähriger Helfer meint, er langweile sich zu Hause als Rentner. Ähnliches formulieren auch Helfer*innen, die erwerbslos sind. Ein Mitarbeiter der Anstiftung & Ertomis beschreibt die Rolle der Reparaturveranstaltungen für Rentner*innen und Erwerbslose wie folgt:

> „Es geht vor allen Dingen [in den Repair Cafés] um soziale Kohäsion, weil einfach Menschen, die in unserer Gesellschaft wenig Platz haben, beispielsweise Rentner, Menschen die aus dem Berufsleben ausgeschieden sind, finden dort mit ihren Fähigkeiten, ihren Kompetenzen einen ganz neuen Wirkungskreis, können ihr Wissen anbieten und erhalten dafür auch Anerkennung, da entstehen Freundschaften und Kontakte."

Neben dem Zusammenkommen während der Reparaturveranstaltungen, stehen bei manchen Reparaturinitiativen die Organisator*innen und Helfer*innen auch zwischen den Veranstaltungen in Kontakt (s. Abschn. 4.1). Während die Kommunikation die Organisation der Veranstaltungen betreffend oftmals medial vermittelt stattfindet, werden auch weitere Vis-à-vis-Treffen, die zwischen den Reparaturveranstaltungen stattfinden, für den Zweck der Gemeinschaftsbildung organisiert. So erklärt die Organisatorin des Garbsener Repair Cafés, dass die Gruppe der Reparaturhelfer*innen eine Gemeinschaft gebildet habe, die über die Reparaturveranstaltungen hinauswirke: „Das ist eine ganz nette Gemeinschaft so geworden untereinander. Und Weihnachten machen wir was zusammen, nächsten Freitag grillen wir zusammen, alle." Diese Treffen werden, genauso wie die Reparaturveranstaltung, überwiegend von der 65-jährigen pensionierten Lehrerin organisiert.

Den durch die Repair Cafés entstehenden Gesellungsgebilden fühlen sich viele der Beteiligten zugehörig und sie unterstreichen dies als subjektives Erleben in den Interviews. So betont ein 72-jähriger Helfer das Zusammengehörigkeitsgefühl, das durch diese Veranstaltungen entstehe: „Wir kegeln um Weihnachten noch mal so als ganze Gruppe. Und das ist ja dieses Zusammengehörigkeitsgefühl, was auch immer so ganz wichtig ist." Er erklärt, dass sich sein

Bekanntenkreis durch die Veranstaltungen „kräftig" erweitert habe. Ein 68-
jähriger Helfer, der Unterstützung bei der Reparatur von Laptops und Computern
anbietet, beschreibt sein Zugehörigkeitsgefühl zur Reparaturgemeinschaft:

> „Leute, die bei sowas [dem Repair Café] mitmachen, haben eine andere gesellschaft-
> liche und politische Einstellung. [...] Für mich ist es netter, etwas Kooperatives zu
> unternehmen als in der Wirtschaft, [...] weil das eine Zugehörigkeit ergibt. Ich gehöre
> nicht zu Saturn, ich kaufe dort, aber eigentlich ist mir Saturn scheiß egal."

Während der Repair Cafés entstehen im Weber'schen Sinne (1922, S. 21)
also Vergemeinschaftungen: Die Menschen teilen konsumkritische Ziele (s.
Abschn. 3.2.4) und fühlen sich der Gemeinschaft zugehörig. Viele der an den
Reparaturveranstaltungen Beteiligten beschreiben eine Gemeinschaft, die sich in
den Repair Cafés bilde. So konstituieren sich während der Veranstaltungen lokale
Gemeinschaften (Hepp und Hitzler 2014, S. 47). Es sind „Eventgemeinschaften"
(ebd., S. 46), die für die Dauer der Veranstaltungen in den jeweiligen Räumen
hergestellt werden. Konstituieren sich diese Vergemeinschaftungen während der
Reparaturveranstaltungen vis-à-vis, so bilden sich auch medienvermittelte translokale Vergemeinschaftungen (ebd., S. 47), zwischen den Mitgliedern einzelner
lokaler Reparaturveranstaltungen durch die Vernetzung z. B. über E-Mailing-
Listen, aber auch koordiniert durch die Stiftung Anstiftung & Ertomis über die
Onlineplattform www.reparatur-initiativen.de, über das hier integrierte Onlineforum, in dem sich Reparaturinteressierte austauschen sowie über den regelmäßig
durch die Mitarbeiter der Anstiftung & Ertomis verschickten E-Mail-Newsletter.
Die Onlineplattform beschreibt eine Mitarbeiterin der Anstiftung & Ertomis
als einen „Community-Ort". Im auf der Onlineplattform integrierten Onlineforum geben v. a. die Mitarbeiter*innen der Anstiftung & Ertomis Hinweise zur
Organisation von Reparaturveranstaltungen, zu Haftungsfragen und zur Öffentlichkeitsarbeit. Die meisten Forenbeiträge, an denen sich viele Helfer*innen
beteiligen, beschäftigen sich mit Fragen zu Reparaturmöglichkeiten verschiedener
Konsumgüter (https://www.reparatur-initiativen.de/forum/).

Über die Onlineplattform abrufbar ist auch das von der Anstiftung & Ertomis
publizierte Fanzine SPLiTTER, das seit 2019 erscheint und von Mitgliedern
der Reparaturgemeinschaft mitgestaltet werden kann. Auf der Plattform wird das
Magazin von der Anstiftung & Ertomis beschrieben:

> „Ihr seid viele, euch ähnlich und doch verschieden. Ihr seid alle wichtig und nicht
> allein mit eurem Engagement für Umweltschutz und Gemeinwohl. Das soll SPLiT-
> TER dokumentieren. Es ist angelegt wie ein „Fanzine", ein handgemachtes Magazin
> von Fans für Fans. Wir, eure Fans, haben uns überlegt, was euch Reparatur-Fans an

Themen und Infos interessieren und inspirieren könnte." (Anstiftung und Ertomis 2019)

In diesem Zitat werden nicht nur Aspekte der Vergemeinschaftung deutlich, sondern auch der Charakter dieser: So wird zum einen ein gemeinsames Ziel des Umweltschutzes und Gemeinwohls betont sowie eine Ähnlichkeit und Gemeinschaft: „ihr seid [...] euch ähnlich [...] und nicht allein", aber auch die Heterogenität der Reparierenden: „ihr seid [...] doch verschieden". Mit dem digitalen Magazin hat die Reparatur-Vergemeinschaftung eine Möglichkeit, sich (in ihrer Heterogenität) darzustellen, auszutauschen und letztendlich auch, sich über dieses online als Gemeinschaft zu konstruieren.

Neben der medienvermittelten Vernetzung organisieren die Mitarbeitenden der Anstiftung & Ertomis jährlich stattfindende regionale Treffen für Organisierende und Helfende von Reparaturveranstaltungen in einem bestimmten geographischen Ort, aber auch ein jährliches bundesweites Vernetzungstreffen, zu dem alle Organisator*innen und Helfer*innen, die den E-Mailing-Newsletter abonniert haben, eingeladen werden. Eine Mitarbeiterin der Anstiftung & Ertomis, die die (über-)regionalen Vernetzungstreffen der Repair Cafés organisiert, unterstreicht die Relevanz der Vis-à-vis-Begegnung:

> „Das ist total wichtig, dass sich die Menschen treffen und das ist auch das, was an uns zurückgespiegelt wird jedes Mal. Also, das ist doch für alle total schön sich zu treffen und ich habe auch den Eindruck, wenn ich da in die Mittagsrunde und so weiter gucke, da sitzen nicht die zwei, die zusammen angereist sind, sondern [...] sofort mischt sich das, sofort ist ein Austausch über das Thema da."

Meine Beobachtungen in solchen regionalen und bundesweiten Netzwerktreffen zeigen, dass in diesen durch organisierte Programmpunkte wie zum einen die Vermittlung von für die Organisation und Durchführung von Reparaturveranstaltungen relevantem Wissen stattfinde, dass zum anderen aber der informelle kommunikative Austausch bei den Veranstaltungen für die Beteiligten zentral ist. Es ist dieser Austausch, der ein Zugehörigkeitsgefühl zu einer translokalen Reparaturgemeinschaft schafft. An diesen Vergemeinschaftungen sind Organisator*innen und Helfer*innen der Repair Cafés beteiligt, meist jedoch nicht Hilfesuchende, die punktuell Teil der lokalen Reparaturgemeinschaften werden.

Die translokalen Netzwerktreffen, aber auch die lokal stattfindenden Repair Cafés sind die Interaktions(-zeit-)räume, welche eines der von Hitzler, Honer und Pfadenhauer (2008, S. 10) benannten Vergemeinschaftungsmerkmale bilden. Auch die weiteren für Vergemeinschaftungen genannten Merkmale eines gemeinsamen Anliegens (nämlich die in Abschn. 4.2 herausgearbeiteten Ziele der an Repair Cafés Beteiligten) sowie ein Zusammengehörigkeitsgefühl und schließlich auch eine Abgrenzung gegenüber einem „Nicht-Wir" lassen sich hier finden. Das „Nicht-Wir" ist die Konsum- und Wegwerfgesellschaft, gegen die sich die Reparierenden abgrenzen (s. Abschn. 4.5). Die Vergemeinschaftungen konstituieren sich dabei organisiert – entweder in lokalen Veranstaltungen oder aber translokal durch die Anstiftung & Ertomis koordiniert.

Auch in der Fairphone-Studie lässt sich eine Vergemeinschaftung identifizieren, die sich medienvermittelt translokal vernetzt, wobei das Fairphone-Unternehmen die Vernetzung maßgeblich steuert und fördert. So wird eine Fairphone-Gemeinschaft schon alleine dadurch hergestellt, dass das Unternehmen sie in seiner Onlinepräsenz konstruiert. So ist der Begriff der „Community" auf der Onlineplattform des Unternehmens prominent platziert als ein eigener Reiter neben den Reitern *Phone,* unter dem man Informationen über das Smartphone bekommt und dieses bestellen kann, *Story,* unter dem die Geschichte und die Ideen des Unternehmens präsentiert werden sowie auch Hintergrundinformationen zum Herstellungsprozess, und *Support,* unter dem u. a. Reparaturanleitungen zu finden sind (Fairphone 2019j). „Welcome to the Fairphone Community" (Fairphone 2019k) titelt das Fairphone Unternehmen auf der Website unter dem entsprechenden Reiter.

Mitglieder der Fairphone-Community werden hier als „Fairphoners" (ebd.) bezeichnet. Die „Fairphoner" bilden vis-à-vis und medienvermittelte Vergemeinschaftungen. Auf der Onlineplattform des Unternehmens werden lokale Treffen der „Fairphoner" oder Interessierter bekannt gegeben (Fairphone 2019l). In Düsseldorf und Aachen werden diese Veranstaltungen als „Stammtische" bezeichnet (ebd.) und damit der informelle Vergemeinschaftungscharakter dieser Treffen hervorgehoben. Detaillierte Ankündigungen und Austausch von „Fairphonern" oder Interessierten zu den jeweiligen lokalen Treffen finden im „Community Forum" der Onlineplattform des Fairphone-Unternehmens statt (Fairphone Community Forum 2019a). Unter den Kategorien „Discuss", „Participate", „Help", „Market" tauschen sich Fairphone-Nutzer*innen und Interessent*innen über das faire Smartphone und dessen Reparaturmöglichkeiten aus oder suchen bzw. bieten gebrauchte Fairphones und Ersatzteile zum Kauf an (ebd.). In einem vom Fairphone-Unternehmen publizierten Leitfaden im Onlineforum wird erläutert, wie man Teil der „Fairphone-Community" werden kann (Fairphone Community Forum 2019b). Neben dem Hinweis auf die Möglichkeiten der Onlinekommunikation über Online-Chat-Anbieter wie Riot oder Freenode, über die sich Fairphone-Nutzer*innen austauschen (s. https://riot.im/app/#/room/#wearefairphone:matrix.org), werden Möglichkeiten der lokalen Fairphoner-Vernetzung aufgezeigt. So werden auf einer „Fairphone Community Landkarte" (Fairphone Community Forum 2019d) zum einen lokale Veranstaltungen angezeigt, in denen sich „Fairphoners" und Interessent*innen vis-à-vis in lokalen Gemeinschaften treffen. Hinter den als Kontakt angegebenen E-Mail-Adressen verbergen sich sogenannte „Fairphone Angels" (Fairphone 2019k), die als lokale Ansprechpartner*innen fungieren, Fairphone-Nutzer*innen technisch unterstützen, Interessent*innen beraten und/oder lokale Treffen organisieren (Brand 2019):

> „Fairphone Angels are truly heaven-sent. These extremely active community members took the initiative to create a special network of super-helpers who offer assistance to Fairphoners in their local area. Their hard work is helping us to build local networks and to spread the word about the power of longevity, all while assisting the Fairphone Support team with updates, repairs or simply showing people how to make the most of their phones." (Brand 2019)

Die „Engel" werden als essentielle Erweiterung des Unternehmens durch dieses wahrgenommen (ebd.) und tragen letztendlich ehrenamtlich zur Öffentlichkeitsarbeit des Fairphone-Unternehmens und zum technischen Support der Geräte bei. Dabei ist es sicherlich kein Zufall, dass die Engagierten analog zu den ehrenamtlichen Helfer*innen beim jährlich stattfindenden Kongress des ChaosComputer-Clubs als „Engel" bezeichnet werden (zu den Engeln des ChaosComputerClubs s. MDR 2018).

Wie die Onlinelandkarte zeigt, befinden sich die „Fairphone-Engel" bzw. die lokalen Gemeinschaften alle in Westeuropa, wobei die meisten Einträge (nämlich 14) in Deutschland verortet sind (s. Fairphone Community Forum 2019d). Hier wird deutlich, dass das Fairphone eine primäre Verbreitung in Westeuropa hat. So zeigt der auf der Onlineplattform des Fairphone-Unternehmens integrierte Kalender, dass im Zeitraum von Januar bis September 2019 zehn lokale Treffen von und für Fairphone-Nutzer*innen und Interessent*innen stattfanden: neben Paris, Brüssel, Innsbruck, überwiegend in Deutschland in Städten wie München, Hamburg, Düsseldorf und Aachen. In diesen Veranstaltungen geht es nicht nur um Austausch über das Fairphone und Unterstützung bei der Reparatur, vielmehr haben diese lokalen Zusammenkünfte auch einen großen sozialen Aspekt, der besonders deutlich in einem Treffen der Fairphone-Vergemeinschaftung in Innsbruck wird, das als Gesellschaftsspielabend für Fairphone-Nutzer*innen organisiert wird (Fairphone Community Forum 2019c).

Kommen Fairphone-Vergemeinschaftungen im Lokalen unabhängig vom Unternehmen zusammen – wenn auch aufgrund der Nutzung eines bestimmten medientechnologischen Produktes – so spielt das Unternehmen eine zentrale Rolle bei der translokalen Vergemeinschaftung der Fairphone-Nutzer*innen. Seit 2016 findet ein jährliches Treffen zwischen Fairphone-Nutzer*innen und Mitarbeiter*innen des Unternehmens in Amsterdam statt (Fairphone Community

Forum 2019b). Neben dem Besuch des Unternehmens und dem Austausch mit Unternehmensmitarbeiter*innen, erkunden die Nutzer*innen gemeinsam die Stadt Amsterdam, fahren Rad und gehen Bouldern (ebd.). Über die Gemeinsamkeit der Nutzung einer bestimmten Medientechnologie und daran geknüpfter Ziele und Werte, findet sich im Rahmen dieses fünftägigen Ausflugs eine Gruppe, die neben einem inhaltlichen Austausch, zusammen Freizeit verbringt. So traf sich jährlich bis zur Covid-19-Pandemie vis-à-vis in Amsterdam eine translokale Vergemeinschaftung von Fairphone-Nutzer*innen. Ist dies ein kleiner Teil der Fairphone-Vergemeinschaftung (auf dem Fairphone Community Forum findet sich ein Foto, das 16 Personen als Besuchende des Fairphone-Unternehmens während des Ausflugs 2018 zeigt), so entsteht eine größere Vergemeinschaftung der Fairphone-Nutzer*innen über das auf der Onlineplattform des Unternehmens integrierte Onlineforum sowie die vom Fairphone-Unternehmen bespielten Profile auf u. a. Facebook, Twitter und Instagram. Diese translokale medienvermittelte Vergemeinschaftung wird maßgeblich durch das Unternehmen koordiniert und moderiert. Denn seine Profilseiten auf Facebook, Twitter und Instagram nutzt das Unternehmen zum einen für die Öffentlichkeitsarbeit und Vermarktung des Smartphones, zum anderen zur Herstellung einer Vergemeinschaftung der Fairphone-Nutzenden, welche auch dem Zweck der Vermarktung des Smartphones dient.

Das Facebook-Profil des Fairphone-Unternehmens haben 152.569 Personen abonniert (Stand 20. Juni 2021). In den Posts des Unternehmens bewirbt dieses das Smartphone, berichtet über die Ambitionen der fairen Ressourcengewinnung und über die negativen sozial-ökologischen Folgen der Produktion und Entsorgung herkömmlicher Smartphones. Auch wird in Posts auf die Teilnahme des Unternehmens auf Veranstaltungen wie z. B. Messen hingewiesen. Für diese Informationen verwendet das Fairphone-Unternehmen nicht nur Schrift in englischer Sprache, sondern auch Fotos und sehr kurze Filme, in denen sich u. a. Mitarbeiter*innen äußern. Damit wird dem Fairphone-Unternehmen „ein Gesicht" verliehen, die Personen dahinter werden sichtbar, als jung, gutgelaunt in überwiegend legerer Kleidung inszeniert. Die Posts des Fairphone-Unternehmens werden durch Facebook-Nutzer*innen in überwiegend englischer Sprache kommentiert. In den Kommentaren werden zum einen technische Fragen zur Hard- und Software des Fairphones gestellt, aber auch die Medientechnologie sowie dir Firma bewertet. Die Kommentare sind dabei sowohl positiv als auch negativ: Sie reichen von einer negativen Bewertung des Smartphones und des Unternehmens bis hin zu sehr großem Lob sowohl für das Produkt als auch die Firma. Anlässlich der Einführung des Fairphones der dritten Generation am 27. August 2019

z. B. äußern sich Nutzende in 168 Kommentaren positiv und negativ: So bewertet eine Facebook-Nutzerin das Fairphone pauschal: „I'm done with Fairphone […] my God the phone is awful!" und erhält hierauf weitere Kommentare, die sich ebenfalls negativ äußern, wie z. B.: „Super same here! Always broken, every update lots of bugs and not reliable at all." oder „So no one is sueing them yet?? This phone is the WORST!", aber auch widersprechende Kommentare: „I don't have any problem with my Fairphone 2 which I use over more than 2 years." oder „I never had any problems with my phone […] It worked perfectly fine" (abgerufen am 16. September 2019 unter https://de-de.facebook.com/Fairphone).

Andere Facebook-Nutzer*innen gratulieren dem Fairphone-Unternehmen zur Einführung der dritten Generation und loben das Unternehmen (z. B. „You guys are great! You even made the Fairphone 3 cheaper than the Fairphone 2! Keep up the good work as soon as I can gather the money I will get one!"). Am 28. August 2019 laden Fairphone-Mitarbeiter*innen, u. a. die derzeitige Geschäftsführerin Eva Gouwens, Facebook-Nutzer*innen ein, über die Facebook-Kommentarfunktion Fragen zu stellen, die dann über die Kommentarfunktion beantwortet werden. Die Vorstellung der Mitarbeiter*innen alleinig mit ihren Vornamen auf Facebook (und so auch auf der Onlineplattform des Unternehmens, s. Fairphone 2019m) suggeriert einen informellen Austausch und eine Begegnung auf Augenhöhe.

Ähnlich dieser Nutzung des Facebook-Profils ist auch die Nutzung des Twitter-Accounts des Fairphone-Unternehmens, wobei es neben den eigenen Tweets auch solche anderer Organisationen und Unternehmen retweeted, die entweder das Fairphone-Unternehmen oder das Smartphone kommentieren oder aber für das Fairphone relevante Themen beinhalten, wie die Produktion fairer Medientechnologien, das Reparieren etc. Durch die Hinweise auf andere Unternehmen und Organisationen, die entweder die Anliegen des Fairphone-Unternehmens teilen oder aber das Smartphone selbst zum Thema haben, unterstreicht die Firma nicht nur die Relevanz des eigenen Handelns, sondern bildet ein Netzwerk mit anderen Akteur*innen aus dem Bereich der fairen Produktion, das durch das Teilen gemeinsamer Ziele im Weber'schen Sinn (s. Abschn. 3.2.4) ein Vergesellschaftungsmoment enthält. Der Twitter-Account des Fairphone-Unternehmens hat 43.688 Follower sowie 42.000 auf Instagram (Stand 20. Juni 2021). Die von mir für die Fairphone-Studie interviewten Nutzer*innen gehören jedoch ausnahmslos nicht zu diesen und äußern sogar, dass sie dem Unternehmen weder über Facebook (mit einer Ausnahme) noch über Twitter oder Instagram „folgen", entweder, weil sie diese Internetmedien per se nicht nutzen oder weil sie kein Interesse haben, weitere Informationen vom Fairphone-Unternehmen zu erhalten, oder sich nicht mit anderen Fairphone-Nutzer*innen medienvermittelt austauschen wollen.

Einige Interviewpartner*innen betonen jedoch, dass sie in ihrem Freundes- und Bekanntenkreis mit anderen Nutzer*innen über das Smartphone reden.

Zusammenfassend lässt sich festhalten, dass die von Hitzler, Honer und Pfadenhauer (2008, S. 10) herausgearbeiteten Charakteristika posttraditionaler Vergemeinschaftungen in der Fairphone-Studie zu identifizieren sind. So teilen das Fairphone-Unternehmen sowie die Nutzer*innen des Fairphones das Ziel, dass Medientechnologien unter faireren Bedingungen hergestellt werden und durch die Reparierbarkeit der Apparate aufgrund einer modularen Bauweise die Technologien lange nutzbar sind, damit Ressourcen geschont und die Produktion elektronischen Mülls vermieden werden. Das übergeordnete Ziel des Unternehmens und der Fairphone- Nutzer*innen ist damit eine nachhaltige Gesellschaft.

Außerdem kann als weiteres Charakteristikum von Hitzler, Honer und Pfadenhauer (2008, S. 10) eine Wertschätzung gegenüber den Mitgliedern der Vergemeinschaftung wahrgenommen werden, so unterstreicht das Fairphone-Unternehmen die Relevanz der Fairphone-Nutzer*innen und der „Engel" für eine nachhaltige Gesellschaft. Die Wertschätzung der Fairphone-Nutzer*innen vonseiten des Unternehmens dient sicherlich auch der Verbreitung und Vermarktung des Fairphones. Diesen Zwecken dient auch die Konstruktion einer „Community", die als solche auf der Onlineplattform des Unternehmens hergestellt wird. Dabei wird diese nicht nur alleine durch die Verwendung des Begriffs geschaffen, sondern auch durch die Möglichkeit der medialen Vernetzung im Onlineforum der vom Fairphone-Unternehmen betriebenen Plattform und über die vom Unternehmen bespielten Profile auf Onlinenetzwerken sowie auch über lokale und über die Onlineplattform des Unternehmens beworbene Treffen von Fairphone-Nutzer*innen und Interessent*innen. Diese lokalen Zusammenkünfte, der jährliche Austausch zwischen Fairphone-Nutzer*innen und Mitarbeiter*innen des Unternehmens sowie die mediale Vernetzung über das Onlineforum sowie Onlinenetzwerke, stellen für die Mitglieder einer Fairphone-Vergemeinschaftung zugängliche Interaktions(-zeit-)räume (ebd.) dar – ein weiteres Charakteristikum posttraditionaler Vergemeinschaftungen.

Ein zusätzliches Kriterium posttraditionaler Vergemeinschaftungen, das Zugehörigkeitsgefühl, das auch Weber als zentrales Moment von Vergemeinschaftungen benennt, lässt sich aus den bis hierher herausgearbeiteten Charakteristika ableiten: Alleine das lokale Zusammenkommen der Fairphone-Nutzer*innen, das über technische Anliegen hinausgeht, sondern, wie das Datenmaterial deutlich macht, auch einen sozialen Aspekt hat, zeigt, dass sich die an diesen Treffen teilnehmenden Fairphone-Nutzer*innen dieser Gruppe, welche sich über die

Fairphone-Nutzung konstituiert, zugehörig fühlen. Auch verdeutlichen die positiven Kommentare der Facebook- und zugleich Fairphone-Nutzer*innen auf dem Facebook-Profil des Fairphone-Unternehmens, dass sich viele Nutzer*innen mit dem Unternehmen und seinem Produkt identifizieren. Gleichzeitig lassen die vielen negativen Kommentare von Fairphone-Nutzer*innen, in denen diese das Fairphone-Unternehmen und/oder sein Produkt kritisieren, erkennen, dass es sehr wohl Brüche in der „Fairphone-Community" gibt, Fairphone-Nutzer*innen aus der Vergemeinschaftung austreten oder sich entfremden, weil sie entweder aufgrund technischer Unzulänglichkeiten vom Fairphone selbst enttäuscht sind oder vom Unternehmen insgesamt, z. B. aufgrund der Einstellung der Ersatzteilproduktion für das Fairphone der ersten Generation.

Die geringe Anzahl der lokalen Treffen sowie die geringe Beteiligung im Onlineforum der vom Fairphone-Unternehmen betriebenen Plattform und die meist geringe Anzahl der Kommentare unter den Facebook-Posts zeigen, dass die medienvermittelte und vis-à-vis zusammenkommende Vergemeinschaftung der Fairphone-Nutzenden eher klein ist. Die in dieser Fallstudie identifizierte Vergemeinschaftung wird primär vom Fairphone-Unternehmen initiiert, das Möglichkeiten der Vergemeinschaftung für Fairphone-Nutzer*innen und Interessent*innen medial ermöglicht und lokal unterstützt sowie verstärkt und moderiert.

Ein ähnliches Ergebnis lässt sich für die Fallstudie zur Onlineplattform Utopia.de festhalten. In den Anfangszeiten der Onlineplattform nach ihrer Gründung 2007 war in diese neben dem Onlinemagazin auch ein Onlinenetzwerk integriert, in dem sich registrierte „Utopist*innen" vernetzen konnten: Mit dem Slogan „In 30 Sekunden Utopist werden" lud die Utopia GmbH (2015c) zur Onlinegemeinschaft der „Utopist*innen" ein. Unter dem Reiter „Community" fordert die Utopia GmbH heute zur Mitgliedschaft in der über die Onlineplattform hergestellten Vergemeinschaftung auf: „Du kannst hier *Gleichgesinnte finden* und mit ihnen diskutieren, von deinen Erfahrungen berichten, Hilfe suchen und dich mit anderen Utopisten zu vielen verschiedenen *Nachhaltigkeits-Themen* austauschen und verbinden." (Utopia 2019b; Hervorhebung im Original) Der Begriff der Gleichgesinnten betont die Übereinstimmung der Ziele und Werte der Mitglieder, Nachhaltigkeit wird dabei explizit als gemeinsamer Referenzrahmen durch die Utopia GmbH gesetzt.

Das Angebot der Vernetzung der „Utopist*innen" wurde dann wiederholt modifiziert: Zunächst wurde das Onlinenetzwerk reduziert und die „Utopist*innen" konnten sich zum Zeitpunkt der Datenerhebung für die hier diskutierte Studie (s. Abschn. 3.3.2) in Onlineforen vernetzen. Die folgenden Ergebnisse beziehen sich auf diese Möglichkeit. Zum Zeitpunkt der Überarbeitung dieses Buchmanuskriptes im Juni 2021 wurden diese Onlineforen auf der

Plattform utopia.de nicht mehr angeboten, vielmehr werden die „Utopist*innen" nun für „Utopia-Community-Gruppen" auf die Vernetzungsmöglichkeiten über Facebook verwiesen.

Als registrierte „Utopist*innen" konnte sich diese in verschiedenen Gruppen in Onlineforen zu unterschiedlichen Themen austauschen. Diese Gruppen waren auch für nicht registrierte Nutzer*innen einsehbar, Beiträge schreiben konnten aber nur registrierte Personen. Auf der Onlineplattform registriert sind insgesamt 2127 Personen (Stand am 16. September 2019), die wiederum Mitglied in einer oder mehreren der 26 thematisch unterschiedlichen Gruppen werden können. Diesen gehörten zwischen 15 (in der Gruppe „Vegetarisch leben") und 76 Mitgliedern (in der Gruppe „Essen und Trinken") an (Utopia 2019b). Es sind also nicht alle der auf der Onlineplattform registrierten Personen einer der Gruppen beigetreten, zumal einige „Utopist*innen" mehreren angehörten.

Die Themen der Gruppen beschäftigten sich zum einen mit unterschiedlichen *Produkten* wie „Kleidung und Fashion" oder „Erneuerbare Energien" und zum anderen mit *Praktiken* wie „Vegetarisch leben" oder „Selbst machen" (s. Utopia 2019e). Der Austausch unter den Mitgliedern innerhalb der verschiedenen Gruppen war wiederum in thematisch unterschiedliche Foren-Threats strukturiert. Meine Beobachtungen im Rahmen der virtuellen Ethnographie zeigten, dass viele der Diskussionen in den Onlineforen seit Wochen oder Monaten nicht weitergeführt wurden, der Austausch unter den Utopist*innen war unregelmäßig oder wenig rege (einer der möglichen Gründe für die Einstellung dieses Angebots).

Medien wurden in der Gruppe „Literatur, Filme, Musik, Schauspiel und Kunst" explizit als Inhalt thematisiert. Bereits die Beschreibung der Gruppe betonte den Vergemeinschaftungsaspekt: „Diese Gruppe ist ein Treffpunkt für Menschen, die gute Filme, Bücher, Musik und Schauspiele lieben. Hier findet man Empfehlungen und kann sich mit Gleichgesinnten austauschen." (ebd.) Auch hier wurde die Gemeinsamkeit der Mitglieder betont, wobei der gemeinsame Referenzrahmen sich hier nicht auf Nachhaltigkeit bezog, sondern auf „gute" Medienformate.

Das Anliegen, eine Vergemeinschaftung unter den „Utopist*innen" herzustellen, wurde vor allem in der Gruppe „Rund um Utopia" deutlich, in der „Utopist*innen" (einige wenige) Informationen über Nutzungsmöglichkeiten der Onlineplattform erhielten und aufgefordert wurden, Kritik und Wünsche an die Onlineplattform zu äußern (Utopia 2019f). Besonders interessant in Hinblick auf die Konstruktion einer Vergemeinschaftung ist der in dieser Gruppe abgebildete Liedtext des „Utopia Songs", der von einer „Utopistin" geschrieben wurde und der „nach der Melodie des Titanic Songs – My Heart Will

Go On" (Utopia 2019g) gesungen werden kann. Unter dem Liedtitel „Herzlich willkommen! Unser Weg nach Utopia (Utopia-Song)" (ebd.) finden sich im Text verschiedene Aspekte posttraditonaler Vergemeinschaftung: So werden zum einen die Mitglieder wertgeschätzt: „[J]eder von euch ist für uns ein Gewinn" und es erfolgt eine Abgrenzung gegenüber dem „Nicht-Wir", einer diffusen Gruppe Mensch („Was hat der Mensch mit der Zeit angefangen, für unsere Umwelt war nicht viel getan."), die spezifiziert werden kann, interpretiert man die im Lied genannten Ziele: So gehören Vielfliegende und Autofahrende sowie Plastikkonsumierende entsprechend des Liedtextes wohl weniger zu der im Text konstruierten Vergemeinschaftung als vielmehr Fußgänger*innen und Radfahrer*innen, Biokonsument*innen und Naturliebhaber*innen. Neben dieser inhaltlichen Abgrenzung wird im Liedtext Bezug auf die wahrgenommene Größe der Vergemeinschaftung genommen, so formuliert der Text „Wir sind nicht viel an der Zahl" (ebd.). Hier erfolgt nicht nur erneut eine Abgrenzung zu einer größeren Gruppe (eben der der Vielflieger, Autofahrer etc.), sondern es wird implizit ein Zusammenhalten der „Utopist*innen" angedeutet, das explizit in der Metapher des Händereichens gefordert wird: „Reicht euch die Hand auf dem Weg nach Utopia" (ebd.). Über diese Metapher wird ein Zugehörigkeitsgefühl zu der Gruppe der „Utopist*innen" provoziert. Ein solches wird auch in der Adressierung der Utopist*innen in ihrer (möglichen) Elternrolle angesprochen: „Denn unsre Kinder, sie sollen erleben saubere Luft und ein sauberes Meer." (ebd.) Hier wird der Generationenaspekt des Nachhaltigkeitskonzepts (s. Einleitung) betont und über die Elternrolle, die zukünftige Generationen schützen wollen, eine Vergemeinschaftung konstruiert. Dass nicht alle Utopist*innen zwangsläufig Eltern sind, wird dabei ignoriert.

Die Vergemeinschaftung der „Utopist*innen" fand aber nicht nur über die Onlineplattform der Utopia GmbH selbst statt, sondern auch über weitere von der Utopia GmbH bespielte Onlinemedien, über die die Vergemeinschaftung der „Utopist*innen" auch nach der Einstellung des Angebots der Onlineforen auf der Plattform stattfindet. Ähnlich dem Fairphone-Unternehmen nutzt auch die Utopia GmbH die Angebote von Onlinenetzwerken und Mikrobloggingdiensten und unterhält Profile auf Facebook, Twitter, Instagram, Pinterest sowie einen eigenen YouTube-Kanal. Die Reichweite der jeweiligen von der Utopia GmbH gestalteten Profile divergiert stark: Während das Profil der Utopia GmbH 287.685 Facebook-Nutzer*innen abonniert haben, folgen dem Unternehmen 28.800 Personen auf Twitter sowie 121.000 Personen auf Instagram (Stand am 20. Juni 2021). Meine Beobachtungen im Rahmen der virtuellen Ethnographie zeigen, dass sich die Inhalte in diesen verschiedenen Internetmedien gleichen: Was die

Utopia GmbH auf Facebook postet, wird auf Twitter getweeted und auf Instagram geteilt. Inhaltlich beschäftigen sich die Beiträge mit als durch die Utopia
GmbH nachhaltig bewertetem Konsum, indem, ähnlich wie im Onlinemagazin,
auf der von der Utopia GmbH betriebenen Plattform als nachhaltig eingestufte
Produkte und Praktiken beworben bzw. als nicht nachhaltig bewertete Produkte
und Praktiken skandalisiert werden (s. Abschn. 4.1).

Das Betreiben dieser Profile auf den verschiedenen Onlinenetzwerken dient
einerseits der Öffentlichkeitsarbeit der Utopia GmbH, andererseits der Vergemeinschaftung. So zeigt sich auf dem von der Utopia GmbH bespielten
Facebook-Profil, dass viele der Posts eine rege Beteiligung von Facebook-
Nutzer*innen auslösen. Selten werden Posts mit weniger als zehn Kommentaren
versehen, oftmals finden sich zwischen 100 und 200 Kommentare. Diese, so
zeigt meine Beobachtung, sind Zustimmung zu den von der Utopia GmbH
veröffentlichten Posts, zum anderen aber auch inhaltlich ablehnend oder sich
lustig machende Beiträge. Von letzteren grenzen sich Mitglieder der „Utopia-
Vergemeinschaftung" wiederum ab und bestätigen die Zugehörigkeit zur Utopia
GmbH. Dies zeigen auch die Beobachtungen der Kommentare auf dem von der
Utopia GmbH auf Instagram betriebenen Profil. Eine Bestätigung der Ziele und
Werte findet daneben auch in den von den Nutzer*innen vergebenen „likes"
(Facebook) oder „gefällt" (Instagram und Twitter) statt. Ähnliche Erkenntnisse
lassen sich auch für den Youtube-Kanal der Utopia GmbH festhalten: Auf die-
sem finden sich Filme (die in einem Zeitraum zwischen 2008 und 2018 eingestellt
wurden, Stand 18. September 2019) zu verschiedensten Themen des nachhaltigen
Konsums, welche in Kommentaren ablehnend (dies eher selten) oder zustimmend
bewertet werden. Ihre Meinung artikulieren die Nutzer*innen auch in den „Mag
ich" bzw. „Mag ich nicht"-Angaben. 3280 Personen haben den Kanal der Utopia
GmbH abonniert.

Der wohl intensivste Austausch der „Utopist*innen" neben den auf der von der
Utopia GmbH bespielten Onlineplattform findet in den acht Facebook-Gruppen
statt, in denen die „Utopist*innen" zu thematisch in Oberthemen sortierten Gruppen über nachhaltigen Konsum kommunizieren. Den Gruppen gehören zwischen
1521 (in der Gruppe „Utopia.de Medientipps – nachhaltige Dokus, TV-Tipps,
Videos, Bücher …") und 42.824 (in der Gruppe „Utopia.de – nachhaltig leben:
eure Ideen, Tipps und Fragen") Personen an (Stand 20. Juni 2021).

Die Ergebnisse zeigen, dass, ähnlich der durchgeführten Fairphone-Studie, ein
Teil der „Utopia-Gemeinschaft" über verschiedene Internetmedien in Verbindung
tritt, sich in ihren Zielen und Werten bestätigt sowie auch eine Zugehörigkeit
herstellt, indem z. B. Facebook-Nutzer*innen in Kommentaren das Personalpro-
nomen „wir" nutzen (so schreibt z. B. ein Nutzer in einem Kommentar am 18.

September 2019: „Bitte handeln *wir* bewusst selbst und seien *wir* ein Teil der Veränderung auf Erden", Hervorhebung S. K.).

Zusammenfassend kann in Hinblick auf die von Hitzler, Honer und Pfadenhauer (2008, S. 10) benannten Kriterien für posttraditionale Vergemeinschaftungen festgehalten werden, dass eine Utopia-Vergemeinschaftung zu identifizieren ist, die ihre Interaktions(-zeit-)räume medienvermittelt auf der von der Utopia GmbH betriebenen Onlineplattform findet sowie auch über weitere durch die Utopia GmbH genutzte Onlinenetzwerke. Diese Vergemeinschaftung ist translokal: Ihre Mitglieder sind „Utopist*innen" an verschiedenen Orten. Aufgrund der Nutzung der deutschen Sprache in den von der Utopia GmbH in den verschiedenen Internetmedien generierten Inhalten, ist die Zugehörigkeit zur Utopia-Vergemeinschaftung jedoch an diese Sprachkenntnis gebunden. In den Inhalten der hier hergestellten Interaktions(-zeit-)räume findet sich das gemeinsame Anliegen des nachhaltigen Konsums, eine Abgrenzung gegenüber einem „Nicht-Wir" und ein Zusammengehörigkeitsgefühl.

Die drei Fallstudien vergleichend lässt sich festhalten, dass in allen drei Fallstudien Vergemeinschaftungen zu identifizieren sind, die sich vis-à-vis und medienvermittelt (trans-)lokal zusammenfinden und deren Mitglieder ähnliche Ziele und Werte teilen und sich den jeweiligen Vergemeinschaftungen zugehörig fühlen. Dabei divergieren die Vergemeinschaftungen in ihrer räumlichen Erstreckung, den Formen der Kommunikation sowie durch diese beiden Charakteristika sicherlich auch in ihrer Qualität. Auch zeigt sich, dass die Vergemeinschaftungen koordiniert sind, wobei diese Koordinationsfunktion durch Unternehmen (Fairphone und Utopia GmbH) oder Nichtregierungsorganisationen (Anstiftung & Ertomis) und Individuen (im Falle der ehrenamtlichen Organisator*innen der Repair Cafés) wahrgenommen wird. Bei den hier identifizierten Vergemeinschaftungen handelt es sich um posttraditionale Vergemeinschaftungen (Hitzler et al. 2008), deren Mitglieder freiwillig für einen bestimmten Zeitraum beitreten. Die in den Fallstudien identifizierten Vergemeinschaftungen sind „(international) communities of consumers" (Canclini 2003, S. 43 f), deren Mitglieder einem bestimmten Lebensstil (zum Lebensstil und Konsum s. u. a. Lüdtke 2004, S. 103) praktizieren (wollen), der zu einer nachhaltigen Gesellschaft und einem „guten Leben" beiträgt. Durch ihren Lebensstil, einem „Feld symbolischer Kommunikation" (ebd., S. 118), drücken die Mitglieder der jeweiligen Vergemeinschaftung auch ihre Zugehörigkeit zu einer Gruppe aus. Als z. T. deterritoriale Vergemeinschaftungen (Hepp 2011, S. 106) sind diese vorgestellte Gemeinschaften (Anderson 2006 [1983]).

Die Mitglieder dieser Vergemeinschaftungen nehmen sich selbst als Pionier*innen wahr und bezeichnen sich explizit als solche (Kannengießer 2014b).

So antizipiert einer der Organisator*innen des Oldenburger Repair Cafés einen
Zusammenbruch der derzeitigen Konsumgesellschaft aufgrund der Klimakrise
und sieht im Reparieren eine zukünftig notwendige Praktik, über deren Kompetenz die Teilnehmer*innen der Repair Cafés verfügen: „Das sind die innovativen
Nutzer, die Pioniernutzer, die schon eine Bewegung vorwegnehmen, die mit einer
gewissen Wahrscheinlichkeit […] eintreten [kann, S. K.]". Der Pioniercharakter
der Reparierenden liegt dabei nicht darin, dass sie eine neue (Medien-)Praktik
oder (Medien-)Technologien entwickeln. Vielmehr praktizieren sie die sehr alte
Praktik des Reparierens und Verbreiten diese über die öffentlich zugänglichen
Repair Cafés, über die das Wissen um die Praktik des Reparierens konserviert
und einer breiteren Bevölkerung zugänglich gemacht werden soll. So betont der
Organisator des Oldenburger Repair Cafés, dass „hier [in den Repair Cafés, S. K.]
ein Bruch vollzogen wird und inszeniert wird. Ein Bruch mit mehrheitlich ver-
ankerten Routinen in Bezug auf Produktnutzung." Konsumiert die Bevölkerung
in der derzeitigen Konsumgesellschaft mehrheitliche regelmäßig neue Medientechnologien (aufgrund von Obsoleszenz und technologischen Innovationen, s.
Abschn. 2.2.3), so wollen die „Pioniere", also die Reparierenden, diesen Konsum vermeiden und die Nutzungsdauer der von ihnen genutzten Produkte im
Allgemeinen und Medientechnologien im Besonderen verlängern.

In den Repair Cafés kommt eine Vergemeinschaftung der Pionier*innen
zusammen, was auch Ziel der Organisator*innen dieser Veranstaltungen ist. So
erklärt einer der Organisatoren des Oldenburger Repair Cafés: Die Reparierenden
bilden

> „Pionier*gruppen* […], die schon jetzt vorwegnehmen, was eine Antwort sein könnte,
> auf die […] Zeit danach [nach dem Kollaps des derzeitigen gesellschaftlichen Sys-
> tems, S.K.]. Also das heißt, diese Praktiken sind das worauf man dann zugreifen kann,
> wenn sozusagen sonst nichts mehr geht." (Hervorhebung S. K.)

Dass sich das Reparieren zukünftig wieder als Praktik durchsetzen wird, meint
auch der Betreiber des Veranstaltungsortes, in dem das Oldenburger Repair Café
anfänglich stattfand:

> „Da bin ich ganz stolz, dass es [das Repair Café, S. K.] hier bei mir ist. Weil ich denke,
> dass das schon eine Kultur ist, die sich jetzt deutschlandweit etablieren wird. Kann
> man immer sagen, […] in den Anfängen waren wir schon dabei und das erfüllt mich
> schon mit ein bisschen Stolz."

Auf diesen im Zitat angeführten Kulturwandel gehe ich in Abschn. 4.5 näher
ein. Hier sei zunächst noch auf den Pioniercharakter der Akteur*innen in den
weiteren Fallstudien eingegangen.

Auch in der Fairphone-Studie werden die Fairphone-Nutzer*innen als „Pionie-re" durch das Fairphone-Unternehmen wahrgenommen: „We want to shine a light on the local Fairphone *pioneers,* change-makers and innovators that are shaping the future of the industry with us." (Fairphone 2019k, Hervorhebung S. K.). Das Unternehmen beschreibt hier die „Fairphone-Engel" (s. o.), die im Lokalen Veran-staltungen organisieren, um Fairphone-Nutzer*innen bei technischen Problemen zu unterstützen und die Idee des Fairphones zu verbreiten. Auch die Mitarbeiten-den des Unternehmens werden als Pionier wahrgenommen; so werden sie z. B. in Artikeln auf der Onlineplattform Utopia.de als „Amsterdamer Pioniere" (Win-terer 2015b) bezeichnet. Der Pioniercharakter liegt hier in der Entwicklung einer neuen Art und Weise der Produktion eines Smartphones, nämlich mit dem Ziel, diese fairer und nachhaltiger zu gestalten. Dieses Pionierhandeln materialisiert sich in der digitalen Medientechnologie, dem Fairphone selbst. Durch dieses neue Handeln auf dem Markt technologischer Ideen will das Fairphone-Unternehmen einen Akzent setzen und das Angebot der Medientechnologien verändern (s. Abschn. 4.2). Auch dieser Anstoß der Veränderung wird als ein Pionierhandeln wahrgenommen: „Als *Pionier* will das Unternehmen den Grundstein legen und andere Unternehmen davon überzeugen, dass auch in Demokratischen Republik Kongo Bergbau aus konfliktfreien Minen betrieben werden kann," schreibt der Autor Winterer (2015b; Hervorhebung S. K.) in einem Artikel auf der Onlineplatt-form Utopia.de. Im Umkehrschluss kann jede*r einzelne Fairphone-Nutzer*in als Pionier*in bezeichnet werden, der*die diese auf eine (zumindest in Teilen) innovative Art und Weise produzierte Medientechnologie erwirbt. Auch in dieser Fallstudie finden sich die Pioniere, wie hier herausgearbeitet werden konnte, in lokalen und medienvermittelten Vergemeinschaftungen zusammen.

Auch in der dritten Fallstudie kann der Pioniercharakter der Akteur*innen identifiziert werden. So bezeichnet sich die Utopia GmbH indirekt als Pio-nier, indem es sich als „Trendbarometer für den grünen Markt" (Utopia 2016a) beschreibt. Auch die Nutzer*innen der Onlineplattform Utopia.de werden implizit als Pioniere charakterisiert, die Utopia GmbH spricht von ihnen als Avantgarde: „Die Nutzer von Utopia zählen zur Nachhaltigkeits-Avantgarde: Sie stellen sich als gut informierte, qualitätsorientierte Konsumentengruppe dar, der ethischer Konsum in allen Lebensbereichen wichtig ist." (Utopia 2019a, S. 5) Eine von der Utopia GmbH durchgeführte Studie über die Nutzer*innen zeigt jedoch, dass die „große Mehrheit der Utopia-Nutzer […] sich selbst weder als Avant-garde noch als Nachzügler in Sachen Nachhaltigkeit [versteht, S.K.]." (Utopia 2015b, S. 3) So lassen sich im Material selbst Widersprüche in Hinblick auf die Selbst- und Fremdwahrnehmung des Pioniercharakters der Utopia-Nutzer*innen

finden. Festzuhalten ist jedoch für die Utopia-Nutzer*innen und auch die Nutzer*innen des Fairphones, dass sie sich, wie für die Reparierenden explizit aus
dem Datenmaterial herausgearbeitet, gegen die Mehrheitsgesellschaft abgrenzen, welche in ihren Medienpraktiken nicht oder wenig nachhaltig konsumiert
und handelt. Als Pioniere handeln die Akteur*innen nicht alleine, sondern in
Vergemeinschaftungen (Kannengießer 2018c, S. 221 f.), die entsprechend des
Pioniercharakters ihres Handelns (Kannengießer 2014b) Pioniergemeinschaften
(Hepp 2016) bilden. Individuell und organisiert reflektieren und gestalten die
Akteur*innen aktuelle Digitalisierungs- und Globalisierungsprozesse (Kannengießer 2018b, S. 84). In den Vergemeinschaftungen erfahren Individuen Resonanz als
in der Welt seiend (Rosa 2016, S. 285). Die Vergemeinschaftungen stellen für die
Individuen Resonanzachsen dar, also dauerhafte Resonanzbeziehungen, durch die
die Individuen Stabilität und das „gute Leben" erfahren (ebd., S. 73). Insofern versuchen die Akteur*innen der Fallstudien durch ihre Medienpraktiken nicht nur, zu
einem „guten Leben" für andere, an Produktions- und Entsorgungsprozessen digitaler Medientechnologien beteiligten Personen beizutragen, sondern durch ihre
Praktiken und die hier entstehenden Vergemeinschaftungsprozesse auch zu ihrem
eigenen „guten Leben". Inwiefern diese Vergemeinschaftungen (Teile) soziale(r)
Bewegungen sind, wird in Abschn. 4.6 herausgearbeitet. Dafür wird zunächst
im folgenden Kapitel argumentiert, dass die konsumkritischen Medienpraktiken
Formen unkonventioneller politischer Partizipation sind.

4.5 Konsumkritische Medienpraktiken als unkonventionelle Formen politischer Partizipation

In den vorherigen Kapiteln wurde herausgearbeitet, dass Akteur*innen mit
verschiedenen Formen konsumkritischer Medienpraktiken alleine und in Vergemeinschaftungen zu einer nachhaltigen Gesellschaft und einem „guten Leben"
beitragen wollen. Mit den konsumkritischen Medienpraktiken versuchen sie
also, Gesellschaft zu einer nachhaltigeren zu transformieren Aufgrund dieses
gesellschaftlichen Gestaltungsanliegens sind die im Rahmen der hier diskutierten konsumkritischen Medienpraktiken als Formen politischer Partizipation zu
begreifen. Denn versteht man Politik „die aktive Teilnahme an der Gestaltung
und Regelung menschlicher Gemeinwesen" (Schubert und Klein 2018, o. S.) so
sind die konsumkritischen Medienpraktiken politische Praktiken, da sie Gesellschaft gestalten wollen. Im Folgenden wird dieses Argument näher erläutert
und unter Rückgriff auf die theoretischen Erläuterungen zu politischer Partizipation (s. Abschn. 2.2.5) und die bereits präsentierten empirischen Ergebnisse

sowie unter der Heranziehung weiterer Datenmaterials werden die hier untersuchten konsumkritischen Medienpraktiken als Formen politischer Partizipation
diskutiert.[14]

Wird Partizipation als freiwillige Handlungen von Bürger*innen, mit denen
gesellschaftliche Prozesse beeinflusst und gestaltet werden sollen, definiert (de
Nève und Olteanu 2013, S. 14), so sind das Reparieren von Medientechnologien, die Produktion und Aneignung des Fairphones sowie die Verbreitung von
Informationen über nachhaltigen Konsum über die Onlineplattform Utopia.de als
politische Partizipation zu bezeichnen, da die konsumkritischen Medienpraktiken *freiwillig* von den verschiedenen Akteur*innen verfolgt werden, um darüber
Gesellschaft zu *verändern*. Diese Praktiken reichen über Engagement hinaus, da
mit ihnen die Akteur*innen *aktiv* an Repair Cafés, dem Fairphone-Unternehmen
und der Utopia GmbH, lokalen Vis-à-vis-Fairphone-Vergemeinschaftungen oder
den medienvermittelten Vergemeinschaftungen (s. vorheriges Kapitel) und über
diese schließlich auch aktiv an Gesellschaft teilnehmen.

Die hier untersuchten konsumkritischen Medienpraktiken sind als *unkonventionelle* Formen politischer Partizipation zu betrachten, da diese Formen der
Beteiligung nicht institutionell verfasst sind (de Nève und Olteanu 2013, S. 14).
Die konsumkritischen Medienpraktiken sind *subpolitisch*, da sie jenseits institutionalisierter Politikfelder stattfinden (Beck 1993, S. 103). Auch an dieser Stelle
sei nochmals auf die SPD-Nähe der Utopia GmbH hingewiesen, jedoch sind die
Praktiken der Utopia GmbH dennoch keine einer politischen Partei.

Altheides und Carpentiers oben erläuterte Unterscheidung (s. Abschn. 2.2.5)
zwischen Partizipation *in* und *durch* Medien kann auf die hier diskutierten Fallstudien angewendet und gleichzeitig erweitert werden: So ist die Onlineplattform
Utopia.de ein Beispiel für die Partizipation *durch* Medien, da hier Medieninhalte
genutzt werden, um Verbraucher*innen zu informieren und über das Bewerben
nachhaltiger Produkte und Praktiken Menschen zu veranlassen, nachhaltiger zu
konsumieren und darüber Gesellschaft zu verändern. Das Fairphone-Unternehmen
hingegen ist ein Beispiel für verschiedene Partizipationsformen: Zum einen findet über das Fairphone-Unternehmen eine Partizipation *in* Medien statt, da
Mitarbeiter*innen über die Teilnahme an einer Medienorganisation Gesellschaft
verändern (wollen). Dabei ist die Medienorganisation aber nicht, wie bei Altheide
(1997) und Carpentier (2011, S. 67 ff.) gedacht, eine, die primär Medieninhalte produziert (obwohl das Fairphone-Unternehmen eine Onlineplattform und

---

[14] Das Reparieren in Repair Cafés wurde in Kannengießer (2017a) als Form unkonventioneller politischer Partizipation diskutiert; zu konsumkritischen Medienpraktken als Form
politischer Partizipation siehe Kannengießer (2016).

Profile auf Plattformen von Fremdanbietern bespielt, s. vorheriges Kapitel), sondern eine, die mit dem Fairphone eine Medien*technologie* produziert und über diese Herstellungsprozesse Gesellschaft verändern will. Zum anderen ist das Fairphone-Unternehmen ein Beispiel für eine Partizipation *mit* und *über* Medientechnologien, da es Medientechnologien in den Mittelpunkt des Handelns stellt und damit in einem Prozess des „acting on media" (Kannengießer und Kubitschko 2017; s. Abschn. 3.2.1) über die Veränderung von Medientechnologien Gesellschaft beeinflussen möchte. Partizipation *mit* und *über* Medientechnologien kann also in der Fairphone-Studie identifiziert werden, da das Fairphone-Unternehmen über die Produktion einer fairen Medientechnologie Gesellschaft nachhaltiger gestalten will. Gleichzeitig ist der Konsum in Form des Erwerbs und der Aneignung ebenfalls eine Partizipation *mit* und *über* Medientechnologien, da auch die Nutzer*innen Gesellschaft durch diesen Kauf verändern wollen. Schließlich ist auch das Reparieren von Medientechnologien in Repair Cafés eine Partizipation *mit* und *über* Medientechnologien, da auch hier Gesellschaft über den Umgang mit Medientechnologien, die Nutzungsdauerverlängerung der Apparate durch das Reparieren, verändert werden soll.

So zeigt sich anhand der Fallbeispiele, dass die von Altheide und Carpentier getroffene Unterscheidung zwischen Partizipation *in* und *durch* Medien erweitert werden muss, will man verstehen, wie Menschen mit Medien an Gesellschaft teilhaben und diese verändern wollen, durch Partizipationsformen, die im Sinne eines „acting on media" Medientechnologien in den Fokus ihres Handelns stellen, sodass Partizipation *mit* und *über* Medien*technologien* stattfindet.

Die Materialität der Medientechnologien ist für alle Formen der Partizipation *in, durch, mit* und *über* Medien relevant, dies wurde ausführlich in Abschn. 2.2.5 erläutert, in dem gezeigt wurde, welche Relevanz der Materialität digitaler Medientechnologien den konsumkritischen Medienpraktiken zukommt. Dennoch handelt es sich bei den hier untersuchten Partizipationsformen nicht um die von Marres (2012) entwickelte „material participation". Denn dieser Ansatz stellt als „device-centered perspective" (ebd., S. 27 und 133) die Medientechnologien in den Fokus. Der in diesem Buch verfolgte Ansatz ist jedoch einer der „non-media-centric" (Morley 2009) Kommunikations- und Medienwissenschaft. Entsprechend wurde in den vorherigen Teilkapiteln deutlich, dass es die verschiedenen Akteur*innen sind, welche die Materialität digitaler Medientechnologien reflektieren und durch konsumkritische Medienpraktiken, in denen Medien(-technologien) im Zentrum ihres Handelns stehen, Gesellschaft verändern wollen. Die Materialität digitaler Medientechnologien ist dabei zentral für das Handeln und die Partizipation der Akteur*innen, jedoch nicht der Ausgangspunkt.

Das Ziel der politischen Partizipation durch konsumkritische Medienpraktiken, so zeigen die Fallstudien, ist die Herbeiführung eines kulturellen Wandels: So ist eines der Ziele der an Repair Cafés Beteiligten, die Konsum- und Wegwerfgesellschaft zu verändern. Sie verfolgen durch das Reparieren und die Verbreitung der Praktik des Reparierens in Repair Cafés einen Wandel kultureller Werte und Praktiken des Konsumierens: Sie wollen, dass sich das Reparieren gegenüber dem Wegwerfen gesellschaftlich etabliert, und hoffen, so eine nachhaltige Gesellschaft zu erreichen. Das Reparieren ist eine „Politik mit dem Einkaufswagen" (Baringhorst 2010b), wobei der Einkaufswagen in diesem Fall leer bleibt, der Konsum neuer Medientechnologien durch das Reparieren vermieden werden soll. Das Reparieren ist insofern eine Boykott-Aktion (Baringhorst 2010a, S. 12), wobei hier nicht der Erwerb eines bestimmten Produktes vermieden wird, sondern der Konsum an sich.

Den Beteiligten an den Repair Cafés ist bewusst, dass das Reparieren durch die Konsumvermeidung einen Bruch mit etablierten Routinen darstellt. So konstatiert ein 57-Jähriger Teilnehmer in Berlin, der sein Radio repariert: „Wir [müssen] von dieser Konsummentalität wegkommen." Und einer der Organisator*innen des Oldenburger Repair Cafés betont die Relevanz des Reparierens für den kulturellen Wandel hin zu einer nachhaltigen Gesellschaft: „Ohne eine Reparaturkultur, ohne eine brutale Nutzungsdauerverlängerung brauche ich nicht über Nachhaltigkeit [...] [zu] reden." Doch ist er skeptisch, was die Verbreitung der Reparaturpraxis und die Etablierung einer Reparaturkultur durch die Repair Cafés angeht:

> „Das wird sich dann durchsetzen, wenn wir griechische Verhältnisse haben, dann genau gibt es mehr als nur eine intrinsische Motivation, sich damit zu beschäftigen. Also, wenn nicht exogene Schocks da sind, die dazu zwingen oder die auch einen ökonomischen Aspekt damit verbinden, wird das ganz, ganz schwierig."

Mit den „griechischen Verhältnissen" rekurriert er auf die Situation in Griechenland nach der Finanzkrise 2008, in der die griechische Wirtschaft kollabierte und das Land in den folgenden Jahren einen kulturellen Wandel erfuhr, indem die Praxis des Reparierens aufgrund der wirtschaftlichen Notlage an Relevanz gewann. Ist das Reparieren im Alltag oftmals unsichtbar, ein „normaler" Prozess und Routine (Jackson 2014, S. 225), so findet es in den Repair Cafés öffentlich und als gemeinsamer Akt statt – auch, um für die Praktik des Reparierens zu werben und über dessen Verbreitung einen kulturellen Wandel herzustellen.

Auch die Anstiftung & Ertomis hat es sich zum Ziel gemacht, mit der Unterstützung der Organisation von Repair Cafés und der Netzwerkbildung unter diesen in Deutschland die Konsumgesellschaft hin zu einer Reparaturgesellschaft zu transformieren. Mit dem Slogan „Hier geht's zur Reparaturgesellschaft"

bewirbt die Anstiftung & Ertomis das von Stiftungsmitarbeiter*innen herausge-
gebene Buch „Die Welt reparieren" (Baier et al. 2016) und lädt damit zu einem
kulturellen Wandel ein. Ob sich der politische Anspruch der Anstiftung & Ertomis und auch vieler an den Repair Cafés Beteiligter, die Konsumgesellschaft
hin zu einer Reparaturkultur zu wandeln, realisieren lässt, ist jedoch kritisch zu
hinterfragen. So wurden in der empirischen Analyse auch Grenzen und Paradoxien in den Zielen und Praktiken der Reparierenden herausgearbeitet (siehe
Abschn. 4.1). Diese schränken auch die Erfolgschancen des kulturellen Wandels
durch das Reparieren ein. Auch bleiben die Reparaturinitiativen trotz ihrer gestiegenen Anzahl auf mittlerweile 868 Initiativen registriert (Stand 14. Mai 2021, s.
Einleitung) eine Nische in der gegenwärtigen Konsumgesellschaft.

Ähnliche Erkenntnisse lassen sich für die Fairphone-Studie festhalten. Auch
die Akteur*innen dieser Fallstudie wollen mit der Produktion bzw. Nutzung
des Fairphones Gesellschaft gestalten – hin zu einer faireren und nachhaltigeren. Die politische Partizipation ist auch in dieser Fallstudie eine „Politik mit
dem Einkaufswagen" (Baringhorst 2010b). Das Fairphone-Unternehmen sowie
die Nutzer*innen dieses Smartphones vermeiden zum einen den Konsum, also
das Füllen des Einkaufswagens, indem sie das Fairphone als reparierbare Medientechnologie produzieren/kaufen und hierdurch Konsum im Sinne eines Erwerbens
neuer Smartphones vermeiden. Zum anderen wird der Einkaufswagen in dieser
Studie durch die Nutzer*innen bewusst mit einer fair produzierten Medientechnologie gefüllt, der Konsum damit zu einer politischen Partizipation mit
dem Einkaufswagen. Auch in dieser Fallstudie verursachen die Akteur*innen
durch die Produktion bzw. den Erwerb einer fairen Medientechnologie einen
Bruch mit etablierten Routinen – dem regelmäßigen Neukauf von herkömmlich
produzierten Smartphones und dem regelmäßigen Entsorgen in der „Wegwerfgesellschaft". Genau diese wird vom Fairphone-Unternehmen und den Nutzer*innen
des Fairphones kritisiert. So will das Fairphone-Unternehmen durch die Produktion eines fairen Smartphones den Markt für Medientechnologien beeinflussen
(s. Abschn. 4.2). Dies wollen die Nutzer*innen des Fairphones unterstützen. So
erklärt der 36-jährige Softwareentwickler und Fairphone-Nutzer:

> „Ich fand es für mich sinnvoll [den Kauf des Fairphones, S. K.], […] weil es halt nicht
> nur den Anspruch hat: ‚Wir wollen fair produzierte Komponenten drin verbauen', son-
> dern eben auch noch den Nachhaltigkeitsgedanken: ‚Wir wollen nicht, dass es ein
> Wegwerfprodukt ist.' Und damit, finde ich, handelt man konsequent, auf jeden Fall
> richtig, wenn man ein Produkt kauft, was kein Wegwerfprodukt ist, dann hilft man
> damit, die Folgen der Wegwerfgesellschaft zu minimieren."

Der Kauf des Fairphones ist somit eine Buykott-Aktion, also der bewusste Kauf eines Produktes (Baringhorst 2010a, S. 12), durch den Gesellschaft gestaltet werden soll.

Dass auch in die politische Partizipation über das Fairphone Grenzen und Paradoxien eingeschrieben sind, zeigt die Diskussion der Ziele und Praktiken der Fairphone-Produzierenden und -Konsument*innen (s. Abschn. 4.1 und 4.2). So ist zum einen die Produktion des Fairphones weit davon entfernt, umfassend fair zu sein, noch handeln die Nutzer*innen des Fairphones konsequent nachhaltig in ihren Konsumpraktiken. Und dennoch versuchen das Fairphone-Unternehmen sowie die Nutzer*innen des Smartphones durch die Produktion und Aneignung dieser Medientechnologie, diese sowie den Markt für Smartphones zu ändern, um Gesellschaft zu verändern.

Schließlich wollen auch die Betreiber*innen der Onlineplattform Utopia.de eine „Politik mit dem Einkaufswagen" (Baringhorst 2010b) betreiben, indem sie für von ihnen als nachhaltig eingeschätzte Produkte und Praktiken werben. Durch diese politische Partizipation über Medien*inhalte,* soll das konventionelle Konsumverhalten der Verbraucher*innen verändert und damit ein gesellschaftlicher Wandel provoziert werden – ebenso der Wandel zu einer nachhaltigeren Gesellschaft. So wird auf der Onlineplattform die Veränderung der Welt durch die Veränderung des Konsumverhaltens postuliert: „Unsere Kaufentscheidung bestimmt, welches Unternehmen erfolgreicher ist. Und diese Entscheidungen haben wir täglich selbst in der Hand. Und so kann am Ende unser bewusster Konsum eben doch die Welt verändern." (Winterer 2019b) Auf dem Facebook-Profil hat die Utopia GmbH als Titelbild eine Grafik mit dem Slogan „Dein Kassenbon ist ein Stimmzettel. Jedes Mal" platziert (Stand 7. Oktober 2019) und betont damit die politische Bedeutung des Konsums.

Die Grenzen und Paradoxien der Ziele und Praktiken der Utopia GmbH wurden in Abschn. 4.2 herausgearbeitet. Sie sind auf die politische Partizipation in dieser Fallstudie zu übertragen. Denn auch wenn das Unternehmen explizit einen gesellschaftlichen Wandel durch die Beeinflussung der Konsumkultur unterstützen möchte, so regt es mit den auf der Onlineplattform publizierten Kaufempfehlungen, den Konsum letztendlich wieder an – was im Widerspruch zum Ziel der Nachhaltigkeit steht. So ist also auch die über die Onlineplattform Utopia.de stattfindende politische Partizipation letztendlich von Widersprüchen gekennzeichnet.

Zusammenfassend lässt sich festhalten, dass in allen drei Fallstudien Formen der Partizipation auszumachen sind, die *in, durch, mit* und *über* Medien stattfinden. Die partizipativen Praktiken zielen darauf ab, mit Konsumpraktiken Gesellschaft zu verändern, wobei hier Medien entweder für das Werben für eine bestimmte Art von Konsum, nämlich nachhaltigen Konsum, genutzt werden, oder aber Gegenstand des Konsums sind, indem entweder der Konsum von Medientechnologien vermieden werden soll oder bestimmte (nachhaltige) Medientechnologien konsumiert werden. Konsumkritischen Medienpraktiken (s. Abschn. 4.2) sind also Formen unkonventioneller politischer Partizipation, durch die die Akteur*innen im Sinne einer „Vita activa" (Arendt 2002 [1958]) Gesellschaft abseits institutionalisierter Politik nachhaltiger gestalten (wollen).

Verbraucher*innen werden im Moment des Konsumierens zu Bürger*innen, die „Politik mit dem Einkaufswagen" (Baringhorst 2010b) betreiben, wie für die einzelnen Fallstudien herausgearbeitet wurde. Der nachhaltige Konsum ist die kulturelle Praxis der in den Fallstudien untersuchten Citizens, die als solche ein Gefühl der Zugehörigkeit erleben (Canclini 2003, S. 20; s. Abschn. 4.4). Bezieht man die theoretische Diskussion um die verschiedenen Formen des Citizenship ein (s. Abschn. 3.2.5), so lässt sich für die Akteur*innen der Fallstudien eine Vermischung verschiedener Formen proklamieren: So finden sich in den konsumkritischen Medienpraktiken zum einen die Form des civil Citizenship, in dem die Partizipation an Wirtschaft als Produzent*innen und Konsument*innen erfasst wird (Marshall 1992), da Unternehmen wie die Utopia GmbH oder das Fairphone-Unternehmen Gesellschaft über ihr unternehmerisches Handeln und Verbraucher*innen über ihren Konsum den Markt und Gesellschaft verändern wollen. Zum anderen finden sich in den Fallstudien die Formen des cultural Citizenship, welches die kreative und erfolgreiche Teilhabe an einer Kultur beschreibt (Turner 2001, S. 12; Hermes und Dahlgren 2006), da die Akteur*innen die Kultur der Konsum- und Wegwerfgesellschaft verändern wollen. Schließlich findet sich in allen drei Fallstudien die Form des do-it-yourself Citizenship (Ratto und Boler 2014b), wobei do-it-yourself hier literal verstanden werden kann als politische Partizipation im Moment des Reparierens von Medientechnologien und Selbermachens. Die Bürger*innen werden hier zu Prosument*innen (Toffler 1980), jedoch nicht nur in Hinblick auf Medieninhalte, wie es mit dem Konzept der ProdUser*innen traditionell in der Kommunikations- und Medienwissenschaft gedacht wird (Bruns 2008, 2009), sondern auch in Hinblick auf Medientechnologien, die von Nutzer*innen im Prozess des Reparierens in Repair Cafés oder als Nutzer*innen des reparierbaren Fairphones gestaltet werden.

Im Sinne Canclinis (2003, S. 45) ist der Konsum in den hier diskutierten Fallstudien eine „Übung" von Citizenship, sind die konsumkritischen Medienpraktiken eine politische Handlung, die die Konsument*innen zu Bürger*innen ermächtigt.

Dabei findet der Konsum zwar im Privaten statt, wird aber öffentlich über verschiedene Internetmedien oder auch die öffentlich stattfindenden Repair Cafés inszeniert. Der feministische Slogan „das Private ist politisch" (Hanisch 1970), gilt somit auch für die hier untersuchte Form des subpolitischen Handelns: den Konsum. Denn, wie die Fallstudien zeigen, ist auch der im Privaten stattfindende Konsum, hier die Entscheidung für das Reparieren von Medientechnologien, den Erwerb fair produzierter Medientechnologien oder aber die Information über nachhaltige Produkte über Onlineplattformen, ein Akt des Politischen, mit dem die Konsumierenden Gesellschaft gestalten wollen und damit eine Form der „life politics" (Giddens 1991, S. 215 ff.) praktizieren.

Gegen die These, das politische Engagement der Bürger*innen sei in den vergangenen Dekaden rückläufig (Dahlgren 2009, S. 1), zeigen die empirischen Ergebnisse, dass sich *andere* Formen der politischen Partizipation herausbilden, die als unkonventionelle Formen der politischen Partizipation definiert werden können (s. o.). Diese Formen zeigen, wie Menschen versuchen, mit Medientechnologien umzugehen, um zu einer nachhaltigen Gesellschaft beizutragen.

Die konsumkritischen Medienpraktiken sind nicht unorganisiert. Vielmehr wurde bereits im vorherigen Kapitel herausgearbeitet, dass die Akteur*innen, welche konsumkritische Medienpraktiken verfolgen, nicht alleine handeln, sondern in Vergemeinschaftungen, die mehr oder weniger intensiv koordiniert werden: So werden die Repair Cafés oder lokale Treffen von Fairphone-Nutzer*innen durch Ehrenamtliche an unterschiedlichen lokalen Orten veranstaltet, Unternehmen wie das Fairphone-Unternehmen oder die Utopia GmbH koordinieren „ihre" Vergemeinschaftungen auch medienvermittelt über die jeweiligen eigenen Onlineplattformen oder Onlineangebote von Fremdanbietern wie Facebook, Twitter, Instagram oder Youtube. Die von Bennett und Segerberg (2012, S. 756) entwickelte Typologie des „digitally networked action" (s. Abschn. 3.2.5), kann also auch auf die hier diskutierten Fallbeispiele angewendet werden: Sowohl die lokalen vis-à-vis stattfindenden Aktionen in den Repair Cafés oder den Treffen der Fairphone-Nutzer*innen als auch die medienvermittelten translokal stattfindenden Aktionen sind *kollektive* Aktionen, die stärker koordiniert werden als die konnektiven. Die Utopia GmbH koordiniert in den von ihr bespielten Onlinenetzwerke wie Facebook, Twitter und Instagram die Kommunikation, sodass auch in dieser Fallstudie eine *kollektive* Aktion (Bennett und Segerberg 2012, S. 756) ausgemacht werden konnte.

Sind die konsumkritischen Medienpraktiken Formen unkonventioneller politischer Partizipation, welche als kollektive Aktionen stattfinden, wie in diesem Teilkapitel argumentiert wurde, so liegt die Vermutung nahe, dass sich durch die kollektiven Aktionen soziale Bewegungen bilden. Auch zeigt das Datenmaterial, dass Akteur*innen der Fallstudien bewusst versuchen, soziale Bewegungen herzustellen. Inwiefern dies der Fall bzw. erfolgreich ist und die in Abschn. 4.4

beschriebenen Vergemeinschaftungen, die in den drei Fallstudien ausgemacht wurden, einzelne soziale Bewegungen sind oder gar Teile einer umfassenderen sozialen Bewegung, wird im folgenden Kapitel diskutiert.

4.6   Soziale Bewegungen für eine nachhaltige Gesellschaft und das „gute Leben"

Auf der Basis der in den vorhergehenden Teilkapiteln vorgestellten Ergebnisse zu Vergemeinschaftung und politischen Partizipation soll im Folgenden diskutiert werden, ob die einzelnen Vergemeinschaftungen als soziale Bewegungen beschrieben werden können. Dabei ist nicht nur relevant, herauszuarbeiten, inwiefern eine Reparaturbewegung, Fairphone-Bewegung oder Bewegung der nachhaltig Konsumierenden im Allgemeinen bzw. Utopist*innen im Besonderen auszumachen ist, sondern auch, ob von einer übergeordneten konsumkritischen Bewegung gesprochen werden kann, deren Teile u. a. die drei zuvor genannten Bewegungen bilden, oder ob gar eine „Nachhaltigkeitsbewegung" existiert, welche auch die seit 2018 aktive Fridays-for-Future-Bewegung integriert (s. Einleitung). Entsprechend dieser Fragen wird zunächst für jede der drei Fallstudien einzeln erläutert, ob hier soziale Bewegungen auszumachen sind. Daran anschließend wird diskutiert, inwiefern eine konsumkritische Bewegung oder gar eine „Nachhaltigkeitsbewegung" identifiziert werden kann. Dafür ist auf die Erläuterungen zur theoretischen Dimension der sozialen Bewegung zurückzugreifen: Die Bewegungsforschung benennt mindestens vier Merkmale sozialer Bewegungen: 1) Ziele der gesellschaftlichen Veränderung, 2) Protest als Mittel für sozialen Wandel, 3) einen Netzwerkcharakter und 4) eine symbolische Interaktion und ein Zugehörigkeitsgefühl der Akteur*innen (Ullrich 2015, 10 ff.; s. Abschn. 3.2.6). Mithilfe dieser Kriterien wurde das Datenmaterial der Fallstudien theoriegeleitet in den Blick genommen, in dem jedoch bereits im offenen Kodierprozess Aspekte sozialer Bewegungen sichtbar wurden.[15]

In der aus dem aktivistischen Kontext entstandenen aktuellen Literatur zum Reparieren und Reparaturveranstaltungen (z. B. Heckl 2013, S. 11; Baier et al. 2016) wird eine soziale Bewegung proklamiert. Aber kann hier tatsächlich von einer sozialen Bewegung gesprochen werden? Die Anstiftung & Ertomis will durch die Unterstützung der Organisation von Reparaturveranstaltungen und der Vernetzung deutscher Reparaturinitiativen dazu beitragen, dass sich eine Reparaturbewegung bildet. Das Ziel der Vernetzung sei, den einzelnen Akteur*innen

---

[15] Zur Reparaturbewegung siehe auch Kannengießer (2018c, S. 224, d, S. 296 ff.).

aufzuzeigen, dass sie Teil einer größeren Bewegung seien, erklärt ein Mitarbeiter der Anstiftung & Ertomis:

> „Das wollen wir für die Reparatur-Initiativen erreichen, dass die feststellen: ‚Moment mal, es gibt viele,‘ und merken, dass das, was hier passiert, nicht ein punktuelles Ereignis ist, sondern das ist eine gesellschaftliche Welle, die da gerade durchs Land geht. An allen Ecken und Enden sind Menschen, die nicht mehr hinnehmen wollen, dass der Konsument auf eine bestimmte Art zu handeln und zu konsumieren, festgelegt ist. Das ist, das erreicht man dadurch, in dem man eben Andere sichtbar macht und sich untereinander bekannt macht dadurch."

Ist diese „gesellschaftliche Welle" als Reparaturbewegung zu bezeichnen, als eine politische Bewegung für das Reparieren?

Die von der Bewegungsforschung benannten vier Merkmale sozialer Bewegungen, geteilte Ziele und ein Zugehörigkeitsgefühl der Akteur*innen, das Merkmal des Protests und ein Netzwerkcharakter, sind auch für eine Reparaturbewegung auszumachen: Wie in Abschn. 4.2 gezeigt, verfolgen die an Repair Cafés beteiligten Akteur*innen *ähnliche Ziele*. Auch wenn diese divers sind, so dominieren doch die konsumkritischen Ziele der Müllvermeidung und der Ressourcenschonung durch eine Verlängerung der Nutzungsdauer der Konsumgüter. Auch ein *Gefühl der Zugehörigkeit* ist bei vielen Beteiligten zu finden, wie in Abschn. 4.4 erläutert wurde. Beide Merkmale zeigten, dass sich in den Repair Cafés Vergemeinschaftungen bilden. Auch das für soziale Bewegungen signifikante Merkmal des Protests ist in dieser Fallstudie auszumachen: Die Reparaturveranstaltungen sind Protestveranstaltungen, durch die die Akteur*innen Kritik an der Konsumgesellschaft üben. Doch sie gehen auch über den bloßen Protest hinaus und bieten mit dem Reparieren eine Alternative für das von ihnen kritisierte Handeln an. So ist das Reparieren selbst eine Protesthandlung gegen die Konsumgesellschaft. Der Netzwerkcharakter als viertes Merkmal sozialer Bewegungen ist ebenfalls in dieser Fallstudie auszumachen. So versuchen die Organisator*innen von Reparaturveranstaltungen zum einen, ein Netzwerk zwischen Personen, die Reparieren können und bei Reparaturen unterstützen wollen, und solchen, die Hilfe suchen, zu bilden, zum anderen werden auch Netzwerke unter den Repair Cafés und professionellen Dienstleister*innen, die gegen Entgelt reparieren, hergestellt. Und auch Netzwerke zwischen verschiedenen konsumkritischen Initiativen finden mit Repair Cafés statt und in diesen Räumen: So fungiert das Repair Café in Oldenburg als ein Anlaufpunkt für *verschiedene* konsumkritische Projekte, wie eine der Organisatorinnen erklärt: „Also wir sehen das irgendwie auch ein bisschen so als quasi Nabelpunkt dieses kulturellen Wandels hier in Oldenburg. Das hat sich irgendwie so raus kristallisiert, dass wir so ein Ort sind, an dem man scheinbar zusammenkommt."

Sind dies Netzwerke auf lokaler Ebene, so versucht die Anstiftung & Ertomis durch überregionale Treffen und eine Onlinevernetzung ein bundesweites Netzwerk zwischen den Reparaturinitiativen herzustellen (s. o.). Damit trägt die Stiftung nicht unwesentlich zu einer Reparaturbewegung bei, wobei sie als zentrale Akteurin das Netzwerk koordiniert und damit als „Gatekeeper" letztendlich auch Inhalte und Form der Bewegung maßgeblich beeinflusst. Die bereits im vorherigen Kapitel herangezogene Typologie der „digitally networked action" (Bennett und Segerberg 2012, S. 756) soll hier nochmal herangezogen und in Hinblick auf die Diskussion um eine mögliche Reparaturbewegung konstatiert werden, dass es sich hier um eine Form der *kollektiven* Aktionen (ebd.) handelt, die durch die Organisator*innen der Repair Cafés im Lokalen bzw. die Anstiftung & Ertomis im Translokalen koordiniert werden.

Die vier Merkmale sozialer Bewegungen lassen sich also in dieser Fallstudie ausmachen und damit eine Reparaturbewegung beschreiben. Diese ist mitnichten homogen. Im Gegenteil, die in diesem Rahmen diskutierte Studie zeigt, dass sowohl Orte als auch Akteur*innen und Ziele einer Reparaturbewegung sehr heterogen sind (s. Abschn. 4.2). Spricht man also von einer Reparaturbewegung, so muss ihre Heterogenität berücksichtigt werden.

Mögliche Wirkungen und Erfolge einer Reparaturbewegung sind schwierig zu erfassen. Der Initiator des Oldenburger Repair Cafés betont die Relevanz individuellen Handelns für die Reparaturbewegung und einen gesellschaftlichen Wandel:

> „[Die Reparaturbewegung] ist wirklich ganz, ganz klein, aber das muss nicht klein bleiben. Wir wissen es eben nicht und weil wir es nicht wissen, sagen wir, dann haben wir auch kein Recht den Kopf in den Sand zu stecken und von vornherein das Ganze nicht zu machen."

Die Organisator*innen der Repair Cafés appellieren mit diesen Veranstaltungen primär an die Verantwortung der Individuen für eine nachhaltige Gesellschaft, die sie im Reparieren und damit einem nachhaltigen Handeln unterstützen wollen. Gleichzeitig wollen sie aber auch über die öffentlichen Reparaturveranstaltungen Druck auf die Politik ausüben, wie einer der Organisor*innen des Oldenburger Repair Cafés erklärt: „Was ich will, ist schlicht und ergreifend, damit ein Kommunikationsinstrument subversiver Art zu etablieren, weil ich glaube, dass damit auch wirklich der Druck auf die Wirtschaft und die Politik wachsen kann."

Einen solchen Druck wollen auch die Mitarbeitenden der Anstiftung & Ertomis auf die Politik und Wirtschaft ausüben und beteiligen sich u. a. an dem „Runden Tisch für Reparatur" (s. https://runder-tisch-reparatur.de/), über den unterschiedliche zivilgesellschaftliche Organisationen versuchen, Einfluss auf Politik und Wirtschaft zu nehmen. Auch diese Versuche können als Charakteristika sozialer Bewegungen wahrgenommen werden, durch die politisches und wirtschaftliches Handeln und damit Gesellschaft verändert werden soll. Auch wenn der kausale Zusammenhang schwierig zu rekonstruieren ist, so zeigt doch die Diskussion um ein „Recht auf Reparatur" im Europäischen Parlament (Europäisches Parlament 2020), dass die Relevanz des Reparierens auch auf politischer Ebene wahrgenommen wird, was sicherlich auch ein Erfolg der Reparaturbewegung ist.

Auch in der Fairphone-Studie können Momente einer sozialen Bewegung wahrgenommen werden. So spricht der Gründer Bas van Abel explizit von einer Bewegung für faire Elektronik („a movement for fair electronics", Fairphone 2016c). Konsument*innen sind durch das Unternehmen eingeladen, durch den Erwerb eines Fairphones Teil dieser Bewegung werden: „buy a phone, join a movement" (Fairphone 2015c). Hier wird noch einmal deutlich, wie der Akt des Konsumierens politisiert wird – als politische Partizipation innerhalb einer sozialen Bewegung, die sich durch den Erwerb einer bestimmten Medientechnologie konstituieren soll. Formulieren und artikulieren sich soziale Bewegungen traditionell als Protestbewegungen vor allem über öffentliche Demonstrationen, wie im Bereich Nachhaltigkeit z. B. über Jahrzehnte die Anti-Atomkraft-Bewegung und aktuell die Fridays-for-Future-Bewegung, die sich bis zur Covid-19-Pandemie (und sicherlich auch wieder danach) jeden Freitag an unterschiedlichen Orten weltweit im öffentlichen Raum zu Protestdemonstrationen und Kundgebungen traf, so politisiert das Fairphone-Unternehmen den Kauf eines Fairphones und verspricht den Verbraucher*innen, durch diesen Teil einer sozialen Bewegung für fair produzierte Elektronik bzw. Medientechnologien zu werden. Das Unternehmen sieht sich selbst als Ermöglicher dieser Bewegung und beschreibt sich als „social enterprise that is building a movement for fairer electronics" (Fairphone 2015a). Diese soziale Bewegung ist im Sinne Bennetts und Segerbergs (2012, S. 756) eine stärker koordinierte *kollektive* Aktion.

Bemüht man die vier von Ullrich (Ullrich 2015, S. 10 ff.) herausgearbeiteten Kriterien sozialer Bewegungen, so lassen sich diese wie folgt auf eine mögliche Fairphone-Bewegung bzw. eine Bewegung für faire Elektronik/Medientechnologien anwenden: Wie in Abschn. 4.2 herausgearbeitet, teilen die Fairphone-Nutzer*innen das Ziel, durch den Kauf eines Smartphones, das unter fairen Bedingungen mit nachhaltigen Ressourcen produziert werden soll, zu einer nachhaltigeren Gesellschaft beizutragen. Dass diese Ziele aufgrund der Anzahl der fairen Ressourcen eingeschränkt sind und der Kauf damit

4 Konsumkritische Medienpraktiken als …

v. a. symbolisch bzw. die Unterstützung einer Idee ist, ist den Nutzer*innen bewusst. In Hinblick auf das Zugehörigkeitsgefühl, das Ullrich als eines der Merkmale sozialer Bewegungen benennt, wurden widersprüchliche Ergebnisse festgehalten: Während die Kommunikation über das auf der Onlineplattform des Fairphone-Unternehmens integrierte Onlineforum sowie die vom Fairphone-Unternehmen bespielten Profile auf Facebook, Twitter und Instagram zeigen, dass sich Fairphone-Nutzer*innen einer „Fairphone-Gemeinschaft" zugehörig fühlen, war ein solches Zugehörigkeitsgefühl im Sample meiner Interviewpartner*innen nicht vorhanden. Die Organisation lokaler Treffen der Fairphone-Gemeinschaft verfolgen oftmals das Ziel, Unterstützung bei technischen Problemen in der Fairphone-Nutzung zu geben. Die Treffen haben aber auch einen sozialen Charakter (s. Abschn. 4.4). In diesen Veranstaltungen und der medienvermittelten Kommunikation der Fairphone-Nutzer*innen zeigt sich damit auch der sozialen Bewegungen typische Netzwerkcharakter, auch wenn sich in den lokalen Veranstaltungen nur eine kleine Zahl der Fairphone-Nutzer*innen trifft.

Die medienvermittelte Kommunikation und die lokalen Veranstaltungen sind in dieser Fallstudie aber weniger solche des Protests oder der Inszenierung des Protests wie es die Repair Cafés sind, als vielmehr Unterstützungsangebote bei technischen Problemen oder Veranstaltungen mit Freizeitaspekt (s. o.). Aber dennoch ist der Moment des Protests, ein weiteres Merkmal sozialer Bewegungen, in der Produktion bzw. dem Kauf des Fairphones enthalten, da das Fairphone-Unternehmen mit der Produktion dieses Smartphones nicht nur die Verbraucher*innen aufklären will, sondern auch eine Alternative auf dem Smartphone-Markt schaffen und diesen dadurch beeinflussen will, und zwar dahingehend, dass die Käufer*innen durch den Erwerb dieses Smartphones eine Buykott-Aktion durchführen, also durch den *bewussten* Kauf (Baringhorst 2010a, S. 12) eines Produkts, ein Zeichen setzen, Gesellschaft verändern zu wollen (s. Abschn. 4.1 und 4.2).

Zusammenfassend lässt sich festhalten, dass Merkmale sozialer Bewegungen auch in der Fairphone-Studie zu identifizieren sind: Sind die Mitglieder dieser Bewegung die Fairphone-Nutzer*innen und das Fairphone-Unternehmen, das die Bewegung maßgeblich inszeniert, so lassen sich Merkmale der geteilten Ziele und des Zugehörigkeitsgefühls, des Netzwerkcharakters sowie des Protests hier ausmachen. Zu betonen ist jedoch, dass sich nicht alle Fairphone-Nutzenden einer solchen „Fairphone-Bewegung" zugehörig fühlen (so z. B. nicht meine Interviewpartner*innen). Und dennoch sind auch die Käufer*innen des Fairphones sowie das Unternehmen selbst Teil einer „Fair-trade-Bewegung" (Moore 2004), deren

Anfänge Moore in die 1960er Jahre datiert (ebd., S. 73).[16] Die Mitglieder der „Fair-trade-Bewegung" sind Produzierende bzw. Konsumierende fair produzierter bzw. gehandelter Produkte. Das Ziel dieses Produzierens und Konsumierens ist die Transformation der Gesellschaft – hin zu einer nachhaltigeren. Hat die Fair-trade-Produktion bzw. der Konsum und damit die „Fair-trade-Bewegung" eine längere Tradition im Bereich der Lebensmittel- oder Bekleidungsindustrie, so ist eine „Fair-trade-Bewegung", die den Bereich der Medientechnologien fokussiert, in den Anfängen. Das Fairphone ist eine Technologie einer solchen „Fair-trade-Bewegung", wenn auch nicht die einzige; andere Initiativen sind z. B. die Fairmouse, eine Computermaus, die von der Nichtregierungsorganisation Nager e. V. hergestellt wird (s. Einleitung und Kannengießer 2016). Das Fairphone ist jedoch sicherlich, nicht zuletzt wegen der Öffentlichkeitsarbeit des Unternehmens über verschiedene Onlinemedien und die Präsenz des Gründers Bas van Abel in der massenmedialen Berichterstattung, der bekannteste Versuch fairer Medientechnologieproduktion und damit Treiber einer sozialen Bewegung, die den Fokus auf faire Medientechnologien legt.

Auch in der Fallstudie von Utopia.de können unter Heranziehung der von Ullrich (2015, S. 10 ff.) ausgearbeiteten Merkmale sozialer Bewegungen Momente einer sozialen Bewegung ausgemacht werden. Denn wie die Analyse zeigte, vernetzt sich über die Onlineplattform Utopia.de eine Vergemeinschaftung der „Utopist*innen", die Ziele teilen und sich der Gemeinschaft zugehörig fühlen (s. Abschn. 4.4). Die Utopia GmbH koordiniert über die Onlineplattform Utopia.de und die von ihr bespielten Onlinenetzwerke wie Facebook, Twitter und Instagram die Kommunikation dieser Bewegung, sodass auch in dieser Fallstudie eine *kollektive* Aktion (Bennett und Segerberg 2012, S. 756) ausgemacht werden konnte. Das Moment des Protests kann in den auf der Onlineplattform thematisierten Inhalten identifiziert werden, in denen eine bestimmte Art von Konsum kritisiert wird und in denen von der Utopia GmbH als nachhaltig eingestufte Produkte und Praktiken beworben werden (s. Abschn. 4.1), um Verbraucher*innen zum nachhaltigen Konsumieren anzuhalten. Somit werden Boykott- bzw. Buykott Aktionen (Baringhorst 2010a, S. 12) auf der Onlineplattform Utopia.de und den von der Utopia GmbH bespielten Profilen auf Onlinenetzwerken vom Unternehmen sowie seinen Utopist*innen thematisiert und beworben, da zum Kauf als nachhaltig eingestufter Produkte bzw. zur Vermeidung des Kaufs als nicht nachhaltig eingestufter Produkte aufgerufen wird. Explizit spricht die Utopia GmbH jedoch nicht von einer sozialen Bewegung, wenngleich sie konstatiert, „dass nachhaltiger Konsum sich nur dann auf breiter gesellschaftlicher Basis durchsetzen wird,

---

[16] Zur historischen Entwicklung des fairen Handels s. Hauff und Claus (2012, S. 84 ff.).

wenn die Angebote attraktiv – und damit massen(-markt-)tauglich – sind. Deshalb wollen wir es unseren Nutzern so leicht und so attraktiv wie möglich machen." (Utopia 2019c) Diese „Massentauglichkeit" zeigt, dass die Utopia GmbH das Ziel einer gesellschaftlichen Transformation hin zu mehr Nachhaltigkeit verfolgt und dass Momente einer sozialen Bewegung ausgemacht werden können, wenngleich sicherlich nicht von einer Bewegung der „Utopist*innen" zu sprechen ist. Vielmehr können die Utopia GmbH und die „Utopist*innen" bzw. von ihnen bespielte weitere Internetmedien als Teil einer breiteren sozialen Bewegung wahrgenommen werden, die sich für nachhaltigen Konsum einsetzt, nachhaltige Güter produziert bzw. konsumiert und damit die gegenwärtige Konsumgesellschaft nachhaltiger gestalten möchte, wobei Konsum nicht gänzlich abgelehnt wird, sondern ein nachhaltiger Konsum beworben bzw. verfolgt wird.

In dieser Konsumkritik liegt eine zentrale Gemeinsamkeit der Fallstudien. Denn gemein ist den sozialen Bewegungen, die in den drei Fallstudien ausgemacht wurden, dass ihre Mitglieder (eine bestimmte Art von) Konsum kritisieren bzw. mit ihrem Konsum einen Beitrag zu einer nachhaltigen Gesellschaft leisten (wollen). Medien spielen für die hier untersuchten Bewegungen eine zentrale Rolle, da in Medieninhalten (eine bestimmte Art von) Konsum kritisiert wird bzw. für nachhaltigen Konsum geworben wird (wie in der Fallstudie Utopia.de) und Medientechnologien selbst im Fokus der Bewegungen stehen, die deren Produktion (wie in der Fallstudie zum Fairphone) oder deren Aneignung (wie in der Fallstudie zum Fairphone und den Repair Cafés) nachhaltiger gestalten (wollen). Die hier untersuchten Bewegungen lassen sich damit als Teil einer größeren und heterogenen „konsumkritischen Bewegung" (Kannengießer und Weller 2018b, S. 16) beschreiben, in der eine Vielzahl unterschiedlicher Akteur*innen in verschiedenen „konsumkritischen Projekten und Praktiken" (ebd., S. 7) agiert. Die Fallstudien sind in dieser Reihe von Projekten zu denken, mit denen Akteur*innen in ihrem Alltagshandeln im Kontext der Konsumgesellschaft versuchen, einen Beitrag für eine nachhaltige Gesellschaft zu leisten. So ist konsumkritisches Handeln auch in anderen Projekten, wie Transition Towns, Urban Gardening, Tauschringen bzw. -parties o. ä. zu finden (s. wissenschaftliche Analysen verschiedener Projekte in Kannengießer und Weller 2018a). Diese Projekte greifen traditionelle Handlungen wie das Reparieren, Gärtnern oder Tauschen auf, inszenieren sie im öffentlichen Raum und politisieren sie als Handlungen für eine nachhaltige Gesellschaft (s. detaillierter Abschn. 4.5). Oftmals sind Netzwerke zwischen solchen unterschiedlichen konsumkritischen Projekten auszumachen, sodass sich eine breitere konsumkritische Bewegung entwickelt. Ob auch eine solche konsumkritische Bewegung einen Werte- und Gesellschaftswandel erwirken kann, bleibt zu beobachten.

Medien spielen für diese konsumkritische Bewegung v. a. eine Rolle für die Vernetzung der Mitglieder, die Mobilisierung und Artikulation. Die Fallstudien zeigen aber auch, dass Medientechnologien selbst Objekt der Praktiken der Aktivist*innen sozialer Bewegungen sind.

Das Anliegen des dieses Buch abschließenden Kapitels ist dreigeteilt: In einem ersten Teilkapitel werden die bis hierher ausgeführten Ergebnisse zusammengefasst und -gedacht. Dafür wird das Konzept der konsumkritischen Medienpraktiken entlang seiner theoretischen Dimensionen pointiert erläutert, indem die Ergebnisse der hier präsentierten Studie in aller Kürze dargestellt werden. Dabei bildet die Aufarbeitung des Forschungsstandes zur Nachhaltigkeitskommunikation und dem Bereich, der sich in einem interdisziplinären Forschungsfeld bezogen auf Medien(Kommunikation) mit der Frage nach dem „guten Leben" beschäftigt, die Folie dieser Diskussion. Mit der Zusammenfassung der bisherigen Ausführungen wird schließlich die hier gestellte Forschungsfrage beantwortet und dem identifizierten Forschungsdesiderat begegnet.

Damit ist das Anliegen dieser Publikation jedoch noch nicht erfüllt. Vielmehr wird in einem weiteren Teilkapitel argumentiert, dass Nachhaltigkeit ein Querschnittsthema der Kommunikations- und Medienwissenschaft ist und aus seiner Nische, die in Abschn. 2.3. identifiziert wurde, heraustreten muss. In diesem Zusammenhang postuliere ich auch eine Verantwortung der Kommunikations- und Medienwissenschaft, die ich in digitalen Gesellschaften in Hinblick auf Nachhaltigkeit ausmache.[1]

---

[1] Zur Verantwortung der Kommunikations- und Medienwissenschaft in Hinblick auf Nachhaltigkeit siehe auch Kannengießer 2020b.

© Der/die Autor(en) 2022   219
S. Kannengießer, *Digitale Medien und Nachhaltigkeit*,
Medien • Kultur • Kommunikation,
https://doi.org/10.1007/978-3-658-36167-9_5

5.1   Konsumkritische Medienpraktiken

Nachhaltigkeit erfährt derzeit eine gesellschaftliche und politische Konjunktur, denn auch wenn Nachhaltigkeit weder ein neuer Begriff ist noch ein neues gesellschaftliches Ziel, so gewinnt sie in aktuellen Entwicklungen und Phänomenen in Gesellschaft, Politik und Wirtschaft zunehmend an Relevanz: Neue soziale Bewegungen wie Extinction Rebellion und Fridays for Future fordern Politiker*innen zum sofortigen Ergreifen umfassender Klimaschutzmaßnahmen auf, die institutionalisierte Politik entwickelt Maßnahmen wie die Ziele für *nachhaltige* Entwicklung (Vereinte Nationen 2015), das Bundesverfassungsgericht erklärt das Klimaschutzgesetzt vom 12. Dezember 2019 als teilweise mit „Grundrechten unvereinbar sind, als hinreichende Maßgaben für die weitere Emissionsreduktion ab dem Jahr 2031 fehlen" (Bundesverfassungsgericht 2021), Unternehmen produzieren vermehrt nachhaltige Güter und auch Individuen versuchen, einen Beitrag zu einer nachhaltigeren Gesellschaft durch ihre Alltagspraktiken zu leisten.

Ist Nachhaltigkeit in Anlehnung an den Brundtland-Bericht (World Commission on Environment and Development 1987) ein Zustand, in dem die Bedürfnisse heutiger Lebewesen befriedigt werden, ohne dass die Bedürfnisse zukünftiger Lebewesen nicht befriedigt werden können, so ist nachhaltiges Handeln vor dem Hintergrund der „multiplen Krise" (Bader et al. 2011, s. Einleitung) und v. a. der Klimakrise dringender denn je, nicht zuletzt, weil Digitalisierungs- und Datafizierungsprozesse aktuelle Gesellschaften vor neue Herausforderungen stellen – auch in Hinblick auf Nachhaltigkeit (s. Einleitung). Denn die Produktion, Aneignung und Entsorgung digitaler Medientechnologien haben derzeit verheerende sozial-ökologische Folgen, die in Abschn. 2.2.2. erläutert wurden: Nicht nur werden die für digitale Medientechnologien benötigten Ressourcen unter menschenunwürdigen und naturzerstörenden Bedingungen abgebaut, auch werden die Medienapparate unter gesundheitsschädlichen und lebensbedrohlichen Arbeitsbedingungen produziert. Zudem führen die zunehmende internetbasierte Kommunikation und damit zusammenhängende Datafizierungsprozesse (die sich während der Covid-19-Pandemie nochmals intensiviert haben, s. Einleitung) zu einem stark ansteigenden Energieverbrauch und Kohlenstoffdioxidemissionen durch das Betreiben riesiger Serverfarmen. Schließlich hat die Entsorgung ausrangierter Medientechnologien in überwiegend ökonomisch weniger entwickelten Ländern umweltschädliche und menschenverletzende Effekte. Diese Probleme aktueller Digitalisierungs- und Datafizierungsprozesse wurden in diesem Buch detailliert beschrieben und gezeigt, dass der Konsum (im Sinne eines Erwerbens und Verbrauchens) von Medientechnologien ein zentrales Moment dieser

Prozesse darstellt, da durch die steigende Nachfrage nach digitalen Medientechnologien nicht nur die Anzahl der produzierten Geräte steigt, sondern auch die der entsorgten (s. Abschn. 2.2.3) – und die sozial-ökologischen Folgen der Produktion, Aneignung und Entsorgung digitaler Medientechnologien damit verschärft werden. Immer mehr Menschen sind sich dieser Herausforderungen aktueller Digitalisierungs- und Datafizierungsprozesse bewusst und entwickeln Projekte und Praktiken, um diesen Problemen zu begegnen und mit ihren Medienpraktiken zu einer nachhaltigen Gesellschaft beizutragen. Solche Initiativen werden in der Kommunikations- und Medienwissenschaft kaum untersucht. Vielmehr wurde in der Aufarbeitung des Forschungsfeldes zu Nachhaltigkeitskommunikation und dem „guten Leben" in der Kommunikations- und Medienforschung und weiterer Sozialwissenschaft im Rahmen dieses Buches herausgearbeitet, dass ein Forschungsdesiderat in der Untersuchung von Medienpraktiken auszumachen ist, die auf Nachhaltigkeit und ein „gutes Leben" abzielen, derer sich diese Publikation angenommen hat (s. Abschn. 2.3).

So wurde das kommunikations- und medienwissenschaftliche Forschungsfeld der Nachhaltigkeitskommunikation in drei dominante Bereiche unterteilt (s. Abschn. 2.1, S. 1) das Feld der Kommunikator*innenforschung, insbesondere der Journalismus- und Public-Relations-Forschung sowie das Feld der Wissenschaftskommunikation, das sich mit der Produktion von Medieninhalten und den Arbeitsbedingungen und -weisen der unterschiedlichen Akteur*innen beschäftigt, 2) der Bereich, der die Medieninhalte in den Blick nimmt, welche nachhaltigkeitsrelevante Themen repräsentieren, und 3) das Feld, das sich mit der Wirkung und der Rezeption dieser Inhalte auseinandersetzt. Zusammenfassend wurde für den Forschungsstrang der Nachhaltigkeitskommunikation, welcher sich mit der Produktion von Medieninhalten beschäftigt, festgehalten, dass die Akteur*innen, welche Medieninhalte produzieren, die (Aspekte von) Nachhaltigkeit thematisieren, sehr heterogen sind, und dass hier neben Journalist*innen auch Mitarbeitende politischer Nichtregierungs- und Regierungsorganisationen sowie Wissenschaftler*innen agieren. Mit Fridays for Future ist seit 2018 ein neuer Kommunikator in der Klimakommunikation hinzugekommen, der in vielen Ländern den medialen Diskurs zum Klimawandel und -schutz dominiert. Dieser Bewegung und anderen sowie auch Nichtregierungsorganisationen und Wissenschaftler*innen bieten v. a. Onlinemedien Möglichkeiten der Vernetzung und Artikulation (auch während der Covid-19-Pandemie, Kannengießer 2021a).

Auch für den zweiten Forschungsstrang der Nachhaltigkeitskommunikation, der sich mit den Medieninhalten beschäftigt, wurde festgehalten, dass ein Schwerpunkt hier auch auf Umwelt- sowie insbesondere Klimakommunikation liegt, wobei aufgrund der Nachrichtenwerte nachhaltigkeitsrelevante Themen insbesondere im Rahmen von Krisen- oder Katastrophenberichterstattung platziert werden, oder dass aufgrund politischer Ereignisse wie der Klimakonferenzen medial berichtet wird und die Berichterstattung daher zyklisch verläuft. Auch hier zeigt sich eine Veränderung, da der fortschreitende Klimawandel, der in heißeren Sommern und extremeren Wettersituationen auch in Deutschland zunehmend wahrnehmbar wird, und damit und auch durch die erfolgreiche Medienpräsenz von Fridays for Future, Nachhaltigkeit und Klima ein permanentes Thema in der journalistischen Medienberichterstattung geworden sind (zu Temperaturveränderungen und Klimaberichterstattung s. Pianta und Sisco 2020).

In Internetmedien finden sich heterogene Diskurse zu Nachhaltigkeitsaspekten, wobei auch Skeptiker*innen des Klimawandels hier Möglichkeiten der Meinungsäußerung abseits der traditionellen Massenmedien finden (s. Abschn. 2.1.2).

Der dritte Forschungsstrang, der die Medienwirkung und Rezeption dieser Medieninhalte untersucht, kommt zu ambivalenten Erkenntnissen, die zum einen eine Wirkung der Berichterstattung und hier v. a. der Klimakommunikation auf die Rezipierenden wahrnimmt, zum anderen diese nicht verzeichnen kann. Allemal verändern sich die Wahrnehmung der und die Wirkung auf die Rezipierenden nicht zuletzt wegen des voranschreitenden Klimawandels selbst. Auch in diesem Forschungsbereich zeigt sich, dass die Rezipierenden durch Internetmedien Möglichkeiten der Artikulation und Meinungsäußerung bekommen und in Onlinemedien selbst zu ProdUser*innen (Bruns 2008 und 2009) werden können (s. Abschn. 2.1.3).

Was aber Individuen, Nichtregierungsorganisationen und Unternehmen mit Medien(-technologien) machen, um zu einer nachhaltigen Gesellschaft beizutragen, wurde bislang nicht erforscht. Nachhaltigkeit muss heute mit der seit der Antike gestellten Frage nach einem „guten Leben" zusammengedacht werden, ist es doch das „gute Leben", das für alle Lebewesen in einer nachhaltigen Gesellschaft möglich wäre. Die Aufarbeitung des kommunikations- und medienwissenschaftlichen Forschungsfeldes, das sich mit dem „guten Leben" beschäftigt, zeigte, dass das „gute Leben" hier v. a. als *Wohlbefinden* der Mediennutzer*innen definiert und dessen Zusammenhang mit Medien(-kommunikation) untersucht wird (s. Abschn. 2.2.1). Doch ist die Frage nach dem „guten Leben" nicht nur auf einer individualpsychologischen Ebene zu stellen, sondern auch verknüpft mit gesellschaftlichen Fragen, so z. B. auch mit Fragen der Nachhaltigkeit in aktuellen digitalen Gesellschaften, sind es doch die Effekte aktuelle Digitalisierungs- und Datafizierungsprozesse, die das „gute Leben" vieler Menschen einschränken (s. Abschn. 2.2.2).

In der Aufarbeitung der beiden kommunikations- und medienwissenschaftlichen Forschungsfelder zur Nachhaltigkeitskommunikation und dem „guten
Leben" wurde also eine Forschungslücke identifiziert, die in der Auseinandersetzung mit Medienpraktiken, die zu einer nachhaltigen Gesellschaft und einem
„guten Leben" beitragen (wollen), besteht. Diese Forschungslücke wurde mit
dem vorliegenden Buch geschlossen, indem die Forschungsfrage gestellt verfolgt wurde, was Individuen, Nichtregierungsorganisationen und Unternehmen
mit Medien(-technologien) machen, um zu Nachhaltigkeit *und* einem „guten
Leben" beizutragen. Für die Beantwortung dieser Forschungsfrage wurden drei
exemplarische Fallbeispiele ausgewählt, die vergleichend untersucht wurden: 1)
das Reparieren von Medientechnologien in Repair Cafés, 2) die Produktion und
Aneignung fairer Medientechnologien am Beispiel des Fairphones und 3) Onlineplattformen, die für Nachhaltigkeit werben, am Beispiel der Plattform Utopia.de.
Während das Beispiel des Reparierens von Medientechnologien eines für die
Medienaneignungsdimension ist, ist die Produktion und Aneignung des Fairphones eines für die Dimensionen der Medienproduktion und -aneignung und die
Onlineplattform Utopia.de ein Beispiel für die Medieninhaltsebene.

Die Aufarbeitung der jeweiligen interdisziplinären Forschungsstände zu den
unterschiedlichen Fallstudien zeigte, dass aus kommunikations- und medienwissenschaftlicher Perspektive ein fachspezifisches Forschungsdesiderat vorliegt
(s. Abschn. 3.1): V. a. das Reparieren von Medientechnologien in Repair
Cafés sowie die Produktion und Aneignung fairer Medientechnologien finden
in der Kommunikations- und Medienwissenschaft kaum Beachtung. Und auch
die Frage, wie Menschen über Internetmedien versuchen, zu einer nachhaltigen
Gesellschaft beizutragen, ist ein Nischenthema in der (v. a. politikwissenschaftlich orientierten) Kommunikations- und Medienforschung. So schließt dieses
Buch nicht nur eine Lücke in den Feldern der Nachhaltigkeitskommunikation
und in dem kommunikations- und medienwissenschaftlichen Bereich, der sich
mit dem „guten Leben" beschäftigt, sondern auch diese identifizierten fall- bzw.
fachspezifischen Forschungslücken.

Die vergleichende Analyse der Fallbeispiele erfolgte nach dem Verfahren
der Grounded Theory (s. Abschn. 3.3.1), indem verschiedene qualitative Methoden trianguliert wurden (s. Abschn. 3.3.2). Die Auswertung des Datenmaterials
wurde nach dem dreistufigen Kodierprozess des Verfahrens vorgenommen (s.
Abschn. 3.3.3), in dessen Verlauf sechs zentrale theoretische Dimensionen identifiziert wurden, mit denen die empirischen Ergebnisse durchdrungen wurden:
1) Medienpraktiken, 2) Materialität, 3) Medienethik, 4) Vergemeinschaftung, 5)
politische Partizipation sowie 6) soziale Bewegung.

Die entlang dieser theoretischen Dimensionen diskutierten Ergebnisse zeigen, dass Konsum und Konsumkritik zentral sind, wenn Individuen, Nichtregierungsorganisationen und Unternehmen mit Medien(-technologien) zu einer nachhaltigen Gesellschaft und einem „guten Leben" beitragen (wollen). So wurde auf der Basis der vergleichenden Analyse als Schlüsselkategorie das theoretische Konzept der konsumkritischen Medienpraktiken entwickelt:

> „Konsumkritische Medienpraktiken sind solche, in denen a) Medien entweder genutzt werden, um (eine bestimmte Art von) Konsum zu kritisieren, oder b) Alternativen zum Konsum (im Sinne des Verbrauchens und Kaufens) von Medientechnologien entwickelt bzw. praktiziert werden." (Kannengießer 2018a, S. 217; s. Einleitung)

Die Fallstudien sind Beispiele für beide Aspekte konsumkritischer Medienpraktiken – zum einen für die Äußerung von Konsumkritik (hierfür das Beispiel Utopia.de), zum anderen stellen sie Alternativen zum bzw. im Konsum von Medientechnologien dar (hier die Beispiele des Reparierens von Medientechnologien in Repair Cafés und die Produktion und Aneignung des Fairphones). Die Akteur*innen der Fallstudien sehen in den konsumkritischen Medienpraktiken die Möglichkeit, zu einer nachhaltigen Gesellschaft und dem „guten Leben" beizutragen. Kritik wird dabei zum einen im Sinne Kants (1996[1790], S. 18 ff.) als „Urteilskraft" verstanden, da Akteur*innen Produkte und Praktiken bewerten, zum anderen im Sinne Foucaults (1992[1978]) als die Entwicklung von Alternativen – hier von Produkten und Praktiken, die nicht dem mehrheitlichen Konsum bzw. verbreiteten Konsumgütern entsprechen. Stellt Kritik „gesellschaftliche Werte, Praktiken und Institutionen und die mit diesen verbundenen Welt- und Selbstdeutungen ausgehend von der Annahme infrage, dass diese nicht so sein müssen, wie sie sind" (Jaeggi und Wesche 2009, S. 7), so stellen die hier untersuchten konsumkritischen Medienpraktiken die derzeit mehrheitlich verfolgten Medienpraktiken von Konsumierenden und Produzierenden infrage.

Im Folgenden wird das Konzept der konsumkritischen Medienpraktiken entlang der ihm inhärenten theoretischen Dimensionen pointiert erläutert (s. ausführlicher Abschn. 4.2). Für einen Überblick über die Ergebnisse siehe die folgende Tab. 5.1.

Mit dem Konzept der konsumkritischen Medienpraktiken wurde für ein breites Begriffsverständnis des Terminus Medienpraktik argumentiert, mit dem nicht nur Praktiken erfasst werden können, die in Relation zu Medien*inhalten* stehen, sondern auch solche, die in Relation zu Medien als Technologien und Organisationen handeln (s. Abschn. 4.1). Im Sinne Silverstones (1990) doppelter Artikulation wurde anhand der Fallstudien gezeigt, dass die Akteur*innen sich nicht nur auf

Tab. 5.1 Theoretische Dimensionen konsumkritischer Medienpraktiken

Fallstudie / Dimension	Reparieren von Medientechnologien in Repair Cafés	Produzieren/ Aneignen fairer Medientechnologien	Onlineplattformen für Nachhaltigkeit am Beispiel Utopia.de
Medienpraktiken	Reparieren, Onlinekommunikation	Produzieren/ Aneignen fairer Medientechnologien, Onlinekommunikation	Medieninhalte erstellen für verschiedene Internetmedien, Onlinekommunikation
Materialität	Stofflichkeit und Beschaffenheit von (digitalen) Medientechnologien	Stofflichkeit und Beschaffenheit digitaler Medientechnologien, insbesondere des Fairphones	Stofflichkeit und Beschaffenheit digitaler Medientechnologien
Medienethische Perspektive	Verantwortung, Gerechtigkeit, Gemeinwohl, Freiheit, Selbstbestimmung, Transparenz und Würde		
Kommunikative und medienvermittelte Vergemeinschaftung	Durch Vis-à-vis-Kommunikation in lokalen Repair Cafés und medienvermittelt über verschiedene Internetmedien und die Onlineplattform der Anstiftung & Ertomis	Medienvermittelt über Onlineplattform des Fairphone-Unternehmens und von dieser bespielten Profile auf Onlinenetzwerken; vis-à-vis in (trans-)lokalen Veranstaltungen der Fairphone-Nutzer*innen	Medienvermittelt über Onlineplattform der Utopia GmbH und von dieser bespielte Profile auf Onlinenetzwerken

(Fortsetzung)

Tab. 5.1 (Fortsetzung)

Fallstudie / Dimension	Reparieren von Medientechnologien in Repair Cafés	Produzieren/ Aneignen fairer Medientechnologien	Onlineplattformen für Nachhaltigkeit am Beispiel Utopia.de
Knkonventionelle politische Partizipation	Transformation der Gesellschaft zu einer nachhaltigen durch die Etablierung einer Reparaturkultur	Transformation der Gesellschaft zu einer nachhaltigen durch die Produktion bzw. Aneignung eines fairen Smartphones	Transformation der Gesellschaft zu einer nachhaltigen durch das Werben für nachhaltigen Konsum
Soziale Bewegung	Reparaturbewegung als Teil einer konsumkritischen und Nachhaltigkeitsbewegung	Bewegung für faire Medientechnologien als Teil einer konsumkritischen und Nachhaltigkeitsbewegung	Bewegung für nachhaltigen Konsum als Teil einer konsumkritischen Bewegung

Medien als Inhalte beziehen, sondern auch auf die Materialität dieser. Das Konzept des „acting on media" (Kannengießer und Kubitschko 2017) benennt solche Medienpraktiken, die auch Medientechnologien in das Zentrum des Handelns stellen. Die hier untersuchten konsumkritischen Medienpraktiken sind Beispiele eines solchen „acting on media", Beispiele für aktivistische Medienpraktiken, mit denen Individuen, Nichtregierungsorganisationen und Unternehmen Medientechnologien verändern und darüber gesellschaftliche Transformationsprozesse auslösen (wollen) – in diesem Fall mit dem Ziel der Nachhaltigkeit. Dabei wurde argumentiert, dass die Materialität im Sinne einer Stofflichkeit und Beschaffenheit der Medientechnologien, die sozial-ökologischen Produktions- und Entsorgungsprozesse digitaler Medientechnologien, welche sich in den Geräten materialisieren, im Fokus der konsumkritischen Medienpraktiken stehen. Es ist diese Materialität digitaler Medientechnologien, auf die sich die Ziele konsumkritischer Medienpraktiken beziehen und die sie verändern wollen.

Denn als dominante Ziele und Motive der Akteur*innen, die konsumkritische Medienpraktiken in den Fallstudien praktizieren, konnten herausgearbeitet werden (s. Abschn. 4.2): Ressourcenschonung, Müllvermeidung, Wertschätzung, Wissensverbreitung und Lernen. So wurde gezeigt, dass die Akteur*innen in den drei Fallstudien das Ziel der Ressourcenschonung verfolgen, indem sie ihre Medientechnologien reparieren oder reparierbare Medientechnologien wie das Fairphone produzieren bzw. erwerben und die Gewinnung von für digitale Medientechnologien benötigten Ressourcen nachhaltiger gestalten. Auch werden als ressourcenschonend bewertete Produkte und Praktiken auf Onlineplattformen wie Utopia.de beworben. Neben der Ressourcenschonung ist es auch das Ziel der Müllvermeidung, das für die Akteur*innen der Fallstudien zentral ist: Sie wollen mit dem Reparieren bzw. der Produktion und dem Kauf eines reparierbaren Smartphones die Nutzungsdauer digitaler Medientechnologien verlängern, auch, um damit Müllproduktion zu vermeiden; und auch die Utopia GmbH will durch die Empfehlung von ihr als nachhaltig bewerteter Produkte und Praktiken Müll vermeiden. Im Zusammenhang mit den Zielen der Ressourcenschonung und Müllvermeidung steht auch das Motiv der Wertschätzung – so zeigte sich, dass die Akteur*innen der Fallstudien Konsumgüter im Allgemeinen und digitale Medientechnologien im Besonderen wertschätzen, um Ressourcen zu schonen und Müll zu vermeiden, aber auch, weil sie eine persönliche Beziehung zu den von ihnen benutzten Apparaten aufgebaut haben, da sie die Geräte geerbt oder lange genutzt haben.

Als ein weiteres Ziel wurde das der Wissensvermittlung und des Lernens benannt, denn in allen drei Fallstudien teilen Akteur*innen ihr Wissen um die

sozial-ökologischen Folgen der Produktion und Entsorgung digitaler Medien-
technologien sowie ihr Wissen über Medienpraktiken, die zu einer nachhaltigen
Gesellschaft und dem „guten Leben" beitragen können, wie der Praktik des
Reparierens digitaler Medientechnologien und der Produktion fairer Medientechnologien. Auch die Utopia GmbH will Wissen über nachhaltige Produkte und
Praktiken teilen und damit für diese werben – dafür werden oft Kooperationen mit
Unternehmen eingegangen, die die Herstellung der Medieninhalte finanzieren und
z. B. für Gewinnspiele kooperieren. Dabei wurde festgehalten, dass der Wissensaustausch in den unterschiedlichen Fallstudien über Vis-à-vis-Kommunikation in
lokalen Veranstaltungen oder medial vermittelte über die eigenen Onlineplattformen oder Profile auf Onlinenetzwerken oder Mikrobloggingdiensten stattfindet
(s. u.).

Neben den Zielen konnten durch eine medienethische Perspektive auf die
Fallstudien folgende zentrale Werte konsumkritischer Medienpraktiken heraus-
gearbeitet werden: Verantwortung, Gerechtigkeit, Gemeinwohl, Freiheit, Selbst-
bestimmung, Transparenz und Würde. So übernehmen die Akteur*innen der
Fallstudien Verantwortung für ihre Medienpraktiken und versuchen über diese,
Gerechtigkeit und Gemeinwohl zu schaffen. Dabei verfolgen sie die Werte der
Freiheit, Selbstbestimmung, Transparenz und Würde, indem sie über die Schaffung von Transparenz u. a. über sozial-ökologische Folgen der Produktion und
Entsorgung digitaler Medientechnologien selbstbestimmte, um informierte Konsumentscheidungen zu ermöglichen. Dieser Konsum soll den Menschen, die in
derzeitige Produktions- und Entsorgungsprozesse digitaler Medientechnologien
involviert sind, Freiheit und Würde (wieder)geben, indem diese Prozesse z. B.
durch fairere Bedingungen menschenwürdiger gestaltet werden.

Es sind diese Ziele und Werte, die neben einem Zugehörigkeitsgefühl der
Akteur*innen zentral für die in den Fallstudien identifizierten Vergemeinschaftungsprozesse sind (s. Abschn. 4.4). Denn die Akteur*innen handeln nicht alleine,
sondern in Vergemeinschaftungen bzw. versuchen sie, solche herzustellen. Die
drei Fallstudien vergleichend wurde festhalten, dass in allen drei durchgeführten Fallstudien Vergemeinschaftungen zu identifizieren sind, die sich vis-à-vis
und medienvermittelt (trans-)lokal zusammenfinden und deren Mitglieder ähnliche Ziele und Werte teilen und sich den jeweiligen Gruppen zugehörig fühlen.
Dabei divergieren die Vergemeinschaftungen in ihrer räumlichen Erstreckung, den
Formen der Kommunikation sowie durch diese beiden Charakteristika sicherlich
auch in ihrer Qualität. Auch zeigt, sich, dass die Vergemeinschaftungen koordiniert sind, wobei diese Koordinationsfunktion durch Unternehmen (Fairphone
und Utopia GmbH) oder Nichtregierungsorganisationen (Anstiftung & Ertomis)
und Individuen (im Falle der ehrenamtlich Organisierenden der Repair Cafés)

wahrgenommen wird. Bei den hier identifizierten Vergemeinschaftungen handelt es sich um posttraditionale (Hitzler et al. 2008), deren Mitglieder *freiwillig* für einen bestimmten Zeitraum beitreten. Die in den Fallstudien ausgemachten Vergemeinschaftungen sind des Weiteren „(international) communities of consumers" (Canclini 2003, S. 43 f.), deren Mitglieder einen bestimmten Lebensstil praktizieren (wollen), der zu einer nachhaltigen Gesellschaft und einem „guten Leben" beiträgt. Durch ihren Lebensstil, einem „Feld symbolischer Kommunikation" (Lüdtke 2004, S. 118), drücken die Mitglieder der jeweiligen Vergemeinschaftung auch ihre Zugehörigkeit zu einer Gruppe aus. Als z. T. deterritoriale Vergemeinschaftungen (Hepp 2011, S. 106) sind diese vorgestellte Gemeinschaften (Anderson 2006 [1983]). Des Weiteren wurde gezeigt, dass sich die Akteur*innen der Fallstudien als Pionier*innen wahrnehmen und sich entsprechend des Pioniercharakters ihres Handelns (Kannengießer 2014b) Pioniergemeinschaften (Hepp 2016) bilden.

In diesen Gesellungsgebilden erfahren Individuen Resonanz – sich selbst als in-der-Welt-seiend (vgl. Rosa 2016, S. 285). Die Vergemeinschaftungen stellen für die Individuen Resonanzachsen dar, also dauerhafte Resonanzbeziehungen (ebd., S. 73), durch die die Individuen Stabilität erleben und das „gute Leben" erfahren. Insofern versuchen die Akteur*innen der Fallstudien durch ihre Medienpraktiken nicht nur, *anderen* (an Produktions- und Entsorgungsprozessen digitaler Medientechnologien beteiligten Personen) zu einem „guten Leben" zu verhelfen, sondern sie tragen durch ihre Praktiken und die hier entstehenden Vergemeinschaftungsprozesse zu ihrem *eigenen* „guten Leben" bei.

Letztendlich gestalten die Akteur*innen Gesellschaft mit konsumkritischen Medienpraktiken im Sinne Arendts (2002 [1958]) „Vita activa". Daher wurden die konsumkritischen Medienpraktiken als *unkonventionelle* Formen politischer Partizipation beschrieben (de Nève und Olteanu 2013, 14; s. Abschn. 4.5), da sie nicht institutionell verfasst sind, aber dennoch eine Teilhabe an Gesellschaft darstellen. Damit sind die konsumkritischen Medienpraktiken *politische* Medienpraktiken, da sie Gesellschaft gestalten. Die Kritik am Konsum bzw. einer bestimmten Art von Konsum und damit auch eine Reflexion sowohl der in Abschn. 2.2.2. beschriebenen sozial-ökologischen Effekte der Produktion, Aneignung und Entsorgung digitaler Medientechnologien als auch der Medienpraktiken der Mehrheitsbevölkerung, ist dem politischen Handeln inhärent.

Die konsumkritischen Medienpraktiken sind *subpolitisch,* da sie jenseits institutionalisierter Politikfelder stattfinden (Beck 1993, S. 103) und Formen der „life politics" (Giddens 1991, S. 215 ff.) – des politisierten alltäglichen Handelns – sind. Die von Altheide (1997) und Carpentier (2011, S. 67 ff.) getroffene Unterscheidung zwischen Partizipation *in* Medien und *durch* Medien wurde anhand der Ergebnisse der vergleichenden Studie erweitert, denn die Akteur*innen partizipieren nicht nur in Medien (im Sinne von Organisationen und Inhalten) und durch Medien an Öffentlichkeit, sondern im Sinne eines „acting on media" (Kannengießer und Kubitschko 2017; s. o.) auch *mit* und *über* Medien, da die Akteur*innen Medientechnologien selbst in den Fokus ihres Handelns stellen und mit den konsumkritischen Medienpraktiken Medientechnologien verändern und darüber eine Transformation der Gesellschaft erwirken (wollen) (s. Abschn. 4.5). Dabei handelt es sich bei konsumkritischen Medienpraktiken um eine „Politik mit dem Einkaufswagen" (Baringhorst 2010b), also um Buykott- und Boykott-Aktionen (Baringhorst 2010a, S. 12), da zum einen der Konsum an sich bzw. der Konsum bestimmter als nicht nachhaltig eingestufter Produkte vermieden wird, zum anderen bestimmte als nachhaltig deklarierte Produkte gekauft werden: So ist das Reparieren von Medientechnologien in Repair Cafés eine Boykott-Aktion, da durch die Nutzungsdauerverlängerung von Konsumgütern im Allgemeinen und digitaler Medientechnologien im Besonderen der Konsum an sich vermieden werden soll; das Fairphone ist eine Buykott-Aktion, da eine bestimmte Medientechnologie, die nachhaltig sein soll, gekauft wird, und die Utopia GmbH wirbt auf der Onlineplattform für den Kauf und den Kaufverzicht bestimmter Produkte und ruft damit zu Buy- und Boykott-Aktionen auf.

Die Verbraucher*innen werden im Moment des Konsumierens zu *Bürger*innen:* Der nachhaltige Konsum ist die kulturelle Praxis der in den Fallstudien untersuchten Citizens, die sowohl *civil* Citizenship sind, die an Wirtschaft als Produzent*innen und Konsument*innen partizipieren (Marshall 1992), da Unternehmen wie die Utopia GmbH oder das Fairphone-Unternehmen Gesellschaft über ihr unternehmerisches Handeln verändern und Verbraucher*innen über ihren Konsum den Markt und Gesellschaft beeinflussen wollen, als auch *cultural* Citizenship (Turner 2001, S. 12; Hermes und Dahlgren 2006; s. Abschn. 3.2.5) sind, da sie an Kultur teilhaben und die Kultur der Konsum- und Wegwerfgesellschaft transformieren (wollen). Schließlich findet sich in allen drei Fallstudien die Form des *do-it-yourself* Citizenship (Ratt und Boler 2014b), wobei do-it-yourself hier auch literal verstanden werden kann als politische Partizipation im Moment des Reparierens von Medientechnologien und Selbermachens. Die Bürger*innen werden hier zu Prosument*innen (Toffler 1980), jedoch nicht nur in Hinblick auf Medieninhalte, wie es mit dem Konzept der ProdUser*innen traditionell in der Kommunikations- und Medienwissenschaft gedacht wird (Bruns 2008 und 2009), sondern auch in Hinblick auf Medientechnologien, die von Nutzer*innen im Prozess des Reparierens in Repair Cafés oder als Nutzer*innen des reparierbaren Fairphones gestaltet werden.

Gegen die These, das politische Engagement der Bürger*innen sei in den vergangenen Dekaden rückläufig (Dahlgren 2009, S. 1), zeigen die empirischen Ergebnisse, dass sich *andere,* unkonventionelle Formen der politischen Partizipation herausbilden. Medien sind dabei mehr als Mittel für die Artikulation, Vernetzung und Mobilisierung, sondern als Medientechnologien sind sie auch selbst Objekte der Partizipation, wie die Fallstudien zeigen.

Die hier untersuchten konsumkritischen Medienpraktiken sind nicht unorganisiert. Vielmehr wurde herausgearbeitet, dass sich die Akteur*innen in *organisierten* Vergemeinschaftungen zusammenfinden. Die von Bennett und Segerberg (2012, S. 756) entwickelte Typologie des „digitally networked action" (s. Abschn. 3.2.5) wurde auf die hier diskutierten Fallbeispiele angewendet: Sowohl die lokalen vis-à-vis ablaufenden Aktionen in den Repair Cafés oder bei den Treffen der Fairphone-Nutzer*innen als auch die medienvermittelten translokal stattfindenden Aktionen sind *kollektive* Aktionen, die stärker koordiniert werden als die konnektiven.

Sind die konsumkritischen Medienpraktiken Formen unkonventioneller politischer Partizipation, welche als kollektive Aktionen ablaufen, so liegt die Vermutung nahe, dass sich durch die kollektiven Aktionen soziale Bewegungen bilden. Auch zeigt das Datenmaterial, dass Akteur*innen der Fallstudien bewusst versuchen, soziale Bewegungen herzustellen. Die von Ullrich (2015, S. 10 ff.) benannten Charakteristika sozialer Bewegungen (geteilte Ziele und ein Zugehörigkeitsgefühl der Akteur*innen, das Merkmal des Protests sowie ein Netzwerkcharakter) wurden in allen drei Fallstudien identifiziert (s. Abschn. 4.6). So wurden sowohl eine Reparaturbewegung als auch eine Bewegung für faire Medientechnologien (der auch das Fairphone-Unternehmen und die Fairphone-Nutzer*innen angehören) wahrgenommen sowie eine für nachhaltigen Konsum (zu der auch die Utopia GmbH und die „Utopist*innen" zählen). Die hier beobachteten Akteur*innen können als Teil einer „konsumkritischen Bewegung" (Kannengießer und Weller 2018b, S. 16) gesehen werden, die aus einer Vielzahl verschiedener „konsumkritischer Projekte und Praktiken" (Kannengießer und Weller 2018a) besteht, zu denen auch Urban Gardening, Schnippeldiskos, Tauschringe u. ä. gehören, mit denen unterschiedliche Akteur*innen zu einer nachhaltigen Gesellschaft und einem „guten Leben" beitragen (wollen). Medien spielen für diese konsumkritische Bewegung v. a. eine Rolle für die Vernetzung der Mitglieder, die Mobilisierung und Artikulation. Die Fallstudien zeigen aber, dass Medientechnologien selbst Objekt der Praktiken der Aktivist*innen sozialer Bewegungen sind, die mit konsumkritischen Medienpraktiken eine gesellschaftliche Transformation erreichen wollen. Im Rahmen der Bewegungsforschung ist also festzuhalten, dass neben konventionellen politischen Bewegungen wie jüngst

Fridays for Future oder Extinction Rebellion, die im öffentlichen Raum durch Demonstrationen und Blockaden und auch über Onlinemedien protestieren, auch weitere Bewegungen zu identifizieren sind, die durch ihren Konsum protestieren und Gesellschaft verändern wollen – z. B., so zeigen die Fallstudien, durch konsumkritische Medienpraktiken.

Dabei wurden auch Grenzen und Paradoxien der konsumkritischen Medienpraktiken herausgearbeitet. Im Falle des Reparierens von Medientechnologien hat z B. die Vermittlung des Wissens über Reparaturprozesse Grenzen, weil Helfer*innen oftmals *für* Hilfesuchende reparieren und letztere nicht zwingend selbst. Des Weiteren zeigte das Interviewmaterial, dass an den Repair Cafés Beteiligte, die mit dem Reparieren die Ziele der Ressourcenschonung und Müllvermeidung verfolgen, auch über komplexe Medienrepertoires, im Sinne einer Gesamtheit der genutzten Medien*technologien,* verfügen und ihre Medientechnologien aufgrund technischer Innovationen regelmäßig ersetzen. Diese Komplexität und Erneuerung steht im Widerspruch zum übergreifenden Ziel der Nachhaltigkeit.

Auch aufseiten des Fairphone- und des Utopia-Unternehmens wurden Paradoxien identifiziert. So regt die Onlineplattform Utopia.de aufgrund ihrer Kaufberatung durchaus und v. a. zum Kauf an, auch wenn dieser nach Einschätzungen Utopias nachhaltig sein soll. Aber tatsächlich nachhaltig im Sinne einer konsequenten Müllvermeidung und Ressourcenschonung wären wohl eher Konsumverzicht bzw. Konsumreduktion. Solche Praktiken werden zwar wiederholt in Onlineartikeln der Plattform thematisiert, dominant ist aber das Bewerben nachhaltig deklarierter Produkte – nicht zuletzt sicherlich aufgrund der Finanzierung der Onlineplattform, welche durch (nachhaltige) Unternehmen gewährleistet wird (s. Abschn. 4.1).

Und auch wenn die Reparierbarkeit des Fairphones zwar den Konsum neuer Geräte verhindern könnte, so veranlassen die Existenz des Fairphones und das Unternehmen selbst über den Erwerb des Fairphones doch wieder Konsum – nämlich den Erwerb des Fairphones. Auch sind für die erste Generation des Fairphones, die 2013 ausgeliefert wurde, seit 2017 keine Ersatzteile mehr beziehbar, sodass die Reparierbarkeit des Smartphones schon wenige Jahre nach der Auslieferung nicht mehr möglich war. Eine Paradoxie in Hinblick auf die Fairphone-Nutzer*innen lässt sich ähnlich wie bei den Reparierenden in Repair Cafés anhand der Medienrepertoires festmachen, denn einige Nutzer*innen verfügen über komplexe Medienrepertoires oder ersetzen bestehende Medientechnologien regelmäßig aufgrund technischer Innovationen. Neben den Paradoxien innerhalb der konsumkritischen Medienpraktiken müssen diese auch im Kontext weiterer Alltagspraktiken beobachtet werden. So zeigt sich bei vielen der Reparateur*innen und Fairphone-Nutzer*innen, dass trotz der konsumkritischen Motive für das Reparieren bzw. den Kauf des Fairphones einige Personen in ihrer Freizeit trotzdem z. B. Vielflieger*innen sind und hier das Ziel der Nachhaltigkeit weniger verfolgen. Menschen handeln also durchaus konsumkritisch mit Medien(-technologien), aber die konsumkritischen Medienpraktiken weisen dennoch Paradoxien auf und sind auch im Kontext weiterer Alltagspraktiken (und ihrer Relevanz für Konsumkritik) zu beobachten.

Mit Adorno (2001 [1951], S. 59) kann in Hinblick auf diese Paradoxien konsumkritischer Medienpraktiken konstatiert werden: „Es gibt kein richtiges Leben im falschen." Die Akteur*innen, welche konsumkritische Medienpraktiken verfolgen, agieren im „digitalen Kapitalismus" (jüngst ausführlich Fuchs 2021), in dem die ursprüngliche kapitalistische Ideologie der Akkumulation (Marx u. a. 1970[1867]) fortgesetzt wird, wenn auch modifiziert, indem nicht mehr die Ware fetischisiert wird, sondern der Akt des Konsumierens. Auch wenn in den konsumkritischen Medienpraktiken diese Ideologie der Konsumgesellschaft kritisiert wird, so zeigen die Analysen der Utopia GmbH und das Fairphone-Unternehmen doch, dass diese durch ihre Werbestrategien Konsum letztendlich wieder befördern und damit die Ideologie des digitalen Kapitalismus bedienen.

Der digitale Kapitalismus, dessen Struktur globale Telekommunikationsnetzwerke bilden (Schiller 1999), ist gekennzeichnet durch die Intersektion von Digitalisierung und kapitalistischen Strukturen (Pace 2018, S. 262) und neuen Formen der Arbeit und Ausbeutung (Fuchs 2014; Staab 2019). Die Aufarbeitung des interdisziplinären Forschungsfeldes, welches die sozial-ökologischen Folgen der Produktion, Aneignung und Entsorgung digitaler Medientechnologien thematisiert, zeigt, wie Ausbeutung (von Mensch und Natur) in aktuellen Digitalisierungsprozessen eingeschrieben ist. Es sind diese Ausbeutungsprozesse des digitalen Kapitalismus, welcher sich die Akteur*innen in den Fallstudien bewusst sind und die sie verändern wollen. Gleichzeitig wollen sie der „Entfremdung" der Menschen von ihren Medientechnologien entgegenwirken, indem sie, wie in den verschiedenen Fallstudien deutlich wurde, nicht nur das Wissen um die sozial-ökologischen Folgen der Produktion, Aneignung und Entsorgung digitaler Medientechnologien verbreiten, sondern die Nutzer*innen digitaler Medientechnologien ermächtigen, sich, z. B. durch das Reparieren, die Technologien wieder anzueignen. Dabei stellen die Akteur*innen jedoch nicht die „großen Systemfragen" und weder den Kapitalismus radikal infrage noch die Digitalisierung. Vielmehr lehnen die Akteur*innen Medientechnologien und deren Nutzung trotz aller Konsumkritik nicht ab, sondern verfolgen in ihren konsumkritischen

Medienpraktiken eine bestimmte Art der Medienaneignung (z. B. die Nutzungsdauerverlängerung) mit der sie aktuelle Digitalisierungsprozesse und den digitalen Kapitalismus gestalten (wollen) (s. Kannengießer 2018b, S. 84).

Nichtsdestotrotz können konsumkritische Medienpraktiken als *Versuche* bezeichnet werden, mit Medien(-technologien) zu einer nachhaltigen Gesellschaft beizutragen – inwiefern jedoch eine kapitalistische Gesellschaft tatsächlich nachhaltig sein kann, ist weiter zu hinterfragen. Konsumkritische Medienpraktiken sind einzuordnen in den Kontext, indem Nachhaltigkeit ein zentrales gesellschaftliches und politisches Thema ist – und letztendlich auch ein kommunikations- und medienwissenschaftlich relevantes, wie in dem folgenden, dieses Buch abschließenden Teilkapitel argumentiert wird.

5.2 Nachhaltigkeit als Querschnittsthema und die Verantwortung der Kommunikations- und Medienwissenschaft in digitalen Gesellschaften

Wurden im vorausgehenden Kapitel die Ergebnisse der Studie vor dem Hintergrund der Aufarbeitung des Forschungsstands zur Nachhaltigkeitskommunikation und dem „guten Leben" in der Kommunikations- und Medienwissenschaft pointiert zusammengefasst, so wird in diesem Teilkapitel argumentiert, dass Nachhaltigkeit ein Querschnittsthema in der Kommunikations- und Medienwissenschaft ist und diesem Fach eine besondere Verantwortung zukommt, will man die Herausforderungen aktueller digitaler Gesellschaften in Hinblick auf Nachhaltigkeit und das „gute Leben" verstehen. Dieses Argument wird vor einer Zuspitzung der Zusammenführung des Forschungsstands zur Nachhaltigkeitskommunikation und dem „guten Leben" in der Kommunikations- und Medienforschung sowie den Ergebnissen der hier präsentierten Studie entfaltet, die durch die Ausarbeitung der sechs theoretischen Dimensionen zeigen, dass Nachhaltigkeit ein Thema in der Kommunikations- und Medienwissenschaft ist, welches nicht nur in verschiedenen Forschungsfeldern untersucht werden muss, sondern auch unter Heranziehung unterschiedlicher theoretischer Konzepte, die wiederum durch Erkenntnisse der Nachhaltigkeitsforschung weiterentwickelt werden können.

Die kommunikations- und medienwissenschaftliche Nachhaltigkeitsforschung beschäftigt sich bislang primär mit den Kommunikator*innen der Nachhaltigkeitskommunikation (s. Abschn. 2.1.1), den Medieninhalten, welche nachhaltigkeitsrelevante Themen repräsentieren (s. Abschn. 2.1.2) sowie der Wirkung und der Rezeption dieser Inhalte (s. Abschn. 2.1.3). Damit zeigt sich, dass Nachhaltigkeit auf *allen* Medienebenen zu erforschen ist: auf der Ebene der Medien*inhaltsproduktion* und damit in der *Kommunikator*innen*forschung, auf der Ebene der *Medieninhalte* sowie auf der der *Medienrezeption* und *-wirkung*. Aber Nachhaltigkeit kann und *muss* ein *Querschnittsthema* in der Kommunikations- und Medienwissenschaft sein, will man zum einen verstehen, vor welchen Herausforderungen heutige digitale Gesellschaften in Hinblick auf Nachhaltigkeit stehen und zum anderen, wie verschiedene Akteur*innen mit diesen Herausforderungen und mit Nachhaltigkeit in ihren Medienpraktiken umgehen. So weisen die sechs theoretischen Dimensionen, die in der Analyse der Medienpraktiken (die auf Nachhaltigkeit und das „gute Leben" abzielen) sichtbar wurden, dass die kommunikations- und medienwissenschaftliche Nachhaltigkeitsforschung eben auch für die Forschung zu Medienpraktiken und Materialität, aber auch der Medienethik und politischen Partizipation sowie der Bewegungsforschung relevant ist und diese nicht nur durch empirische Ergebnisse bereichern kann, sondern auch durch theoretische Weiterentwicklungen. Damit zeigt sich, dass Nachhaltigkeit und das „gute Leben" neben der im Forschungsstand benannten Journalistik, Wissenschaftskommunikation und PR-Forschung sowie der Medienrezeptions- und Wirkungsforschung auch ein relevantes Thema auch für die Forschungsfelder der Mediensoziologie, der politischen Kommunikation sowie der transkulturellen und interkulturellen Kommunikation, der Gesundheitskommunikation und der Medienethik ist.

Es wurde argumentiert, dass das Nachhaltigkeitsthema in digitalen Gesellschaften mit der Frage nach dem „guten Leben" zu verknüpfen ist (s. Einleitung). Wie gezeigt wurde, wird diese Frage in der Kommunikations- und Medienwissenschaft v. a. in Hinblick auf das Wohlbefinden der Mediennutzer*innen verfolgt (s. Abschn. 2.2.1). Dass das „gute Leben" aber nicht nur auf individualpsychologischer Ebene zu untersuchen, sondern auch für größere gesellschaftliche Zusammenhänge auf der Meso- und Makroebene relevant ist, zeigen u. a. die Erläuterungen zu den sozial-ökologischen Folgen, die die Produktion, Aneignung und Distribution digitaler Medientechnologien verursachen – durch die das „gute Leben" für viele Lebewesen v. a. in ökonomisch weniger entwickelten Ländern eingeschränkt ist (s. Abschn. 2.2.2). Diese sozial-ökologischen Auswirkungen zu untersuchen, sowie *weiterhin* das Wohlbefinden der Medien(-inhalte-) produzierenden und -rezipierenden in den Blick zu nehmen und Initiativen zu untersuchen, mit denen Individuen, Nichtregierungsorganisationen oder Unternehmen zu einer nachhaltigen Gesellschaft und einem „guten Leben" beitragen (wollen), liegt in der *Verantwortung* der Kommunikations- und Medienwissenschaft, will man die Herausforderungen aktueller digitaler Gesellschaften in

Hinblick auf Nachhaltigkeit und den Umgang verschiedenster Akteur*innen mit diesen verstehen.

Wie in Abschn. 3.2.3. erläutert ist Verantwortung eine (medien-)ethische Schlüsselkategorie (Funiok 2011, S. 63). Der Begriff Verantwortung „bezieht sich auf eine der moralischen Grundfragen des menschlichen Lebens, nämlich die Frage, ob die Folgen unseres Handelns als ethisch akzeptabel gelten können." (Debatin 2016, S. 68) Dieser Definition des Verantwortungsbegriffs von Debatin folgend, ist es eine der Verantwortungen der Kommunikations- und Medienwissenschaft, sich mit der Frage zu beschäftigen, ob und inwiefern die Folgen auf Medien bezogenen Handelns in digitalen Gesellschaften als ethisch akzeptabel gelten können. Die Verantwortung liegt dabei auch in der Sichtbarmachung, Thematisierung und weiteren Untersuchung der sozial-ökologischen Folgen der Produktions-, Nutzungs- und Entsorgungsbedingungen digitaler Medientechnologien. Medien werden in Hinblick auf Nachhaltigkeit also nicht nur in ihrer ersten Ordnung (Kubicek et al. 1997, S. 32), als Medieninhalte, relevant, die Nachhaltigkeit thematisieren und für diese werben, sondern auch als Medien zweiter Ordnung (ebd., S. 34), als Medientechnologien und Infrastrukturen, die eine Herausforderung für Nachhaltigkeit sind.

Zum anderen ist es eine Verantwortung der Kommunikations- und Medienwissenschaft, Praktiken und Initiativen zu untersuchen (und dieser Verantwortung folgt diese Publikation), wie verschiedene Akteur*innen mit den Herausforderungen digitaler Gesellschaften in Hinblick auf Nachhaltigkeit umgehen, will man verstehen, welche gesellschaftlichen und individuellen Lösungsansätze für diese Herausforderungen entwickelt werden. So ist das zentrale abschließende Argument dieses Buches, dass es in der Verantwortung der Kommunikations- und Medienwissenschaft, deren Untersuchungsgegenstände mit Medien und medienvermittelter Kommunikation im Kern aktueller Digitalisierungs- und Datafizierungsprozesse verortet sind, liegt, sich auch mit Medien zweiter Ordnung und ihren sozial-ökologischen Folgen zu beschäftigen und damit zentrale Herausforderungen digitaler Gesellschaften zu thematisieren sowie Lösungsansätze für diese zu untersuchen, die verschiedene Akteur*innen entwickeln.

Nachhaltigkeit und das „gute Leben" sind dabei zentrale theoretische Konzepte, sowohl die Herausforderungen digitaler Gesellschaften als auch die Lösungsstrategien für diese in den Blick zu nehmen. Die in diesem Buch diskutierte Studie zeigt jedoch, dass weitere (kommunikations- und medienwissenschaftliche) Konzepte erkenntnisbringend sind, untersucht man den Zusammenhang von Medien(-kommunikation), Nachhaltigkeit und dem „guten Leben". Denn wie die hier präsentierte Studie zeigt, tangiert dieser Zusammenhang u. a. Fragen nach der Materialität digitaler Medientechnologien und Medienpraktiken,

Formen der politischen Partizipation und neuer (medienvermittelter) Vergemeinschaftungen und sozialer Bewegungen sowie nicht zuletzt eine medienethische Perspektive, geht es doch letztendlich um die normative Frage, wie wir in digitalen Gesellschaften mit Medien(-technologien) leben wollen und welche Folgen unsere Medienpraktiken haben. Der von Funiok (2002, S. 37) konstatierte gestiegene Ethikbedarf ist auch in Hinblick auf Nachhaltigkeit und das „gute Leben" in digitalen Gesellschaften zu postulieren. Und es gilt, auch Initiativen und Akteur*innen in den Blick zu nehmen, die sich dieser Verantwortung stellen.

Dabei ist zu betonen, dass die Verantwortung für eine nachhaltige Gesellschaft natürlich nicht alleine bei den Individuen liegt, wie dies zunehmend im gesellschaftlichen Diskurs argumentiert wird (s. hierzu Weller 2014, S. 75). Auch die institutionalisierte Politik und Unternehmen stehen natürlich in der Verantwortung, ihr Handeln bzw. Gesellschaft nachhaltiger zu gestalten, wie dies nicht zuletzt die Fridays for Future Bewegung fordert. Die Ziele für Nachhaltige Entwicklung der Vereinten Nationen (2015) zeigen nicht nur, wie komplex das Ziel der Nachhaltigkeit ist, sondern auch, dass alle Staaten weltweit dazu aufgefordert sind, gesellschaftliche Entwicklung nachhaltiger zu gestalten. Welche Rolle Medien und Kommunikation dabei spielen, ist noch kaum erforscht (s. für die Unterstreichung der Relevanz von Kommunikation für diese Ziele Singh et al. 2015). Aber auch die Ambivalenzen der Ziele für nachhaltige Entwicklung sind zu erforschen und hier dann eben auch die Rolle von Medien und Kommunikation. Dabei gilt es auch „Systemfragen" zu stellen. Denn die Gestaltung digitaler Gesellschaften hin zu nachhaltigeren Gesellschaften bedarf v. a. einer Gestaltung des digitalen Kapitalismus. Im vorherigen Teilkapitel wurde argumentiert, dass die hier untersuchten konsumkritischen Medienpraktiken den digitalen Kapitalismus nicht grundsätzlich infrage stellen, gleichwohl sie ausbeuterische Digitalisierungsprozesse kritisieren und nach Alternativen suchen, um damit Digitalisierung und letztendlich digitalen Kapitalismus zu gestalten. Es ist auch eine Aufgabe der Kommunikations- und Medienwissenschaft sich diesen großen „Systemfragen" zu stellen und zu diskutieren, inwiefern der digitale Kapitalismus (überhaupt) nachhaltig gestaltet werden kann.

Stellen wir uns den Herausforderungen digitaler Gesellschaften, so gilt es, die kommunikations- und medienwissenschaftliche Nachhaltigkeitsforschung und die zum „guten Leben" zu erweitern. Wird Nachhaltigkeitskommunikation bisweilen auf Umwelt- und hier v. a. Klimakommunikation reduziert, so zeigt doch der in diesem Buch erläuterte Nachhaltigkeitsbegriff, dass es bei Nachhaltigkeit eben nicht nur die ökologische Dimension relevant ist, sondern vielmehr auch die soziale und ökonomische. Und auch wenn die Klimaproblematik sicherlich eine der dringendsten Fragen unserer Zeit ist, so zeigen die sozial-ökologischen Folgen der Produktion, Aneignung und Entsorgung digitaler Medientechnologien, dass im weitesten Sinne Fragen nach Gerechtigkeit sichtbar sind, betrachtet man dem Zusammenhang von Medien(-kommunikation), Nachhaltigkeit und dem „guten Leben". Denn Medien spielen eine wichtige Rolle in dem Prozess der Etablierung einer nachhaltigen und gerechten Gesellschaft – einerseits, weil über sie (als Medien erster Ordnung) Nachhaltigkeit beworben, über Nachhaltigkeit informiert und für Nachhaltigkeit mobilisiert werden kann. Andererseits auch, weil die Produktion, Nutzung und Entsorgung digitaler Medien (als Medien zweiter Ordnung) als zentrale Konsumgüter in mediatisierten Gesellschaften derzeit enorme negative sozial-ökologische Effekte haben, die es zu vermeiden gilt.

Olausson und Bergelez (2017, S. 111 ff.) identifizieren vier Herausforderungen für die Journalismusforschung, die sich mit Klimawandel beschäftigen: 1) die diskursive Herausforderung, in der neue Diskurse über Klimawandel und ihnen inhärente Machtstrukturen betrachtet werden müssen, 2) die interdisziplinäre Herausforderung, in der die Rolle der Medien für die Produktion thematisch relevanten Wissens disziplinenübergreifend untersucht wird, 3) die internationale Herausforderung, in der die Forschung über Klimakommunikation kontextualisiert wird, eine westliche Dominanz dekonstruiert und Begriffe und Konzepte auf ihre universelle Gültigkeit überprüft werden, sowie 4) die praktische Herausforderung, in der die wissenschaftlichen Erkenntnisse über Klimakommunikation an Medienproduzierende und Journalist*innen zurückgespielt werden. Diese Herausforderungen können für die kommunikations- und medienwissenschaftliche Nachhaltigkeitsforschung im Besonderen und das Fach im Allgemeinen adaptiert und erweitert werden. So sehe ich die Kommunikations- und Medienwissenschaft in Hinblick auf Nachhaltigkeit und der Frage nach dem „guten Leben" vor drei Aufgaben: 1) die sozial-ökologischen Folgen aktueller Digitalisierungs- und Datafizierungsprozesse zu analysieren, 2) aktuelle Diskurse und Phänomene zu untersuchen, die sich in digitalen Gesellschaften mit Fragen der Nachhaltigkeit und dem „guten Leben" beschäftigen, 3) durch transdisziplinäre Ansätze an Lösungsmöglichkeiten mitzuwirken, den Herausforderungen digitaler Gesellschaften zu begegnen und selbst an der Etablierung einer nachhaltigen Gesellschaft mitzuwirken. Diesen Aufgaben ist international und interdisziplinär nachzukommen, sind die sozial-ökologischen Folgen der Produktion, Aneignung und Entsorgung digitaler Medientechnologien doch globalisierungsbedingte Phänomene, die nur durch eine internationale Perspektive verstanden und gelöst werden können, und verdeutlichen eben diese Probleme auch, dass ein interdisziplinäres Vorgehen relevant ist, um die Herausforderungen zu verstehen und ihnen zu begegnen.

Die drei Aufgaben zeigen, dass es einer *kritischen* kommunikations- und Medienwissenschaft bedarf, will man digitale Gesellschaften verstehen und diese gestalten. Einer kritischen Kommunikations- und Medienwissenschaft geht es im griechischen Wortsinn zunächst erstmal darum, gesellschaftliche Phänomene und Zusammenhänge zu beurteilen. Kritik wird in der Kommunikations- und Medienwissenschaft sowohl als Perspektive sowie als Theorie und nicht zuletzt als Gegenstand thematisiert (Gentzel et al. 2021). Dabei sind nicht nur Medien als Inhalte oder Organisationen kritisch zu betrachten, sondern im Sinne einer „critical theory of technology" (Feenberg 1991) auch Medientechnologien, die *keine* neutralen Objekte sind, in denen sich vielmehr aktuelle gesellschaftliche und politische Prozesse manifestieren. Entsprechend gilt es, mit einer kritischen Kommunikations- und Medienwissenschaft die Herausforderungen und Probleme digitaler Gesellschaften zu analysieren und zu verstehen und diese sichtbar zu machen. Auf dieser Grundlage des Verstehens, Beurteilens und Zeigens können dann gesellschaftliche Transformationsprozesse aufbauen – nicht zuletzt solche, die auf eine nachhaltige Gesellschaft und ein „gutes Leben" zielen.

Literaturverzeichnis

Aakhus, Mark/Ballard, Dawna/Flanagin, Andrew J./ Kuhn, Timothy/Leonardi, Paul/Mease, Jennifer/Miller, Katherine (2011): Communication and Materiality: A Conversation from the CM Café. *Communication Monographs* 78(4), S. 557–568.

Abel, Bas van (2015): Cost breakdown of the Fairphone 2. Abgerufen unter: https://www.fairphone.com/en/2015/09/09/cost-breakdown-of-the-fairphone-2/, am 9. September 2019.

Aelst, Peter van, Walgrave, Stefaan (2004): New media, new movements? The role of the internet in shaping the ‚anti-globalization' movement. In van de Donk, Wim, Loader, Brian D., Nixon, Paul G., Rucht, Dieter (Hrsg.): Cyber-Protest. New Media, Citizens and Social Movements. London: Routlegde. S. 87–107.

Adam, Silke, Häussler, Thomas, Schmid-Petri, Hannah, Reber, Ueli (2017): Die Rolle des Internets für ‚Gegenkoalitionen' am Beispiel des Klimawandels in Deutschland und Großbritannien. Vortrag auf der DGPuk-Jahrestagung „Vernetzung. Stabilität und Wandel gesellschaftlicher Kommunikation", 31. März 2017 in Düsseldorf.

Adolphsen, Manuel, Lück, Julia (2012): Non-routine interactions behind the scenes of a global media event: How journalists and political PR professionals coproduced the 2010 UN climate conference in Cancún. In: Wessler, Hartmut, Averbeck-Lietz, Stefanie (Hrsg.): Medien & Kommunikationswissenschaft. Baden-Baden: Nomos, S. 141–158.

Adorno, Theodor W. (2001[1951]): Minima Moralia. Reflexionen aus dem beschädigten Leben. Franfurt a. M.: Suhrkamp Verlag.

Ahmed, Syed Ishtiaque, Jackson, Steven J., Rifat, Rashidujjaman Mohammad (2015): Learning to Fix: Knowledge, Collaboration, and Mobile Phone Repair in Dhaka, Bangladesh. In: Proceedings of the 2015 Information and Communication Technologies for Development (ICTD) Conference, Singapore. Abgerufen unter: https://sjackson.infosci.cornell.edu/AhmedJacksonRifat_LearningToFix%28ICTD2015%29.pdf, am 4. April 2019.

Akemu, Ona/Whiteman, Gail/Kennedy, Steve (2016): Social Enterprise Emergence from Social Movement Activism: The Fairphone Case. *Journal of Management Studies* 53(5), S. 846–877.

Allan, Stuart/Adam, Barbara/Carter, Cynthia/Beck, Ulrich (2000): Environmental Risks and the Media. New York: Routledge.

© Der/die Herausgeber bzw. der/die Autor(en) 2022
S. Kannengießer, *Digitale Medien und Nachhaltigkeit,*
Medien • Kultur • Kommunikation,
https://doi.org/10.1007/978-3-658-36167-9

Allen-Robertson, James (2015): The materiality of digital media: The hard disk drive, phonograph, magnetic tape and optical media in technical close-up. *New Media & Society* 19(3), S. 455–470.

Altheide, David L. (1997): Media participation in everyday life. *Leisure Sciences. An Interdisciplinary Journal* 19(1), S. 17–30.

Altmann, Philipp (2013): Das Gute Leben als Alternative zum Wachstum? Der Fall Ecuador. *Sozialwissenschaften und Berufspraxis* 36(1), S. 101–111.

Andersen, Sophie E., G. Ditlevsen, Marianne, Nielsen, Martin, Pollach, Irene, Rittenhofer, Iris (2013): Sustainability in Business Communication: An Overview. In: Nielsen, Martin, Rittenhofer, Iris, Grove Ditlevsen, Marianne, Esmann Andersen, Sophie, Pollach, Irene (Hrsg.): Nachhaltigkeit in der Wirtschaftskommunikation. Wiesbaden: Springer VS, S. 21–46.

Anderson, Benedict (2006[1983]): Imagined Communities. Reflections on the Origin and Spread of Nationalism. 3. Auflage, London: Verso.

Anduiza, Eva/Cantijoch, Marta/Gallego, Aina (2009): Political participation and the internet. *Information, Communication & Society* 12(6), S. 860–878.

Anduiza, Eva/Jensen, Michael J./ Jorba, Laia (Hrsg.): (2012): Digital media and political engagement worldwide. Cambridge: Cambridge University Press.

Ang, Peng Wha (2015): Media Policy for Happiness: A Case Study of Bhutan. In: Wang, Hua (Hrsg.): Communication for „a good life". New York: Peter Lang, S. 61–81.

Anstiftung & Ertomis (2019): Splitter. Abgerufen unter: https://www.reparatur-initiativen.de/seite/splitter am 6. September 2019.

Antilla, Lisa (2005): Climate of Scepticism: US Newspaper Coverage of the Science of Climate Change. *Global Environmental Change* 15(4), S. 338–352.

Arendt, Hannah (2002 [1958]): Vita activa oder Vom tätigen Leben. München: Piper.

Arlt, Dorothee/Hoppe, Imke/Schmitt, Josephine B./ de Silva-Schmidt, Fenja/Brüggemann, Michael (2017): Climate Engagement in a Digital Age: Exploring the Drivers of Participation in Climate Discourse Online in the Context of COP21. *Environmental Communication* 49(3), S. 1–15.

Arlt, Dorothee/Hoppe, Imke/Wolling, Jens (2010): Klimawandel und Mediennutzung. Wirkungen auf Problembewusstsein und Handlungsabsichten. *Medien & Kommunikationswissenschaft* 58(1), S. 3–25.

Arneson, Pat (2007): Exploring Communication Ethics. Interviews with influential schlas in the field. New York et al.: Peter Lang.

Atkinson, Josua D. (2010): Alternative Media and Politics of Resistence. A Communication Perspective. New York et al: Peter Lang.

Atton, Chris (2002): News Cultures and New Social Movements: radical journalism and the mainstream media. *Journalism Studies* 3(4), 491–505.

Aulinger, Andreas, Paech, Niko (2005): Projektwerk: Networking-Plattformen für neues Unternehmertum. In: Fichter, Klaus, Paech, Niko, Pfriem, Reinhard (Hrsg.): Nachhaltige Zukunftsmärkte. Orientierungen für unternehmerische Innovationsprozesse im 21. Jahrhundert. Marburg: Metropolis-Verlag, S. 153–166.

Averbeck-Lietz, Stefanie (2014): Transparenz, Verantwortung und Diskursivität als Herausforderungen einer Ethik der Online-Kommunikaion. In: Kutsch, Arnulf, Averbeck-Lietz,

Stefanie, Eickmans, Heinz (Hrsg.): Kommunikation über Grenzen. Studien deutschsprachiger Kommunikationswissenschaftler zu Ehren von Prof. Dr. Jan Hemels. Münster: Lit Verlag, S. 79–107.

Ayaß, Ruth (2016): Medienethnographie. In: Averbeck-Lietz, Stefanie/Meyen, Michael (Hrsg.): Handbuch nicht standardisierter Methoden in der Kommunikationswissenschaft. Wiesbaden: Springer VS, S. 335–346.

Ayoub, Nadja (2019): Plastikfrei einpacken: Bei dm gibt es jetzt Bienenwachstücher. Agerufen unter: https://Utopia.de/dm-bienenwachstuecher-wrappy-153911/, am 26. August 2019.

Bader, Pauline/Becker, Florian/Demirovi, Alex/Dück, Julia (2011): Die multiple Krise – Krisendynamiken im neoliberalen Kapitalismus. In: Demirovic, Alex/Dück, Julia/Becker, Florian/Bader, Pauline (Hrsg.): VielfachKrise: Im finanzdominierten Kapitalismus. Hamburg: VSA Verlag, S. 11–28.

Baier, Andrea, Hansing, Tom, Müller, Christa, Werner, Karin (2016): Die Welt reparieren. Open Source und Selbermachen als postkapitalistische Praxis. Bielefeld: transcript.

Baier, Andrea, Müller, Christa, Werner, Karin (2013): Stadt der Commonisten. Neue urbane Räume des Do it yourself. Bielefeld: transcript.

Bailey, Olga G./ Cammaerts, Bart/Carpentier, Nico (2008): Understanding Alternative Media. Maidenhead, Berkshire: Open University Press.

Bakardjieva, Maria (2009): Subactivism: Lifeworld and politics in the age of the internet. *The Information Society* 25(2), S. 91–104.

Baldé, Cees P., Forti Vanessa, Gray, Vanessa, Kuehr, Rüdiger, Stegmann, Paul (2017): The Global E-waste Monitor – 2017. Genf, New York: United Nations University (UNU), International Telecommunication Union (ITU) & International Solid Waste Association (ISWA). Abgerufen unter https://www.itu.int/en/ITU-D/Climate-Change/Documents/GEM%202017/Global-E-waste%20Monitor%202017%20.pdf, am 10. August 2019.

Baringhorst, Sigrid (2010a): Anti-Corporate Campaigning – neue mediale Gelegenheitsstrukturen unternehmenskritischen Protests. In: Baringhorst, Sigrid, Kneip, Veronike, März, Annegret, Niesyto, Johanna (Hrsg.): Unternehmenskritische Kampagnen. Politischer Protest im Zeichen digitaler Kommunikation. Wiesbaden: Springer VS, S. 9–31.

Baringhorst, Sigrid (2010b): Politik mit dem Einkaufswagen – netzbasierte Anti-Corporate Campaigns als Ausdruck eines neuen Verständnisses des Politischen. In: Baringhorst, Sigrid, Kneip, Veronike, März, Annegret, Niesyto, Johanna (Hrsg.): Unternehmenskritische Kampagnen. Politischer Protest im Zeichen digitaler Kommunikation. Wiesbaden: Springer VS, S. 389–398.

Baringhorst, Sigrid (2015): Konsum und Lebensstile als politische Praxis – Systematisierende und historisch kontextualisierende Annäherungen. *Soziale Bewegungen* 28(2), S. 17–27.

Baringhorst, Sigrid (2014): Internet und Protest. Zum Wandel von Organisationsformen und Handlungsrepertoires – ein Überblick, in: Voss, Kathrin (Hrsg.): Internet & Partizipation. Bottom-up oder Top-down? Politische Beteiligungsmöglichkeiten im Internet. Wiesbaden: Springer VS, S. 91–114.

Baringhorst, Sigrid, Witterhold, Katharina (2018): Konsumkritische Projekte im Netz im Spannungsfeld von Individualisierung und Intermediarisierung. In: Kannengießer, Sigrid, Weller, Ines (Hrsg.): Konsumkritische Projekte und Praktiken. Interdisziplinäre Perspektiven auf gemeinschaftlichen Konsum. München: Oekom Verlag, S. 195–216.

Baringhorst, Sigrid/Kneip, Veronike/März, Annegret/Niesyto, Johanna (Hrsg., 2010): Unternehmenskritische Kampagnen. Politischer Protest im Zeichen digitaler Kommunikation. Wiesbaden: Springer VS.

Barrett, Martyn/Brunton-Smith, Ian (2014): Political and civic engagement and participation: Towards an integrative perspective. *Journal of Civil Society* 10(1), S. 5–28.

Baudrillard, Jean (2015 [1970]): Die Konsumgesellschaft. Ihre Mythen, ihre Strukturen. Wiesbaden: Springer VS.

Barkemeyer, Ralf/Figge, Frank/Hoepner, Andreas/Holt, Diane/Kraak, Johanns M./ Yu, Pei-Shan (2017): Media coverage of climate change: An international comparison. *Environment and Planning C: Politics and Space* 35(6), S. 1029–1054.

Barkemeyer Ralf/Figge, Frank/Holt, Diane/Hahn, Tobias (2009): What the papers say: trends in sustainability: a comparative analysis of 115 leading national newspapers worldwide. *Journal of Corporate Citizenship* 33, S. 69–86.

Bausinger, Hermann (1983): Flick-Werk. In: Ludwig-Uhland-Institut für Empirische Kulturwissenschaften/Württembergisches Landesmuseum Stuttgart (Hrsg.): Flick-Werk: Reparieren und Umnutzung in der Alltagskultur. Begleitheft zur Ausstellung im Württembergischen Landesmuseum Stuttgart vom 15.12.1983. Stuttgart, S. 6–7.

BBC (2019): DR Congo election: African leaders congratulate Tshisekedi, Abgerufen unter: https://www.bbc.com/news/world-africa-46935898, am 14.11.2019.

Beck, Klaus (2013): Kommunikationswissenschaft. 3. Auflg. Konstanz: UVK Verlagsgesellschaft.

Beck, Klaus (2010): Soziologie der Online-Kommunikation. In: Schweiger, Wolfgang/Beck, Klaus (Hrsg.): Handbuch Online-Kommunikation. Wiesbaden: Springer VS, S. 15–35.

Beck, Ulrich (2003): Verwurzelter Kosmopolitismus: Entwicklung eines Konzepts aus rivalisierenden Begriffsoppositionen. In: Ders., Sznaider, Natan, Winter, Rainer (Hrsg.): Globales Amerika? Die kulturellen Folgen der Globalisierung. Bielefeld: transcript, S. 25–43.

Beck, Ulrich (1993): Die Erfindung des Politischen: Zu einer Theorie reflexiver Modernisierung. Frankfurt a. M.: Suhrkamp.

Behrendt, Siegfried/Henseling, Christine/Scholl, Gerd (Hrsg., 2019): Digitale Kultur des Teilens: Mit Sharing nachhaltiger Wirtschaften. Springer: Wiesbaden.

Behrendt, Siegfried, Scharp, Michael (2007): Seltene Metalle. Maßnahmen und Konzepte zur Lösung des Problems konfliktverschärfender Rohstoffausbeutung am Beispiel Coltan. Bonn: Bundesumweltamt. Abgerufen unter: www.bundesumweltamt.de, am 15. Januar 2019.

Beisch, Natalie, Schäfer, Carmen (2020): Ergebnisse der ARD/ZDF-Onlinestudie 2020Internetnutzung mit großer Dynamik: Medien, Kommunikation, Social Media. In: Media Perspektiven 09/2020, S. 462–481.

Bennett, Lance (2003): Lifestyle Politics and Citizen-Consumers: Identity, Communication, and Political Action in Late Modern Society. In: Corner, John/Pels, Dick (Hrsg.): Media and the Restyling of Politics: Consumerism, Celebrity and Cynicism. London: Sage Publications, S. 137–150.

Bennett, Lance/Segerberg, Alexandra (2012): The logic of connective action: Digital media and the personalization of contentious politics. *Information, Communication & Society* 15(5), S. 739–768.

Bennett, Tony/Joyce, Patrick (Hrsg., 2010): Material Powers: Cultural Studies, History and the Material Turn. London: Routledge.

Berlin Online (2013): Reparaturkultur wieder erweckt - Umweltpreis für Repair Café . Abgerufen unter: http://www.berlinonline.de/nachrichten/pankow/reparaturkultur-wieder-erw eckt-umweltpreis-fur-repair-cafe-44295, am: 23. Mai 2016.

Berry, D (Hrsg.) (2012): Understanding Digital Humanities. London: Palgrave Macmillan.

Bertling, Jürgen, Leggewie, Claus (2016): Die Reparaturgesellschaft. Ein Beitrag zur großen Transformation. In: Baier, Andrea, Hansing, Tom, Müller, Christa, Werner, Karin (Hrsg.): Die Welt reparieren. Open Source und Selbermachen als postkapitalistische Praxis. Bielefeld: transcript, S. 257–286.

Betz, Gregor J. (2018): Missionierungsevents. Zeitdiagnostisch-religionssoziologische Überlegungen zur Diffusion alternativer Konsum- und Handlungsmuster. In: Kannengießer, Sigrid, Weller, Ines (Hrsg.): Konsumkritische Projekte und Praktiken. Interdisziplinäre Perspektiven auf gemeinschaftlichen Konsum. München: Oekom Verlag, S. 161–178.

Bilandzic, Helena, Kalch, Anja (2021): Fictional Narratices for Environmental Sustainability Communication. In: Weder, Franzisca, Krainer, Larissa, Karmasin, Matthias (Hrsg.): The Sustainability Communication Reader . A Reflective Compendium. Wiesbaden: Springer, S. 123–142.

Billett, Simon (2010): Dividing climate change: global warming in the Indian mass media. *Climatic Change* 99(1), S. 1–16.

Bily, Cynthia A. (Hrsg., 2009): What Is The Impact of E-Waste? Detroit: Greenhaven Press.

Blanchette, Jean-Francoise (2011): A material history of bits. Journal of the American *Society for Information Science and Technology* 62(6), S. 1042–1057.

Bleischwitz, Raimund/Dittrich, Monika/Pierdicca, Chiara (2012): Coltan from Central Africa, international trade and implications for any certification. *Resources Policy* 37, S. 19–29.

Bohr, Jeremiah (2020): Reporting on climate change: A computational analysis of U.S. newspapers and sources of bias, 1997–2017. Global Environmental Change 61. https:// doi.org/10.1016/j.gloenvcha.2020.102038.

Bohrmann, Thomas (2018): Würde. Grundbegriffe der Kommunikations- und Medienethik. *Communicatio Socialis* 51(1), S. 54–59.

Bonfadelli, Heinz (2007): Nachhaltigkeit als Herausforderung für Medien und Journalismus. In: Kaufmann, Hayoz, Burger, Paul, Stoffel, Martine (Hrsg.): Nachhaltigkeitsforschung. Perspektiven der Sozial- und Geisteswissenschaften. Bern: Schweizerische Akademie der Geistes- und Sozialwissenschaften, S. 255–297.

Bonfadelli, Heinz, et al. (Hrsg., 2017). Forschungsfeld Wissenschaftskommunikation. Wiesbaden: Springer.

Borgmann, Albert (1984): Technology and the Character of Contemporary Life: A Philosophical Inquiry. Chicago: University of Chicago Press.

Boykoff, Maxwell T. (2008): Lost in translation? United States television news coverage of anthropogenic climate change, 1995–2004. *Climatic Change* 86(1), S. 1–11.

Boykoff, Maxwell T. (2007): Flogging a dead norm? Newspaper coverage of anthropogenic climate change in the United States and United Kingdom from 2003 to 2006. *Area* 39(4), S. 470–481.

Boykoff, Maxwell T./ Boykoff, Jules M. (2007): Climate change and journalistic norms: a case-study of US mass-media coverage. *Geoforum* 38(6), S. 1190–1204.

Boykoff, Maxwell T./ Boykoff, Jules M. (2004): Balance as bias: global warming and the US prestige press. *Global Environmental Change* 14(2), S. 125–136.

Bozdag, Cigdem (2013): Aneignung von Diasporawebsites. Eine medienethnografische Untersuchung in der marokkanischen und türkischen Diaspora. Wiesbaden: Springer VS.

Bozdag, Cigdem, Kannengießer, Sigrid (2019): Visual Storytelling in der Kommunikationsforschung. In: Lobinger, Katharina (Hrsg.): Handbuch visuelle Kommunikationsforschung. Wiesbaden: Springer VS, S. 1–16, online first: https://doi.org/10.1007/978-3-658-06738-0_20-3

Brand, Monika (2019): Creating a community, abgerufen unter: https://www.fairphone.com/en/2019/08/26/fairphone-community/, am 6. September 2019.

Brand, Karl-Werner (2000): Kommunikation über nachhaltige Entwicklung. Oder: Warum sich das Leitbild der Nachhaltigkeit so schlecht popularisieren lässt. *Journal of Social Science Education* (1). Abgerufen unter: http://www.sowi-online.de/sites/default/files/brand.pdf, am: 8. April 2017.

Brand, Karl-Werner/Eder, Klaus/Poferl, Angelika (1997): Ökologische Kommunikation in Deutschland. Opladen: Westdeutscher Verlag.

Bratteteig, Tone (2008): Does It Matter that It's Digital? In: Lundby, Knut (Hrsg.): Digital Storytelling, Mediatized Stories. Self-Representations in New Media. New York: Peter Lang, S. 271–284.

Braun, Marie-Luise (2002): Umweltkommunikation im Lokalteil von Tageszeitungen. Frankfurt am Main: Peter Lang.

Brennan, Shane (2016): Making Data Sustainable: Backup Culture and Risk Perception. In: Starosielski, Nicole, Walker, Janet (2009): Sustainable Media. Critical Approcches to Media and Environmen. Abington, New York: Routledge, S. 56–76.

Breuer, Anita/Landman, Todd/Farquhar, Dorothea (2015): Social media and protest mobilization: evidence from the Tunisian revolution. *Democratization* 22(4), S. 764–792.

Brüggemann, Michael/Engesser, Sven (2017) Beyond False Balance: How Interpretive Journalism Shapes Media Coverage of Climate Change. *Global Environmental Change 42*, 58–67. https://doi.org/10.1016/j.gloenvcha.2016.11.004.

Brüggemann, Michael, Engesser, Sven (2015): Skeptiker müssen draußen bleiben: Weblogs und Klimajournalismus. In: Hahn, Oliver, Hohlfeld, Ralf, Knieper, Thomas (Hrsg.): Digitale Öffentlichkeiten. Konstanz: UVK, S. 165–182.

Brüggemann, Michael/Engesser, Sven (2014): Between consensus and denial: Climate journalists as interpretive community. *Science Communication* 36(4), S. 399–427.

Bruns, Axel (2009): „Anyone can edit": vom Nutzer zum Produtzer. *Kommunikation@Gesellschaft* 10(3), abgerufen unter: http://nbn-resolving.de/urn:nbn:de:0228-200910033, am 14. August 2013.

Bruns, Axel (2008): The Future Is User-Led: The Path towards Widespread Produsage. In: *The Fibreculture Journal*, 11/2008, abgerufen unter: http://eleven.fibreculturejournal.org/fcj-066-the-future-is-user-led-the-path-towards-widespread-produsage/, am 14. August 2013.

Brey, Philipp (2012): Well-Being in Philosophy, Psychology, and Economics. In: Brey, Philipp/Briggle, Adam/Spence, Edward (Hrsg.): The Good Life in a Technological Age. New York: Routledge, S. 15–34.

Brey, Philipp/Briggle, Adam/Spence, Edward (2012): The Good Life in a Technological Age. New York: Routledge.

Briggle, Adam/Brey, Philipp/Spence, Edward (2012): Introduction. In: Brey, Philipp/Briggle, Adam/Spence, Edward (Hrsg.): The Good Life in a Technological Age. New York: Routledge, S. 1–14.

Bucy, Erik P./ Gregson, Kimberly S. (2001): Media Participation: A Legitimizing Mechanism of Mass Democracy. *New Media and Society* 3(3), S. 357–380

Buiren, Shirley van (1980): Die Kernenergie-Kontroverse im Spiegel der Tageszeitungen. Inhaltsanalytische Auswertung eines exemplarischen Teils der Informationsmedien. München, Wien: Oldenbourg Wissenschaftsverlag.

Bundesregierung der Bundesrepublik Deutschland (2016): Deutsche Nachhaltigkeitsstrategie. Abgerufen unter: https://www.bundesregierung.de/resource/blob/975274/318676/3d30c6c2875a9a08d364620ab7916af6/2017-01-11-nachhaltigkeitsstrategie-data.pdf?download=1, am 5. August 2019.

Bundesrepublik Deutschland (1949): Grundgesetz. Abgerufen unter: http://www.gesetze-im-internet.de/gg/GG.pdf, am 7. August 2019.

Bundesverfassungsgericht (2021): Verfassungsbeschwerden gegen das Klimaschutzgesetz teilweise erfolgreich. Pressemitteilung 31/2021 vom 29. April 2021, abgerufen unter: https://www.bundesverfassungsgericht.de/SharedDocs/Pressemitteilungen/DE/2021/bvg21-031.html am 20. Juni 2021.

Bundeszentrale für politische Bildung (Hrsg., 2009): Konsumkultur. *Aus Politik und Zeitgeschichte, 32–33/2009.*

Burchell, Kenzie/Driessens, Olivier/Mattoni, Alice (2020): Practicing Media – Mediating Pratice. Introduction. *International Journal of Communication* 14(2020), S. 2775–2788

Cammaerts, Bart (2015): Social media and activism. In: Mansell, Robin/Ang, Peng H. (Hrsg.): The international encyclopedia of digital communication and society. Oxford: Wiley-Blackwell, S. 1027–1034.

Canary, Daniel J./ Spitzberg, Brian H. (1993): Loneliness and Media Gratifications. Communication Research, 20(6), S. 800–821.

Canclini, García Néstor (2003): Consumers and citizens. Globalization and multicultural conflicts, 2. Aufl. Minneapolis: University of Minnesota Press.

Carpentier, Nico (2011): Media and participation. A site of ideological-democratic struggle. Bristol: Intellect.

Castells, Manuel (2012): Networks of Outrage and Hope. Social Movements in the Internet Age. Chichester: Wiley.

Castro Leal, Déborah de, Krüger, Max, Misaki, Kaoru, Randall, David, Wulf, Volker (2019): Guerilla Warfare and the Use of New (and Some Old) Technology: Lessons from FARC's Armed Struggle in Colombia. In: ACM (Hrsg.): CHI '19: Proceedings of the 2019 CHI Conference on Human Factors in Computing Systems, New York, S. 1–12.

Chan, Jenny (2019): Biss in den sauren Apfel. Zu den Arbeitsbedingungen vom Apple-Liferant Foxconn in China. In: Höfner, Anja, Frick, Vivian (Hrsg.): Was Bits und Bäume verbindet. Digitalisierung nachhaltig gestalten. München: Oekom Verlag, S. 19–22.

Chan, Jenny, Ho, Charles (2008): The dark side of cyberspace: Inside the sweatshops of China's computer hardware production. Berlin. Abgerufen unter: http://goodelectronics.org/publications-en/Publication_2851/am 9. August 2019.

Chan, Michael (2015): Mobile phones and the good life: Examining the relationships among mobile use, social capital and subjective well-being. *New Media & Society* 17(1), S. 96–113.

Charter, Martin, Keiller, Scott (2014): Grassroots innovation and the circular economy. A global survey of repair cafés and hackerspaces. Farnham: University for the creative arts. Abgerufen unter: http://cfsd.org.uk/site-pdfs/circular-economy-and-grassroots-innovation/Survey-of-Repair-Cafes-and-Hackerspaces.pdf, am 1. August 2017.

China Labour Watch (2019): Amazon's Supplier Factory Foxconn Recruits Illegally: Interns Forced to Work Overtime. Abgerufen unter http://www.chinalkaborwatch.org/upfile/2019_08_07/Amazon%20English%20Report%2008.09.pdf, am 10. August 2019

China Labour Watch (2018): Apple's Failed CSR Audit. A Report on Catcher Technology Polluting the Environment and Harming the Health of Workers. Abgerufen unter http://www.chinalaborwatch.org/upfile/2018_01_12/20180116-1.pdf am 10. August 2019.

Christensen, Henrik Serup (2011): Henrik Serup. Political activities on the Internet: Slacktivism or political participation by other means? *First Monday* 16(2), https://doi.org/10.5210/fm.v16i2.3336

Chudoba, Katherine M./ Wynn, Eleanor/Lu, Mei/Watson-Manheim, Mary B. (2005): How virtual are we? Measuring virtuality and understanding its impact in a global organization. *Information Systems Journal*, 15(4), S. 279–306.

Costanza-Chock, Sasha (2012): Mic Check! Media Cultures and the Occupy Movement. *Social Movement Studies* 11(3-4), S. 375–385.

Cook, Gary (2017): Clicking Clean: Wo is winning the race to build a green Internet? Washington: Greenpeace. Abgerufen unter: http://www.clickclean.org/germany/de/, am 25.2.2019.

Cook, Gary, Jardim, Elizabeth (2019): Clicking Clean Virginia. The Dirty Energy Powering Data Center Alley. Greenpeace Reports. Abgerufen unter: https://www.greenpeace.org/usa/wp-content/uploads/2019/02/Greenpeace-Click-Clean-Virginia-2019.pdf?_ga=2.89315417.319164303.1550092294-215595930.1550092294, am 20.2.2019.

Corsten, Hans, Roth, Stephan (2012): Nachhaltigkeit als integriertes Konzept. In: Dies. (Hrsg.): Nachhaltigkeit. Unternehmerisches Handeln in globaler Verantwortung. Wiesbaden: Springer Gabler.

Couldry, Nick (2012): Media, Society, World. Social Theory and digital media practice. Cambridge: Polity.

Couldry, Nick (2008): Digital Storytelling, Media Research and Democracy: Conceptual Choices and Alternative Futures. In: Lundby, Knut (Hrsg.): Mediatized Stories. Self-representations in New Media. New York: Peter Lang, S. 41–60.

Couldry, Nick (2004): Theorising media as practice. *Social Semiotics* 14(2), S. 115–132.

Cukier, Kenneth/Mayer-Schoenberger, Victor (2013): The Rise of Big Data: How it's Changing the Way We Think about the World. *Foreign Affairs* 92(3), S. 28–40.

Dabrowski, Martin, Wolf, Judith, Abmeier, Karlies (Hrsg.) (2014): Ethische Herausforderungen im Web 2.0. Paderborn: Ferdinand Schöningh.

Dahlgren, Peter (2009): Media and political engagement. Citizens, communication and democracy. Cambridge: Cambridge University Press.

Debatin, Bernhard (2016): Verantwortung. Grundbegriffe der Kommunikations- und Medienethik. *Communication Socialis* 49(1), S. 68–73.

Demirović, Alex, Dück, Julia, Becker, Florian, Bader, Pauline (2011): VielfachKrise. Im finanzmarktdominierten Kapitalismus: Hamburg: VSA Verlag.

Denis, Jerome, Pontille, David (2011): Materiality, Maintenance and Fragility: The Care of Things. Abgerufen unter: https://ssrn.com/abstract=1947255, am: 10. August 2019.

Dernbach, Beatrice, Heuer, Harald (2000): Umweltberichterstattung im Lokalen. Ein Praxishandbuch. Opladen: Westdeutscher Verlag.

Deutscher Bundestag (2017): Energieverbrauch durch Digitalisierung – Effizienz statt Rebound-Effekt. Drucksache 18/13077. Abgerufen unter: http://dip21.bundestag.de/dip21/btd/18/133/1813304.pdf, am 25. Februar 2019.

Dießenbacher, Joshua/Reller, Armin (2016): Das „Fairphone" – ein Impuls in Richtung nachhaltige Elektronik? In: Exner, Andreas/Held, Martin/Kümmerer, Klaus (Hrsg.): Kritische Rohstoffe in der Großen Transformation: Metalle, Stoffstrompolitik und Postwachstum. Wiesbaden: Springer, S. 269–292.

Diprose, Kristina/Fern, Richard/Vanderbeck, Robert M/Chen, Lily/Vateltine, Gill/Liu, Chen/McQuaid, Katie (2017): Corporations, Consumerism and Culpability: Sustainability in the British Press. *Environmental Communication* 12(5), 672–685

Downing, John (1984): Radical media: The political experience of alternative communication. Boston: South End Press.

Doyle, Julie (2009): Climate Action and Environmental Activism: The role of environmental NGOs and Grassroots Movements in the Global politics of Climate change. In: Boyce, Tammy/Lewis, Justin (Hrsg.): Climate Change and the Media. New York: Peter Lang, S. 103–116.

Eck, Christel W./ Mulder, Bob C./ Linden, Sander van der (2021): Echo Chamber Effects in the Climate Change Blogosphere. *Environmental Communication* 15(2), 145–152.

Eide, Elisabet, Kunelius, Risto (2012): Challenges for future Journalism. In: Eide, Elisabet, Kunelius, Risto (Hrsg.): Media meets climate. The global challenges for journalism. Göteburg: Intl Clearhouse on, S. 331–338.

Eide, Elisabeth/Kunelius, Risto/Kumpu, Ville (2010): Global Climate, Local Journalism. A Transnational Study of How Media Make Sense of Climate Summits. Bochum/Freiburg: Projekt.

Eilders, Christiane (1997): Nachrichtenfaktoren und Rezeption. Eine empirische Analyse zur Auswahl und Verarbeitung politischer Information. Wiesbaden: Westdeutscher Verlag.

Eisner, Manuel/Graf, Nicole/Moser, Peter (2003): Risikodiskurse: Die Dynamik öffentlicher Debatten über Umwelt- und Risikoprobleme in der Schweiz. Zürich/Genf, Seismo Verlag.

Ekman, Joakim/Amnå, Erik (2012): Political participation and civic engagement: Towards a new typology. *Human Affairs* 22(3), S. 283–300.

Elegsem, Dag/Steskal, Lubos/Diakopoulos, Nicholas (2015): Structure and Content of the Discourse on Climate Change in the Blogosphere: The Big Picture. *Environmental Communication* 9(2), S. 169–188.

Emmer, Martin (2005): Politische Mobilisierung durch das Internet? Eine kommunikationswissenschaftliche Untersuchung zur Wirkung eines neuen Mediums. München: Reinhard Fischer.

Emmer, Martin/Vowe, Gerhard (2004): Mobilisierung durch das Internet? Ergebnisse einer empirischen Längsschnittuntersuchung zum Einfluss des Internets auf die politische Kommunikation der Bürger. In: *Politische Vierteljahresschrift*, 45(2): S. 191–211.

Engesser, Sven/Brüggemann, Michael (2016): Mapping the minds of the mediators: The cognitive frames of climate journalists from five countries. *Public Understanding of Science* 25(7), S. 825–841.

Europäisches Parlament (2020): Parlament will Verbrauchern in der EU „Recht auf Reparatur" einräumen. Abgerufen unter: https://www.europarl.europa.eu/news/de/pressroom/20201120IPR92118/parlament-will-verbrauchern-in-der-eu-recht-auf-reparatureinraumen, am 22.03.2021.

Ess, Charles (2015): The good Life: Selfhood and the Virtue Ethics in the Digital Age. In: Wang, Hua (Hrsg.): Communication and „the Good Life", New York: Peter Lang, S. 17–30.

Ess, Charles (2009): Digital Media Ethics. Cambridge/Malden: Polity Press.

Eynde, Sarah Van, Bachus, Kris (2016): Non-State Participation in Sustainable Materials Management: The Case of Fairphone. Research Paper Nr. 19. Research Centre on Sustainable Materials Management. Leuven. Abgerufen von: https://lirias.kuleuven.be/bitstream/123456789/577920/1/RP19+HIVA+paper+Fairphone.pdf am: 26. Mai 2017.

Fairphone (2019a): Fairphone 2. The world's first ethical, modular smartphone. Abgerufen unter https://shop.fairphone.com/en/?ref=header, am 17. August 2019.

Fairphone (2019b): Our goals. Abgerufen unter https://www.fairphone.com/en/our-goals/, am 17. August 2019.

Fairphone (2019c): Spareparts. Abgerufen unter: https://shop.fairphone.com/en/spare-parts/, am 17. August 2019.

Fairphone (2019d): Reducing electronic waste. Abgerufen unter: https://www.fairphone.com/en/project/reducing-electronic-waste/, am 23. August 2019.

Fairphone (2019e): Extending the life span of our products. Abgerufen unter: https://www.fairphone.com/en/project/extending-life-span/, am 23. August 2019.

Fairphone (2019f): Good working conditions. Abgerufen unter: https://www.fairphone.com/en/our-goals/social-work-values/, am 23. August

Fairphone (2019g): Fairphone 3. The phone that dares to be fair. Abgerufen unter: https://shop.fairphone.com/en/, am 27. August 2019.

Fairphone (2019h): The most sustainable phone is the one you already own, Abgerufen unter: https://www.fairphone.com/en/2019/05/20/the-most-sustainable-phone-is-the-one-you-already-own/, am 28. August 2019.

Fairphone (2019i): We're here to help. Abgerufen unter: https://support.fairphone.com/hc/en-us/articles/115001846846, am 28. August 2019.

Fairphone (2019j): Fairphone. Abgerufen unter: www.fairphone.com, am 6. September 2019.

Fairphone (2019k): Welcome to the Fairphone Community. Abgerufen unter: https://www.fairphone.com/en/community/?ref=header, am 6. September 2019.

Fairphone (2019l): Events. Abgerufen unter: https://www.fairphone.com/en/events/, am 6. September 2019.

Fairphone (2019m): Team. Abgerufen unter: https://www.fairphone.com/en/about/team/?ref=footer, am 16. September 2019.

Fairphone (2016a): Gold. Integrating gold from responsible sources. Abgerufen unter: https://www.fairphone.com/projects/gold/, am: 5. Juli 2016.

Fairphone (2016b): Fairphone 2. Ethical, open and built to last. Abgerufen unter: https://www.fairphone.com/phone/am: 05. Juli 2016.

Fairphone (2016c): Facebook. Abgerufen unter: https://www.facebook.com/fairphone am: 05.07.2016.

Fairphone (2016d): We're producing a phone to improve the electronics value chain. One step at a time. Abgerufen unter: https://www.fairphone.com/am 05. Juli 2016.

Fairphone (2016e): Designing the Fairphone 2.Extending our ambitions for fairness with our own, modular design. Abgerufen unter https://www.fairphone.com/projects/designing-fai rphone-2/am: 05.Juli 2016.

Fairphone (2016f): Worker Welfare Fund – Fairphone 2. Improving worker welfare with our manufacturing partner, Hi-P. Abgerufen unter: https://www.fairphone.com/projects/wor ker-welfare-fund-fairphone-2/am 05. Juli 2016.

Fairphone (2016g): Blog 13. Abgerufen unter: https://www.fairphone.com/blog/page/13/am: 06. Juli 2016.

Fairphone (2015a): About. Abgerufen unter https://www.fairphone.com/about/am 30. November 2016.

Fairphone (2015b) Fairphone fact sheet. Abgerufen unter: https://www.fairphone.com/wp-content/uploads/2015/06/150702-English-factsheet.pdf am 15. August 2019.

Fairphone (2015c): Fairphone 2, An ethical phone with a modular design. Abgerufen unter: http://shop.fairphone.com/am 30. November 2016.

Fairphone Community Forum (2019a): Fairphone Community Forum, Abgerufen unter: https://forum.fairphone.com/ am 6 September 2019.

Fairphone Community Forum (2019b): #EFCT19: European Fairphoners Community Trip to Amsterdam 2019 (25.08–31.08). Abgerufen unter: https://forum.fairphone.com/t/efct19-european-fairphoners-community-trip-to-amsterdam-2019-25-8-31-8/48657, am 9. September 2019.

Fairphone Community Forum (2019c): calendar. Abgerufen unter: https://forum.fairphone. com/calendar?end=2019-08-04&start=2019-06-30, am 9. September 2019.

Fairphone Community Forum (2019d): Map. Abgerufen unter https://map.fairphone.com munity/), am 9. August 2019.

Farman, Jason (2017): Repair and Software: Updates, Obsolescence, and Mobile Culture's Operating Systems. *Continent* 6(1), S. 20–24.

Felber, Christian (2010): Gemeinwohl-Ökonomie. Das Wirtschaftsmodell der Zukunft. Wien: Deuticke.

Feenberg, Andrea (1991): Critical Theory of Technology. Oxford: Oxford University Press.

Filipović, Alexander (2017): Gemeinwohl als medienethischer BegriffÜber öffentliche Kommunikation und gesellschaftliche Mitverantwortung. *Communicatio Socialis*, 50(1), S. 9–19.

Filipović, Alexander (2015a): Angewandte Ethik. Grundbegriffe der Kommunikations- und Medienethik Teil 2. *Communicatio Socialis* 48(4), S. 431–437.

Filipović, Alexander (2015b): Moral und Ethik. Grundbegriffe der Kommunikations- und Medienethik Teil 1. *Communicatio Socialis* 48(3), S. 316–321.

Finnische Ratspräsidentschaft (2019): Ein nachhaltiges Europa – eine nachhaltige Zukunft. Abgerufen unter: https://eu2019.fi/documents/11707387/14346258/EU2019FI-EU-puh eenjohtajakauden_ohjelma-de.pdf, am 5. August 2019.

Fischer, Daniel/Haucke, Franziska/Sundermann, Anna (2017): What Does the Media Mean by 'Sustainability' or 'Sustainable Development'? an Empirical Analysis of Sustainability Terminology in German Newspapers Over Two Decades. *Sustainable Development* 25(6), S. 610–624.

Flick, Uwe (2009): Qualitative Sozialforschung. Eine Einführung. Reinbek bei Hamburg: Rowolt.

Forchtner, Bernhard/Kroneder, Andreas/Wetzel, David (2018): Being Skeptical? Exploring Far-Right Climate-Change Communication in Germany. *Environmental Communication*, 12(5), S. 589–604

Fotopoulou, Aristea (2018)**:** From networked to quantifed self: Self-tracking and the moral economy of data. In: Papacharissi, Zizi (Hrsg.): A Networked Self: Platforms, Stories, Connections. New York: Routledge.

Foucault, Michel (1992[1978]): Was ist Kritik? Berlin: Merve Verlag.

Foucault, Michel (2015[1977]): Überwachen und Strafen. Die Geburt des Gefängnisses. 15. Auflg. Frankfurt a. M.: Suhrkamp

Frick, Vivian/Gossen, Maike/Lautermann, Christian/Muster, Viola/Kettner, Sara/Thorun, Christian/Santarius, Tilman (2019): Digitalisierung von Märkten und Lebensstilen: Neue Herausforderungen für nachhaltigen Konsum. Dessau-Roßlau: Bonn.

Früh, Werner/Schönbach, Klaus (2005): Der dynamisch-transaktionale Ansatz III: Eine Zwischenbilanz. *Publizistik* 50(1), S. 4–20.

Fuchs, Christian (2021): Das digitale Kapital. Kritik der politischen Ökonomie des 21. Jahrhunderts. Wien/Berli: Mandelbaum Kritik & Utopie.

Fuchs, Christian (2014): Digital prosumption labour on social media in the context of the capitalist regime of time. Time and Society 23(1), S. 97–123.

Fuchs, Anneliese, Pichler-Koban, Christina, Pitman, Arthur, Emenreich, Wilfried, Jungmeier, Michael (2021): Games and Gamification – New Instruments for Communicating Sustainability. In: Weder, Franzisca, Krainer, Larissa, Karmasin, Matthias (Hrsg.): The Sustainability Communication Reader . A Reflective Compendium. Wiesbaden: Springer, S. 221–243.

Funiok, Rüdiger (2016): Werte. Grundbegriffe der Kommunikations- und Medienethik. *Communicatio Socialis* 49(3), S. 322–326.

Funiok, Rüdiger (2015): Hauptthemen und Autoren in der Entwicklung der deutschsprachigen Kommunikations- und Medienethik. In: Prinzing, Marlis, Rath, Matthias, Schicha, Christian, Stapf, Ingrid (Hrsg.): Neuvermessung der Medien-ethik. Bilanz, Themen und Herausforderungen seit 2000. Weinheim/Basel: Beltz Juventa, S. 20–34.

Funiok, Rüdiger (2011): Medienethik. Verantwortung in der Mediengesellschaft. Stuttgart: Verlag W. Kohlhammer, 2. durchges. und akt. Auflg.

Funiok, Rüdiger (2002): „Medienethik: Trotz Stolpersteinen ist der Wertediskurs über Medien unverzichtbar". In: Karmasin, Matthias (Hrsg.): Medien und Ethik. Stuttgart: Reclam, S. 37–58.

Gabbert, Karin (2012): Das gute Leben ist in aller Munde. Vorwort. In: Gudynas, Eduardo, Pedersen, Birte, Lang, Miriam (Hrsg.): Buen VIVIR. Das gute Leben jenseits von Entwicklung und Wachstum. Berlin, S. 1–4. Abgerufen unter: https://www.rosalux.de/filead min/rls_uploads/pdfs/Analysen/Analyse_buenvivir.pdf, am 20. April 2017.

Gabrys, Jennifer (2018): Digital Rubbish. In: Braidotti, Rosi/Hlavajova, Maria (Hrsg.): *Posthuman Glossary*. London: Bloomsbury, S. 107–109.

Gabrys, Jennifer (2015): Powering the Digital: From Energy Ecologies to Electronic Environmentalism. In: Maxwell, Richard/Raundalen, Jon, Vestberg, Nina Lager (Hrsg.) Media and the ecological crisis. Milton Park/New York: Routledge, S. 3–18.

Gabrys, Jennifer (2011): Digital rubbish: A natural history of electronics. Ann Arbor: University of Michigan Press.

Gabrys, Jennifer (2006): Media in the dump. *Alphabet City Magazine* 11, Special Issue: Trash Hrsg. von John Knechtel, Abgerufen unter: https://research.gold.ac.uk/261/2/DES-Gab rys2006a_GRO.pdf, am 20.2.2019.

Gaßner, Volker (2014): GreenAction – Die Kampagnen-Community. In: Voss, Kathrin (Hrsg.) Internet & Partizipation. Bottom-up oder Top-down? Politische Beteiligungsmöglichkeiten im Internet. Wiesbaden: Springer VS, S. 129–148.

Geiger, R. Stuart (2014): Bots, bespoke, code and the materiality of software platforms. *Information, Communication & Society* 17(3), S. 342–356.

Generalversammlung der Vereinten Nationen (1948): Allgemeine Erklärung der Menschenrechte. Abgerufen unter: https://www.ohchr.org/EN/UDHR/Documents/UDHR_Transla tions/ger.pdf, am 7. August 2019.

Gentzel, Peter (2015): Praxistheorie und Mediatisierung. Grundlagen, Perspektiven und eine Kulturgeschichte der Mobilkommunikation. Wiesbaden: Springer VS.

Gentzel, Peter/Kannengießer, Sigrid/Wallner, Cornelia/Wimmer, Jeffrey (2021): Editorial. Kritik an, in und durch Kommunikations- und Medienwissenschaft. *Studies in Communication and Media*, 10(2), S. 131–145.

Gibson, Timothy/Craig, Richard T./ Harper, Allison C./ Alpert, Jordan M. (2016): Covering global warming in dubious times: Environmental reporters in the new media ecosystem. *Journalism* 17(4), S. 417–434.

Giddens, Anthony (1991): Modernity and self-identity: Self and society in the late modern age. Stanford: Stanford University Press.

Gillespie, Tarleton, Boczkowski, Pablo J., Foot, Kirsten A. (2014): Introduction. In: Dies. (Hrsg.): Media Technologies: Essays on Communication, Materiality, and Society. Cambridge/Massachusetts: MIT Press, S. 1–19.

Gläser, Jochen (2005): Neue Begriffe, alte Schwächen: Virtuelle Gemeinschaft. In: Jäckel, Michael/Mai, Manfred (Hrsg.): Online-Vergesellschaftung: Mediensoziologische Perspektiven auf neue Kommunikationstechnologien. Wiesbaden: Springer, S. 51–71.

Glathe, Caroline (2010): Kommunikation von Nachhaltigkeit in Fernsehen und Web 2.0. Wiesbaden: VS.

Göttlich, Udo (2009): Raymond Williams: Materialität der Kultur. In: Hepp, Andreas; Krotz, Friedrich; Thomas, Tanja (Hrsg.): Schlüsselwerke der Cultural Studies. Wiesbaden: VS, S. 94–103.

Graefe, Stefanie (2019): Resilienz im Krisenkapitalismus. Wider das Lob der Anpassungsfähigkeit. Bielefeld: transcript.

Graham, Steve/Thrift, Nigel (2007): Out of order: Understanding repair and maintenance. *Theory, Culture & Society* 24(3), S. 1–25.

Greenberg, Josh/Knight, Graham (2004): Framing sweatshops: Nike, global production, and the American news media. *Communication and Critical/Cultural Studies* 1(2), S. 151–75.

Grewe, Maria (2018): Reparaturcafés als Infrastrukturen der Nachhaltigkeit. Gemeinschaftliches Reparieren zwischen sozialer Praxis und Protest. In: Kannengießer, Sigrid, Weller, Ines (Hrsg.): Konsumkritische Projekte und Praktiken. Interdisziplinäre Perspektiven auf gemeinschaftlichen Konsum. München: Oekom Verlag, S. 105–120.

Grewe, Maria (2017): Teilen, Reparieren, Mülltauchen. Kulturelle Strategien im Umgang mit Knappheit und Überfluss. Bielefeld: transcript.

Grundmann, Reiner/Scott, Mike (2014): Disputed climate science in the media: Do countries matter? *Public Understanding of Science* 23(2), 220–235.

Grunwald, Armin, Kopfmüller, Jürgen (2012): Nachhaltigkeit. Frankfurt a. M./New York: Campus Verlag, 12. Auflg.

Gudynas, Eduardo (2012): Buen VIVIR. Das gute Leben jenseits von Entwicklung und Wachstum. Abgerufen unter: https://www.rosalux.de/fileadmin/rls_uploads/pdfs/Analysen/Analyse_buenvivir.pdf am 20. April 2017.

Guo, Lei/Hsu, Shih-Hsien/Holton, Avery/Jeong, Sun Ho (2012): A case study of the Foxconn suicides An international perspective to framing the sweatshop issue. *International Communication Gazette* 74(5), S. 484–503.

Haderer, Chris (2015): Fairphone 2: Modul-Handy will faires Gold nutzen. Abgerufen unter: https://Utopia.de/ratgeber/fairphone-2-baukastenhandy-fair-gold/, am 30. August 2019.

Hafez, Kai (2017): Hass im Internet. Zivilitätsverluste in der digitalen Kommunikation. *Communicatio Socialis* 50(3), S. 318–333.

Hagemann, Katharina (2017): Menschenrechtsverletzungen im internationalen Wirtschaftsrecht. Wiesbaden: Springer Gabler.

Hahn, Oliver, Eide, Elisabeth, Ali, Zarqa S. (2012): The Evidence of Things unseen. Visualizing global warming. In: Eide, Elisabeth, Kunelius, Risto (Hrsg.): Media meets climate. The global challenge for journalism. Göteburg: Intl Clearhouse, S. 221–246.

Hanisch, Carol (1970): The Personal is Political. In: *Notes from the Second Year: Women's Liberation. Major Writings of the Radical Feminists*, S. 76–77.

Handler, Isabell/Chang, Wanching (2015): Social Attributes of a Smartphone and their importance to young Taiwanese consumers: an explorative study. *International Journal of Arts and Commerce* 4(5), S. 16–29.

Hansen, Anders (2019): Environment, Media and Communication, London, New York: Routledge, 2. Auflg.

Hansen, Anders (2014): Media and the Environment. Critical Concepts in the Environment, Bände 1–4. London: Routledge.

Hansen, Anders (2011): Communication, media and environment: Towards reconnecting research on the production, content and social implications of environmental communication. The International Communication Gazette, 73(12), S. 7–25.

Hansen, Anders (2000): Claims-making and framing in British newspaper coverage of the „Brent Spar" controversy. In: Adam, Barbara/Allan, Stuart/Carter, Cynthia/Beck, Ulrich (Hrsg.): Environmental Risks and the Media. New York: Routledge, S. 52–55.

Hartmann, Maren (2013): Domestizierung. Baden-Baden: Nomos.

Hartmann, Maren (2006): The triple articulation of ICTs: Media as technological objects, symbolic environments and individual texts. In: Berker, Thomas et al. (Hrsg.): Domestication of media and technology. Maidenhead: Open University Press, S. 80–102.

Hartz Søraker, Johnny (2012): Virtual Good? Disclosing the Presupposition behind the claimed inferiority of virtual worlds. In: Brey, Philipp/Briggle, Adam/Spence, Edward (Hrsg.): The Good Life in a Technological Age. London/New York: Routledge, S. 225–293.

Harvey, Blane (2011): Climate Airwaves:Community Radio, Action Research,and Advocacy for Climate Justice in Ghana. *International Journal of Communication* 5/2011, S. 2035–2058

Hasebrink, Uwe/Domeyer, Hannah (2012): Media repertoires as patterns of behaviour and as meaningful practices: A multimethod approach to media use in converging media environments. *Participations: Journal of Audience & Reception Studies* 9(2), S. 757–783.

Haseloff, Anikar Michael (2007): Public Network Access Points und der Digital Divide – Eine empirische Untersuchung der Bedeutung von öffentlichen Internetzugängen für Entwicklungsländer am Fallbeispiel Indien. Augsburg. Abgerufen unter: http://opus.biblio thek.uniaugsburg.de/frontdoor.php?source_opus=570&la=de, am 14. August 2013.

Hauck, Mirjam (2010): Unternehmerin Claudia Langer. Die grüne Utopie. Abgerufen unter: https://www.sueddeutsche.de/digital/unternehmerin-claudia-langer-die-gruene-uto pie-1.325771-2, am 20. August 2019.

Hauff, Volker (1980): Kernenergie und Medien. Protokolle, Referate, Analysen, Themenmatrix, Pressespiegel eines BMFT-Seminars in Zusammenarbeit mit dem Battelle-Institut e. V. Frankfurt am Main: Neckar.

Hauff, Michael von/Claus, Katja (2012): Fair Trade. Ein Konzept nachhaltigen Handels. Stuttgart: UTB.

Haunss, Sebastian, Sommer, Moritz (Hrsg.) (2020): Fridays for Future – Die Jugend gegen den Klimawandel. Konturen der weltweiten Protestbewegung. Bielefeld: transcript.

Heckl, Wolfgang M. (2013): Die Kultur der Reparatur. München: Carl Hanser Verlag.

Heddeghem, Ward van/Lambert, Sofie/Lannoo, Bart/Colle, Didier/Pickavet, Mario/Demeester, Piet (2014): Trends in worldwide ICT electricity consumption from 2007 to 2012. *Computer Communications* 50, S. 64–76.

Heesen, Jessica (2017): Informationelle Selbstbestimmung. Grundbegriffe der Kommunikations- und Medienethik. *Communicatio Socialis* 50(4), S. 495–500.

Hegemann, Katharina (2017): Menschenrechtsverletzungen im internationalen Wirtschaftsrecht. Eine Untersuchung anhand der Wertschöpfungskette von Mobiltelefonen. Wiesbaden: Springer Gabler.

Henke, Christopher R. (2017): The Sustainable University: Repair as Maintenance and Transformation. *Continent* 6(1), S. 40–45.

Henseling, Christine, Blättel-Mink, Birgit, Clausen, Jens, Behrendt, Siegfried (2009): Wiederverkaufskultur im Internet: Chancen für nachhaltigen Konsum. In: Aus Politik und Zeitgeschichte 32–33/2009, S. 32–38.

Hepp, Andreas (2016): Pioneer communities: collective actors in deep mediatisation. *Media, Culture & Society* 38(6), S. 918–933.

Hepp, Andreas (2011): Medienkultur. Die Kultur mediatisierter Welten. Wiesbaden: VS.

Hepp, Andreas (2008): Medienkommunikation und deterritoriale Vergemeinschaftung. Medienwandel und die Posttraditionalisierung von translokalen Vergemeinschaftungen. In: Hitzler, Ronald, Honer, Anne, Pfadenhauer, Michaela (Hrsg.): Posttraditionale Gemeinschaften. Theoretische und ethnografische Erkundungen. Wiesbaden: VS, S. 132–150.

Hepp, Andreas/Loosen, Wiebke/Hasebrink, Uwe (2021): Jenseits des Computational Turn:Methodenentwicklung und Forschungssoftware in derKommunikations- und Medienwissenschaft. Zur Einführung in das Themenheft. Medien und Kommunikationswissenschaft 69(1), 3–24.

Hepp, Andreas/Berg, Matthias/Roitsch, Cindy (2014): Mediatisierte Welten der Vergemeinschaftung. Kommunikative Vernetzung und das Gemeinschaftsleben junger Menschen, Wiesbaden: Springer VS.

Hepp, Andreas/Hitzler, Ronald (2014): Mediatisierung von Vergemeinschaftung und Gemeinschaft: Zusammengehörigkeiten im Wandel. In Krotz, Friedrich/Cathrin, Despotovic/Kruse, Merle (Hrsg.): Mediatisierung sozialer Welten. Wiesbaden: Springer VS, S. 35–51.

Hepp, Andreas/Bozdag, Cigdem/Suna, Laura (2011): Mediale Migranten. Mediatisierung und die kommunikative Vernetzung der Diaspora, Wiesbaden: Springer VS.

Hepp, Andreas, Vogelgesang, Waldemar (2005): Medienkritik der Globalisierung. Die kommunikative Vernetzung der globalisierungskritischen Bewegung am Beispiel von attac. In: Hepp, Andreas, Krotz, Friedrich, Winter, Carsten (Hrsg.): Globalisierung der Medienkommunikation. Eine Einführung. Wiesbaden: VS, S. 229–260.

Hermes, Joke/Dahlgren, Peter (2006): Cultural studies and citizenship. *European Journal of Cultural Studies* 9(3), S. 259–265.

Heßler, Martina (2013): Wegwerfen. Zum Wandel des Umgangs mit Dingen. Zeitschrift für *Erziehungswissenschaft* 16(2), S. 253–266.

Higgs, Eric/Light, Andrew/Strong, David (2000): Technology and the Good Life? Chicago: University of Chicago Press.

Hine, Christine (2000): Virtual Ethnography. London: Sage Publications.

Hine, Christine (2015): Ethnography for the Internet. embedded, embodied and everyday. London/New York: Bloomsbury Academic.

Hitzler, Ronald, Honer, Anne, Pfadenhauer, Michaela (2008): Zur Einleitung: „Ärgerliche Gesellungsgebilde"? In: Dies. (Hrsg.): Posttraditionale Gemeinschaften. Theoretische und ethnografische Erkundungen. Wiesbaden: VS, S. 9–31.

Höfner, Anja/Frick, Vivian (Hrsg., 2019): Was Bits und Bäume verbindet. Digitalisierung nachhaltig gestalten. München: Oekom Verlag.

Holt, Diane/Barkemeyer, Ralf (2012): Media coverage of sustainable development issues – attention cycles or punctuated equilibrium? *Sustainable Development* 20(1), S. 1–17.

Hopke, Jill E. (2020): Connecting Extreme Heat Events to Climate Change: Media Coverage of Heat Waves and Wildfires. *Environmental Communication* 14(4), S. 492–508.

Hoppe, Imke, Wolling, Jens (2016): Nachhaltigkeitskommunikation. In: Bonfadelli, Heinz, Fähnrich, Birte, Lüthje, Corinna, Milde, Jutta, Rhomberg, Markus, Schäfer, Mike S. (Hrsg.): Forschungsfeld Wissenschaftskommunikation. Ein Handbuch. Wiesbaden: Springer VS, S. 339–354.

Hopwood, Bill/Mellor, Mary/O'Brien, Geoff (2005): Sustainable Development: Mapping Different Approaches. *Sustainable Development* 13(1), S. 38–52.

Horkheimer, Max, Adorno, Theodor (2003 [1944/1969]): Dialektik der Aufklärung. Philosophische Fragmente. Frankfurt a. M.: Fischer.

Houston, Lara (2017): The Timeliness of Repair. *Continent* 6(1) S. 51–55.

Houston, Lara (2014): Inventive Infrastructure: An Exploration of Mobile Phone Repair Practices in Downtown Kampala, Uganda. PhD Dissertation, Lancaster: Lancaster University.

Houston, Lara, Rosner, Daniela K., Jackson, Steven J., Allen, Jamie (Hrsg., 2017): R3pair Volume. *Continent*, Sonderheft 6.1, Abgerufen unter: http://continentcontinent.cc/index.php/continent am: 26. Mai 2017.

Hutchby, Ian (2001): Technologies, Texts and Affordances. *Sociology* 35(2), S. 441–456.

ICA (2014): The 64th Annual Conference of the International Communication Association. Communication and the "Good Life". Abgerufen unter: https://convention2.allacademic. com/one/ica/ica14/, am 20. April 2017.

Innis, Harold (1951): The Bias of Communication. Toronto: Toronto University Press.

Jackson, Steven J. (2014): Rethinking repair. In: Gillespie, Tarleton/Boczkowski, Pablo J./ Foot, Kirsten A. (Hrsg.): Media Technologies: Essays on Communication, Materiality, and Society. Cambridge/Massachusetts: MIT Press, S. 221–239.

Jackson, Steven J., Kang, Laewoo (2014): Breakdown, obsolescence and reuse: HCI and the art of repair. Abgerufen unter: http://sjackson.infosci.cornell.edu/Jackson&Kang_B reakdownObsolescenceReuse%28CHI2014%29.pdf, am 24 März 2015.

Jackson, Steven J., Pompe, Alex, Krieshok, Gabriel (2011): Things fall apart: maintenance, repair, and technology for education initiatives in rural Namibia. *Proceedings of the 2011 iConference*, ACM Press, New York.

Jaeggi, Rahel, Wesche, Tilo (2009): Einführung: Was ist Kritik? In: Dies. (Hrsg.): Was ist Kritik? Frankfurt a. M.: Suhrkamp.

Jang, S. Mo/Hart, P. Sol (2015): Polarized frames on 'climate change' and 'global warming' across countries and states: Evidence from Twitter big data. *Global Environmental Change* 32, S. 11–17.

Jansson, André (2014): Indispensable things: on mediatization, materiality, and space. In: Lundby, Knut (Hrsg.): Mediatization of Communication. Handbooks of Communication Science, Bd. 21 Berlin: De Gruyter Mouton, S. 273–295.

Jasanoff, Sheila (2015). Future Imperfect. Science, Technology, and the Imaginations of Modernity. In: Jasanoff, Sheila, Sang-Hyun, Kim (Hrsg.): Dreamscapes of modernity. Sociotechnical imaginaries and the fabrication of power. Chicago: University of Chicago Press, S. 1–33.

Jaspal, Rusi/Nerlich, Brigitte/Koteyko, Nelya (2013): Contesting science by appealing to its norms: Readers discuss climate science in the Daily Mail. *Science Communication* 35(3), S. 383–410.

Jeffres, Leo W./ Neuendorf, Kimberly A./ Atkin, David (2015): Communication and Perceptions of the quality of Life. In: Wang, Hua (Hrsg.): Communication and „the Good Life". New York: Peter Lang, S. 81–106.

Jin, Borae/Park, Namkee (2013): Mobile voice communication and loneliness: cell phone use and the social skills deficit hypothesis. *New Media & Society* 15(7), S. 1094–1111.

Johnstone, Justine (2012): Capabilities and Technology. In: Brey, Philipp/Briggle, Adam/Spence, Edward (Hrsg.): The Good Life in a Technological Age. New York: Routledge, S. 77–91.

Joshi, Somya/Pargman, Cerratto Teresa (2015): In search of fairness: critical design alternatives for sustainability. *Aarhus Series on Human Centered Computing* 1(1), S. 37–40.

Kaase, Max (1987): Vergleichende Politische Partizipationsforschung. In: Berg-Schlosser, Dirk, Müller-Rommel, Ferdinand (Hrsg.): Vergleichende Politikwissenschaft. Ein einführendes Hand-buch. Opladen: Leske + Budrich S. 135–150.

Kääpä, Pietari (2020): Environmental Management of the Media. Policy, Industry, Practice. London/New York: Routledge.

Kaitatzi-Whitlock, Sophia (2015): E-waste, human-waste, inflation. In: Maxwell, Richard/Raundalen, Jon/Vestberg, Nina Lager (Hrsg.): Media and the ecological crisis. Milton Park/New York: Routledge, S. 69–84.

Kannengießer, Sigrid (2021a): Fridays for Future goes digital. Activists' Media Practices during the COVID-19 Pandemic. Vortrag auf der Online-Jahrestagung der International Communication Association. Mai 2021.

Kannengießer, Sigrid (2021b): Media reception, media effects and media practices in sustainability communication. In: Karmasin, Matthias/Krainer, Larissa/Weder, Francisca (Hrsg.): Handbook of Sustainability Communication. Springer: Wiesbaden, S. 323–338.

Kannengießer, Sigrid (2020a): Acting on media for sustainability. In: Stephansen, Hilde/Treré, Emiliano (Hrsg.): The turn to practice in media research: implications for the study of citizen- and social movement media. London et al.: Routledge, S. 176–188.

Kannengießer, Sigrid (2020b): Nachhaltigkeit und das „gute Leben" – Zur Verantwortung der Kommunikations- und Medienwissenschaft in digitalen Gesellschaften. *Publizistik* 65(1).

Kannengießer, Sigrid (2020c): Fair media technologies: innovative media devices for social change. *Media Innovations, Special Issue: Media innovations and social change*, Hrsg. von Stefania Milan und Niamh Ni Bhroin, 4/2019.

Kannengießer, Sigrid (2020d): Ungleichheit und Ermächtigung. Zum Verhältnis von Medientechnologie und Geschlecht. *Medien und Kommunikationswissenschaft* 68(3), Sonderheft: Technik – Medien – Geschlecht revisited. Gender im Kontext von Datafizierung, Algorithmen und digitalen Medientechnologien, Hrsg. von Peil, Corinna, Drüeke, Ricarda, Niemand, Stephan, Roth, Raik, S. 239–254.

Kannengießer, Sigrid (2019): Engaging with and reflecting on the materiality of digital media technologies: Repair and fair production. *New Media & Society* 22(1), S. 123–139.

Kannengießer, Sigrid (2018a): Konsumkritische Medienpraktiken: informieren, reparieren und fair produzieren. In: Kannengießer, Sigrid, Weller, Ines (Hrsg.): Konsumkritische Projekte und Praktiken. Interdisziplinäre Perspektiven auf gemeinschaftlichen Konsum. München: Oekom.

Kannengießer, Sigrid (2018b): Fair produzieren und reparieren: Versuche der Komplexitätsbewältigung in einer globalisierten und mediatisierten Welt. In: Katzenbach, Christian, Pentzold, Christian, Adolf, Marian, Kannengießer, Sigrid, Thaddicken, Monika (Hrsg.): Neue Komplexitäten für Kommunikationsforschung und Medienanalyse: Analytische Zugänge und empirische Studien. Reihe Digital Communication Research.

Kannengießer, Sigrid (2018c): Repair Cafés – urbane Orte der Transformation und der Reparaturbewegung. In: Hepp, Andreas, Marszolek, Inge, Kubitschko, Sebastian (Hrsg.): Medien, Stadt, Bewegung. Kommunikative Figurationen des Urbanen. Wiesbaden: Springer VS, S. 211–230.

Kannengießer, Sigrid (2018d): Repair Cafés: Orte gemeinschaftlich-konsumkritischen Handelns. In: Krebs, Stefan, Schabacher, Gabriele, Weber, Heike (Hrsg.): Kulturen des Reparierens und die Lebensdauer technischer Dinge. Bielefeld: transcript, S. 283–302.

Kannengießer, Sigrid (2018e): Repair Cafés as Communicative Figurations: Consumer-critical Media Practices for Cultural Transformation. In: Hepp, Andreas, Hasebrink, Uwe, Breiter, Andreas (Hrsg.): Communicative Figurations. Rethinking Mediatized Transformations. Palgrave. London, S. 101–120.

Kannengießer, Sigrid (2017a): 'I am not a consumer person' – Political participation in Repair Cafés. In: Wimmer, Jeffrey, Wallner, Cornelia, Winter, Rainer, Oelsner, Karoline (Hrsg.): (Mis)Understanding Political Participation. Digital Practices, New Forms of Participation and the Renewal of Democracy. London et al.: Routledge, S. 78–94.

Kannengießer, Sigrid (2017b): Repair Cafés – Reflecting on Materiality and Consumption in Environmental Communication. In: Milstein, Tema/Pileggi, Mairi/Morgan, Eric (Hrsg.): Environmental Communication Pedagogy and Practice. London: Routledge, S. 183–194.

Kannengießer, Sigrid (2016): Conceptualizing consumption-critical media practices as political participation. In: Leif Kramp, Nico Carpentier, Andreas Hepp, Richard Kilborn, Risto Kunelius, Hannu Nieminen, Tobias Olsson, Simone Tosoni, Ilija Tomanic Trivundža, Pille Pruulmann-Vengerfeldt (Hrsg.): Politics, Civil Society and Participation. Tartu: Tartu University Press, S. 193–207.

Kannengießer, Sigrid (2014a): Translokale Ermächtigungskommunikation. Medien, Globalisierung, Frauenorganisationen. Wiesbaden: Springer VS.

Kannengießer, Sigrid (2014b): Konsumkritisches Medienhandeln. Antrag für ein eigenes Postdoc-Projekt eingereicht bei der Zentralen Forschungsförderung der Universität Bremen am 1. April 2014.

Kannengießer, Sigrid/Möller, Johanna E. (2021): Critical Media Practices. *Studies in Communication and Media*, 10(2), S. 254–268.

Kannengießer, Sigrid/McCurdy, Patrick (2020): Mediatization and the absence of the environment. *Communication Theory*. DOI:https://doi.org/10.1093/ct/qtaa009.

Kannengießer, Sigrid/Kubitschko, Sebastian (2017): Editorial. Acting on media: influencing, shaping and (re)configuring the fabric of everyday life. *Media and Communication* 5(3), S. 1–4.

Kannengießer, Sigrid/Weller, Ines (Hrsg., 2018a): Konsumkritische Projekte und Praktiken. Interdisziplinäre Perspektiven auf gemeinschaftlichen Konsum. München: Oekom.

Kannengießer, Sigrid, Weller, Ines (2018b): Konsumkritische Projekte und Praktiken: Eine Einführung. In: Dies. (Hrsg.): Konsumkritische Projekte und Praktiken. Interdisziplinäre Perspektiven auf gemeinschaftlichen Konsum. München: Oekom.

Kant, Immanuel (1996[1790]): Kritik der Urteilskraft. Hrsg. Von Wilhelm Weischedel. Frankfurt am Main: Suhrkamp.

Kaun, Anne, Schwarzenegger, Christian (2014): „No media, less life?" Online disconnection in mediatized worlds. *First Monday* 19(11) https://doi.org/10.5210/fm.v19i11.5497

Katz, Elihu/Foulkes, David (1962): On the Use of Mass Media as "Escape": Clarification of a Concept. The Public Opinion Quarterly 26(3), S. 377–388.

Kavada, Anastasia (2015): Creating the collective: Social media, the occupy movement and its constitution as a collective actor. *Information, Communication & Society* 18(8), S. 872–86.

Kepplinger, Hans Matthias/Lemke, Richard (2014): Framing Fukushima. Zur Darstellung der Katastrophe in Deutschland im Vergleich zu Großbritannien, Frankreich und der Schweiz. In: Wolling, Jens/Arlt, Dorothee (Hrsg): Fukushima und die Folgen – Medienberichterstattung, Öffentliche Meinung, Politische Konsequenzen. Ilmenau: Universitätsverlag Ilmenau, S. 125–152.

Kinnebrock, Susanne/Schwarzenegger, Christian/Birkner, Thomas (2015): Theorien des Medienwandels, Köln: Herbert von Halem.

Kirilenko, Andrei P./ Stepchenkova, Sventlana O. (2014): Public micro-blogging on climate change: One year of Twitter worldwide'. *Global Environmental Change* 26, S. 171–182.

Khoja-Moolji, Shenila (2015): Becoming an "Intimate Publics": Exploring the Affective Intensities of Hashtag Feminism. *Feminist Media Studies*, 15(2), S. 347–350.

Klaus, Elisabeth/Lünenborg, Margreth (2012): Cultural citizenship. Partizipation by and through media. In: Zobl, Elke, Drüeke, Ricarda (Hrsg.): Feminist media. Participatory spaces, networks and cultural citizenship. Bielefeld: transcript, S. 197–212.

Kneip, Veronika, Niesyto, Johanna (2010): Zum Wandel von Medien- und Protestkulturen – Anti-corporate Campaigns im internationalen Vergleich. In. Baringhorst, Sigrid, Kneip, Veronike, März, Annegret, Niesyto, Johanna (Hrsg., 2010): Unternehmenskritische Kampagnen. Politischer Protest im Zeichen digitaler Kommunikation. Wiesbaden: Springer VS.

Knoblauch, Hubert (2008): Kommunikationsgemeinschaften. Überlegungen zur kommunikativen Konstruktion einer Sozialform. In: Hitzler, Ronald, Honer, Anne, Pfadenhauer, Michaela (Hrsg.): Posttraditionale Gemeinschaften. Theoretische und ethnografische Erkundungen.Wiesbaden: VS. S. 73–88.

Knoblauch, Hubert (2001) Fokussierte Ethnographie: Soziologie, Ethnologie und die neue Welle der Ethnographie. *Sozialer Sinn* 2(1), S. 123–141.

Költzsch, Tobias (2015): Fairphone 2 erreicht erstes Crowdfunding-Ziel, abgerufen unter: https://www.golem.de/news/faires-smartphone-fairphone-2-erreicht-erstes-crowdfunding-ziel-1509-116600.html, am 15. August 2019

Koteyko, Nelya/Jaspal, Rusi/Nerlich, Brigitte/ (2012): Climate change and 'climategate' in online reader comments: a mixed methods study. *The Geographical Journal*, 179(1), 74–86.

Koteyko, Nelya/Thelwall, Mike/Nerlich, Brigitte (2010): From carbon markets to carbon morality: Creative compounds as framing devices in online discourses on climate change mitigation. *Science Communication* 32(1), S. 25–54.

Krämer, Annett (1986): Ökologie und politische Öffentlichkeit. Zum Verhältnis von Massenmedien und Umweltproblematik. München: Herbert Utz.

Krainer, Larissa (2018). Gerechtigkeit. Grundbegriffe der Kommunikations- und Medienethik. *Communication Socialis* 51(3), S. 319–324.

Krainer, Larissa/Kannengießer, Sigrid/Riesmeyer, Claudia/Stapft, Ingrid (2016): Transdisziplinäre Untersuchungen zu Medien, Ethik und Geschlecht – Eine Annäherung. In: Krainer, Larissa/Kannengießer, Sigrid/Riesmeyer, Claudia/Stapft, Ingrid (Hrsg.): Eine Frage der Ethik? Für eine Ethik des Fragens – transdisziplinäre Untersuchungen zu Medien, Ethik und Geschlecht. Weinheim: Beltz Verlag, S. 8–21.

Kraker de, Joop/Kuijs, Sacha/Cörvers, Ron/Offermans, Astrid (2014): Internet public opinion on climate change: a world views analysis of online reader comments. *International Journal of Climate Change Strategies and Management* 6(1), S. 19–33.

Krebs, Stefan, Schabacher, Gabriele, Weber, Heike (2018): Kulturen des Reparierens und die Lebensdauer technischer Dinge. Bielefeld: transcript.

Kretchmer, Susann, Pierce, Joy, Robinson, Laura (2015): The 20th Anniversary of the Digital Divide: Challenges and Opportunities for Communication and "The Good Life." In: Wang, Helen (Hrsg.): Communication and the Good Life. New York: Peter Lang Publishing, S. 213–232.

Krotz, Friedrich (2008): Posttraditionale Vergemeinschaftung und mediatisierte Kommunikation. Zum Zusammenhang von sozialem, medialem und kommunikativem Wandel. In: Hitzler, Ronald, Honer, Anne, Pfadenhauer, Michaela (Hrsg.): Posttraditionale Gemeinschaften. Theoretische und ethnografische Erkundungen. Wiesbaden: VS, S. 151–169.

Krotz, Friedrich (2005): Neue Theorien entwickeln. Eine Einführung in die Grounded Theory, die Heuristische Sozialforschung und die Ethnographie anhand von Beispielen aus der Kommunikationsforschung. Köln: Herbert von Halem.

Kruse, Jan (2008): Einführung in die qualitative Interviewforschung. Freiburg: Unveröffentlichter Reader.

Kubicek, Herbert/Schmid, Ulrich/Wagner, Heiderose (1997): Bürgerinformation durch „neue" Medien? Analysen und Fallstudien zur Etablierung elektronischer Informationssysteme im Alltag. Opladen: Westdeutscher Verlag.

Kunelius, Risto/Eide, Elisabeth (2012): Moment of Hope, Mode of Realism: On the Dynamics of a Transnational Journalistic Field During UN Climate Change Summits. *International Journal of Communication* 6 (1), S. 266–285.

Lambert, Catherine E. (2020): Earthquake Country: A Qualitative Analysis of Risk Communication via Facebook. *Environmental Communication* 14(6), S. 744–757.

Lankshear, Colin/Knobel, Michel (2010): DIY media. Creating, sharing and learning with new technologies. Frankfurt a. M.: Peter Lang.

Lange, Steffen/Pohl, Johanna/Santarius, Tilmann (2020): Digitalization and energy consumption. Does ICT reduce energy demand? *Ecological Economics* 176, 106760.

Lange, Steffen/Santarius, Tilman (2018): Smarte grüne Welt? Digitalisierung zwischen Überwachung, Konsum und Nachhaltigkeit. Oekom Verlag.

Leggewie, Claus, Bieber, Christoph (2003): Demokratie 2.0. Wie tragen neue Medien zur demokratischen Erneuerung bei? In: Offe, Claus (Hrsg.): Demokratisierung der Demokratie. Diagnosen und Reformvorschläge, Frankfurt a. M./New York: Campus, S. 124–151.

Leiserowitz, Anthony (2004): Before and after The Day After Tomorrow – A U.S. study of climate change risk perception. *Environment* 46(9), S. 22–37.

Leiserowitz, Anthony/Edward W. Maibach/Roser-Renouf, Connie/Nicholas Smith/Erica Dawson (2012): Climategate, Public Opinion, and the Loss of Trust. *American Behavioral Scientist* 57(6), S. 818–837.

Lester Libby/Cottle, Simon (2009): Visualizing climate change: Television news and ecological citizenship. *International Journal of Communication* 3, S. 920–936.

Lewis, Tammy L. (2000): Media Representations of "Sustainable Development". *Science Communication* 21(3), S. 244–273.

Lichtl, Martin (1999): Ecotainment. Der neue Weg im Umweltmarketing. Wien/München: Verlag Ueberreuter.

Lievrouw, Leah (2014): Materiality and Media in Communication and Technology Studies: An Unfinished Project. In: Gillespie, Tarleton, Boczkowski, Pablo J., Foot, Kirsten A. (Hrsg.): Media Technologies: Essays on Communication, Materiality, and Society. Cambridge/Massachusetts: MIT Press, S. 21–52.

Lin-Hi, Nick/Blumberg, Igor (2015): Social Entrepreneure als Change-Agenten für eine nachhaltige Entwicklung – Neue Anreize für klassisches Unternehmertum. *UmweltWirtschaftsForum* 23(4), S. 171–176.

Ling, Rich (2015): Eudaimonia: Mobile communication and social flourishing. In: Wang, Hua (Hrsg.): Communication and „the Good Life". New York: Peter Lang, S. 31–44.

Lippmann, Walter (1947 [1922]): Public Opinion. New York: MacMillan.

Loader, Brian D./ Vromen, Ariadne/Xenos, Michael A. (2014): The networked young citizen: social media, political participation and civic engagement. *Information, Communication & Society* 17(2), S. 143–150.

Lobinger, Katharina/Schreiber, Maria (2017): Photo-Sharing. Visuelle praktiken des Mit-Teilens. In: Lobinger, Katharina (Hrsg.): Handbuch Visuelle Kommunikationsforschung. Wiesbaden: Springer Fachmedien, 1–22.

Lörcher, Ines/and Taddicken, Monika (2017): Discussing climate change online. Topics and perceptions in online climate change communication in different online public arenas. *Journal of Science Communication* 16(2), 1–21.

Lowe, Thomas/Dessai, Suraje/Brown, Katrina/França Doria, Miguel de/Haynes, Kat/Vincent, Katharine (2006): Does tomorrow ever come? Disaster narrative and public perceptions of climate change. *Public Understanding of Science* 15(4), S. 435–457.

Lück, Julia/Wozniak, Anatl/Wessler, Hartmut (2016): Networks of coproduction. How journalists and environmental NGOs create common interpretations of the UN climate change conferences. *International Journal of Press/Politics* 21(1), S. 25–47.

Luhmann, Niklas (1996): Die Realität der Massenmedien. Opladen: Westdeutscher Verlag.

Lüders, Christian (2000): Beobachten im Feld und Ethnographie. In: Flick, Uwe, von Kardorff, Ernst, Steinke, Ines (Hrsg.): Qualitative Forschung. Ein Handbuch. Reinbek bei Hamburg: Rowohlt, S. 384–401.

Lüdtke, Hartmut (2004): Lebensstil als Rahmen von Konsum. Eine generalisierte Form des demonstrativen Verbrauchs. In: Hellmann, Kai-Uwe, Schrage, Dominik (Hrsg.): Konsum der Werbung. Zur Produktion und Rezeption von Sinn in der kommerziellen Kultur. Wiesbaden: Springer VS, S. 103–124.

Lünenborg, Margret, Raetzsch, Cristoph (2018): From Public Sphere to Performative Publics: Developing Media Practice as an Analytic Model. In: Foellmer, Susanne, Lünenborg, Margreth, Raetzsch, Christoph (Hrsg.): Media Practices, Social Movements, and Performativity. Transdisciplinary Approaches. New York: Routledge, S. 13–35.

Lüthje, Boy/Hürtgen, Steganie, Pawlicki, Peter, Sproll, Martina (2013): From Sillicon Valley to Shenzhen. Global Production and Work in the IT industry. Lanham et al.: Rowman and Littlefield.

Lüthje, Corinna, Thiele, Franziska (2018): "Nachhaltigkeit ist ein Omnibus, in dem jeder mitfahren darf." Die kommunikative Konstruktion von Nachhaltigkeit in der Wissenschaft. In: Dobrick, Farina, Hagen, Lutz, Lüthje, Corinna, Seifert, Claudia (Hrsg.): Wissenschaftskommunikation: Die Rolle der Disziplinen. Baden-Baden: Nomos, S. 151–176.

Magaudda, Paolo (2011): When materiality 'bites back': Digital music consumption practices in the age of dematerialization. *Journal of Consumer Culture* 11(1), S. 15–36.

Marres, Noortje (2012): Material Participation. Technology, the Environment and Everyday Publics. Basingstoke: Palgrave Mcmillan.

Marshall, Thomes H. (1992): Citizenship and social class. London: Pluto Press.

Marx, Karl (1970[1867]): Das Kapital. Kritik der politischen Ökonomie. Erster Bd. Berlin: Dietz Verlag.

Matthews, Paul (2015): Why are poeple skeptical about climate change? Some insights from blog comments. *Environmental Communication* 9(2), S. 153–168.

Matting, Matthias (2015): Elektronische Bücher: Sind eBook-Reader wirklich öko? Abgerufen unter: https://Utopia.de/ratgeber/ebook-reader-oeko/, am 26. August 2019.

Mattoni, Alice (2012): Media practices and protest politics: how precarious workers mobilise. London: Routledge.

Maxwell, Richard, Raundalen, Jon, Vestberg, Nina Lager (2015): Introduction. Media ecology recycled. In: Dies. (Hrsg.): Media and the ecological crisis. Milton Park, New York: Routledge, S. x–xxi.

Maxwell, Richard/Raundalen, Jon/Vestberg, Nina Lager (Hrsg., 2015): Media and the ecological crisis. Milton Park/New York: Routledge.

Maxwell, Richard, Miller, Toby (2013): Our dirty love affair with technology. *Soundings: A journal of politics and culture.* 54/2013, S. 115–126.

Maxwell, Richard/Miller, Toby (2012): Greening the media. Oxford et al.: Oxford University Press.

McKenzie-Mohr, Doug/Lee, Nancy R./ Schultz, P. Wesley/Kotler, Philip (2012): Social marketing to protect the environment: What works? Los Angeles: Sage Publications.

McLuhan, Marshall (1964): Understanding media. The extensions of man. New York: New American Library.

MDR (2018): Die Engel des Chaos Communication Congress in Leipzig. Abrufbar unter: https://www.mdr.de/sachsen/leipzig/leipzig-leipzig-land/chaos-communication-con gress-engel-messe-leipzig-100.html, abgerufen am 6. September 2019.

Meadows, Dennis L. (1972): Die Grenzen des Wachstums. Bericht des Club of Rome zur Lage der Menschheit. Stuttgart: Deutsche Verlags-Anstalt.

Meier, Klaus (2017): Transparenz. Grundbegriffe der Kommunikations- und Medienethik. *Communicatio Socialis* 50(2), S. 223–228.

Meier, Alexander, Mäschig, Florian (2016): Sentiment-Analyse in der nachhaltigen Konsumforschung: Potenziale und Grenzen am Beispiel der Fairphone-Community. In: Jantke, Kerstin, Lottermoser lorian, Reinhardt, Jörn, Rothe, Delf, Stöver, Jana (Hrsg.): Nachhaltiger Konsum. Institutionen, Instrumente, Initiativen. Baden-Baden: Nomos, S. 421–442.

Meisner, Mark (2015): What is environmental communication? Abgerufen unter: https://theieca.org/resources/environmental-communication-what-it-and-why-it-matters am 4. April 2017.

Meißner, Florian (2017): Mediale Netzwerke und Resilienz: Formen der Vernetzung zwischen lokalen Journalisten und Betroffenen der Fukushima-Katastrophe. Vortrag auf der DGPuK-Jahrestagung „Vernetzung. Stabilität und Wandel gesellschaftlicher Kommunikation", 31. März 2017 in Düsseldorf.

Mersch, Dieter (o. J.): Mediale Paradoxa. Einleitung in eine negative Medienphilosophie. Abgerufen unter: http://www.dieter-mersch.de/Texte/PDF-s/, am 22. Februar 2019.

Mersch, Dieter (2006): Medientheorie. Zur Einführung, Hamburg: Junius.

Meyen, Michael/Dudenhöffer, Kathrin/Huss, Julia/Pfaff-Rüdiger, Senta (2009): Zuhause im Netz. Eine qualitative Studie zu Mustern und Motiven der Internetnutzung. *Publizistik* 54(4), S. 513–532.

Meyer, Robert D. (2014): Nachhaltig in die Irre führen. SPD-Holding übernimmt das Portal Utopia.de. Abgerufen unter: https://www.neues-deutschland.de/artikel/930199.nachha ltig-in-die-irre-fuehren.html?sstr=utopia, am: 20. August 2019.

Meyrowitz, Joshua (1986): No sense of place: The impact of electronic media on social behavior. Oxford et al.: Oxford University Press.

Micheletti, Michele & Stolle, Dietlind (2007): Mobilizing consumers to take responsibility for global social Justice. *The Annals of the American Academy of Political and Social Science* 611, S. 157–175.

Michelfelder, Diane P. (2012): Web 2.0: Community as Commodity? In: Brey, Philipp/Briggle, Adam/Spence, Edward (Hrsg.): The Good Life in a Technological Age. New York: Routledge, S. 203–214.

Michelsen, Gerd (2007): Nachhaltigkeitskommunikation: Verständnis – Entwicklung – Perspektiven. In: Michelsen, Gerd, Godemann, Jasmin (2007): Handbuch Nachhaltigkeitskommunikation. Grundlagen und Praxis. München: Oekom Verlag, S. 25–41.

Milan, Stefania (2013): Social Movements and Their Technologies Wiring Social Change. Basingstoke: Palgrave Macmillan.

Milstein, Tema (2009): Environmental communication. In: Littlejohn, Steven. W., Foss, Karen A. (Hrsg.): Encyclopedia of communication theory. Los Angeles: Sage Publications, S. 344–349.

Möller, Johanna E. / von Rimscha, M. Björn (2017): (De)Centralization of the global informational ecosystem. *Media and Communication* 5(3), S. 37–48.

Mok, Diana/Wellman, Barry/Dimitrova, Dimitrina (2015): Modeling communication in a research network. Implications fort he good networked life. In: Ang, Hua (Hrsg): Communication and „the good life". New York: Peter Lang, S. 143–160.

Montague, Dena (2002): Stolen Goods: Coltan and Conflict in the Democratic Republic of Congo. *SAIS Review* 22(1), S. 103–118

Moore, Geoff (2004): The Fair Trade Movement: Parameters, Issues and Future Research. *Journal of Business Ethics* 53(1/2) S. 73–86.

Morley, Janine/Widdicks, Kelly/Hazas, Mike(2018). Digitalisation, energy and data demand: The impact of Internet traffic on overall and peak electricity consumption. *Energy Research & Social Science*, 38, S. 128–137.

Morley, David (2009): For a Materialist, Non-Media-centric Media Studies. In: *Television & New Media* 10(1), S. 114–116.

Mormont, Marc/Dasnoy, Christine (1995): Source strategies and the mediatization of climate change. *Media, Culture and Society* 17(1), S. 49–64.

Morstein, Jennifer (2019): Ist eine andere Welt pflanzbar!? Konsumkritische Praktiken in urbanen Gemeinschaftsgärten. In: Kannengießer, Sigrid, Weller, Ines (Hrsg.): Konsumkritische Projekte und Praktiken. Interdisziplinäre Perspektiven auf gemeinschaftlichen Konsum. München: Oekom Verlag, S. 121–136.

Naderer, Brigitte, Schmuck, Desirée, Matthes, Jörg (2017): Greenwashing: Disinformation through green advertising. In: Siegert, Gabriele, Rimscha, M. Björn, Grubenmann, Stephanie (Hrsg.): Commercial communication in the digital Age –Information or Disinformation? Berlin: De Gruyter Mouton, S. 105–120.

Nash, Chris/Bacon, Wendy (2006): Reporting sustainability in the English-language press of Southeast Asia. *Pacific Journalism Review* 12(2), S. 106–135.

Nager IT (2017): Faire Elektronik? Abgerufen unter: https://www.nager-it.de/projekt am 3. März 2017.

Neidhardt, Friedhelm/Rucht, Dieter (1993): Auf dem Weg in die „Bewegungsgesellschaft"? Über die Stabilisierbarkeit sozialer Bewegungen. *Soziale Welt* 44(3), S. 305–326.

Neuzil, Mark/Kovarik, William (1996): Mass Media and Environmental Conflict. America's Green Crusades. Los Angeles: Sage Publications.

Nève, Dorothée de, Olteanu, Tina (2013). Potenziale unkonventioneller Partizipation. In: Nève, D. de, Olteanu, T. (Hrsg.): Politische Partizipation jenseits der Konventionen. Leverkusen: Verlag Barbara Budrich, S. 283–302.

Neverla, Irene, Mike S. Schäfer (2012): Einleitung: Der Klimawandel und das Medien-Klima. In: Neverla, Irene, Schäfer, Mike S. (Hrsg.): Das Medien-Klima. Fragen und Befunde der kommunikationswissenschaftlichen Klimaforschung. Wiesbaden: Springer VS, S. 9–25.

Neverla, Irene, Taddicken, Monika (2012): Der Klimawandel aus Rezipientensicht: Relevanz und Forschungsstand. In: Neverla, Irene, Schäfer, Mike S. (Hrsg.): Das Medien-Klima. Fragen und Befunde der kommunikationswissenschaftlichen Klimaforschung. Wiesbaden: Springer VS, S. 215–232.

Ngai, Pun/Chan, Jenny (2012): Global Capital, the State, and Chinese Workers The Fox-conn Experience. *Modern China* 38(4), S. 383–410.

Nicolini, Davide (2017): Practice Theory as a package of Theory, Method and Vocabulary: Affordances and Limitations. In: Jonas, Michael/Littig, Beate/Wroblewski, Angela (Hrsg.). Methodological reflections of practice oriented theory. Springer: Heidelberg, S. 19–34.

Nielsen, Martin, Andersen, Sophie E. Grove Ditlevsen, Marianne, Pollach, Irene, Rittenhofer, Iris (2013): Nachhaltigkeit in der Wirtschaftskommunikation: eine Einführung. In: Nielsen, Martin, Andersen, Sophie E., Grove Ditlevsen, Marianne, Pollach, Irene, Rittenhofer, Iris (Hrsg.): Nachhaltigkeit in der Wirtschaftskommunikation, Wiesbaden: Springer VS, S. 9–18.

Nienierza, Angela (2014): Die größte anzunehmende Umbewertung? Eine Frame-Analyse der deutschen Presseberichterstattung über Kernenergie nach den Reaktorunfällen von Tschernobyl (1986) und Fukushima (2011). In: Wolling, Jens, Arlt, Dorothee (Hrsg.): Fukushima und die Folgen – Medienberichterstattung, Öffentliche Meinung, Politische Konsequenzen. Ilmenau: Universitätsverlag Ilmenau, S. 31–54.

Oetzel, Günter (2012): Das globale Müllsystem. Vom Verschwinden und Wieder-Auftauchen der Dinge. In: Maring, Matthias (Hrsg.): Globale öffentliche Güter in interdisziplinären Perspektiven. Karlsruhe: KIT Scientific Publishing, S. 79–98.

Olausson, Ulrika (2011): "We're the Ones to Blame": Citizens' Representations of Climate Change and the Role of the Media. *Environmental Communication* 5(3), S. 281–299.

Oliver, Mary Beth/Woolley, Juia K. (2015): Meaningfulness and Entertainment: Fiction and Reality in the Land of Evolving Technologies. In: Wang, Hua (Hrsg.): Communication and „the Good Life". New York: Peter Lang, S. 45–60.

O'Neill Saffron J. (2013): Image matters: climate change imagery in US, UK and Australian newspapers. *Geoforum* 49, S. 10–19.

Osibanjo, Oladele/Nnorom, Innocent Chidi (2007), Material flows of mobile phones and accessories in Nigeria: environmental implications and sound end-of-life management options. In: *Environmental impact assessment review* 28(2), S. 198–213.

Ott, Holly/Wang, Ruoxu/Bortree, Denise (2016): Communicating Sustainability Online: An Examination of Corporate, Nonprofit, and University Websites. *Mass Communication and Society* 19(5), S. 671–687.

Pace, Jonathan (2018): The Concept of Digital Capitalism. Communication Theory 28(3), S. 254–269.

Pakalski, Ingo (2014): Fairphone der zweiten Generation in Planung. Abgerufen unter: https://www.golem.de/news/smartphone-fairphone-der-zweiten-generation-in-planung-1403-105391.html, am 15. August 2019.

Paech, Niko (2005): Nachhaltiges Wirtschaften jenseits von Innovationsorientierung und Wachstum. Eine unternehmensbezogene Transformationstheorie. Marburg: Metropolis.

Paech, Niko (2012a): Befreiung vom Überfluss. Auf dem Weg in die Postwachstumsökonomie. München: Oekom.

Paech, Niko (2012b): Grünes Wachstum? Vom Fehlschlagen jeglicher Entkopplungsbemühungen. Ein Trauerspiel in mehreren Akten. In: Sauer, Thomas (Hrsg.): Ökonomie der Nachhaltigkeit. Grundlagen, Indikatoren, Strategien. Marburg: Metropolis, S. 161–182.

Pan, Yeheng/Opgenhaffen, Michaël/van Gorp, Baldwin (2020): Toward an Interwoven Community of Practice: How Do NGOs Work With Chinese Journalists on Reporting Climate Change? *International Journal of Communication* 14(2020), S. 6199–6219.

Parikka, Jussi (2012): New Materialism as Media Theory: Medianatures and Dirty Matter. *Communication and Critical/Cultural Studies* 9(1), S. 95–100

Parker, Lea J. (1997): Environmental communication: Messages, media and methods: A handbook for advocates and organizations. Dubuque: Kendall/Hunt Publishing.

Parks, Lisa/Starosielsk, Nicole (Hrsg., 2015): Signal Traffic: Critical Studies of Media Infrastructures. Champaign: University of Illinois Press.

Patterson, Lindsay/Biswas-Diener, Robert (2012): Consuming Happiness. In: Brey, Philipp/Briggle, Adam/Spence, Edward (Hrsg.): The Good Life in a Technological Age. New York: Routledge, S. 147–156.

Pearce, Warren/ Niederer, Sabine/ Özkula, Suay Melisa/ Querubín Sánchez, Natalia (2019): The social media life of climate change: Platforms, publics, and future imaginaries. *Wires Climate Change* 10(2), https://doi.org/10.1002/wcc.569.

Pearce, Warren/ Holmberg, Kim/ Hellsten, Iina/ Nerlich, Brigitte (2014): Climate Change on Twitter: Topics, Communities and Conversations about the 2013 IPCC Working Group 1 Report. PLOS ONE 9(4), https://doi.org/10.1371/journal.pone.0094785. *WIREs Climate Change* 10(2), 1–27.

Peng, Jinping/Lu, Lin/Yang Hongxing (2013): Review on lifecycle assessment of energy payback and greenhouse gas emission of solar photovoltaic systems. *Renewable and Sustainable Energy Reviews* 19/2013, S. 255–274.

Pentzold, Christian (2020): Jumping on the Practice Bandwagon: Perspectives for a Practice-Oriented Study of Communication and Media. *International Journal of Communication* 14 (2020), S. 2964–2984.

Pentzold, Christian (2015): Praxistheoretische Prinzipien, Traditionen und Perspektiven kulturalistischer Kommunikations- und Medienforschung. In: *Medien und Kommunikationswissenschaft*, 63(2), S. 229–245.

Perse, Elizabeth M./ Rubin, Alan M. (1990): Chronic loneliness and television use. *Journal of Broadcasting & Electronic Media* 34(1), S. 37–45.

Peters, Hans Peter/Heinrichs, Harald (2005): Öffentliche Kommunikation über Klimawandel und Sturmflutrisiken. Bedeutungskonstruktion durch Experten, Journalisten und Bürger. Jülich: Forschungszentrum Jülich GmbH.

Pianta, Silvia/Sisco Matthew R. (2020): A hot topic in hot times: how media coverage of climate change is affected by temperature abnormalities. In: *Environmental Research Letters*. 15(11), 1–9.

Plumptre, Andrew J., Nixon, Stuart, Critchlow, Robert, Vieilledent, Ghislain, Nishuli, Radar, Kirkby, Andrew, Williamson, Elizabeth A., Hall, Jefferson S., Kujirakwinja, Deo (2015): Status of Grauer's gorilla and chimpanzees in eastern Democratic Republic of Congo: Historical and current distribution and abundance. Unpublished report to Arcus Foundation, USAID and US Fish and Wildlife Service. Abgerufen unter: http://fscdn. wcs.org/2016/04/04/inbumeq9_Status_of_Grauers_gorilla_and_eastern_chimpanzee_ Report_Final.pdf, am 11. Februar 2019

Podeschi, Christopher W. (2014): The nature of future myths: environmental discourse in science fiction film, 1950-1999. In: Hansen, Anders (Hrsg.): Media and the Environment, Critical concepts in the environment, Bd. 3. London: Routledge, S. 452–487.

Poppe, Erik, Longmuß, Jörg (2019): Geplante Obsoleszenz. Hinter den Kulissen der Produktentwicklung. Bielefeld: transcript.

Portwood-Stacer, Laura (2013): Media Refusal and Conspicuous Non-Consumption: The Performative and Political Dimensions of Facebook Abstention. *New Media and Society* 15 (7), S. 1041–1057.

Prakash, Siddarth, Dehoust, Günther, Gsell, Martin, Schleicher, Tobias (2016): Einfluss der Nutzungsdauer von Produkten auf ihre Umweltwirkung: Schaffung einer Informationsgrundlage und Entwicklung von Strategien gegen „Obsoleszenz". Bonn: undesumweltamt. Abgerufen unter: https://www.umweltbundesamt.de/sites/default/ files/medien/378/publikationen/texte_11_2016_einfluss_der_nutzungsdauer_von_pro dukten_obsoleszenz.pdf, am 15. Januar 2019.

Prexl, Anja (2009): Nachhaltigkeit kommunizieren – nachhaltig kommunizieren. Analyse des Potenzials der Public Relations für eine nachhaltige Unternehmens- und Gesellschaftsentwicklung. Wiesbaden: Springer VS.

Prinzing, Marlies/Rath, Matthias/Schicha, Christian/Stapf, Ingrid (Hrsg., 2015): Neuvermessungen der Medienethik. Bilanz, Themen und Herausforderungen seit 2000. Weinheim: Juventa Beltz.

Pufé, Iris (2014): Nachhaltigkeit. Zweite überarb. und erw. Aufg., Konstanz: UVK.

Pun, Ngai/Andrijasevic, Rutvica/Sacchetto, Devi (2019): Transgressing North-South Divide. Foxconn production Regimes in China and the Chech Republic. *Critical Sociology.* https://doi.org/10.1177/0896920518823881.

Quandt, Thorsten/von Pape, Thilo (2010): Living in the mediatope: A multimethod study on the evolution of media technologies in the domestic environment. *The Information Society* 26(5), S. 330–345.

Rath, Matthias (2018): Freiheit. Grundbegriffe der Kommunikations- und Medienethik. *Communicatio Socialis* 51(2), S. 192–198.

Rath, Matthias (2002): Medienqualität zwischen Empirie und Ethik. Zur Notwendigkeit des normativen und empirischen Projekts ‚Media Assessment'. In: Karmasin, Matthias (Hrsg.): Medien und Ethik. Stuttgart: Reclam, S. 59–76.

Raworth, Kate (2017): Doughnut Economics. 7 Ways to think like a 21st century economist. Vermont: Chelsea Green Publishing.

Recklinghauser Zeitung (ohne Datum): Repair –Café will Flüchtlingen helfen. Abgerufen unter: https://www.recklinghaeuser-zeitung.de/staedte/recklinghausen/45657, am: 30. Juni 2016.

Reckwitz, Andreas (2003): Grundelemente einer Theorie sozialer Praktiken. Eine sozialtheoretische Perspektive. *Zeitschrift für Soziologie* 32(4), S. 282–301.

Reißmann, Wolfgang/Stock, Moritz/Kaiser, Svenja/Isenberg, Vanessa/Nieland, Jörg-Uwe (2017): Fan (Fiction) Acting on Media and the Politics of Appropriation, *Media and Communication* 5(3), S. 15–27.

Robertson, Margaret (2019): Communicating Sustainability. New York: Routledge.

Robinson, Brett H. (2009): E-waste: An assessment of global production and environmental impacts. *Science of the Total Environment* 408(2), S. 183–191.

Rockström, Johann et al. (2009): A safe operating space for humanity. *Nature* 461, S. 472–475.

Rögener, Wiebke/Wormer, Holger (2015): Defining criteria for good environmental journalism and testing their applicability: An environmental news review as a first step to more evidence based environmental science reporting. *Public Understanding of Science* 26(4), S. 1–16.

Roitsch, Cindy (2020): Kommunikative Grenzziehung: Herausforderungen und Praktiken junger Menschen in einer vielgestaltigen Medienumgebung. Wiesbaden: Springer VS.

Röser, Jutta, Müller, Kathrin Friederike (2017): Der Domestizierungsansatz. In: Mikos, Lothar, Wegener, Claudia (Hrsg.): Qualitative Medienforschung. Ein Handbuch. 2. übera. und erw. Auflg., Konstanz/München: UVK, S. 156–163.

Rosa, Hartmut (2016): Resonanz. Eine Soziologie der Weltbeziehungen. Berlin: Suhrkamp.

Rosa, Hartmut (2011): Über die Verwechslung von Kauf und Konsum. In: Heidbrink, Ludger, Schmidt, Imke, Ahaus, Björn (Hrsg.): Die Verantwortung des Konsumenten. Über das Verhältnis von Markt, Moral und Konsum, Frankfurt a. M.: Campus, S. 115–132.

Rosa, Hartmut (2005): Beschleunigung. Die Veränderung der Zeitstruktur in der Moderne. Frankfurt am Main: Suhrkamp.

Rosas, Omar (2012): Types of Internet Use, Well Being, and the Good Life: Ethical Use from prudential Psychology. In: Brey, Philipp/Briggle, Adam/Spence, Edward (Hrsg.): The Good Life in a Technological Age. New York: Routledge, S. 215–224.

Rosner, Daniela K. (2013): Making citizens, reassembling devices: On gender and the development of contemporary public sites of repair in Northern California. *Public Culture* 26(1), S. 51–77.

Rosner, Daniela K., Ames, Morgan G. (2014): Designing for repair? Infrastructures and materialities of breakdown. Paper presented at 17th ACM Conference on Computer Supported Cooperative Work and Social Computing, CSCW 2014, Baltimore, MD, February 15–19, S. 319–331.

Rosner, Daniela, Turner, Fred (2015): Theaters of alternative industry: Hobbyist repair collectives and the legacy of the 1960s American counterculture. In: Plattner, Hasso, Meinel, Christoph, Leifer, Larry (Hrsg.): Design thinking research. Heidelberg, Germany: Springer International Publishing, S. 59–69.

Ratto, Matt/Boler, Megan (Hrsg., 2014a): DIY citizenship. Critical making and social media. Cambridge/London: MIT Press.

Ratto, Matt/Boler, Megan (2014b): Introduction. In: Dies. (Hrsg.): DIY citizenship. Critical making and social media. Cambridge/London: MIT Press, S. 1–22.

Rucht, Dieter (2014): Die Bedeutung von Online-Mobilisierung für Offline-Proteste. In: Voss, Kathrin (Hrsg.): Internet und Partizipation. Bottom-up oder Top-down? Politische Beteiligungsmöglichkeiten im Internet, Wiesbaden: Springer VS, S. 115–128.

Rucht, Dieter/Sommer, Moritz (2019): Fridays for Future. Vom Phänomen Greta Thunberg, medialer Verkürzung und geschickter Mobilisierung: Zwischenbilanz eines Höhenflugs. *Internationale Politik* 2019(4), S. 121–125.

Ruiu, Maria Laura (2021): Persistence of Scepticism in Media Reporting on Climate Change: The Case of British Newspapers. *Environmental Communication* 15(1), S. 2–26.

Saal, Britta (2007): Kultur in Bewegung. Zur Begrifflichkeit von Transkulturalität. In: Mae, Michiko, Saal, Britta (Hrsg.): Transkulturelle Genderforschung. Ein Studienbuch zum Verhältnis von Kultur und Geschlecht. Wiesbaden: VS, S. 21–36.

Sandman, Peter M./ Sandman, David B./ Greenberg, Michael R./ Gochfeld, Michael (1987): Environmental Risk and the Press. An exploratory Assessment. New York: Routledge.

Sampei, Yuki/Aoyagi-Usui (2009): Mass-media coverage, its influence on public awareness of climate-change issues, and implications for Japan's national campaign to reduce greenhouse gas emissions. *Global Environmental Change* 19(2), S. 203–212.

Santarius, Tilman (2012): Der Rebound-Effekt: Über die unerwünschten Folgen der erwünschten Energieeffizienz. Wuppertal: Wuppertal Institut für Klima, Umwelt, Energie. Abgerufen unter: https://www.econstor.eu/bitstream/10419/59299/1/716107 694.pdf am 26.11.2019.

Sassen, Saskia (2011): Die Macht des Digitalen: Ambivalenzen des Internets. *Blätter für deutsche und internationale Politik* 2/2011, S. 93–104.

Saxer, Ulrich/Gantenbein, Heinz/Gollmer, Marin/Hättenschwiler, Walter/Schanne, Michael (1986): Massenmedien und Kernenergie. Journalistische Berichterstattung über ein komplexes, zur Entscheidung anstehendes, polarisiertes Thema. Bern/Stuttgart: Haupt.

Schäfer, Mike S. (2016): Climate Change Communication in Germany. In: Nisbet, Matthew C., Ho, Shirley, Markowitz, Ezra, O'Naill, Saffron, Schäfer, Mike S., Taker, Jagadish (Hrsg.): Oxford Encyclopedia of Climate Change Communication. New York: Oxford University Press, S. 1–32.

Schäfer, Mike S. (2012a): Online communication on climate change and climate politics: a literature review. *WIREs Climate Change* 3(6), S. 527–543.

Schäfer, Mike S. (2012b): „Hacktivism"? Internetmedien und Social Media als Instrumente der Klimakommunikation zivilgesellschaftlicher Akteure. *Forschungsjournal Soziale Bewegungen* 25(2), S. 70–79.

Schäfer, Mike S./ Bonfadelli, Heinz (2016): Umwelt- und Klimawandelkommunikation. In: Bonfadelli, Heinz/Fähnrich, Birte/Lüthje, Corinna/Milde, Jutta/Rhomberg, Markus/Schäfer, Mike S. (Hrsg.): Forschungsfeld Wissenschaftskommunikation. Wiesbaden: Springer VS, S. 315–338.

Schäfer, Mike S./ Schlichting, Inga (2014): Media Representations of Climate Change: A Meta-Analysis of the Research Field. *Environmental Communication* 8(2), S. 142–160.

Schäfer, Mike S., Ivanova, Ana, Schmidt Andreas (2012): Issue-Attention: Mediale Aufmerksamkeit für den Klimawandel in 26 Ländern. In: Neverla, Irene, Schäfer, Mike S. (Hrsg.): Das Medien-Klima. Fragen und Befunde der kommunikationswissenschaftlichen Klimaforschung. Wiesbaden: Springer VS, S. 121–142.

Schäfer, Mike S., Ivanova, Ana, Schlichting, Inga, Schmidt, Andreas (2012): Mediatisierung? Medienerfahrungen und -orientierungen deutscher Klimawissenschaftler. In: Neverla, Irene, Schäfer, Mike S. (Hrsg.): Das Medien-Klima. Fragen und Befunde der kommunikationswissenschaftlichen Klimaforschung. Wiesbaden: Springer VS, S. 233–252.

Schatzki, Theorore R. (2012): A Primer on Practices. Theory and Research. In: Higgs, Joy, Barnett, Ronald, Billett, Stephen, Hutchings, Maggie, Trede, Franziska (Hrsg.): Practice-based Education. Perspectives and Strategies. Leiden et al.: Brill.

Schatzki, Theodore R./ Knorr-Cetina, Karin/Savigny, Eike von (2001): The Practice Turn in Contemporary Theory. London: Routledge.

Schiller, Daniel (1999): Digital Capitalism. Networking the Global Market System. Cambridge: MIT Press.

Schlichting, Inga, Schmidt, Andreas (2013): Klimawandel und Nachhaltigkeit. Strategische Frames von Unternehmen, politischen Akteuren und zivilgesellschaftlichen Organisationen. In: Nielsen, Martin, Rittenhofer, Iris, Grove Ditlevsen, Marianne, Esmann Andersen, Sophie, Pollach, Irene (Hrsg.): Nachhaltigkeit in der Wirtschaftskommunikation. Wiesbaden: Springer VS, S. 109–133.

Schmidt, Andreas/Schäfer, Mike S. (2015): Constructions of Climate Justice in German, Indian and US Media. *Climatic Change* 133(3), S. 535–549.

Schöne, Helmar (2003): Die teilnehmende Beobachtung als Datenerhebungsmethode in der Politikwissenschaft. Methodologische Reflexion und Werkstattbericht. *Forum Qualitative Sozialforschung* 4(2). Abgerufen unter: http://nbn-resolving.de/urn:nbn:de:0114-fqs 0302202, am 14.10.2011.

Schoenheit, Ingo (2009): Nachhaltiger Konsum. Aus Politik und Zeitgeschichte 32-33/2009, S. 19–26.

Scholz, Trebor (2017): Uberworked and underpaid: how workers are disrupting the digital economy. Cambridge: Polity Press.

Schubert, Klaus, Martina Klein (2018): Das Politiklexikon. 7. aktual. und erw. Aufl. Bonn: Dietz. Lizenzausgabe Bonn: Bundeszentrale für politische Bildung. Abgerufen unter: http://www.bpb.de/nachschlagen/lexika/politiklexikon/, am 28.11.2019.

Schulz, Christian/Affolderbach, Julia (2015): Grünes Wachstum und alternative Wirtschaftsformen. *Geographische Rundschau*, 67(5), S. 4–9.

Schulz, Sven Christian (2019): Refurbished Notebooks: Warum gebrauchte Laptops und PCs besser sind. Abgerufen unter: https://Utopia.de/ratgeber/refurbished-notebooks-geb rauchte-laptops-pcs-drucker-monitore/am 27. August 2019.

Schulz, Sven Christian (2018): Technik mieten mit Grover, Otto Now, Saturn, MediaMarkt Miet Mich & Co, abgerufen unter: https://Utopia.de/technik-mieten-elektronik-leihen-grover-otto-now-mediamarkt-miete-100972/, am 27. August 2019.

Schulz, Winfried (1976): Die Konstruktion von Realität in den Nachrichtenmedien. Freiburg: Alber.

Schwarz, Andreas (2014): Die Nuklearkatastrophe als Gegenstand internationaler Krisenkommunikation. Eine länder- und kulturvergleichende Untersuchung der Fukushima-Berichterstattung auf Basis des Framing-Ansatzes. In: Wolling, Jens/Arlt, Dorothee (Hrsg.): Fukushima und die Folgen – Medienberichterstattung, Öffentliche Meinung, Politische Konsequenzen. Ilmenau: Universitätsverlag Ilmenau, S. 153–182.

Senatorin für Kinder und Bildung der Freien Hansestadt Bremen (2020): Digitaler-Millionen-Schub für Bremer Schulen. Abgerufen unter: https://www.bildung.bremen.de/ sixcms/detail.php?gsid=bremen117.c.253483.de am 19. Juni 2021.

Seppänen Janne/Väliverronen, Esa (2003): Visualising biodiversity: The role of photographs in environmental discourse. Science as Culture, 12(1), S. 59–85.

Serra, Paulo/Camilo, Eduardo/Goncalves, Gisella (Hrsg., 2014): Political participation and web 2.0. Covilha: Livros Labcom Books.

Sharman, Amelia (2014): Mapping the climate sceptical blogosphere. *Global Environmental Change* 26, 159–170.

Shehata, Adam/Hopmann, David Nicolas (2012): Framing Climate Change. A study of US and Swedish press coverage of global warming. *Journalism Studies* 13(2), S. 175–192.

Sicherheitsrat der Vereinten Nationen (2010): Resolution 1925. Abgerufen unter: http://www.un.org/en/ga/search/view_doc.asp?symbol=S/RES/1925(2010)), am 8. Januar 2019.

Sicherheitsrat der Vereinte Nationen (1999): Resolution 1279, abrufbar unter http://www.un.org/en/ga/search/view_doc.asp?symbol=S/RES/1279(1999), zuletzt abgerufen am 8. Januar 2019.

Signer, David (2019): Es wird immer deutlicher, wie planmässig bei den Wahlen in Kongo-Kinshasa manipuliert wurde. Abgerufen unter: https://www.nzz.ch/international/kom plott-in-kongo-kinshasa-ld.1452218, am 14.11.2019.

Silverstone, Roger (1990): Television and Everday Life: Towards an Anthropology of the Television Audience. In: Ferguson, Marjorie (Hrsg.): Public Communication: the New Imperatives. Newsbury Park and London: Sage, S. 173–189.

Singh, Jagtar, Grizzle, Alton, Yee, Sin Joan, Culver, Sherri Hope (2015): Towards a Global Media and Information Literacy Movement in Support of the Sustainable Development Goals. In: Singh, Jagtar, Grizzle, Alton, Yee, Sin Joan/Culver, Sherri Hope (Hrsg.): Media and Information Literacy for the Sustainable Development Goals. Göteburg: Nordicom, S. 19–27.

SPD/Bündnis90/Die Gründen/FDP (2021): Mehr Fortschritt wagen. Bündnis für Freiheit, Gerechtigeit und Nachhaltigkeit. Berlin. Abgerufen unter: https://www.bundesregierung. de/resource/blob/974430/1990812/04221173eef9a6720059cc353d759a2b/2021-12-10-koav2021-data.pdf?download=1, am 20. Januar 2022.

Spence, Edward (2012): Consumption and Sustainability: A Neo-Epicurian Approach to a sustainable Good Life in a Technological Age. In: Brey, Philipp/Briggle, Adam/Spence, Edward (Hrsg.): The Good Life in a Technological Age. New York: Routledge, S. 168–180.

Sproll, Martina (2010): High Tech für Niedriglohn: neotayloristische Produktionsregimes in der IT-Industrie in Brasilien und Mexiko, Münster: Westfälisches Dampfboot.

Staab, Philipp (2019): Digitaler Kapitalismus. Markt und Herrschaft in der Ökonomie der Unknappheit. Frankfurt a. M.: Suhrkamp.

Starosielski, Nicole (2014a): ‚Movements that are drawn': a history of environmental ani-mation for The Lorax to FernGully to Avatar. In: Hansen, Anders (Hrsg.): Media and the Environment, Critical concepts in the Environment, Bd. 3. London: Routledge, S. 506–526.

Starosielski, Nicole (2014b): The Materiality of Media Heat. *International Journal of Com-munication* 8, S. 2504–2508.

Starosielski, Nicole/Walker, Janet (Hrsg., 2016): Sustainable Media. Critical Approches to Media and Environment. Abigton/New York: Routledge.

Statistisches Bundesamt (2020): Ausstattung mit Gebrauchsgütern. Abgerufen unter: https://www.destatis.de/DE/Themen/Gesellschaft-Umwelt/Einkommen-Konsum-Lebensbeding

ungen/Ausstattung-Gebrauchsgueter/Tabellen/a-infotechnik-d-lwr.html am: 19. Jui 2021.

Statistisches Bundesamt (2014): Ausstattung privater Haushalte mit Informations- und Kommunikationstechnik – Deutschland. Abgerufen unter: https://www.destatis.de/DE/ZahlenFakten/GesellschaftStaat/EinkommenKonsumLebensbedingungen/AusstattungG ebrauchsguetern/Tabellen/Infotechnik_D.html am: 26. April 2017.

Stegbaur, Christian (2012): Ungleichheit. Medien- und kommunikationssoziologische Perspektiven. Wiesbaden: Springer VS.

Stephansen, Hilde C. (2017): Media Activism as Movement? Collective Identity Formation in the World Forum of Free Media. *Media and Communication* 5(3), S. 59–66.

Stichting Repair Café (ohne Jahr): About repair café. Abgerufen unter: http://repaircafe.org/about-repair-café, am: 1. August 2017.

Stöger, Georg (2015): Premodern Sustainability? The secondhand and repair trade in urban Europe. In: Oldenziel, Ruth/Trischer, Helmuth (Hrsg.): Cycling and Recyling: Histories of Sustainable practices. New York, Oxford: Berghahn Books, S. 147–167.

Strauss, Anselm/Corbin, Juliet (1996): Grounded Theory: Grundlagen Qualitativer Sozialforschung. Landsberg: Beltz Verlag.

Suna, Laura (2013): Medienidentitäten und geteilte Kultur. Vermittlungspotenzial von Populärkultur für lettisch- und russischsprachige Jugendliche. Wiesbaden: Springer VS.

Sühlmann-Faul, Felix (2019): Streaming heizt unserem Planeten ein. Die ökologischen Auswirkungen von Videostreaming. In: Höfner, Anja, Frick, Vivian (Hrsg.): Was Bits und Bäume verbindet. Digitalisierung nachhaltig gestalten. Oekom Verlag: München, S. 32–33.

Tagesschau (2021): Streaming-Boom Rekordzuwachs für Netflix. ABgerufen unter: https://www.tagesschau.de/wirtschaft/unternehmen/netflix-streaming-nutzer-quartalsbericht-101.html, am 14.5.2021.

Tagesschau (2019): Abstimmung im EU-Parlament Von der Leyen zur EU-Kommissionschefin gewählt. Abgerufen unter: https://www.tagesschau.de/eilmeldung/vonderleyen-eu-kommission-105.html, am 5. August 2019.

Taddicken, Monika (2013): Climate change from the user's perspective: The impact of mass media and internet use and individual and moderating variables on knowledge and attitudes. *Journal of Media Psychology* 25(1), S. 39–52.

Taddicken, Monika, Wicke, Nina (2017): „Ich meine, da sind die Medien gefordert, das so ins Bewusstsein zu bringen" – Rezipierende und ihre Erwartungen an die mediale Berichterstattung zum Klimawandel. Vortrag auf der DGPuK-Jahrestagung „Vernetzung. Stabilität und Wandel gesellschaftlicher Kommunikation", 31. März 2017 in Düsseldorf.

Taddicken, Monika/Neverla, Irene (2011): Klimawandel aus Sicht der Mediennutzer. Multifaktorielles Wirkungsmodell der Medienerfahrung zur komplexen Wissensdomäne Klimawandel. *Medien & Kommunikationswissenschaft* 59(4), S. 505–525.

Taddicken, Monika/Reif, Anne (2016): Who participates in the climate change online discourse? A typology of Germans' online engagement. *Communications* 41(3), S. 315–337.

Teichert, Thorsten (1987): Tschernobyl in den Medien. Ergebnisse und Hypothesen zur Tschernobyl-Berichterstattung. Rundfunk und Fernsehen 35(2), S. 185–204.

Theunert, Helga/Schorb, Bernd (2010): Sozialisation, Medienaneignung und Medienkompetenz in der mediatisierten Gesellschaft. In: Hartmann, Maren/Hepp, Andreas (Hrsg.): Die Mediatisierung der Alltagswelt, Wiesbaden: Springer VS, S. 243–254.

Todd, Anne Marie (2014): Prime-time subversion: the environmental rhetoric in The Simpsons. In: Hansen, Anders (Hrsg.): Media and the Environment. Critical concepts in the environment, Bd. 3. London: Routledge, S. 488–505.

Todd, Ann-Marie (2016): Deconstructining public space to construct community: guerilla gardening as place-based democracy. In: Peterson, Tarla Rai, Ljunggren Bergea, Hanna, Feldpausch-Parker, Andrea M./ Raitio, Kaisa (2016): Environemntal Communication and Community. Constructive and deconstructive dynamics of social transformation. Abingdon, New York: Routledge.

Toffler, Alvin W. (1980): The third wave. London: Random House.

Tricarico, Tanja (2017): Mängel des Fairphone 1. Letzte Chance Secondhand. Abgerufen unter: https://www.taz.de/!5426933/, am 18. Juli 2017.

Turner, Bryan S. (2001): Outline of a General Theory of Cultural Citizenship. In: Stevenson, Nick (Hrsg.): Culture and Citizenship. London et al.: Sage.

Tupa, Anton (2012): Desired-Satisfactionism and Technology. In: Brey, Philipp/Briggle, Adam/Spence, Edward (Hrsg., 2012): The Good Life in a Technological Age. New York: Routledge, S. 131–145.

Turkle, Sherry (2011): Alone together. Why We Expect More from Technology and Less from Each Other. New York: Basic Books.

Turkle, Sherry (2008): Always-on/Always-on-you: The Tethered Self. In Katz, Elihu (Hrsg.): Handbook of mobile communication studies. Cambridge: MIT Press: S. 227–241.

Uldam, Julie/Askanius, Tina (2013): Online Civic Cultures?: Debating Climate Change Activism on YouTube. *International Journal of Communication* (7), S. 1185–1204.

Ullrich, Peter (2015): Postdemokratische Empörung. Ein Versuch über Demokratie, soziale Bewegungen und gegenwärtige Protestforschung. IPB Working Paper, Berlin. Abgerufen unter: https://protestinstitut.files.wordpress.com/2015/10/postdemokratischeempoerung_ipbworking-paper_aufl2.pdf, am 14. August 2017.

Umweltbundesamt (2019): Grenzüberschreitende Abfallverbringung. Abgerufen unter https://www.umweltbundesamt.de/themen/abfall-ressourcen/grenzueberschreitende-abf allverbringung am 25.2.2019.

Utopia (2019a): Utopia.de. Deutschlands Website Nr. 1 für nachhaltigen KonsumInformationen für Werbe- und Kooperationspartner. Abgerufen unter https://i.Utopia.de/sales/uto pia-mediadaten.pdf am 19. August 2019.

Utopia (2019b): Alle Gruppen im Überblick. Abgerufen unter https://community.Uto pia.de/am 19.8.2019.

Utopia (2019c): Über Utopia. Abgerufen unter: https://Utopia.de/ueber-utopia/ am 20. August 2019.

Utopia (2019d): Plastikfrei einkaufen online: Die 13 besten Onlineshops ohne Plastik. Abgerufen unter: https://Utopia.de/ratgeber/plastikfrei-einkaufen-die-besten-onlineshops-im-vergleich/ am 27. August 2019.

Utopia (2019e): Gruppen. Abgerufen unter: https://community.Utopia.de/gruppen/?grpage=1&num=20 am 16. September 2019.

Utopia (2019f): Neu auf Utopia? Tipps und Hinweise für neue Nutzer. Abgerufen unter: https://community.Utopia.de/foren/forum/rund-um-utopia/neu-auf-utopia-tipps-und-hin weise-fuer-neue-nutzer/ am 16. September 2019.

Utopia (2019g): Herzlich willkommen! Unser Weg nach Utopia (Utopia-Song), abgerufen unter: https://community.utopia.de/foren/thema/herzlich-willkommen-unser-weg-nach-utopia-utopia-song/ am 16. September 2019.

Utopia (2018): 16 Dinge, die du nicht kaufen musst – sondern einfach selber machen kannst. Abgerufen unter: https://Utopia.de/dinge-selber-machen-statt-kaufen-38887/ am 26. August 2019.

Utopia (2016a): Werben auf utopia. Abgerufen unter: https://Utopia.de/utopia-digital/ am: 30.11.2016.

Utopia (2016b): „Katastrophe" – was Smartphones wirklich anrichten. Abgerufen unter: https://Utopia.de/video-katastrophe-was-smartphones-anrichten-12875/ am 30.11.2016.

Utopia (2016c): Geplante Obsoleszenz: So trickst Apple. Abgerufen unter: https://Utopia.de/geplante-obsoleszenz-apple-12099/ am 20. August 2018.

Utopia (2015a): Smartphone, Notebook, Tablet, Fernseher kaufen – nachhaltig? Abgerufen unter: https://Utopia.de/ratgeber/nachhaltig-tablets-notebooks-fernseher/. am: 30. November 2016.

Utopia (2015b): Nutzer-Studie. Nachhaltigkeit erreicht den Mainstream. Abgerufen unter: https://Utopia.de/app/uploads/2017/05/Utopia_Nutzerstudie_2015.pdf am 20. August 2019.

Utopia (2015c): Neu anmelden bei Utopia und Utopia City. Abrufbar unter: http://utopia.de/registrieren, zuletzt abgerufen am: 24. November 2015.

Utopia (2013): Handy – Krieg und Verwüstung in der Hosentasche. Abgerufen unter: https://Utopia.de/ratgeber/handys-krieg-und-verwuestung-in-der-hosentasche/ am 20. August 2019.

Utopia (o. J. a): Gebraucht kaufen online: Die besten Portale. Abgerufen unter: https://Utopia.de/bestenlisten/gebraucht-kaufen-verkaufen-online/ am 20. August 2019.

Utopia (o. J. b): Lebensmittelverschwendung: 10 Tipps für weniger Essen im Müll, Abgerufen unter: https://Utopia.de/galerien/lebensmittelverschwendung-10-tipps/ am 28. August 2019.

van Dijk, Jan (2006): The Network Society. Social Aspects of New Media. 2. Aufl., London: Sage.

van Dijk, José/Poell, Thomas/de Waal, Martijn (2018): The Platform Society. Public Values in a Connective World. Oxford: Oxford University Press.

Valkenburg, Patti M./ Peter, Jochen (2007): Internet communication and its relation to well-being: identifying some underlying mechanisms. *Media Psychology* 9(1), S. 43–58.

Vallor, Shannon (2012): New Social Media and The Virtues. In: Brey, Philipp/Briggle, Adam/Spence, Edward (Hrsg.): The Good Life in Technological Age. New York: Routledge, S. 193–202.

Vaughan, Hunter (2019): Hollywood's Dirtiest Secret: The Hidden Environmental Costs of the Movies. New York: Columbia University Press.

Veenhoven, Ruut (2012): Quality of Life in Technological Society: A macrosociaological Approach. In: Brey, Philipp/Briggle, Adam/Spence, Edward (Hrsg.): The Good Life in a Technological Age. New York: Routledge, S. 55–76.

Vereinte Nationen (2015): Entwurf des Ergebnisdokuments des Gipfeltreffens der Vereinten Nationen zur Verabschiedung der Post-2015-Entwicklungsagenda1Abgerufen unter: http://www.un.org/depts/german/gv-69/band3/ar69315.pdf, am 6. August 2018.

Velden, Maja van der (2018): ICT and Sustainability: Looking Beyond the Anthropocene. In: Kreps, David/Ess, Charles/Leenen, Louise/Kimppa, Kai (Hrsg.): This Changes Everything – ICT and Climate Change: What Can We Do? New York: Springer, S. 166–180.

Velden, Maja van der (2014): Re-politicising Participatory Design: What we can learn from Fairphone. In: Abdelnour-Nocera, Ess, Charles, Hrachovec, Herbert, Velden, Maja Van der (Hrsg.): Proceedings Culture, Technology, Communication Oslo. S. 133–150.

Velkova, Julia (2016): Data that warms: Waste heat, infrastructural convergence and the computation traffic commodity. *Big Data & Society* 3(2), S. 1–10.

Vereinte Nationen (2015): Resolution der Generalversammlung, verabschiedet am 1. September 2015. Entwurf des Ergebnisdokuments des Gipfeltreffens der Vereinten Nationen zur Verabschiedung der Post-2015-Entwicklungsagenda.

Vollberg, Susanne (2018): Grüne Blogosphäre? Zur Charakterisierung und Bedeutung nachhaltigkeitsorientierter Weblogs. In: Kannengießer, Sigrid, Weller, Ines (Hrsg.): Konsumkritische Projekte und Praktiken. Interdisziplinäre Perspektiven auf gemeinschaftlichen Konsum. München: Oekom Verlag, S. 179–194.

Vorderer, Peter (2016): Communication and the Good Life: Why and How Our Discipline Should Make a Difference. *Journal of Communication* 66(1), S. 1–12.

Vorderer, Peter/Kohring, Mathias (2013): Permanently Online: A Challenge for Media and Communication Research. *International Journal of Communication*, 7, S. 188–196.

Voss, Kathrin (Hrsg.): Internet & Partizipation. Bottom-up oder Top-down? Politische Beteiligungsmöglichkeiten im Internet. Wiesbaden: Springer VS.

Vowe, Gerhard (2014): Digital Citizens und Schweigende Mehrheit: Wie verändert sich die politische Beteiligung der Bürger durch das Internet? Ergebnisse einer kommunikationswissenschaftlichen Langzeitstudie. In: Voss, Kathrin (Hrsg.): Internet und Partizipation. Bottom-up oder Top-down? Politische Beteiligungsmöglichkeiten im Internet.

Wahlström, Matthias, et al. (2019). Protest for a Future: Composition, Mobilization and Motives of the Participants in Fridays For Future Climate Protests on 15 March, 2019 in 13 European Cities. Stockholm a.o. Abgerufen unter https://protestinstitut.eu/wp-content/uploads/2019/07/20190709_Protest-for-a-future_GCS-Descriptive-Report.pdf. am September 2020.

Walter, Stefanie/Brüggemann, Michael/Engesser, Sven (2018): Echo Chambers of Denial: Explaining User Comments on Climate Change. *Environmental Communication* 12(2), S. 204–217.

Wang, Hua (Hrsg., 2015): Communication and „the Good Life". New York: Peter Lang.

Weber, Max (1972): Wirtschaft und Gesellschaft, 5. Aufl.. Tübingen: Mohr Siebeck.

Weder, Franzisca/Krainer, Larissa/Karmasin, Matthias (Hrsg., 2021): The Sustainability Communication Reader. A Reflective Compendium. Wiesbaden: Springer.

Welker, Martin/Wünsch, Carsten (2010): Methoden der Online-Forschung. In: Schweiger, Wolfgang/Beck, Klaus (Hrsg.): Handbuch Online-Kommunikation. Wiesbaden: Springer VS, S. 487–517.

Weller, Ines (2014): Nachhaltiger Konsum in Zeiten des Klimawandels. In: Hauff, Michael von (Hrsg.): Nachhaltige Entwicklung. Aus der Perspektive verschiedener Disziplinen. Baden-Baden: Nomos, S. 75–90.

Welsch, Wolfgang (2005): Transkulturelle Gesellschaften. In: Merz-Benz, Peter-Ulrich, Wagner, Gerhard (Hrsg.): Kultur in Zeiten der Globalisierung. Neue Aspekte einer soziologischen Kategorie. Frankfurt a. M., Suhrkamp, S. 39–67.

Wenger, Etienne (1998): Communities of practice: Learning, meaning, and identity. Learning in doing. Cambridge: Cambridge University Press.

Werner, Micha H. (2002): Verantwortung. In: Düwell, Marcus, Hübenthal, Christoph, Werner, Micha H. (2002, Hrsg.): Handbuch Ethik. Stuttgat/Weimer: J.B. Metzler, S. 521–527.

Wessler, Hartmut/Wozniak, Antal/Hofer, Lutz/Lück, Julia (2016): Global Multimodal News Frames on Climate Change: A Comparison of Five Democracies around the World. *The International Journal of Press/Politics* 21(4), S. 423–445.

West, Myers, Sarah (2017): Raging Against the Machine: Network Gatekeeping and Collective Action on Social Media Platforms. *Media and Communication*, 5(3), S. 28–36.

Whitman, Shelly (2012): Sexual Violence, Coltan and the Democratic Republic of Congo. In: Schnurr, Matthew, Swatuk, Larry (Hrsg.): Natural Resources and Social Conflict. Towards Critical Environmental Security. London: Palgrave macmillan, S. 128–151.

Widmer, Rolf/Oswald-Krapf, Heidi/Sinha-Khetriwal, Deepali/Schnellmann, Max/Böni, Heinz (2005): Global perspectives on e-waste. *Science of the Total Environment* 25, S. 436–458.

Wie, Ran/Lo, Van-Hwei (2006): Staying connected while on the move: Cell phone use and social connectedness. New Media & Society, 8(1), S. 53–72.

Williams, Raymond (1977): Marxism and Literature, Oxford, New York: Oxford University Press.

Winter, Rainer (2010): Widerstand im Netz. Zur Herausbildung einer transnationalen Öffentlichkeit durch netzbasierte Kommunikation. Bielefeld: transcript.

Winterer, Andreas (2019a): Test: Shift 5me von Shiftphones – so gut ist das reparierbare Smartphone. Abgerufen unter: https://Utopia.de/ratgeber/shiftphones-shift-5me-rep arierbares-smartphone/ am 27. August 2019.

Winterer, Andreas (2019b): Die Welt verändern? Bewusster Konsum kann es schaffen! Abgerufen unter: https://Utopia.de/ratgeber/so-kann-bewusster-konsum-die-welt-veraen dern/ am 7. Oktober 2019.

Winterer, Andreas (2018): Mit Back Market schenkst du elektronischen Altgeräten ein zweites Leben. Abgerufen unter: https://Utopia.de/back-market-13988/, am 27. August 2019.

Winterer, Andreas (2016): Fairphone macht Lieferketten von Zinn, Gold, Tantal und Wolfram transparent. Abgerufen unter: https://Utopia.de/zinn-gold-tantal-wolfram-konfliktr ohstoffe-23260/ am 26. August 2019.

Winterer, Andreas (2015a): Smartphone, Notebook, Tablet, Fernseher kaufen – nachhaltig? Abgerufen unter: https://Utopia.de/ratgeber/nachhaltig-tablets-notebooks-fernseher/ am 20. August 2018.

Winterer, Andreas (2015b): Fairphone 2: leistungsstärker, langlebiger, reparierbar. Abgerufen unter: https://Utopia.de/fairphone-2-leistungsstaerker-langlebiger-reparierbar-2537/ am 20. August 2019.

Witterhold, Katharina (2017): Politische Konsumentinnen im Social Web. Praktiken der Vermittlung zwischen Bürger- und Verbraucheridentitäten. Bielefeld: transcript.

Woodstock, Louise (2014): Media Resistance: Opportunities for Practice Theory and New Media Research. *International Journal of Communication* 8(2014), S. 1983 2001

World Commission on Environment and Development (1987): Report of the World Commission on Environment and Development: Our Common Future. Abgerufen unter: http://www.un-documents.net/wced-ocf.htm am 5. August 2019.

World Fair Trade Organization und Fairtrade Labelling Organizations (2009): Eine Grundsatz-Charta für den fairen Handel. Abgerufen unter: http://www.fairtrade-adv ocacy.org/images/FTAO_charters_3rd_version_DE_v1.3.pdf am: 2. Mai 2017.

Wulf, Volker/Pipek, Volkmar/Randall, Dave/Rohde, Markus/Schmidt, Kjeld/Stevens, Gunnar (Hrsg., 2018): Socio-Informatics. A Practice-Based Perspective on the Design and Use of IT Artifacts. Oxford: Oxford University Press.

Wulf, Volker, Kaoru, Misaki, Atam, Meryem, Randall, Dave, Rohde, Markus (2013): ,On the ground' in Sidi Bouzid: investigating social media use during the tunisian revolution. In: ACM (Hrsg.): CSCW '13: Proceedings of the 2013 conference on Computer supported cooperative work. New York, S. 1409–1418.

Young, Carrie/McComas, Katherine (2016): Media's Role in Enhancing Sustainable Development in Zambia. *Mass Communication and Society* 19(5), S. 626–649.

Yu, Jinglei/Williams, Eric/Ju, Meiting (2010): Analysis of material and energy consumption of mobile phones in China. *Energy Policy* 38/2010, S. 4135–4141.

Zierhofer, Wolfgang (1998): Umweltforschung und Öffentlichkeit. Das Waldsterben und die kommunikativen Leistungen von Wissenschaft und Massenmedien. Opladen: Springer VS.

Zillien, Nicole (2009): Digitale Ungleichheit. Neue Technologien und alte Ungleichheiten in der Informations- und Wissensgesellschaft. 2. Auflg. Wiesbaden: Springer VS.

The manufacturer's authorised representative in the EU is Springer
Nature Customer Service Centre GmbH, Europaplatz 3, 69115 Heidelberg,
Germany. If you have any concerns regarding our products, please
contact ProductSafety@springernature.com

Printed and bound by CPI Group (UK) Ltd, Croydon, CR0 4YY
28/04/2026
02098487-0005